高等职业教育“十四五”规划畜牧兽医宠物大类新形态纸数融合教材

动物寄生虫病

DONG WU JI SHENG CHONG BING

主　编　谢雯琴　刘立明　赵　敏

副主编　加春生　葛海燕　王　挺　李中波　方　勤　颜邦斌

编　者　（按姓氏笔画排序）

王　挺　湖南环境生物职业技术学院
王相金　贵州农业职业学院
方　勤　永州职业技术学院
加春生　黑龙江农业工程职业学院
任清丹　吉林省畜牧总站
刘立明　吉林农业科技学院
李中波　怀化职业技术学院
何东伟　辽源市动物疫病预防控制中心
张海泉　浙江海正动物保健品有限公司
陈文承　郴州市动物疫病预防控制中心
林　攀　长春市南关区鹏博动物医院
赵　敏　河南农业职业学院
葛海燕　内蒙古农业大学职业技术学院
谢雯琴　永州职业技术学院
颜邦斌　南充职业技术学院
魏志勇　江西生物科技职业学院

U0370114

華中科技大學出版社
http://press.hust.edu.cn
中国·武汉

内容简介

本书是高等职业教育"十四五"规划畜牧兽医宠物大类新形态纸数融合教材。

本书包括绪论、动物寄生虫学基础知识、动物寄生虫病学基础知识、动物吸虫病的防治、动物绦虫病的防治、动物线虫病的防治、动物棘头虫病的防治、动物蜘蛛昆虫病的防治、原虫病的防治、寄生虫病药物防治、兽医寄生虫常规检查技术。

本书适用于高等职业教育畜牧兽医、动物医学、动物防疫与检疫、动物药学等专业,也可作为畜牧兽医工作者的学习参考书。

图书在版编目(CIP)数据

动物寄生虫病/谢雯琴,刘立明,赵敏主编. —武汉:华中科技大学出版社,2023.1(2023.8重印)
ISBN 978-7-5680-8955-5

Ⅰ. ①动… Ⅱ. ①谢… ②刘… ③赵… Ⅲ. ①动物疾病-寄生虫病 Ⅳ. ①S855.9

中国版本图书馆CIP数据核字(2022)第232639号

动物寄生虫病　　谢雯琴　刘立明　赵　敏　主编
Dongwu Jishengchong bing

策划编辑:罗　伟
责任编辑:孙基寿
封面设计:廖亚萍
责任校对:王亚钦
责任监印:周治超
出版发行:华中科技大学出版社(中国·武汉)　电话:(027)81321913
　　　　　武汉市东湖新技术开发区华工科技园　邮编:430223
录　　排:华中科技大学惠友文印中心
印　　刷:武汉市籍缘印刷厂
开　　本:889mm×1194mm　1/16
印　　张:16.5
字　　数:495千字
版　　次:2023年8月第1版第2次印刷
定　　价:49.80元

本书若有印装质量问题,请向出版社营销中心调换
全国免费服务热线:400-6679-118　竭诚为您服务
版权所有　侵权必究

高等职业教育“十四五”规划
畜牧兽医宠物大类新形态纸数融合教材

编审委员会

委员（按姓氏笔画排序）

于桂阳　永州职业技术学院
王一明　伊犁职业技术学院
王宝杰　山东畜牧兽医职业学院
王春明　沧州职业技术学院
王洪利　山东畜牧兽医职业学院
王艳丰　河南农业职业学院
方磊涵　商丘职业技术学院
付志新　河北科技师范学院
朱金凤　河南农业职业学院
刘　军　湖南环境生物职业技术学院
刘　超　荆州职业技术学院
刘发志　湖北三峡职业技术学院
刘鹤翔　湖南生物机电职业技术学院
关立增　临沂大学
许　芳　贵州农业职业学院
孙玉龙　达州职业技术学院
孙洪梅　黑龙江职业学院
李　嘉　周口职业技术学院
李彩虹　南充职业技术学院
李福泉　内江职业技术学院
张　研　西安职业技术学院
张龙现　河南农业大学
张代涛　襄阳职业技术学院
张立春　吉林农业科技学院
张传师　重庆三峡职业学院
张海燕　芜湖职业技术学院
陈　军　江苏农林职业技术学院
陈文钦　湖北生物科技职业学院
罗平恒　贵州农业职业学院
和玉丹　江西生物科技职业学院
周启扉　黑龙江农业工程职业学院
胡　辉　怀化职业技术学院
钟登科　上海农林职业技术学院
段俊红　铜仁职业技术学院
姜　鑫　黑龙江农业经济职业学院
莫胜军　黑龙江农业工程职业学院
高德臣　辽宁职业学院
郭永清　内蒙古农业大学职业技术学院
黄名英　成都农业科技职业学院
曹洪志　宜宾职业技术学院
曹随忠　四川农业大学
龚泽修　娄底职业技术学院
章红兵　金华职业技术学院
谭胜国　湖南生物机电职业技术学院

网络增值服务

使用说明

欢迎使用华中科技大学出版社医学资源网 yixue.hustp.com

1 教师使用流程

（1）登录网址：http://yixue.hustp.com（注册时请选择教师用户）

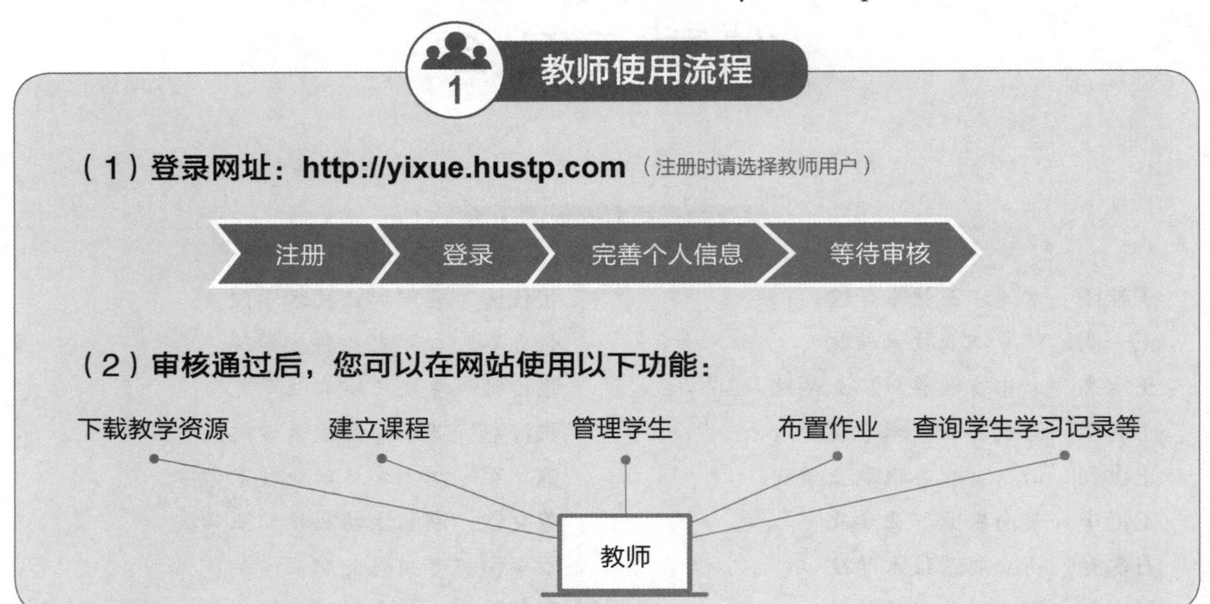

（2）审核通过后，您可以在网站使用以下功能：

2 学员使用流程

（建议学员在PC端完成注册、登录、完善个人信息的操作）

（1）PC 端操作步骤

①登录网址：http://yixue.hustp.com（注册时请选择普通用户）

②查看课程资源：（如有学习码，请在个人中心－学习码验证中先验证，再进行操作）

（2）手机端扫码操作步骤

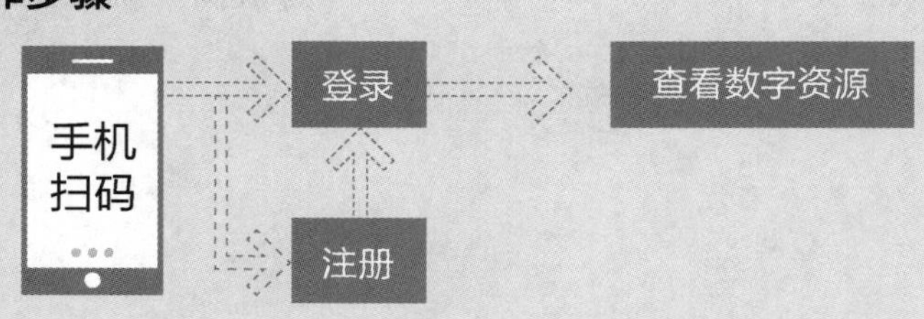

随着我国经济的持续发展和教育体系、结构的重大调整，尤其是2022年4月20日新修订的《中华人民共和国职业教育法》出台，高等职业教育成为与普通高等教育具有同等重要地位的教育类型，人们对职业教育的认识发生了本质性转变。作为高等职业教育重要组成部分的农林牧渔类高等职业教育也取得了长足的发展，为国家输送了大批"三农"发展所需要的高素质技术技能型人才。

为了贯彻落实《国家职业教育改革实施方案》《"十四五"职业教育规划教材建设实施方案》《高等学校课程思政建设指导纲要》和新修订的《中华人民共和国职业教育法》等文件精神，深化职业教育"三教"改革，培养适应行业企业需求的"知识、素养、能力、技术技能等级标准"四位一体的发展型实用人才，实践"双证融合、理实一体"的人才培养模式，切实做到专业设置与行业需求对接、课程内容与职业标准对接、教学过程与生产过程对接、毕业证书与职业资格证书对接、职业教育与终生学习对接，特组织全国多所高等职业院校教师编写了这套高等职业教育"十四五"规划畜牧兽医宠物大类新形态纸数融合教材。

本套教材充分体现新一轮数字化专业建设的特色，强调以就业为导向、以能力为本位、以岗位需求为标准的原则，本着高等职业教育培养学生职业技术技能这一重要核心，以满足对高层次技术技能型人才培养的需求，坚持"五性"和"三基"，同时以"符合人才培养需求，体现教育改革成果，确保教材质量，形式新颖创新"为指导思想，努力打造具有时代特色的多媒体纸数融合创新型教材。本教材具有以下特点。

(1)紧扣最新专业目录、专业简介、专业教学标准，科学、规范，具有鲜明的高等职业教育特色，体现教材的先进性，实施统编精品战略。

(2)密切结合最新高等职业教育畜牧兽医宠物大类专业课程标准，内容体系整体优化，注重相关教材内容的联系，紧密围绕执业资格标准和工作岗位需要，与执业资格考试相衔接。

(3)突出体现"理实一体"的人才培养模式，探索案例式教学方法，倡导主动学习，紧密联系教学标准、职业标准及职业技能等级标准的要求，展示课程建设与教学改革的最新成果。

(4)在教材内容上以工作过程为导向，以真实工作项目、典型工作任务、具体工作案例等为载体组织教学单元，注重吸收行业新技术、新工艺、新规范，突出实践性，重点体现"双证融合、理实一体"的教材编写模式，同时加强课程思政元素的深度挖掘，教材中有机融入思政教育内容，对学生进行价值引导与人文精神滋养。

(5)采用"互联网+"思维的教材编写理念，增加大量数字资源，构建信息量丰富、学习手段灵活、学习方式多元的新形态一体化教材，实现纸媒教材与富媒体资源的融合。

(6)编写团队权威，汇集了一线骨干专业教师、行业企业专家，打造一批内容设计科学严谨、深入浅出、图文并茂、生动活泼且多维、立体的新型活页式、工作手册式、"岗课赛证融通"的新形态纸数融合教材，以满足日新月异的教与学的需求。

本套教材得到了各相关院校、企业的大力支持和高度关注，它将为新时期农林牧渔类高等职业教育的发展做出贡献。我们衷心希望这套教材能在相关课程的教学中发挥积极作用，并得到读者的青睐。我们也相信这套教材在使用过程中，通过教学实践的检验和实践问题的解决，能不断得到改进、完善和提高。

高等职业教育“十四五”规划畜牧兽医宠物大类
新形态纸数融合教材编审委员会

前言

动物寄生虫病是畜牧兽医、动物医学等专业的重要课程之一，我国各高等农业院校畜牧兽医等专业均开设了该课程，因此，我们组织全国各高校有关老师及行业企业一线的优秀工作人员共同编写了本书。

本书包括绪论、动物寄生虫学基础知识、动物寄生虫病学基础知识、动物吸虫病的防治、动物绦虫病的防治、动物线虫病的防治、动物棘头虫病的防治、动物蜘蛛昆虫病的防治、原虫病的防治、寄生虫病药物防治、兽医寄生虫常规检查技术。全书以工作任务为主线，以案例分析为载体，以职业能力培养为目标，结合动物寄生虫病防治的特点和寄生虫检查技术编写。同时，为满足学生的学习及教学需要，本书在编写过程中加入了大量的课件、图片、知识拓展、线上评测等数字资源，扫码就可以学习，随时随地都可以学习，可极大地提高学习效果。

本书绪论由李中波编写，项目一由王挺编写，项目二由陈文承编写，项目三由葛海燕编写，项目四由方勤编写，项目五由赵敏编写，项目六和项目七由刘立明、加春生编写，项目八由谢雯琴编写，项目九由林攀编写，项目十由何东伟和任清丹编写，张海泉负责全书的药物的审查工作，王相金、颜邦斌、魏志勇参与了本书配套数字资源的制作与审校工作。本书引用了国内外同行发表的论文、著作，以及国家标准、地方标准、行业标准等，在此谨向原作者表示最诚挚的感谢！

由于编者经验和水平有限，书中疏漏和不妥之处在所难免，恳请广大读者指正。

编　者

目录

绪　　论

畜牧业是农业经济的一个十分重要的组成部分，它直接影响我国农业经济的发展。

在畜牧业养殖中，各种传染病、普通病、寄生虫病时时危害着动物与人的健康。寄生虫病常常被人们所忽视，寄生虫不仅严重影响广大农民的经济收益，更对人和动物的健康产生巨大的威胁。故此，对于动物寄生虫病应了解其含义，研究其对象，认清其危害。

一、动物寄生虫学的概念

动物寄生虫学是研究寄生于动物体内、体表的各种寄生虫及其所引起疾病的一门学科，包括动物寄生虫学和动物寄生虫病学两部分内容。动物寄生虫学是一门研究寄生虫的种类、形态构造、生理、发育史、地理分布和分类位置的学科，而动物寄生虫病学是研究寄生虫与宿主之间的相互作用关系，以寄生虫对动物机体的致病作用，疾病的流行病学、临床症状、病理变化、诊断与防治为主要内容的一门学科。

二、动物寄生虫学的地位

动物寄生虫学是动物医学、畜牧兽医等专业必修的一门专业核心课程，它与动物学、兽医病理学、兽医药理学、兽医免疫学、动物传染病学及兽医临床诊断学等学科联系紧密。学习动物寄生虫学知识，不仅能保障养殖业生产发展，提高经济效益，还能保护人、动物的健康，提高公共卫生水平。为此，必须掌握动物寄生虫学的基础理论、诊疗技术和综合防治措施，保障动物不受或少受寄生虫的感染与侵袭，将动物的寄生虫感染减少到最低，了解寄生虫病的流行病学及生活史特点，破坏寄生虫的流行环节，从根本上杜绝寄生虫病的流行。

三、寄生的概念

自然界中生物种类繁多，生物间的相互关系相当繁杂。有些生物需要与其他生物共同生活。归纳起来，自然界生物间的相互关系主要有以下几种类型。

（一）自立生活

自立生活是指一种生物独立生存，与另一种生物没有直接、必然的联系。例如鸡与犬之间没有必然的联系。

（二）共生生活

1. 互利共生　互利共生是指两种生物生活在一起，双方互相依赖，缺一不可，共同获利而不互相损害。例如，反刍动物与其瘤胃中的纤毛虫，前者为后者提供适宜的温度、湿度，使其不易遭受外界环境因素的影响，而后者为前者分解木质纤维，帮助其消化食物而获得营养。

2. 偏利共生　偏利共生是指两种生物生活在一起，一方受益，而另一方不受益也不受损。例如，大海中的鲨鱼与吸附于其体表的鲫鱼，鲫鱼以鲨鱼的废弃物为食，鲫鱼对鲨鱼本身不造成任何危害。

3. 寄生　寄生是指两种生物生活在一起，其中一种生物生活于另一种生物的体表或体内，从中吸收营养物质，并造成一定程度的损伤。例如，鸡蛔虫生活于鸡的肠道，鸡蛔虫的营养来自鸡肠道，并能损伤鸡肠道，造成鸡肠炎。

四、动物寄生虫病的危害

动物寄生虫病可引起动物大批量死亡，降低动物的生产性能，影响动物生长、发育与繁殖，引起畜禽产品的废弃，给养殖户带来巨大的经济损失。有些寄生虫不仅能感染动物，还能侵染人，直接危

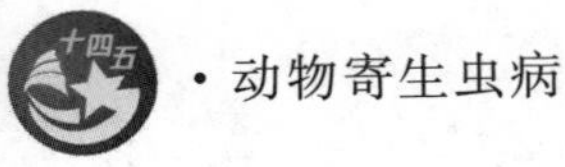

害人的身体健康。目前，世界卫生组织公布的重要人兽共患寄生虫病有 69 种，其中我国有 59 种。以日本血吸虫为例，该虫流行于世界的 70 多个国家和地区，大约 2 亿人感染该虫，5～6 亿人受到威胁。因此，消灭和防治寄生虫不仅能保障农业经济稳步发展，还能守护人与动物的健康，具有重要意义。

五、动物寄生虫学的发展概况

动物寄生虫学大致经历了描述寄生虫学、实验寄生虫学和现代寄生虫学三个发展阶段。

（一）描述寄生虫学

这一阶段主要对寄生虫的区系分类与地理分布进行研究。就研究内容而言，是对寄生虫和寄生现象的观察描述阶段，为我国家畜疫病志的编写提供了珍贵的资料。根据粗略估计，共发现：扁形动物门吸虫纲复殖目吸虫 20 科 58 属 209 种；绦虫纲圆叶目绦虫 6 科 34 属 80 种，绦虫纲假叶目绦虫 1 科 2 属 3 种；线形动物门线虫纲线虫 7 目 21 科 93 属 285 种；棘头动物门棘头虫 2 目 3 科 3 属 4 种；原生动物门鞭毛虫纲鞭毛虫 4 目 10 科 11 属 115 种，梨形虫纲梨形虫 2 科 2 属 15 种，纤毛虫纲纤毛虫 1 目 1 科 1 种；节肢动物门蛛形纲蜱螨目动物 8 科 18 属 81 种，昆虫纲昆虫 4 目 17 科 39 属 115 种。以上各种寄生虫合计 908 种。其中有近百种为发现于我国的新种。这一时期工作的开展得益于苏联叶尔绍夫和我国熊大仕、孔繁瑶等在北京农业大学（现名中国农业大学）举办的全国蠕虫学培训班，他们为这一领域培养了许多人才，当时参加培训的人员，后来成为兽医寄生虫学的教学和科研骨干。

（二）实验寄生虫学

20 世纪 60 年代以后在区系分类研究的基础上，实验寄生虫学也在逐步兴起，它的初期阶段是采用人工感染等实验方法着重于阐明寄生虫的生活史。代表性的研究是熊大仕、蒋金书等对猪肾虫的实验性研究；之后又有人工培养、生理生化乃至免疫学方面的研究。许多技术相继渗透进来，如切片技术、电镜技术、生化技术、染色体技术和免疫学技术等。

这一阶段对若干种危害严重的寄生虫的生活史与流行病学进行了调查研究。诸如对原虫病中的猪弓形虫病、反刍动物住肉孢子虫病和泰勒虫病，蠕虫病中的肝片形吸虫病与耕牛血吸虫病、猪带绦虫病、猪肾虫病、猪旋毛虫病、反刍动物消化道线虫与肺线虫病，马羊脑脊髓丝虫病，外寄生虫中的蜱、螨及蝇蛆病等都做了大量细致的工作，或首次阐明了寄生虫的生活史，或提供了疾病详细的地理分布、季节动态、传播方式、媒介与中间宿主的生物学特征以及感染途径等，为防治寄生虫病提供了科学依据。

寄生虫的人工培养在许多方面都有探索和尝试。例如，寄生于消化道的贾第虫和寄生于生殖道的毛滴虫的人工培养都获得了成功；某些种类的球虫现已能在鸡胚或（和）细胞系中继代培养；血液原虫如梨形虫和锥虫也在人工培养方面取得了一定的进展，其中寄生于牛淋巴细胞中的环形泰勒虫的裂殖体现已能在人工培养液中保持 10 年以上，而寄生于动物血液的伊氏锥虫现已能从有滋养层的细胞培养发展到无细胞培养基的培养；蠕虫中线虫的人工培养，也由初期的延长其寿命逐步转向以人工条件取代其整个生活史为目标。经过几十年的研究，已能使 10 余种寄生于反刍动物和猪的圆线虫在人工培养系统中完成其整个生活史，部分虫种能发育至性成熟，并能产卵。对有中间宿主的线虫以及全部的吸虫和绦虫，人们仅能模拟其生活史中的某一阶段（在终末宿主体内的阶段或中间宿主体内的阶段）创造培养条件，部分取得了成功。对于昆虫和蜱螨，其组织细胞（如唾腺细胞）也进行了培养。

疫苗的研制一般是选定虫体的某一发育阶段——通常是侵入宿主体内的那个阶段，如球虫的子孢子、血吸虫的尾蚴和网尾线虫的第 3 期幼虫等，给以致弱处理，用致弱虫体感染宿主，可诱导免疫力。致弱的方法有物理致弱，如 X 射线或 γ 射线照射，使虫体毒力减弱；化学致弱，主要采用化学药物，例如给牛接种布氏锥虫后，注射贝尼尔加以控制，以后攻毒证明，接种牛获得了一定的免疫力；生物致弱，如某些种球虫经鸡胚传代和早熟选育致弱，又如牛巴贝斯虫在去脾犊牛体内连续传代致

弱等。

（三）现代寄生虫学

随着免疫学、生物化学和分子生物学理论与技术的渗透，动物寄生虫学进入了以免疫-分子寄生虫学与生化-分子寄生虫学为主的现代寄生虫学阶段。免疫诊断技术如免疫荧光技术、免疫酶技术和单克隆抗体技术在寄生虫病的诊断和流行病学调查中的应用已相当普遍。核酸探针和聚合酶链反应技术亦在一些寄生虫病的病原诊断及分类中得到应用。抗独特型抗体和基因重组技术已被应用于寄生虫病疫苗的研制，如鸡球虫苗。现今，抗寄生虫药物的研制已经摆脱了过去那种“碰运气”的筛选方式，科学家们可以从如何阻断寄生虫营养代谢或神经传导机制上有目的地筛选或合成某种药物，新型低毒高效的抗原虫药、抗蠕虫药和杀蜱螨药等都能研制和生产。

纵观我国动物寄生虫学的发展历史，可以认为我们已经拥有一支能够胜任控制寄生虫病蔓延、保障畜牧业发展的队伍，也拥有一支能够追踪世界科技前沿的教学科研队伍；我国动物寄生虫学的发展与世界兽医寄生虫学的发展史基本同步。虽然我国的寄生虫学工作者已经能够运用先进的分子生物学技术，把科研推进到分子水平，但许多技术的开发和应用仍需要一定的社会与经济条件。目前在我国从病原学到疾病防治等各个领域都存在着明显的薄弱环节，与发达国家相比还存在着显著的差距。

Note

项目一　动物寄生虫学基础知识

扫码学课件

1

项目描述

本项目根据执业兽医师、动物疫病防治员和动物检疫检验员等工作的要求而设置。本项目内容包括寄生虫与宿主、寄生虫生活史、寄生虫与宿主的相互作用及寄生虫的分类与命名。通过认识和了解寄生虫及寄生虫病，为预防、诊断和治疗各种动物寄生虫病奠定基础。

学习目标

▲知识目标

(1)掌握寄生虫与宿主的概念与类型。

(2)掌握寄生虫生活史的概念与类型，了解寄生虫完成生活史的条件及寄生虫对宿主生活的适应性。

(3)了解寄生虫与宿主的相互作用。

(4)理解寄生虫的分类与命名规则。

▲技能目标

(1)能正确理解并区分寄生虫与宿主的各种类型。

(2)能正确理解并区分寄生虫生活史直接发育型与间接发育型两种类型。

▲思政目标

(1)具备科学、严谨、实事求是的态度。

(2)树立兽医工作者的社会责任感。

任务一　寄生虫与宿主

一、寄生虫的概念与类型

营寄生生活的多细胞无脊椎动物和单细胞原生动物称为寄生虫。根据其寄生部位、寄生时间长短、发育过程或宿主范围，可将寄生虫分为以下类型。

（一）根据寄生部位分为内寄生虫和外寄生虫

内寄生虫：寄生于动物体内的寄生虫。如吸虫、绦虫、线虫。

外寄生虫：寄生于动物体表的寄生虫。如螨、虱、蚤。

（二）根据寄生时间长短分为长久性寄生虫和暂时性寄生虫

长久性寄生虫：一生均不能离开宿主，否则很难存活的寄生虫。如旋毛虫、螨、虱。

Note

暂时性寄生虫：为获取营养，只有在采食时才与宿主接触的寄生虫。如蚊虫。

（三）根据寄生的发育过程分为单宿主寄生虫和多宿主寄生虫

单宿主寄生虫：发育过程仅需要一个宿主的寄生虫。如蛔虫、钩虫、球虫。

多宿主寄生虫：发育过程中需要两个或两个以上宿主的寄生虫。如吸虫、绦虫。

（四）根据寄生的宿主范围分为专一宿主寄生虫和非专一宿主寄生虫

专一宿主寄生虫：有些寄生虫只寄生于一种特定的宿主，对宿主有严格的选择性。如猪蛔虫只感染猪。

非专一宿主寄生虫：有些寄生虫能寄生于多种动物。如旋毛虫、弓形虫。

（五）按寄生虫对宿主的依赖性分专性寄生虫和兼性寄生虫

专性寄生虫：在生活过程中的各个阶段必须营寄生生活或发育的某个阶段必须营寄生生活的寄生虫，否则其生活史不能完成。如吸虫、绦虫。

兼性寄生虫：既可以自由生活，又可以寄生生活的寄生虫。如类圆线虫（成虫）既可寄生于宿主肠道内，也可以在土壤中生活。

二、宿主的概念与类型

被寄生虫寄生的动物称为宿主。根据寄生虫在宿主体内的发育特性及宿主对寄生生活的适应程度，可将宿主分为以下类型。

终末宿主：寄生虫成虫或有性生殖阶段寄生的宿主。如犬等肉食兽是许多绦虫的终末宿主，猫等猫科动物是弓形虫唯一的终末宿主，人是猪带绦虫的终末宿主。有些寄生虫有性生殖阶段不明显，可将它最重要的宿主称为终末宿主，如锥虫、阿米巴原虫。

中间宿主：寄生虫幼虫期或无性繁殖阶段寄生的宿主。如多种哺乳动物是弓形虫的中间宿主，猪是猪带绦虫的中间宿主。

补充宿主：某些寄生虫在发育过程中需要两个中间宿主，第二个中间宿主称为补充宿主。如淡水鱼虾是华支睾吸虫的补充宿主，蛙是裂头蚴的补充宿主。

转运宿主：寄生虫的虫卵或幼虫在其体内虽不发育繁殖，但保持生命力和对易感动物的感染力，这种宿主称为转运宿主，转运宿主在流行病学研究上有着重要意义。如蛇、鸟类、猪、人等多种脊椎动物是裂头蚴的转运宿主。

保虫宿主：某些寄生虫有多种终末宿主，把其中不常被寄生的宿主称为保虫宿主。若某些寄生虫人兽共患，通常把寄生的动物称为保虫宿主。

带虫宿主：宿主被寄生虫感染后，随着机体抵抗力的增强或通过药物治疗，宿主处于隐性感染状态，体内仍存留一定数量的虫体，这种宿主称为带虫宿主。它在临诊上不表现症状，对同种寄生虫的再感染具有一定免疫力。如成年动物为蛔虫的带虫宿主。

传播媒介：在脊椎动物之间或脊椎动物与人之间传播寄生虫病的一类动物，主要指吸血的节肢动物。如蚊虫在人之间传播疟原虫，蜱在犬之间传播巴贝斯焦虫。

超寄生宿主：有些寄生虫可成为其他寄生虫的宿主。如蚊虫是疟原虫的超寄生宿主。

任务二　寄生虫生活史

一、寄生虫生活史的概念及类型

寄生虫生长、发育和繁殖的一个完整循环过程称为寄生虫的生活史，亦称发育史。根据寄生虫在其生活史中有无中间宿主，大体可分为间接发育型和直接发育型。

间接发育型：寄生虫的发育过程需要中间宿主或它的疾病传播过程需要生物媒介。寄生虫幼虫在中间宿主体内发育到感染期后再感染人和动物，此类寄生虫又称为生物源性寄生虫，如血吸虫、华支睾吸虫。

直接发育型：寄生虫的发育过程不需要中间宿主或疾病传播过程不需要生物媒介。寄生虫虫卵或幼虫在外界发育到感染期后直接感染人或动物，此类寄生虫又称为土源性寄生虫，如蛔虫。这类寄生虫一般分布广泛，流行感染较普遍。

二、寄生虫完成生活史的条件

（一）适宜的宿主

适宜的宿主甚至是特异性的宿主是寄生虫建立其生活史的前提。如猪蛔虫必须接触猪才能完成其生活史。

（二）具有感染性阶段

寄生虫并不是每个发育阶段都对宿主具有感染性，必须发育到感染性阶段（或叫侵袭性阶段），并且有与宿主接触的机会，才会对宿主致病。

（三）适宜的感染途径

不同的寄生虫有其特定的寄生部位，必须通过适宜的感染途径，如经口、经皮肤等才能侵入宿主的寄生部位，进行生长、发育和繁殖。在此过程中，寄生虫必须要克服宿主对它的抵抗力。

研究寄生虫的生活史，特别是分析每个阶段所需的生活条件，可为防治寄生虫病提供科学依据。

三、寄生虫对宿主生活的适应性

寄生虫为寻求适宜宿主和在宿主体内建立寄生生活的需要，在长期进化过程中，形态构造和生理功能发生了一系列变化，以适应寄生生活。寄生虫种类不同，适应的程度和表现形式也不同，主要体现在以下方面。

（一）形态构造的适应

1. 形态变化　寄生虫在形态上更具有适应寄生生活的特点，如线虫、绦虫的线状或带状体形使其更适应于肠道的寄生环境；虱身体扁平，有利于它在宿主体表附着。

2. 附着器官发达　寄生虫为更好地寄生于宿主体内或体表，逐渐进化产生一些特殊的附着器官，如吸虫和绦虫的吸盘、小钩等，线虫的唇、齿板、叶冠等，节肢动物肢端健壮的爪，消化道原虫的鞭毛、纤毛等。

3. 消化器官简化或消失　寄生虫直接从宿主吸取丰富营养物质，因此不再需要复杂的消化过程，它的消化器官变得简单化，甚至完全退化消失，如吸虫消化器官非常简单且无肛门，绦虫消化器官完全退化，依靠体表直接从宿主肠道吸收营养。

4. 生殖器官发达　大多数寄生虫具有发达的生殖器官，如吸虫的生殖器官占据虫体大部分位置，绦虫每一个成熟节片都具有独立的生殖器官，线虫生殖器官的长度超过身体若干倍。

（二）生理功能的适应

寄生于胃肠道中的寄生虫，它的体壁和原体腔液内存在对胰蛋白酶和糜蛋白酶有抑制作用的物质，能保护虫体免受小肠内蛋白酶的作用，提高对宿主体内的抵抗力。很多消化道内的寄生虫能在低氧环境下以酵解的方式获取能量。

寄生虫繁殖能力增强，表现为产卵或产幼虫数量增加，虫卵及幼虫对外界抵抗力增强，这是保持虫种生存、对自然选择适应性的表现。

任务三　寄生虫与宿主的相互作用

一、寄生虫对宿主的致病作用

（一）夺取营养

营养关系是寄生虫与宿主最本质的关系，寄生虫在宿主体内生长、发育和繁殖所需的营养物质

主要来源于宿主，虫体数量越多，所需营养也越多。寄生虫夺取营养的方式根据其种类、食性及寄生部位的不同而异。一般具有消化器官的寄生虫，用口摄取宿主的营养物质，如血液、体液、组织及食糜等，再经过消化器官进行消化和吸收，如吸虫、线虫等；无消化器官的寄生虫，通过体表摄取营养物质，如绦虫依靠皮层外的微绒毛吸取营养。

（二）机械性损伤

固着：寄生虫以吸盘、吻突、小钩、口囊等器官，固着在寄生部位，造成宿主局部损伤，甚至引起出血和炎症。

移行：寄生虫幼虫在宿主各脏器及组织内游走移动的过程称为移行。幼虫移行穿透组织时，损伤组织器官形成“虫道”，引起出血、炎症，同时破坏所经过的组织器官的完整性。

压迫：某些寄生虫在宿主脏器内大量寄生或形成逐渐增大的包囊，压迫宿主的器官和组织，造成组织萎缩和功能障碍；还有些寄生虫虽然体积不大，但由于寄生于宿主重要的生命器官，也会因为压迫引起严重疾病。

阻塞：寄生于消化道、呼吸道、实质器官和腺体的寄生虫，常因大量寄生引起阻塞，严重者还可造成管腔破裂。

破坏：在宿主组织细胞内寄生的原虫，在繁殖时大量破坏组织细胞而引起严重疾病。

（三）毒性作用和免疫损伤

寄生虫生活期间排出的代谢产物、分泌物、排泄物以及虫体死亡崩解产物，可引起宿主机体局部或全身性中毒及免疫病理反应，导致宿主组织及功能损害。

（四）继发感染

某些寄生虫侵入宿主时，可把一些其他病原微生物（细菌、病毒等）一同携带入内；某些寄生虫感染宿主后，破坏了宿主机体组织屏障，如对皮肤或黏膜等处造成了损伤，降低了抵抗力，使得宿主更易继发感染其他疾病；还有些寄生虫是另一些病原微生物或寄生虫的传播者。

寄生虫对宿主的损伤常常是综合性的，表现为多方面的危害，并且各种危害作用又常互为因果、相互激化而引起复杂的病理过程。

二、宿主对寄生虫的抵抗作用

（一）局部组织的抗损伤反应

寄生虫侵入宿主机体之后，局部组织表现出一系列应答反应，如组织出现炎性充血和免疫细胞浸润，在虫体寄生的局部进行吞噬和溶解，或形成包囊和结节将虫体包裹起来。

（二）天然屏障

宿主机体的皮肤、黏膜、血脑及胎盘屏障可有效阻止一些寄生虫侵入，是主要的天然屏障。遗传因素的作用表现为一些动物对某些寄生虫具有先天不易感性。年龄因素是影响非特异性免疫的重要因素，一般幼龄动物对寄生虫易感。

（三）后天获得性免疫

后天获得性免疫是寄生虫侵入宿主机体后，引起宿主体液和细胞免疫系统活化，产生相应的抗体和免疫细胞。它能将寄生虫消除或抑制其生长发育，使感染处在低水平状态，在此期间寄生虫虽能生存，但宿主不表现出明显症状，这种现象称为“带虫免疫”。

三、寄生虫与宿主相互作用的结果

寄生虫对宿主的作用是夺取宿主的营养并对宿主造成损害，同时宿主对寄生虫的反应是产生不同程度的免疫并设法将其清除，其结果一般分为三类：一是宿主完全清除了体内寄生虫，并对再次感染有一定时间的抵抗力；二是宿主自身或经过治疗清除了大部分但未能完全清除体内寄生虫，使感染处于低水平状态，形成带虫免疫，从而对再次感染具有相对的抵抗力，宿主与寄生虫之间维持长时

Note

间的寄生关系；三是宿主不能控制寄生虫的生长繁殖，当寄生虫数量或致病性达到一定程度时，宿主表现出明显的症状和病理变化而发病。

任务四　寄生虫的分类与命名

一、寄生虫的分类

在同一群体内，其基本特征，特别是形态特征是相似的，是目前寄生虫分类的重要依据。在动物界根据各种动物之间相互关系的密切程度，分别组成不同的分类阶元。寄生虫分类的最基本单位是种，相互关系密切的种同属于一个属，相互关系密切的属同属于一个科，以此类推，建立起目、纲、门等分类阶元。各阶元之间还有中间阶元，如亚门、亚纲、亚目、亚科、亚属、亚种或变种等。

与动物医学有关的寄生虫主要隶属于扁形动物门吸虫纲和绦虫纲、线形动物门线虫纲，棘头动物门棘头虫纲，节肢动物门蛛形纲和昆虫纲，环节动物门蛭纲，原生动物门鞭毛虫纲、孢子虫纲、梨形虫纲、纤毛虫纲等（图 1-1）。

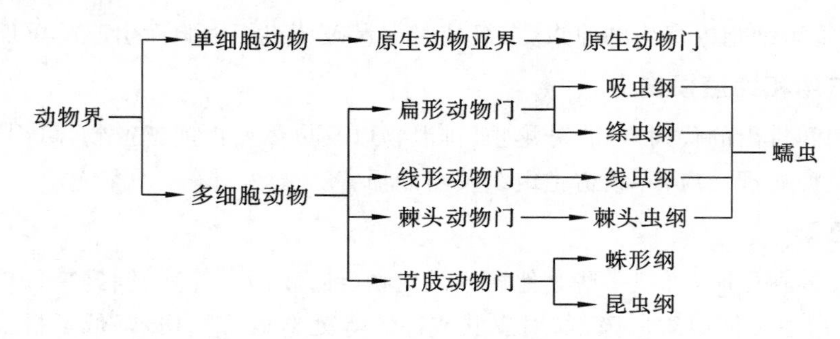

图 1-1　寄生虫的分类

二、寄生虫的命名

为准确区分和识别各种寄生虫，必须给寄生虫定一个专业的名称，国际公认的寄生虫生物命名规则采用的是林奈创造的双名制命名法，这是目前全世界统一的命名规则，用这种方法给寄生虫规定的名称叫作寄生虫的学名，即科学名。寄生虫的科学名由两个拉丁文或拉丁化单词组成，第一个单词是属名，第一个字母要大写；第二个单词是种名，全部字母小写。如日本分体吸虫的学名是"*Schistosoma japonicum*"，其中"*Schistosoma*"表示分体属，而"*japonicum*"表示日本种。

寄生虫病的命名，原则上以引起疾病的寄生虫的属名定为病名，如分体吸虫属的吸虫引起的寄生虫病称为分体吸虫病。

思考与练习

1.寄生虫有哪些类型？
2.宿主有哪些类型？
3.寄生虫对宿主有哪些危害？
4.寄生虫的生活史类型有哪些？

线上评测

项目一　测试题

Note

项目二　动物寄生虫病学基础知识

扫码学课件
2

项目描述

本项目根据执业兽医师、动物疫病防治员和动物检疫检验员等工作的要求而设置。本项目内容包括动物寄生虫病的危害、动物寄生虫病流行病学、动物寄生虫的诊断和动物寄生虫病综合防治。通过认识和了解寄生虫病的危害、流行病学、诊断和防治，将之应用于生产实际，对畜牧业生产有十分重要的意义。

学习目标

▲知识目标

(1)了解寄生虫病的危害。

(2)理解寄生虫病的流行病学概念及基本内容。

(3)掌握寄生虫病流行的基本环节。

(4)了解寄生虫病诊断的方法。

(5)理解寄生虫病的综合防治措施。

▲技能目标

(1)能完成寄生虫病的流行病学调查。

(2)针对寄生虫病能提出合理的综合防治措施并应用于实践。

(3)具备综合分析和诊断寄生虫病的能力。

▲思政目标

(1)具有从事本专业工作的安全生产、环境保护意识。

(2)具有吃苦耐劳、爱岗敬业的精神。

(3)具有良好的沟通能力和良好的团队合作意识。

任务一　动物寄生虫病的危害

一、动物寄生虫病给畜牧业带来极大的经济损失

寄生虫本身的发育特点决定了大多数寄生虫病表现为慢性病病程，甚至不表现临床症状。寄生虫通过消耗动物营养，降低饲料报酬，可明显降低动物的生产性能，寄生虫引起的经济损失是其他任何疾病不能相比的。寄生虫病不像烈性传染病那样传染迅速和发病明显，造成的损害也不如烈性传染病那样严重，往往被人们忽视或因重视不够而疏于防治。

（一）引起动物大批死亡

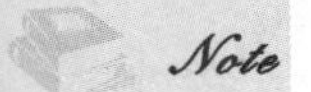

虽然大多寄生虫病呈慢性型，但也有些寄生虫病可在某些地区广泛流行而引起动物急性发病和

死亡，如骆驼和马的伊氏锥虫病，马、牛的梨形虫病，牛、羊泰勒焦虫病，鸡、兔球虫病，猪弓形虫病等。有些慢性型寄生虫病在高强度感染情况下也可使动物大批发病和死亡，如牛、羊片形吸虫病，牛、羊前后盘吸虫病，禽棘口吸虫病和绦虫病，猪、鸡蛔虫病，牛、羊消化道线虫病，牛、羊和猪的肺线虫病，猪、牛、羊、兔的螨病等。

（二）降低动物生产性能

无论是体内寄生虫还是体外寄生虫，它对动物的危害及所表现的症状都是渐进、缓慢的，一般不会像细菌性、病毒性疾病来得突然和猛烈，通常也不会直接造成动物的大量死亡，只会明显降低动物的生产性能。据研究：仔猪感染蛔虫后，它的增重情况比健康猪下降 30%，严重者发育停滞形成“僵猪”甚至死亡；牛皮蝇蚴病使犊牛体重下降 8%，母牛产奶量下降 9%，皮革品质下降 50%～55%；羊混合感染多种蠕虫可使产毛量下降 20%～40%，体重减少 10%～25%。

（三）影响动物生长发育和繁殖

幼龄动物易感性较高，容易遭受寄生虫侵害，使其生长发育受阻，如仔猪感染蛔虫病后甚至成为“僵猪”；种用动物感染寄生虫后因为营养不良而使母畜发情异常，影响其配种率和受胎率；妊娠母畜易发生流产、早产或产死胎，所产仔畜的生命力弱，且因母乳分泌不足而存活率低。有些寄生虫侵害动物生殖系统而直接影响动物繁殖能力，如牛胎毛滴虫病、马媾疫等。

（四）动物产品的废弃

按照兽医卫生检验的有关条例，有些寄生虫病的肉类及脏器不能合理利用，甚至完全废弃，如严重的猪囊尾蚴病、牛囊尾蚴病、肉孢子虫病、旋毛虫病等的肉尸，棘球蚴病的肝脏和肺脏，弓形虫病的肉和内脏等，都要废弃。有时，即使是有条件地利用，也会造成巨大的损失。因寄生虫病使动物产品废弃而造成的直接经济损失和饲养期间的间接经济损失非常严重。

（五）临诊诊断及用药的困难

许多寄生虫病的临床症状与某些传染病非常相似，如蛔虫性肺炎易与病原微生物引起的呼吸道疾病相混淆；球虫造成的腹泻易与病毒性、细菌性腹泻相混淆。由于习惯思维的影响，临诊上出现呼吸道症状就认为是细菌、病毒感染；出现腹泻症状就立即选用抗菌止泻药物，往往造成误诊或治疗不及时。

（六）传播疾病

寄生虫除了自身是病原体外，还传播其他疾病，为其他疾病侵入畜禽打开门户，为其他寄生虫、细菌、病毒感染创造条件。如蚊虫传播日本乙型脑炎，蜱传播牛羊焦虫病，猪后圆线虫侵入猪体时带入猪流感病毒等。

二、人兽共患寄生虫病对人类健康的威胁

（一）人兽共患寄生虫病的概念与分类

1. 人兽共患寄生虫病的概念 人兽共患寄生虫病是指脊椎动物与人之间自然传播的寄生虫病，即以寄生虫为病原体，既可感染人又可感染动物的一类疾病。包括寄生性原虫、蠕虫、能进入宿主皮肤和体内的节肢动物，但不包括在宿主体表吸血和寄居的暂时性寄生虫。

2. 人兽共患寄生虫病分类 方法多样，主要有三种。

1)按寄生虫学分类

(1)吸虫病。约 19 种，如华支睾吸虫病、姜片吸虫病、日本分体吸虫病、肝片形吸虫病、并殖吸虫病(肺吸虫病)等。

(2)绦虫(蚴)病。约 15 种，如棘球蚴病、猪带绦虫病、脑多头蚴病、裂头绦虫病、迭宫绦虫病等。

(3)线虫病。约 27 种，如旋毛虫病、钩虫病、筒线虫病、丝虫病等。

(4)原虫病。约 17 种，如隐孢子虫病、利什曼原虫病、肉孢子虫病、弓形虫病等。

(5)节肢动物病。约 14 种。

(6)棘头虫病。

2)按寄生虫的保虫宿主性质分类

(1)人源性人兽共患寄生虫病。寄生虫的保虫宿主主要是人,通常在人间传播,偶尔感染动物,如阿米巴原虫病。

(2)动物源性人兽共患寄生虫病。寄生虫的保虫宿主主要是动物,通常在动物间传播,偶尔感染人,如弓形虫病、旋毛虫病、棘球蚴病。

(3)互源性人兽共患寄生虫病。即人与动物都是寄生虫的保虫宿主,自然条件下,寄生虫可在人间、动物间及人与动物间相互感染,人和动物互为感染来源,如日本分体吸虫病。

(4)真性人兽共患寄生虫病。寄生虫的生活史必须以人和某种动物分别作为其终末宿主和中间宿主,缺一不可。属于这一类的只有两种病,即猪带绦虫病和牛带绦虫病。猪带绦虫和牛带绦虫分别以猪、牛为中间宿主,人为其终末宿主。

3)按感染途径分类

(1)经口感染引起的人体寄生虫病。

①食品源性。

(a)病原体经肉品感染人,如猪带绦虫病、肥胖带绦虫病(牛带绦虫病)、旋毛虫病、肉孢子虫病、弓形虫病等。

(b)病原体经淡水鱼、虾、蟹和贝类等水产品感染人,如裂头绦虫病、迭宫绦虫病、并殖吸虫病、后殖吸虫病、异形吸虫病、后睾吸虫病、华支睾吸虫病、棘口吸虫病、重翼吸虫病、海狸吸虫病、增殖绦虫病、线中殖孔绦虫病、管圆线虫病、异尖吸虫病、颚口线虫病、膨结线虫病等。

(c)病原体经蛙、蛇等特殊食物感染人,如迭宫绦虫病、中绦绦虫病。

(d)病原体随被污染的食品、水、手,再经食品而感染人,如姜片吸虫病、片形吸虫病、腹盘吸虫病、囊尾蚴病、脑多头蚴病、细颈囊尾蚴病、棘球蚴病、旋毛虫病、毛细线虫病、毛圆线虫病、小袋虫病、弓形虫病、球虫病、蛔虫病、食道口线虫病、小杆线虫病、舌形虫病、贾第虫病、隐孢子虫病、阿米巴病、嗜眼吸虫病等。

②非食品源性:病原体经媒介动物携带而误入口中感染人,如双腔吸虫病、复孔绦虫病、膜壳绦虫病、伪裸头绦虫病、龙线虫病、日本分体吸虫病、东毕吸虫病、毛毕吸虫病、类圆线虫病、钩口线虫病、卡氏肺孢子虫病等。

(2)经皮肤(黏膜)感染引起的人体寄生虫病。

①直接侵入:病原体直接侵入皮肤,如分体吸虫病、类圆线虫病、钩虫病,还有动物寄生虫的感染性幼虫引起人的皮肤幼虫移行症。

②生物媒介传入:病原体经生物媒介传入,如丝虫病、吸吮线虫病、利什曼原虫病、锥虫病、巴贝斯虫病、疟疾、蝇蛆病、泡翼线虫病等。

(3)接触感染:病原体通过动物与人的直接或间接接触而感染,如疥螨、蜱、胃蝇蛆病,狂蝇蛆病,皮蝇蛆病等。

(二)影响人兽共患寄生虫病流行的因素

人兽共患寄生虫病的流行虽然由感染来源、传播途径和易感宿主决定,但也受环境因素的影响。环境因素可促进或阻碍疾病的发生和流行。环境因素可分为自然因素和社会因素。

1. 自然因素

(1)地理气候因素:季节和气候的变化可以影响寄生虫的抵抗力和活动情况,从而影响寄生虫的繁殖、释放和扩散,进而影响疾病的发生频率和流行规模。气候变暖和生态平衡失调是主要自然因素,如蚊虫和蜱的生长和分布均与周围环境温度有着密切的联系。中南美洲有50%的人受黄热病、登革热和南美锥虫病的威胁,全球气候变暖会使这些疾病向北传播。

(2)动物的迁徙和动物群体密度波动的影响:候鸟的迁徙可远距离传播病原体。从森林捕捉野生动物引进动物园或住宅饲养,有可能把某些自然疫源性疾病带到人口密集的地方。从国外引进的

稀有观赏动物或良种畜禽、动物产品等也有可能输入国内尚不存在的人兽共患寄生虫病。动物群体密度的波动也是造成人兽共患寄生虫病流行的重要因素。畜牧业中大规模集约化工厂式的饲养,单位面积内动物饲养量显著增加,兽医防疫工作稍有疏忽就会引起疾病的暴发流行。

2. 社会因素 主要包括社会制度、生产力、经济和科技水平、人民的文化水平、风俗习惯、政府相关法规的建设及执行情况等。这些因素可促进人兽共患寄生虫病的发生和流行,也可成为控制和消灭人兽共患寄生虫病的有利因素。

(1)社会制度和国家综合实力因素的影响:在落后的国家和地区,政府无力对人兽共患寄生虫病实施有效的防治措施,导致人兽共患寄生虫病的数量不断增加,疾病的流行区域扩大而难以控制和消灭。先进的社会制度,经济、文化和科技发达的国家和地区,能对人兽共患寄生虫病进行有效的监测和预防,能及时有效地控制和消灭疾病。

(2)自然疫源地的开发:在人们所接触不到的生态环境中,存在着许多尚未被人们所认识的致病性微生物。在生态环境遭到破坏后,或者人类首次接触此前未知的疫源地,一些致病性微生物就会感染人类,并随着人类活动而在人间传播。

(3)风俗与饮食习惯的影响:人兽共患寄生虫病的流行与民族(宗教)或地区风俗习惯关系密切。如肯尼亚西北部的图加那牧民是世界上细粒棘球蚴感染最严重的人群,这是由于按照宗教习惯,人死后尸体要让狗吃掉。狗的感染率高,自然就增加了人类感染的机会。

人们的卫生知识、饮食习惯与不良嗜好也是造成人兽共患寄生虫病流行的重要因素。在人兽共患寄生虫病由动物感染给人的过程中,食物和饮水起着很重要的作用。其中,动物性食物是许多疾病重要的传播媒介,如日本人嗜食生鱼片,人体棘颚口线虫感染率很高,有的地区竟占总人口的 1/3 以上。有的家庭和饭店,切肉的刀具和砧板生熟不分,有的人习惯在烹调肉食的过程中,品尝调味是否得当,这些不良习惯都可能感染疾病。

(4)职业性质:由于人们的职业不同,有些从业者容易与某些人兽共患寄生虫病的感染来源或媒介接触,他们受感染的概率明显增加。例如,热带森林橡胶园中,工人容易感染黏膜皮肤利什曼病,茶农和果农容易感染皮肤游走性蚴虫病等。

(5)人类对生态系统和生物系统的影响:主要指生物污染,即病原微生物和寄生虫虫卵、幼虫对环境的污染,从而污染人们生活的水源。畜牧场、屠宰场和肉食加工厂排出的大量污水和动物废弃物,如果处理不当,就会污染环境,成为传播疾病的重要因素。例如,1993 年美国威斯康星州密尔沃基市由于小球隐孢子虫的卵囊污染饮水造成近 40 万人感染,近百人死亡。

(三)人兽共患寄生虫病的预防与控制

人兽共患寄生虫病的流行是一个复杂过程,涉及感染来源、传染途径和易感人群或动物三个因素。这三个因素相互联系和作用。要达到控制和阻断疾病传播与流行的目的,主要措施就是消除或切断造成流行的三个环节之间的相互联系和作用。

1. 控制和管理感染来源

(1)对病人及病畜主要实行早发现、早诊断、早报告、早隔离、早治疗的“五早”措施。

(2)定期对种畜场的畜群进行流行病学监测,对血清学阳性动物及时隔离饲养或有计划地淘汰,以消除感染来源。病愈后的牲畜不能作为种畜。畜舍内应严禁养猫、犬并防止猫、犬进入厩舍。严防猫粪、犬粪污染饲料和饮水。

(3)密切接触家畜的人,如屠宰场、肉类加工厂、畜牧场的工作人员,应定期做血清学检查。

(4)家养犬、猫等宠物要定期驱虫,不要逗陌生猫、犬玩耍,孕妇更不要与猫、犬接触。

2. 切断传播途径

(1)一般卫生管理:加强卫生管理是预防和控制传染病流行的一项基础工作。其工作的重点是针对人、动物的生活环境,建立良好的卫生设施和管理制度,改善饮食饮水卫生、保持环境整洁和个体卫生,做好污物的排放和处理等。

Note

①动物圈舍应及时清扫，并定期消毒。

②培养良好的卫生习惯，饭前便后洗手，禁食生肉、半生肉、生乳及生蛋；切生肉和熟肉的刀具要严格分用分放；接触生肉、尸体后应严格消毒。

(2)消毒：切断人兽共患寄生虫病传播途径的重要手段，消毒的目的是清除或杀灭停留在外界环境中的病原体，减少疾病的感染来源。

(3)杀虫：杀灭人与动物生活环境中存在的传播媒介，如蚊、蝇、蚤、虱、白蛉、蜱、螨等，这是切断人兽共患寄生虫病传染途径的重要措施。

(4)灭鼠：老鼠与人类的生活相当密切，而且也是某些人兽共患寄生虫病的主要感染来源，如鼠类传播的人兽共患寄生虫病等。因此，开展灭鼠工作也是切断疫病传播途径的一项重要措施。

3. 保护易感人群和动物

(1)免疫预防：目前，能够商业应用的寄生虫虫苗尚不多见，但有多种虫苗正在研制或已进入中试。如猪囊尾蚴基因工程重组苗、日本分体吸虫基因工程重组苗、旋毛虫灭活苗、弓形虫的减毒苗等已进入动物临诊试验阶段。

(2)药物预防：防治寄生虫病的化学药物目前已广泛应用。对某些尚无特异性免疫方法或免疫效果不甚理想的人兽共患寄生虫病，在疫病流行期间可给予易感人群和动物某些药物进行预防，这对降低发病率和控制疫病流行具有一定的作用。

(3)健康教育与促进：通过传播媒介的宣传、健康知识培训和心理咨询与干预等措施，教育和帮助人们改变不良行为、生活方式或动物饲养方式，改善人和动物饮食营养和生活环境状况，加强个体防护和医疗卫生保健措施。

任务二　动物寄生虫病流行病学

一、流行病学的概念

研究动物寄生虫病流行的学科称为寄生虫病流行病学或寄生虫病流行学，它是研究动物群体中某种寄生虫病的发生原因和条件、传播途径、流行过程及其发展规律，以及据此采取预防、控制和扑灭措施的一门学科。流行病学也包括对某些个体的寄生虫病诸方面的研究，因为个体的疾病，有可能在条件具备时发展为群体的疾病。但流行病学的研究更着重于群体。流行病学的内容涉及许多方面，它是寄生虫和宿主以及足以影响其相互关系的外界环境因素的总和。另外，一个特别重要的方面是社会因素，人类的各种活动对寄生虫和宿主的关系及其周围环境有着巨大的影响。

二、动物寄生虫病流行的基本环节

某种寄生虫病在一个地区流行必须同时具备三个基本环节，即感染来源、感染途径和易感动物。

（一）感染来源

感染来源包括终末宿主、中间宿主、补充宿主、转运宿主、保虫宿主、带虫宿主以及传播媒介等。虫体、幼虫或虫卵等病原体由上述宿主通过粪便、尿液、血液以及其他分泌物、排泄物和流产物等排出体外，污染外界环境并发育到感染性阶段，经一定的方式或途径传染给其他易感动物。有些病原体虽不排出体外，但也以一定形式存在于宿主体内而成为感染来源，如肌旋毛虫包囊。

（二）感染途径

感染途径是指病原体由感染来源传染给易感动物的一种方式。感染途径可以是某种单一途径，也可以是多种途径，随寄生虫的种类不同而各异，主要有以下几种。

(1)经口腔感染：发育到感染性阶段的寄生虫随着被污染的饲料、饮水、牧草或有寄生虫感染的中间宿主等，通过采食、饮水等方式从口腔进入宿主体内。多数寄生虫通过此种方式感染。

(2)经皮肤感染:感染性寄生虫由宿主健康皮肤钻入而感染,如分体吸虫、钩虫等。

(3)经接触感染:患病或带虫的动物与健康动物之间通过直接接触或用具、人员等间接接触后,将病原体传染给健康动物,如蜱、螨、虱以及生殖道寄生虫等。

(4)经胎盘感染:这种感染途径又称垂直感染。在妊娠动物体内,寄生虫通过胎盘由母体感染胎儿,如弓形虫。

(5)经生物媒介感染:寄生虫通过节肢动物的叮咬、吸血等由患病动物传染给健康动物。一些血液寄生虫主要经这个途径感染动物。

(6)经自身感染:猪带绦虫病人可通过逆呕使孕卵节片或虫卵重新进入小肠而感染囊尾蚴病。

(三)易感动物

易感动物是指对某种寄生虫缺乏免疫力或免疫力低下的动物。

某种寄生虫并不能在所有动物体内生活,而只能在一种或几种动物体内生存、发育和繁殖,对宿主具有选择性。宿主的易感性高低与动物种类、品种、年龄、性别、饲养方式、营养状况等因素有关。如猪蛔虫只感染猪而不感染其他动物。一般幼年动物易感性较高,如鸡球虫最易感的是15～50日龄的雏鸡;相同动物群体的不同个体之间对寄生虫的易感性也不一样。影响宿主易感性高低最主要的因素是宿主机体的整体状况,整体越好其易感性越低。因此,在防治寄生虫病的过程中必须对家畜加强饲养管理,强调全价饲养。

三、动物寄生虫病流行病学的基本内容

寄生虫病流行病学从群体角度出发,研究寄生虫病发生、发展和流行的规律,从而制订防治、控制和消灭寄生虫病的具体措施和规划。其研究的基本内容除寄生虫和宿主的生物学因素外,还包括自然因素和社会因素。

(一)生物学因素

(1)寄生虫的生活史:了解寄生虫在哪个发育阶段以何种形式排出体外;了解寄生虫在外界环境发育到感染性阶段所需的时间和条件;了解寄生虫在自然界保持生命力和感染力的期限以及对外界环境的耐受性,寄生虫从感染宿主至发育成熟排卵所需的时间等内容。这对确定动物驱虫时间以及制订相应的防治措施具有极其重要的参考价值。

(2)寄生虫的寿命:寄生虫在宿主体内寿命的长短决定了宿主向外界散布病原体的时间。如猪蛔虫成虫的寿命为7～10个月,而猪带绦虫在人体内的存活时间可长达25年。

(3)中间宿主和传播媒介:许多种寄生虫在发育过程中需要中间宿主和传播媒介的参与,它们的生物学特性对于寄生虫病的流行起着很大的作用。因此,必须了解它们的分布、密度、习性、栖息场所、出没时间、越冬地点以及有无天敌等特性。除此之外,还要了解寄生虫幼虫在其体内的生长发育,以及进入补充宿主、保虫宿主等的可能和机会。

(二)自然因素

自然因素包括气候、地理、生物种群等方面。气候和地理等自然条件的不同势必影响植被和动物区系的分布,而中间宿主和传播媒介都有其固有的生物学特性,外界自然条件(温度、湿度、空气、阳光、地势等)直接影响其生存、发育和繁殖,也直接影响宿主机体的抵抗力,从而影响寄生虫病的发生。因此,寄生虫病在自然界的发生和流行具有以下几方面的特点。

1. 地方性　寄生虫病的发生和流行常有明显的区域性,绝大多数寄生虫病呈地方性流行,少数是散发性,极少数呈流行性。寄生虫的地理分布也称为寄生虫区系。影响寄生虫区系差异的原因主要有如下几种。

(1)动物种群的分布不同。动物种群包括寄生虫的终末宿主、中间宿主、补充宿主、保虫宿主、带虫宿主和传播媒介等。由于各种地理区域自然条件的不同,动物种群分布也不同,决定了与其相关的寄生虫区系的不同。

(2)寄生虫对自然条件的适应性不同。各种寄生虫对自然条件的适应性有很大差异,有的寄生

虫适应气候温暖潮湿的环境，有的则适应高寒地带。这种寄生虫适应性的差异，决定了不同自然条件的地理区域所特有的寄生虫区系。

(3)寄生虫的发育类型不同。寄生虫生长、发育和繁殖的一个完整循环过程，称为寄生虫的生活史或发育史，可分为两种类型：不需中间宿主的直接发育型和需要中间宿主的间接发育型。一般地讲，直接发育型的寄生虫(也称为土源性的寄生虫)，其地理分布较广，而间接发育型的寄生虫(也称为生物源性的寄生虫)，其地理分布受到严格限制。如蛔虫病分布很广，而血吸虫病只限于长江流域及长江以南。

2. 季节性 寄生虫的生活史比较复杂，各种寄生虫都有其固有的发育过程，多数寄生虫需在外界环境完成一定的发育阶段。因此，温度、湿度、光照、降雨量等自然条件的季节性变化，使得寄生虫体外发育阶段也具有季节性，动物感染和发病的时间也随之出现季节性变化。另外，自然条件的季节性变化也影响了寄生虫中间宿主和传播媒介的活动。因此，间接发育型寄生虫引起的疾病具有明显的季节性。

3. 慢性和隐性 寄生虫病的发生和流行受很多因素制约。寄生虫并不像细菌、病毒等一样迅速繁殖、广泛传播。寄生虫的发育期较长，有的还需要中间宿主和传播媒介的参与。因此，多数寄生虫病的病程呈慢性经过，甚至无临床症状，只有少数呈急性或亚急性过程。决定病程最主要的因素是感染强度，即宿主机体感染寄生虫的数量。因为宿主感染寄生虫后，除原虫和少数寄生虫(如螨)可通过繁殖增加数量外，多数寄生虫进入机体后只是继续完成其生活史。因此，动物感染后表现为带虫现象的比较普遍。

4. 多寄生性 同一宿主混合感染两种或两种以上寄生虫的现象比较常见。通常，两种寄生虫同时在宿主体内寄生时，一种寄生虫可降低宿主对另一种寄生虫的抵抗力，即出现免疫抑制现象。

5. 自然疫源性 自然疫源性是指某些疾病在一定区域的自然条件下，由于存在某种特有的野生感染来源、传播媒介和易感动物而长期在自然界循环，当人和家畜进入这一区域时可能遭到感染。这些地区称为自然疫源地。这类寄生虫病称为自然疫源性寄生虫病。在自然疫源地中，保虫宿主尤其是容易被忽视而又难以施治的野生动物种群在流行病学上起着重要作用。

(三)社会因素

社会经济状况、文化教育和科学技术水平、法律法规的制定和执行、人们的生活方式、风俗习惯、动物饲养管理条件以及防疫保健措施等社会因素对寄生虫病的发生和流行起着重要作用。如人类对自然资源的不断开发利用使得原始的疫源性疾病感染人类和家畜；人类对外交流的频繁使得疾病传播的机会大大增加；人类的不良饮食及卫生习惯使得一些食源性寄生虫病的发生和流行增多。

任务三　动物寄生虫病的诊断

一、流行病学调查诊断

流行病学调查可为寄生虫病的诊断提供重要依据。调查的具体内容包括以下几个方面。

(1)基本概况：主要了解当地地理环境、地形地势、河流与水源、降雨量及其季节分布、耕地性质及数量、草原数量、土壤植被特性、野生动物种群及其分布等。

(2)被检动物种群概况：包括被检动物的数量、品种、性别、年龄、组成成分、动物补充来源等，以及动物饲养方式、饲料来源及质量、水源及卫生状况、畜舍卫生、动物生产性能(包括产奶量、产肉量、产蛋量、产毛量及繁殖率)等方面。

(3)被检动物发病情况：包括发病当时以及近2～3年来动物的营养状况、发病及死亡的时间及数量、症状及病变、采取的措施及效果等。

(4)分布情况：中间宿主和传播媒介的存在与分布情况。

(5)人兽共患寄生虫病调查:怀疑是人兽共患寄生虫病时,应了解当地居民的饮食卫生习惯、人的发病数量及诊断结果等。与犬、猫等动物相关的疾病,还应调查犬、猫的数量,营养状况以及发病情况等。

二、临诊检查诊断

通过临诊检查可查明动物的营养状况、临诊表现和疾病的危害程度,为寄生虫病的诊断奠定基础。

临诊检查中,根据某些寄生虫病特有的临床症状,如脑包虫病的"回旋运动"、疥癣病的"剧痒、脱毛"、球虫病的"球虫性腹泻"等可基本确诊;对于某些外寄生虫病如皮蝇蚴病、各类虱病等可发现病原体,建立诊断;对于非典型症状病例,也能明确疾病的危害程度和主要表现,为下一步采用其他方法诊断提供依据。

寄生虫病的临诊诊断与其他疾病相似,多以群体为单位进行大群动物的逐头检查。畜群过大可抽查其中的部分动物。检查中发现可疑病畜或怀疑某种寄生虫病时,随时采取相关病料进行实验室诊断。

三、寄生虫剖检诊断

寄生虫剖检是诊断寄生虫病可靠而常用的方法。通过剖检可以确定寄生虫种类和感染强度,明确寄生虫对宿主的危害程度,尤其适合群体寄生虫病的诊断。剖检时可选用自然死亡的动物、急宰的患病动物或屠宰动物。

寄生虫剖检除用于诊断外,还用于寄生虫区系调查和动物驱虫效果的评定。一般采用全身各组织器官的全面系统检查,有时也可根据需要(如为了解某器官的寄生虫感染状况),专门检查一个或几个器官。

四、实验室病原检查诊断

在流行病学调查和临诊检查的基础上,要通过对各种病料的检查来发现寄生虫的病原体,这是诊断寄生虫病的重要手段。

进行实验室病原检查时,不同的寄生虫所采取的病料不同。实验室病原检查的方法主要如下。

(1)粪便检查:包括粪便的虫体检查法、虫卵检查法、毛蚴孵化法、幼虫检查法等。因为许多种寄生虫的虫卵和卵囊都随粪便排出体外,因此粪便检查是诊断寄生虫病重要的手段之一。

(2)皮肤及其刮取物检查:此法适于螨病的实验室诊断。

(3)血液检查:用于诊断血液寄生虫病。

(4)尿液检查:如猪冠尾线虫病的实验室虫卵检查。

(5)生殖器官分泌物检查:如毛滴虫病的诊断。

其他实验室病原检查方法还包括肛门周围擦拭物检查、痰液和鼻液检查以及淋巴穿刺物检查等。必要时可进行实验动物接种,多用于上述方法不易检出病原体的某些原虫病。用采自患病动物的病料对易感实验动物进行人工接种,待虫体在其体内大量繁殖后再对实验动物进行虫体检查,如对伊氏锥虫病和弓形虫病的实验室诊断可采用此法。

五、治疗性诊断

治疗性诊断是针对寄生虫病的可疑病畜,用对该寄生虫病的特效药物进行驱虫或治疗而进行诊断的方法。该法适用于不能或无条件进行实验室诊断法进行诊断的寄生虫病。

(一)驱虫诊断

用特效驱虫药对疑似动物进行驱虫,收集驱虫后 3 天内排出的粪便,肉眼观察粪便中的虫体,确定其种类和数量,以达到确诊目的。驱虫诊断适用于绦虫病、线虫病等胃肠道寄生虫病。

(二)治疗诊断

用特效抗寄生虫药对疑似病畜进行治疗,根据治疗效果来进行诊断。治疗效果以死亡停止、症

Note

状缓解、全身状态好转、痊愈等表现来评定。治疗诊断多用于原虫病、螨病以及组织器官内蠕虫病的诊断。

六、免疫学诊断

病原学检测技术虽有确诊疾病的优点，但对早期和隐性感染，以及晚期和未治愈的患病动物常常出现漏诊。免疫学诊断技术可作为辅助手段而弥补这方面的不足。随着抗原纯化技术的进步、诊断方法准确性的提高和标准化的解决，免疫学诊断技术更加广泛地应用于寄生虫病的临诊诊断、疗效考核以及流行病学调查。几乎所有的免疫学方法均可用于寄生虫病的诊断。常用的免疫学诊断方法有环卵沉淀试验(COPT)、间接红细胞凝集试验(IHA)、酶联免疫吸附试验(ELISA)、间接荧光抗体试验(IFAT)、乳胶凝集试验(LAT)、免疫印迹法(IBT，又称 Western Blot)、免疫层析技术(ICT)等。

七、分子生物学诊断

分子生物学诊断技术即基因和核酸诊断技术，在寄生虫病的诊断中显示了高度的敏感性和特异性，同时具有早期诊断和确定现症感染等优点。分子生物学诊断技术主要包括 DNA 探针和聚合酶链反应(polymerase chain reaction，PCR)两种技术。目前，PCR 技术多用于寄生虫病的基因诊断、分子流行病学研究和种株鉴定分析等领域。已应用的虫种包括利什曼原虫、疟原虫、弓形虫、阿米巴原虫、巴贝虫、旋毛虫、锥虫、隐孢子虫、猪带绦虫和丝虫等。

任务四　动物寄生虫病综合防治

寄生虫病的防治必须贯彻“预防为主，防重于治”的方针，依据寄生虫的发育史、流行病学与生态学特性等资料，采取各种预防、控制和治疗的综合措施，达到控制寄生虫病发生和流行的目的。

一、控制和消灭感染来源

(一)动物驱虫

驱虫是综合防治中的重要环节，通常是用药物杀灭或驱除寄生虫。根据驱虫目的不同，可分为治疗性驱虫和预防性驱虫两类。

(1)治疗性驱虫(也称紧急性驱虫)：发现患病动物，及时用药治疗，驱除或杀灭寄生于动物体内或体外的寄生虫。这有助于患病动物恢复健康，同时还可以防止病原体散播，减少环境污染。

(2)预防性驱虫(也称计划性驱虫)：根据各种寄生虫的生长发育规律，有计划地进行定期驱虫。对于蠕虫病，可选择虫体进入动物体内但尚未发育到性成熟阶段时进行驱虫，这样既能减轻寄生虫对动物的损害，又能防止外界环境被污染。

无论治疗性驱虫还是预防性驱虫，驱虫后，均应及时收集排出的虫体和粪便进行无害化处理，防止病原体散播。

在组织大规模驱虫工作时，应先选小群动物做药效及药物安全性试验。尽量选用广谱、高效、低毒、价廉、使用方便、适口性好的驱虫药。

(二)粪便生物热除虫

粪便生物热除虫也称为粪便堆积发酵处理。许多寄生在消化道、呼吸道、肝脏、胰腺以及肠系膜血管中的寄生虫，在其繁殖过程中将大量的虫卵、幼虫或卵囊随粪便排出体外，在外界发育到感染期。杀灭粪中寄生虫病原最简单有效的方法，就是粪便的堆积发酵处理。这些病原体往往对一般的化学消毒药具有强大的抵抗力，但对高温和干燥敏感，在 50～60 ℃下足以被杀死，而粪便经 10～20 天的堆积发酵后，粪堆中的温度可达 60～70 ℃，几乎可以完全杀死粪堆中的病原体。

(三)加强卫生检验

不良的饮食习惯，易造成寄生虫进入人体而患寄生虫病，如华支睾吸虫病、颚口线虫病、并殖吸

虫病、猪带绦虫病、牛带绦虫病、旋毛虫病、弓形虫病、肝片形吸虫病、姜片吸虫病等在人体发病多属食源性原因引起。加强对肉类、鱼类等食品的卫生检疫工作；严格按有关规定科学处理患病动物的器官和胴体；不吃不熟或半熟的食物；加强宣传教育，提高公众的公共卫生意识。

（四）加强保虫宿主的管理

犬、猫、鼠类以及野生动物与很多寄生虫病的发生关系密切，如弓形虫病、肉孢子虫病、利什曼原虫病、贝诺孢子虫病、华支睾吸虫病、裂头蚴病、棘球蚴病、细颈囊尾蚴病、旋毛虫病等的发生与保虫宿主有一定关系。因此，养殖场尤其是规模化养殖场要严禁养猫、犬；对市民养犬要科学管理，对饲养的猫、犬定期检查，及时治疗和驱虫，其粪便深埋或烧毁。老鼠是许多寄生虫病的中间宿主和带虫者，在自然疫源地中起着感染来源的作用，应常态化做好灭鼠工作。

二、切断传播途径

（一）合理轮牧

轮牧是牧区草地除虫的最好措施。放牧过程中动物粪便污染草地，在其病原体还未发育到感染期时将动物转移至新草地，旧草地上感染性虫卵或幼虫等经过一定时间后未能感染动物则自行死亡，草地自行净化，这样自然避免了动物感染。轮牧的间隔时间视不同地区、不同季节以及不同寄生虫而定。

（二）科学的饲养方式

随着畜牧业生产的工厂化和集约化，必须改变传统落后的饲养模式。例如，根据实际需要，将散养改为圈养，将放牧改为舍饲，将平养改为笼养，以减少寄生虫的感染机会。

（三）消灭中间宿主和传播媒介

寄生虫的中间宿主和传播媒介主要是指经济意义较小的螺、蜊蛄、剑水蚤、蝇、蜱以及吸血昆虫等无脊椎动物。对生物源性的寄生虫病，消灭中间宿主和传播媒介可阻止寄生虫的发育，起到消除感染来源和切断感染途径的双重作用，其主要措施如下。

(1)物理法：主要是通过排水、交替升降水位、烧荒和疏通沟渠等方法改造生态环境，使中间宿主和传播媒介失去其必需的栖息环境。

(2)化学法：在中间宿主和传播媒介的栖息场所，使用杀虫剂、灭螺剂等，但必须要注意避免对环境的污染以及对有益生物的危害。

(3)生物法：养殖其捕食者来消灭中间宿主和传播媒介。如养殖可灭螺的水禽、养殖捕食孑孓的柳条鱼、花鳉鱼等。

(4)生物工程法：培育雄性不育节肢动物，使之与雌性交配后产出不发育的卵而减少其种群数量。

三、免疫接种

随着寄生虫耐药虫株的出现以及消费者对畜禽产品药物残留问题的担忧和环境保护意识的增强，研制疫苗防治寄生虫病已成大势所趋。寄生虫虫苗可分为五类，即弱毒活苗、排泄物-分泌物抗原苗、基因工程苗、化学合成苗和基因苗。

四、加强饲养管理

（一）科学饲养

实行科学化养殖，饲喂全价、优质饲料，使动物获得足够的营养，保障机体有较强的抵抗力，防止寄生虫侵入，或阻止侵入寄生虫的继续发育，甚至将其包埋或杀死，使感染维持在最低水平，机体与寄生虫之间处于暂时相对平衡状态，防止寄生虫病的发生。同时，减少各种应激因素，使动物有一个利于健康的生活环境。

（二）卫生管理

防止饲料和饮水被污染；禁止在潮湿的低洼地带放牧或收割饲草，必要时晒干或存放 3～6 个月

后再利用；禁止饮用不流动的浅水，最好饮用井水、自来水或流动的江河水；畜舍要保持干燥，光线充足，通风良好，饲养密度要适宜，避免过于拥挤；畜舍及运动场保持清洁、干燥，经常清除粪便等垃圾并进行发酵处理。

（三）保护幼畜

一般成年动物对寄生虫感染的抵抗力强，不易感染，即使感染发病症状也不严重，但往往是重要的感染来源。而幼龄动物抵抗力弱，容易感染且发病严重，死亡率高。因此，幼龄动物和成年动物应分群隔离饲养，以减少幼畜被感染的机会。

知识拓展

1.《农业部关于加快推进畜禽标准化规模养殖的意见》

2.《一、二、三类动物疫病病种名录》

实训一　动物寄生虫病流行病学调查与分析

【实训目标】

通过实训使学生掌握动物寄生虫病流行病学资料的调查、搜集和分析处理的方法，为诊断动物寄生虫病奠定基础。

【实训内容】

（1）动物寄生虫病流行病学调查方案的制订。

（2）动物寄生虫病流行病学调查与分析。

【设备材料】

（1）动物养殖场：患寄生虫病的猪场、鸡场、牛场及羊场。

（2）器材：笔、记录本、数码相机、录音设备、交通工具。

【方法步骤】

1. 动物寄生虫病流行病学调查方案的制订　动物寄生虫病流行病学调查提纲主要包括以下内容。

（1）单位或畜主的名称和地址。

（2）单位概况，包括所处的地理环境、地形地势、河流与水源、降雨量及其季节分布、耕地性质及数量、草原数量、土壤植被特性、野生动物种群及其分布等。

（3）被检动物群概况：品种、性别、年龄组成、总头数、动物补充来源等。

（4）被检动物群生产性能：产奶量、产肉量、产蛋量、产毛量、繁殖率。

（5）动物饲养管理情况：饲养方式、饲料来源及其质量、水源及其卫生状况、动物舍卫生状况等。

（6）近 2～3 年动物发病及死亡情况：发病数、死亡数、发病及死亡时间、原因、采取的措施及其效果等。

（7）动物当时发病及死亡情况：营养状况、发病数、临诊表现、死亡数、发病及死亡时间、病死动物剖检病变、采取的措施及其效果等。

(8)终末宿主、中间宿主和传播媒介的存在和分布情况。

(9)居民情况:怀疑为人兽共患病时,要了解居民数量、饮食卫生习惯、发病人数及诊断结果等。

(10)犬、猫饲养情况:与犬、猫相关的寄生虫病,应调查居民点和单位内犬、猫的饲养量、营养状况及发病情况等。

2. 动物寄生虫病流行病学现场调查 根据动物寄生虫病流行病学调查方案,采取询问、查阅各种记录(包括当地气象资料、动物生产、发病和治疗等情况)以及实地考察等方式进行调查,了解当地动物寄生虫病的发病现状。

3. 调查资料的统计分析 对于获得的资料,应进行数据统计(如发病率、死亡率、病死率等)和情况分析,提炼出规律性资料(如生产性能,发病季节,发病与降雨量及水源的关系,与中间宿主及传播媒介的关系,与人类、犬和猫等的关系)。

【实训报告】

根据动物寄生虫病流行病学调查资料,写一份调查报告。

思考与练习

1. 动物寄生虫病的危害有哪些?
2. 动物寄生虫的传播途径有哪些?
3. 动物寄生虫病的流行特点是什么?
4. 动物寄生虫病的诊断方法有哪些?
5. 动物寄生虫病的综合防治措施有哪些内容?

线上评测

项目二 测试题

Note

项目三　动物吸虫病的防治

项目描述

本项目根据执业兽医师、动物疫病防治员和动物检疫检验员等工作的要求而设置。通过介绍吸虫概述和动物常见吸虫病，如日本血吸虫病、东毕吸虫病、华支睾吸虫病、肝片形吸虫病、姜片吸虫病、阔盘吸虫病、前后盘吸虫病、前殖吸虫病等动物吸虫病的基本知识和技能，使学生了解吸虫的形态构造及分类，掌握动物常见吸虫病的生活史、流行病学、临床症状、病理变化、诊断要点及防治方法，能够根据具体养殖情况，进行常见吸虫病的调查和分析，制订合理的防治方案，解决生产生活中所遇到的实际问题。

学习目标

▲知识目标

(1)掌握吸虫的通性，了解吸虫的分类和动物生产中危害较大的吸虫病的种类。

(2)掌握动物主要吸虫病的病原形态、生活史特征、流行病学特点、临床症状和病理变化。

(3)熟练掌握虫体鉴别特征、诊断要点和防治措施。

(4)能阐述常用吸虫病药物的作用机制、使用方法和注意事项。

▲技能目标

(1)能够识别吸虫虫体、虫卵和中间宿主。

(2)能够根据患病动物的临床资料或检测目的，正确采取病料，并从病料中检查到吸虫。

(3)能根据养殖场的具体情况，制订合理的预防吸虫病的方案，并对动物实施驱虫等预防措施。

(4)能够对动物常见危害性大的各种吸虫病做出正确的诊断，并能采取有效的防治措施。

▲思政目标

(1)注重生态文明，知农爱农。

(2)操作规范、吃苦耐劳，树立正确的生物安全防护意识。

(3)能用所学理论知识指导实践，培养实事求是、积极探索、勇于创新的科学素质。

(4)培养沟通和协作能力，能和畜主进行良好的沟通。

扫码学课件

3-1

任务一　吸虫的认知

吸虫属于扁形动物门吸虫纲，包括单殖目吸虫、盾腹目吸虫和复殖目吸虫三大类。寄生于畜禽的吸虫以复殖目吸虫为主，可寄生于畜禽消化道、胆管、胰管、肺脏、肠系膜静脉、肾和输尿管及皮下等部位。

一、吸虫的形态构造

（一）外部形态

吸虫虫体多呈背腹扁平，为叶状、舌状，少数呈近似圆形或圆柱状或线状（如血吸虫为线状）。体色一般为乳白色、淡红色或棕色。虫体大小相差悬殊，小的仅有 0.3 mm，大的可达 75 mm。虫体表面光滑或有小棘、小刺等。最显著的外部构造是有两个肉质吸盘，口吸盘位于虫体前端，围绕在口孔周围，口孔位于口吸盘中央，用以固着宿主组织；腹吸盘多位于虫体腹面，位置不定，有的位于虫体后端，称为后吸盘，有的无腹吸盘，只起固着作用，与体内器官不通连。生殖孔开口于口吸盘和腹吸盘之间，通常位于腹吸盘的前缘或边缘。排泄孔位于虫体末端。

（二）体壁和实质

吸虫无表皮，体壁由皮层和肌肉层构成皮肌囊。皮层从外向内包括外质膜、基质和基质膜。外质膜的成分为酸性黏多糖或糖蛋白，具有抗宿主消化酶和保护虫体的作用。基质内含有线粒体、分泌小体和感觉器。皮层具有分泌与排泄功能，可进行氧气和二氧化碳的交换，还具有吸收营养、感觉的功能，其营养物质以葡萄糖为主，也可吸收氨基酸。肌层附着于基层上，包括外环肌、内纵肌与中斜肌，是虫体伸缩活动的组织。吸虫无体腔，皮肌囊内充满网状组织即实质。

（三）内部结构

吸虫有各种组织器官系统，其中重要的有消化系统、生殖系统（图 3-1）。

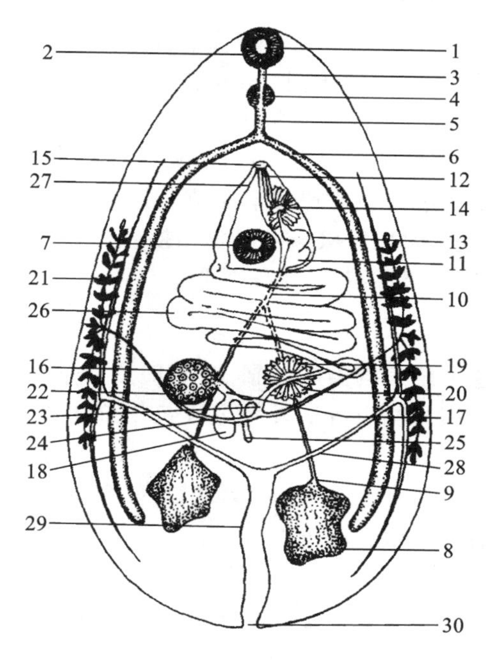

图 3-1　吸虫构造模式图

1. 口　2. 口吸盘　3. 前咽　4. 咽　5. 食道　6. 盲肠　7. 腹吸盘　8. 睾丸　9. 输出管　10. 输精管　11. 贮精囊　12. 雄茎　13. 雄茎囊　14. 前列腺　15. 生殖孔　16. 卵巢　17. 输卵管　18. 受精囊　19. 梅氏腺　20. 卵模　21. 卵黄腺　22. 卵黄管　23. 卵黄囊　24. 卵黄总管　25. 劳氏管　26. 子宫　27. 子宫颈　28. 排泄管　29. 排泄囊　30. 排泄孔

1. 消化系统　消化系统不发达，由口、前咽、咽、食道及肠管构成。口除少数在腹面外，通常位于虫体前端，由口吸盘围绕。前咽为口与咽之间的细管，短小或缺。无前咽时，口下为咽，咽呈球形，肌肉质，也有退化者（如同盘科）。咽后连食道，食道或长或短。食道下接分岔的两条肠管，肠管位于虫体的两侧向后至虫体后部，其末端是封闭的，称为盲肠。绝大多数吸虫两条肠管不分支，有的肠管有分支，如肝片形吸虫；有的两条肠管在尾部又合成一条，如日本分体吸虫；有的末端互相连接成环状，如嗜气管吸虫。无肛门，肠内废物自肠经口排出体外。吸虫的营养物质包括宿主的上皮细胞、黏液、胆汁、消化管的内含物及血液等。

2. 生殖系统 吸虫的生殖系统发达，占虫体的大部分，生殖能力极强，构造复杂。除分体吸虫外，均为雌雄同体。

(1)雄性生殖器官:包括睾丸、输出管、输精管、贮精囊、射精管、前列腺、雄茎、雄茎囊和生殖孔等。睾丸数目、形态、大小和位置随吸虫的种类而不同。通常有两个睾丸，每个睾丸发出一条输出管，再汇合为一条输精管，输精管远端膨大及弯曲而成为贮精囊，接着延伸为射精管，射精管的基端为前列腺所包围，称为前列腺部；末端为雄茎，开口于虫体腹面的生殖孔。贮精囊、射精管、前列腺和雄茎被包围在雄茎囊内。贮精囊在雄茎囊内时称为内贮精囊，在其外时称为外贮精囊。雄茎可伸出生殖孔外，与雌性生殖器官交配。

(2)雌性生殖器官:包括卵巢、输卵管、卵模、受精囊、梅氏腺、卵黄腺、子宫、生殖孔、卵黄总管、劳氏管、卵黄囊。卵巢的形态、大小及位置常因种而异，常偏于虫体一侧。卵巢一个，由卵巢发出输卵管，远端与受精囊及卵黄总管相接。卵黄腺多在虫体的两侧，由许多卵黄滤泡组成，左右两条卵黄管汇合为卵黄总管。卵黄总管与输卵管汇合处的囊腔即卵模，其周围由一群单细胞腺——梅氏腺包围着，成熟的卵细胞由于卵巢的收缩作用而移向输卵管，与受精囊中的精子相遇受精，受精卵向前移入卵模。虫卵由卵模进入与此相连的子宫，成熟后通过子宫末端的阴道经生殖孔排出。

3. 排泄系统 吸虫的排泄系统由焰细胞、毛细管、集合管(排泄管)、排泄总管、排泄囊和排泄孔等部分组成，其功能是排泄虫体的代谢产物。焰细胞收集的排泄物，经毛细管、集合管集中到排泄囊，最后由末端的排泄孔排出体外。成虫排泄孔只有一个，位于虫体末端。吸虫经排泄系统将尿素、氨、尿酸等废物排出体外。焰细胞的数目与排列，在分类上具有重要意义。

4. 神经系统 吸虫具有梯形神经系统。在咽的两侧各有一个与横索相连的神经节，相当于神经中枢。两个神经节向前、向后各发出三对神经干，分布在虫体的背、腹和两侧。向后的神经干在不同水平上与几条横索相连。由神经干发出的神经末梢分布到口吸盘、咽及腹吸盘等器官。在皮层中有许多感觉器。某些吸虫的毛蚴和尾蚴常具眼点，具有感觉器官的功能。

5. 淋巴系统 单盘类、对盘类和环肠类吸虫有独立的淋巴系统，位于虫体两侧，由 2～4 对纵管及其附属构造组成。纵管有分支，与口、腹吸盘淋巴窦相接。具有输送营养和排泄的功能。

6. 其他 吸虫无循环系统和呼吸系统，行厌氧呼吸。

二、吸虫的生活史

吸虫的生活史比较复杂，整个过程均需中间宿主，有的还需补充宿主。中间宿主多为淡水螺或陆地螺，补充宿主多为鱼类、蛙、螺和昆虫等。发育过程包括虫卵、毛蚴、胞蚴、雷蚴、尾蚴、囊蚴和成虫等阶段(图 3-2、图 3-3)。

1. 虫卵 多呈椭圆形或卵圆形，卵壳比较厚，为灰白色、淡黄色至棕色，具有卵盖(分体吸虫除外)。有些虫卵在排出时只含有胚细胞和卵黄细胞。有的已发育含有毛蚴。

2. 毛蚴 外形呈三角形或梨形，前部较宽，后端狭小，有头腺。体表附有密集的纤毛，是它的运动器官，运动活泼。消化道、神经和排泄系统开始分化。当虫卵在水中发育时，毛蚴从卵盖破壳而出，遇到适宜的中间宿主，即利用其头腺钻入螺体、脱去纤毛，发育为胞蚴。

3. 胞蚴 呈包囊状，两端圆，内含胚细胞、胚团及简单的排泄器。发育成熟的胞蚴体内含有雷蚴。多寄生于螺的肝脏，通过体表获取营养，营无性繁殖。一个胞蚴能发育形成多个雷蚴。

4. 雷蚴 又称裂蚴，雷蚴呈长条形囊状体，有口、咽和盲肠，体内含胚细胞、胚团及简单的排泄器官。营无性繁殖。有的吸虫只有一代雷蚴，有的则有母雷蚴和子雷蚴两期。雷蚴发育为尾蚴，成熟后逸出螺体，游于水中。

5. 尾蚴 在水中运动活跃。由体部和尾部构成，体表有棘，有 1～2 个吸盘。除原始的生殖器官外，其他器官均开始分化；尾蚴从螺体逸出，黏附在某些物体上形成囊蚴而感染终末宿主；或直接经皮肤钻入终末宿主体内，脱去尾部，移行到寄生部位发育为成虫。有些吸虫尾蚴需进入补充宿主体内发育为囊蚴再感染终末宿主。

6. 囊蚴 感染终末宿主阶段。囊蚴由尾蚴脱去尾部，形成包囊发育而成，呈圆形或卵圆形。有

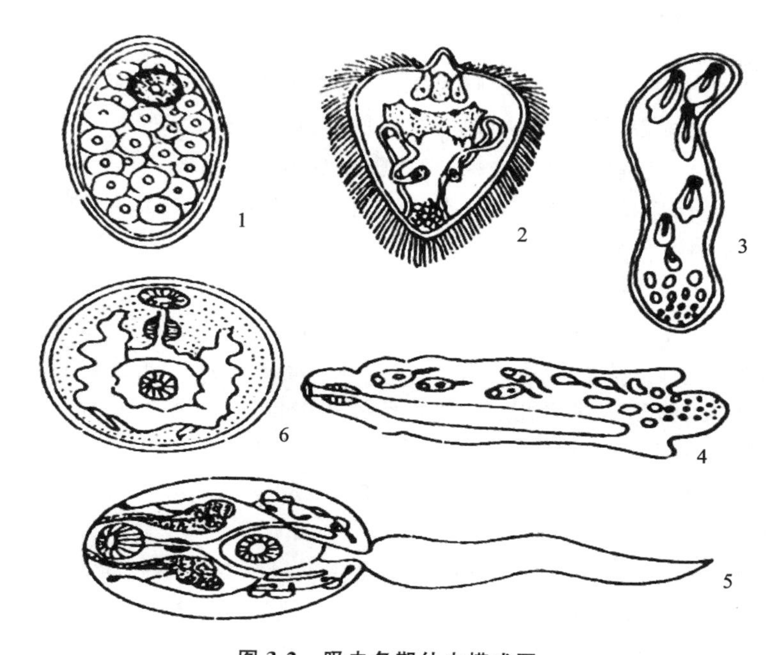

图 3-2　吸虫各期幼虫模式图

1.虫卵　2.毛蚴　3.胞蚴　4.雷蚴　5.尾蚴　6.囊蚴

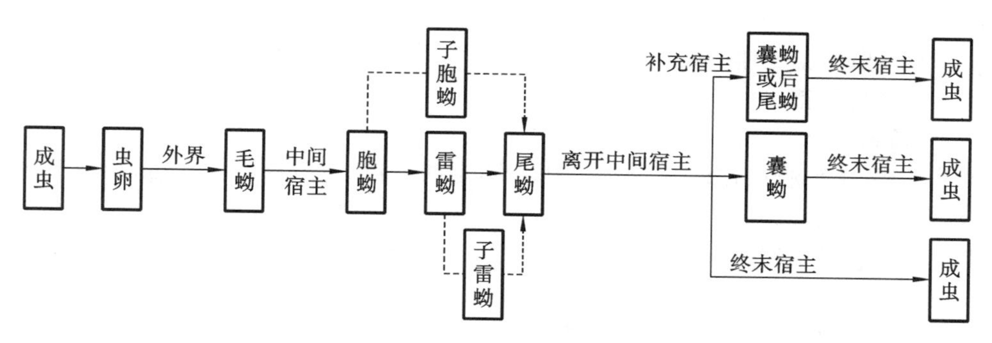

图 3-3　吸虫发育示意图

的生殖系统只有简单的生殖原基细胞，有的则有完整的生殖器官。囊蚴都通过其附着物或补充宿主进入终末宿主的消化道内，囊壁被消化液溶解，幼虫破囊而出，移行至寄生部位发育为成虫。

7. 成虫　寄生于终末宿主体内，并行有性生殖。多数复殖目吸虫的成虫由囊蚴发育而成，少数由尾蚴发育而成。

三、吸虫的分类

吸虫属于扁形动物门吸虫纲，其特征如下：虫体无体节，消化系统简单，除血吸虫外，均为雌雄同体，发育复杂，成虫寄生于脊椎动物体内。吸虫纲下分为 3 个目：单殖目、盾殖目、复殖目。与兽医关系密切的为复殖目。

（一）单殖目

寄生于鱼类或两栖类动物的体表。其下重要的科、属如下。

1. 指环虫科　寄生于淡水鱼的鳃。

指环虫属。

2. 三代虫科　寄生于淡水鱼的鳃、皮肤、鳍、口腔。

三代虫属。

（二）盾殖目

多寄生于软体动物、鱼类及龟鳖类。

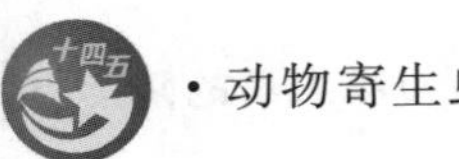

（三）复殖目

与兽医关系密切，寄生于人体、畜禽的吸虫都属于此目，种类繁多。它的无性世代，一般都寄生于软体动物；有性世代，大多寄生于脊椎动物。复殖目下重要的科、属如下。

1. 片形科 大型虫体，呈扁叶状，具皮棘。口、腹吸盘紧靠。有咽，食道短，肠支多分支。卵巢分支，位于睾丸之前。睾丸前后排列，分叶或分支。生殖孔居体中线上，开口于腹吸盘前。卵黄腺充满体两侧，延伸至体中央。缺受精囊，子宫位于睾丸前。寄生于哺乳动物的胆管及肠道。

片形属、姜片属。

2. 双腔科(歧腔科) 中、小型虫体，体细长，扁平，半透明。体表光滑。具口、腹吸盘。有咽和食道，肠支简单，通常不抵达体末端。排泄囊简单，呈管状。睾丸呈圆形或椭圆形，并列、斜列或前后排列，位于腹吸盘后。卵巢圆形，常居睾丸之后。生殖孔居中位，开口于腹吸盘前。卵黄腺位于肠管中部两侧。子宫由许多上、下行的子宫圈组成，几乎充满生殖腺后的大部分空间，内含大量小型、深褐色虫卵。寄生于两栖类、爬行类、鸟类及哺乳类动物的肝、肠及胰脏。

歧腔属、阔盘属。

3. 前殖科 小型虫体，前端稍尖，后端稍圆，具皮棘。口吸盘和咽发育良好，有食道，肠支简单，不抵达后端。腹吸盘位于体前半部。睾丸对称，在腹吸盘之后。卵巢位于睾丸之间的前方。生殖孔在口吸盘附近。卵黄腺呈葡萄状，位于体两侧。寄生于鸟类，较少寄生于哺乳动物。

前殖属。

4. 并殖科 中型虫体，近卵圆形，肥厚，具体棘。口吸盘在亚前端腹面，腹吸盘位于体中部，生殖孔在其直后，肠管弯曲，抵达体后端。睾丸分支，位于体后半部。卵巢分叶，在睾丸前与子宫相对，卵黄腺分布广泛。寄生于猪、牛、犬、猫及人的肺脏。

并殖属、狸殖属。

5. 后睾科 中、小型吸虫，虫体扁平，前端较窄，透明。口、腹吸盘不甚发达，相距较近。具咽和食道，肠支抵达体后端。睾丸前后位或斜列，位于体后部。雄茎细小，雄茎囊一般缺。卵巢在睾丸前。子宫有许多弯曲。生殖孔紧靠腹吸盘前。寄生于鸟类及哺乳动物的胆管或胆囊，极少寄生在消化道。

支睾属、后睾属、对体属、次睾属、微口属。

6. 棘口科 中小型虫体，呈长叶状。体表有棘或鳞，体前端具头冠，上有 1～2 排头棘。腹吸盘发达，位于较小口吸盘的附近。具咽、食道和肠支。生殖孔开口于腹吸盘之前。睾丸前后排列，在虫体中部靠后。卵巢在睾丸之前。子宫在卵巢与腹吸盘之间。无受精囊。寄生于爬行类、鸟类及哺乳动物的肠道，偶尔寄生在胆管及子宫。

棘口属、低颈属、棘缘属、棘隙属、真缘属。

7. 前后盘科 虫体肥厚，呈圆锥形、梨形或圆柱状。活体时为白色、粉红色或深红色。体表光滑。有或无口吸盘，腹吸盘发达，在虫体后端。肠支简单，常呈波浪状延伸到腹吸盘。睾丸前后或斜列于虫体中部或后部。卵巢位于睾丸后。生殖孔在体前部。寄生于哺乳动物的消化道。

前后盘属、殖盘属、杯殖属、巨盘属、巨咽属、盘腔属、锡叶属。

8. 腹袋科 虫体圆柱形，前端较尖，后端较钝。在口吸盘后至腹吸盘的前缘具有腹袋。腹吸盘位于体末端。两肠支短或长而弯曲。生殖孔开口于腹袋内。睾丸左右或背腹排列于虫体后部腹吸盘前。无雄茎囊。寄生于反刍动物瘤胃。

腹袋属、菲策属、卡妙属。

9. 腹盘科 虫体扁平，体后部宽大呈盘状，腹面有许多小乳突。口吸盘后有一对支囊，有食道球。睾丸前后排列或斜列，边缘有小缺刻。生殖孔位于肠分支前的食道中央。卵巢分瓣，位于睾丸后体中央。子宫弯曲沿两睾丸之间上升。卵黄腺分布于肠支外侧。

平腹属、腹盘属、拟腹盘属。

Note

10. 背孔科 小型虫体，缺腹吸盘。虫体腹面有纵列腹腺。咽缺，食道短。睾丸并列于虫体后端，雄茎囊发达。卵巢位于睾丸之间或之后。生殖孔位于肠分叉处稍后。寄生于鸟类及哺乳动物的大肠。

背孔属、槽盘属、同口属、下殖属。

11. 异形科 小型虫体。体后部宽，腹吸盘发育不良或付缺。食道长。生殖孔开口于腹吸盘附近。睾丸呈卵圆形或稍分叶，并列或前后排列于体后部。无雄茎囊。卵巢呈卵圆形或稍分叶，位于睾丸之前。卵黄腺位于体后两侧。子宫曲折在后半部，内含极少数虫卵。寄生于哺乳动物和鸟类肠道。

异形属、后殖属。

12. 分体科 雌雄异体。虫体呈线形，雌虫较雄虫细，被雄虫抱在“抱雌沟”内。口吸盘和腹吸盘不发达。缺咽。肠支在体后部联合成单管，抵达体后端。生殖孔开口于腹吸盘之后。睾丸数目多在4个以上，居于肠联合之前或之后。卵巢在肠联合处之前。子宫为直管。虫卵壳薄，无卵盖，在其一端常有小刺。寄生于鸟和哺乳动物的门静脉血管内。

分体属、东毕属、毛毕属。

任务二　主要吸虫病的防治

子任务一　日本血吸虫病的防治

扫码学课件
3-2-1

我国南方某农户放牧犊牛群发病，表现为精神沉郁、食欲废绝、严重贫血、腹泻、粪便带血，最后衰竭死亡，剖检见门静脉和肠系膜静脉内有较多线状虫体。

问题：该牛群很有可能感染什么病？如若确诊需进行什么检查？最常用的免疫学诊断方法是什么？

日本分体吸虫病是由分体科分体属的吸虫寄生于哺乳动物和人的门静脉和肠系膜静脉内，所引起的一种危害严重的人兽共患寄生虫病，又称为“血吸虫病”。主要特征为急性或慢性肠炎、肝硬化、贫血、消瘦。本病广泛分布于我国长江流域。

一、病原

日本分体吸虫，雌雄异体，寄生时呈雌雄合抱状态。虫体呈线状，雄虫短粗，雌虫细长(图 3-4)。

雄虫：呈乳白色，大小为10～20 mm×0.5～0.55 mm，口吸盘在虫体前端腹面，腹吸盘如杯状，有柄，突出，稍大于口吸盘，两吸盘相距较近，自腹吸盘向后虫体扁平，两侧向腹面卷曲折成抱雌沟，雌虫常位于抱雌沟内，呈合抱状态，交配产卵。睾丸7个，呈椭圆形，串珠状排列于腹吸盘的后方，虫体的背侧，每个睾丸有一输出管，共同汇合为一输精管，向前扩大为贮精囊。雄性生殖孔开口于腹吸盘后抱雌沟内。

雌虫：呈暗褐色，大小为15～26 mm×0.3 mm，口、腹吸盘均较雄虫小，口吸盘内有口，缺咽，下接食道，两侧有食道腺。肠管在腹吸盘前分为两支，向后延伸，约于体后1/3处再合为一条单管，伸达虫体末端。卵巢1个，呈椭圆形，位于中部偏后方两侧肠管之间，其后端发出一输卵管，并折向前方伸延，在卵巢前面和卵黄管合并，形成卵模。卵模周围为梅氏腺。卵模前为管状的子宫，其中含卵50～300个，末端开口于生殖孔，生殖孔开口于腹吸盘的后方。卵黄腺呈较规则的分支状，位于虫体后1/4处。

虫卵：呈椭圆形，淡黄色，大小为70～100 μm×50～65 μm，壳薄，无卵盖，在其侧方有一小棘，内

Note

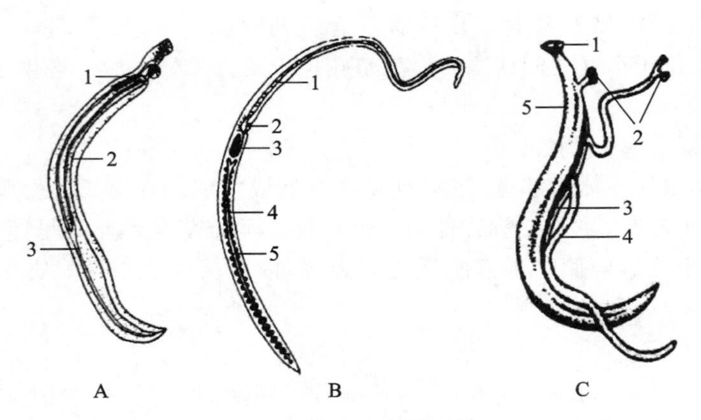

图 3-4　日本分体吸虫

A. 雄虫：1. 睾丸　2. 抱雌沟　3. 肠支

B. 雌虫：1. 子宫　2. 卵模　3. 卵巢　4. 卵黄腺　5. 肠

C. 雌雄合抱：1. 口吸盘　2. 腹吸盘　3. 抱雌沟　4. 雌虫　5. 雄虫

含毛蚴。

二、生活史

中间宿主：钉螺。

终末宿主：主要为人和牛，其次为羊、猪、马、犬、猫、兔及多种野生哺乳动物。

感染阶段：尾蚴。

日本分体吸虫成虫寄生于终末宿主的门静脉和肠系膜静脉内，虫体可逆流移行至肠黏膜下层静脉末梢（图 3-5）。合抱状态的雌、雄虫交配后，雌虫产出虫卵，一部分虫卵随着血流进入其他脏器，沉积在局部组织中，特别是肝脏中，另一部分沉积在肠壁形成结节。虫卵在肠壁或肝脏内逐渐发育成熟，内含一个毛蚴。卵内毛蚴分泌溶细胞物质，导致肠黏膜坏死、破溃，虫卵随破溃组织进入肠腔，随终末宿主的粪便排出体外。虫卵落入水中，如温度 25～30 ℃、pH 7.4～7.8 时，数小时即可孵出毛蚴。毛蚴在水中游动，遇到钉螺，即借助头腺分泌物的溶蛋白酶作用，进入钉螺体内，经母胞蚴、子胞蚴发育为尾蚴。毛蚴侵入螺体发育至尾蚴约需 3 个月。一个毛蚴在钉螺体内经无性繁殖后，可以形成数万条尾蚴。游于水中的尾蚴，遇到终末宿主经皮肤钻入其体内，然后脱掉尾部经小血管或淋巴管随血流经右心、肺、体循环到达肠系膜静脉和门静脉内寄生，发育为成虫。尾蚴侵入宿主后发育为成虫的时间，因宿主的种类不同而有差异，一般奶牛为 36～38 日，黄牛为 39～42 日，水牛为 46～50 日。成虫生存期为 3～5 年，在黄牛体内能存活 10 年以上。

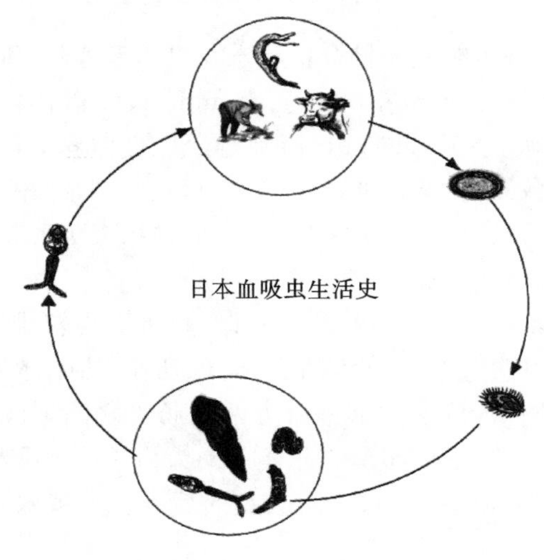

图 3-5　日本血吸虫生活史

三、流行病学

（一）感染来源

患病或带虫的牛、人、野生动物，虫卵存在于粪便中。

（二）易感动物

黄牛的感染率和感染强度高于水牛。黄牛年龄越大，阳性率越高。而水牛随着年龄增长，其阳性率则有所降低，并有自愈现象。在流行区，水牛在传播本病上可能起主要作用。

（三）感染途径

主要经皮肤感染，还可通过吞食含尾蚴的水、草经口腔黏膜感染以及经胎盘感染。

（四）流行地区

主要分布于长江流域，有钉螺的水乡。一般钉螺阳性率高的地区，人、畜的感染率也高；凡有病人及阳性钉螺的地区，一定有病牛。病人、病畜的分布与当地钉螺的分布是一致的，具有地区性特点。

（五）其他

日本血吸虫繁殖力很强，一条雌虫1日可产卵1000个左右。一个毛蚴在钉螺体内经无性繁殖，可产出数万条尾蚴。尾蚴在水中遇不到终末宿主时，可在数日内死亡。钉螺是唯一的中间宿主，钉螺的存在对本病的流行起着决定性作用。在流行区内，钉螺常于3月份开始出现，4—5月份和9—10月份是繁殖旺季。掌握钉螺的分布及繁殖规律，对防治本病具有重要意义。

四、临床症状和病理变化

（一）临床症状

以犊牛和犬的症状较重，羊和猪较轻。黄牛症状较水牛明显，成年水牛多为带虫者。轻度感染时，症状不明显，成为带虫者。尾蚴阶段，在溶组织蛋白酶作用下，可造成尾蚴性皮炎。童虫机械性损伤，可造成肺炎症状。成虫夺取营养、机械性刺激，可造成营养不良、血管内膜炎。虫卵肉芽肿，可造成肝、肠纤维化。

1. 急性型 犊牛大量感染时，症状明显，往往呈急性经过。主要表现为食欲减退、精神沉郁，体温升高达40～41 ℃，可视黏膜苍白，水肿，行动迟缓，腹泻，粪中混有黏液、血液和脱落的黏膜，排粪失禁，逐渐消瘦，贫血，因衰竭而死亡。

2. 慢性型 病畜表现为消化不良、食欲不振，发育迟缓或为侏儒牛，间歇性下痢，粪便含有黏液、血液，甚至块状黏膜，肝硬化腹水。患病母牛发生不孕、流产等。

人感染先出现皮炎，而后咳嗽、多痰、咯血，继而体温升高、下痢、腹痛。后期出现肝脾肿大，肝硬化，腹水增多，俗称“大肚子病”，逐渐消瘦、贫血，常因衰竭而死亡。

（二）病理变化

病变主要出现于肠壁、肝脏，脾脏等组织器官，基本病变是由虫卵沉着在组织中所引起的虫卵结节。尸体消瘦、贫血、皮下脂肪萎缩、腹水。虫卵沉积于组织中产生虫卵结节。肝脏表面凹凸不平，表面和切面布满沙粒状灰白色或灰黄色的虫卵结节，初期肝脏肿大，后期肝脏萎缩、硬化。严重感染时，肠壁肥厚，表面粗糙不平，肠道各段均可找到淡黄色黄豆粒般的虫卵结节，尤以直肠的病变最为严重。肠黏膜有溃疡斑，肠系膜淋巴结和脾脏肿大，门静脉血管肥厚。在肠系膜静脉和门静脉内可找到较多雌、雄合抱的虫体。此外，在心、肾、脾、胰、胃等器官有时也可发现虫卵结节。

五、诊断

一般可根据流行病学资料、临床症状、剖检变化和粪便检查等进行综合诊断。在流行地区有与疫水接触史者均有感染的可能。皮炎、发热、荨麻疹、肝脏肿大与压痛、腹泻、血中嗜酸性粒细胞显著增多等症状对诊断有重要意义。

目前有关家畜日本分体吸虫病的诊断，推荐方法为粪便毛蚴孵化法。也可刮取直肠黏膜压片镜检虫卵，死后剖检病畜，发现虫体、虫卵结节可确诊。或采用免疫学诊断方法，常用的方法有皮内试验、环卵沉淀试验、间接血凝试验、酶联免疫吸附试验等，检出率均在95%以上，其中环卵沉淀试验具有早期诊断价值。

六、防治

（一）治疗

吡喹酮：剂量为30 mg/kg体重，内服，最大用药量黄牛不超过9 g，水牛不超过10.5 g。目前，吡喹酮为人畜日本分体吸虫病的推荐药物。

六氯对二甲苯（血防846）：剂量为黄牛120 mg/kg体重，内服；水牛90 mg/kg体重，内服（每日极量：黄牛28 g，水牛36 g），连用10日；血防846油溶液（20%），剂量为40 mg/kg体重，每日注射1次，5日为1个疗程，半个月后可重复治疗。用于急性期病牛。

硝硫氰胺（7505）：剂量为60 mg/kg，内服，疗效好，副作用小。最大用药量黄牛不超过18 g，水牛不超过24 g。也可配成1.5%～2%的混悬液，黄牛2 mg/kg体重，水牛1.5 mg/kg体重，1次静脉注射。

（二）预防

日本分体吸虫病对人的危害很严重，目前，我国有关血吸虫病综合防治的策略是实行"预防为主"的方针，坚持"防治结合、分类管理、综合治理、联防联控，人与家畜同步防治"，重点加强对感染来源的管理。主要措施如下。

（1）钉螺调查与钉螺控制：通过对钉螺分布和感染性钉螺密度的调查与控制，减轻或消除它对人、畜的危害。控制钉螺的方法主要有药物灭螺和环境改造灭螺。灭螺药物为五氯酚钠、溴乙酰胺。

（2）人群病情调查与人群治疗：目的是发现日本分体吸虫病人和感染者，通过对感染者的治疗，控制和消除感染来源。

（3）家畜查治和管理：目的是交流人群和家畜疫情信息，为开展人、畜同步查治，管理、控制和消除感染来源提供依据。避螺放牧，雨后不放牧，饮水要选择无钉螺的水源或用井水。建立安全放牧区，特别要注意在流行季节防止家畜涉水，避免感染尾蚴。

（4）危险因素的控制：包括粪便管理、个人防护和封洲禁牧等。粪便管理的目的是无害化处理人畜粪便，杀灭血吸虫虫卵。

（5）健康教育：目的是普及日本分体吸虫病防治知识，增强人群的防病意识，提高人群参与防治日本分体吸虫病的意识和积极性。

子任务二　东毕吸虫病的防治

扫码学课件
3-2-2

案例引导

某羊场的羊群出现精神沉郁，被毛粗乱，食欲下降，消瘦，腹部增大，腹泻，粪便呈褐色或带有血液，粪稀带腥臭味，可视黏膜苍白，颌下水肿。剖检发现肝表面或切面上，肉眼可见粟粒大至高粱米大灰黄色小点结节，直肠尤严重，有小溃疡、瘢痕及肠黏膜肥厚。肝门静脉和肠系膜静脉内有大量白色细小线样虫体。采用青霉素等抗生素治疗未见好转，采用吡喹酮粉剂治疗，取得了很好的效果。

问题：案例中羊场羊群可能是感染了哪种寄生虫病？该病应如何进行防治？

东毕吸虫病是由分体科东毕属的各种吸虫寄生于牛、羊等多种动物的肠系膜静脉及门静脉内引起的疾病。主要特征为贫血、腹泻、水肿、发育不良，影响受胎或发生流产。

一、病原

东毕吸虫病的病原体有四种：土耳其斯坦东毕吸虫、程氏东毕吸虫、土耳其斯坦东毕吸虫结节变

种、彭氏东毕吸虫。常见的是前两种。

（一）土耳其斯坦东毕吸虫

雌雄异体，虫体呈线状、C 形弯曲，雌雄经常呈合抱状态（图 3-6）。雄虫为乳白色，大小为 4～5 mm× 0.4～0.5 mm，腹面有抱雌沟。睾丸数目为 78～80 个，细小，颗粒状，位于腹吸盘后呈不规则的双行排列。生殖孔开口于腹吸盘后方。雌虫为暗褐色，体表光滑无结节，纤细，略长，大小为 4～6 mm×0.07～0.12 mm。卵巢呈螺旋状扭曲，位于两肠管合并处的前方。卵黄腺位于肠管两侧。子宫短，在卵巢前方，子宫内通常只有一个虫卵。虫卵大小为 72～74 μm×22～26 μm，无卵盖，两端各有一个附属物，一端较尖，另一端钝圆。

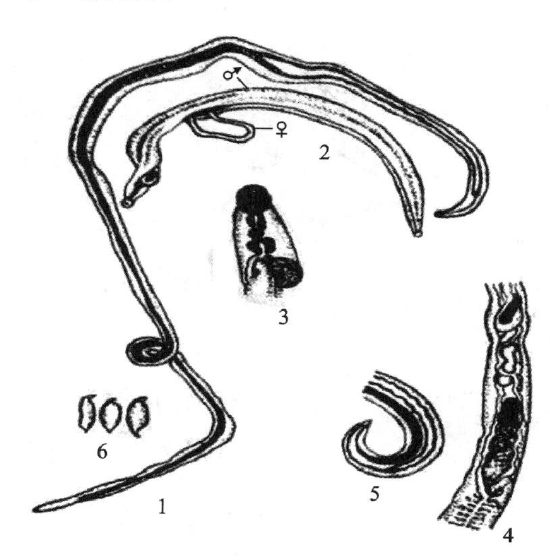

图 3-6 土耳其斯坦东毕吸虫

1. 雌虫 2. 雌雄合抱 3. 虫体头端 4. 卵巢部分 5. 雌虫尾端 6. 虫卵

（二）程氏东毕吸虫

体表有结节。雄虫粗大，大小为 3～5 mm×0.2～0.35 mm，抱雌沟明显。雌虫比雄虫细短，大小为 2.6～3 mm×0.1～0.15 mm。雄虫睾丸较大，数目 53～99 个，拥挤重叠，单行排列。虫卵大小为 80～130 μm×30～50 μm。

二、生活史

中间宿主：东毕吸虫的中间宿主为椎实螺类，有耳萝卜螺、卵萝卜螺、小土蜗螺等。它们栖息于水田、池塘、水流缓慢及杂草丛生的河滩、死水洼、草塘和水溪等处。

终末宿主：主要为牛、羊、鹿、骆驼等反刍动物；其次是马、驴等单蹄动物和人。

成虫寄生于牛、羊等终末宿主的门静脉和肠系膜静脉，虫体成熟后产卵，虫卵或在肠壁黏膜或被血流冲积到肝脏内形成虫卵结节（图 3-7）。该结节在肠壁黏膜处可破溃使虫卵进入肠腔，在肝脏处的虫卵或被结缔组织包埋、钙化而死亡或结节随血流或胆汁注入小肠随粪便排出体外。虫卵在适宜的条件下大约经 10 日孵出毛蚴，毛蚴在水中遇到适宜的中间宿主即钻入其体内发育为母胞蚴、子胞蚴和尾蚴。毛蚴侵入螺体发育至尾蚴约需 1 个月。尾蚴自螺体逸出，在水中遇到终末宿主即经皮肤侵入，移行至肠系膜静脉及门静脉内，经过 1.5～2 个月发育为成虫。

三、流行病学

（一）感染来源

病畜或带虫牛、羊等动物，虫卵存在于粪便中。

（二）易感动物

牛、羊、鹿、骆驼等反刍动物。

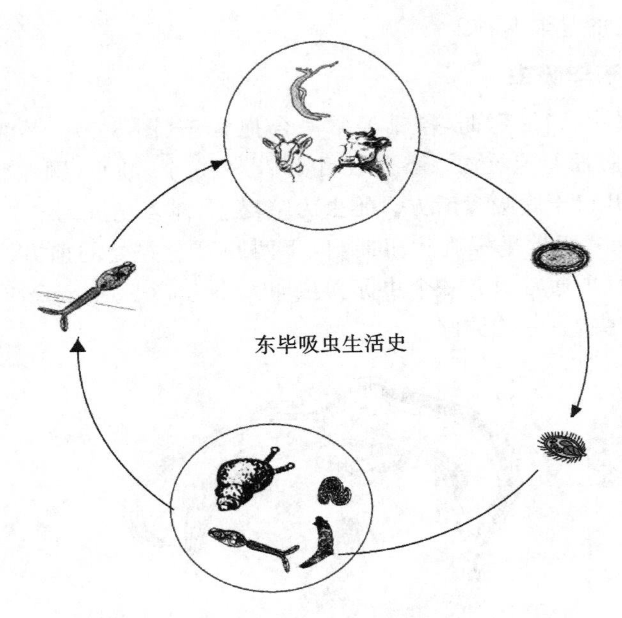

图 3-7　东毕吸虫生活史

（三）感染途径

经皮肤或经口感染，感染性阶段是尾蚴。

（四）流行地区

呈地方流行性。分布广泛，主要分布于长江以北多数省、区。

（五）其他

具有一定的季节性，一般在 5～10 月份流行，北方地区多在 6～9 月份。急性病例多见于夏、秋季节，慢性病例多见于冬、春季节。成年牛、羊的感染率比幼龄高。

四、临床症状和病理变化

（一）临床症状

多为慢性经过，病畜表现为营养不良、消瘦、贫血和腹泻，粪便常混有黏液和脱落的黏膜和血丝。可视黏膜苍白，颌下和腹下部出现水肿，成年病畜体弱无力，使役时易出汗，母畜不发情、不妊娠或流产。幼畜生长缓慢，发育不良。突然感染大量尾蚴或新引进家畜感染可能引起急性发作，表现为体温升高至 40 ℃、食欲减退、精神沉郁、呼吸促迫、腹泻、消瘦，直至死亡。妊娠牛易流产，乳牛产奶量下降。

东毕吸虫的尾蚴可钻入人体皮肤内，引起尾蚴性皮炎（稻田性皮炎）。人感染后几小时，皮肤出现米粒大红色丘疹，1～2 日发展成绿豆大，周围有红晕及水肿，有时可连成风疹团，剧痒。

（二）病理变化

尸体消瘦，贫血，腹腔内常有大量积水。小肠壁肥厚，黏膜上有出血点或坏死灶，肠系膜淋巴结水肿。肝脏表面凹凸不平、质地变硬，并有大小不等的灰白色坏死结节。肝脏在初期多表现为肿大，后期多表现为萎缩，被膜增厚，呈灰白色。

五、诊断

本病的诊断比较困难，常根据流行病学、临床症状、尸体剖检进行诊断，在肠系膜静脉及门静脉内发现大量虫体即可确诊。粪便检查用毛蚴孵化法。

六、防治

（一）治疗

硝硫氰胺：剂量为绵羊 50 mg/kg 体重，1 次内服；牛 20 mg/kg 体重，连用 3 日为 1 个疗程；也可

用 2%混悬液静脉注射，绵羊 2～3 mg/kg 体重，牛 1.5～2 mg/kg 体重。对绵羊驱虫效果好。肝功能不全、妊娠和泌乳动物禁用。

吡喹酮：剂量为牛、羊 30～40 mg/kg 体重，1 次内服，每日 1 次，连用 2 日。

六氯对二甲苯：剂量为绵羊 100 mg/kg 体重，1 次内服；牛 350 mg/kg 体重，1 次内服，连用 3 日。

（二）预防

(1)定期驱虫：应在每年春秋给牛、羊等各驱虫 1 次。初春驱虫可以防止虫卵随粪便传播，深秋驱虫可以保证动物安全越冬。

(2)杀灭中间宿主：根据椎实螺的生态学特点，结合农牧业生产采取有效措施，改变螺类的生存环境，进行灭螺。也可以使用五氯酚钠、氯硝柳胺、氯乙酰胺等杀螺剂灭螺。同时可以饲养水禽进行生物灭螺。

(3)加强粪便管理：防止病畜粪便污染水源，将粪便堆积发酵，杀灭虫卵。

(4)加强饲养卫生管理：严禁家畜接触和饮用“疫水”，特别是在流行区内不得饮用池塘水、水田水、沟渠水、沼泽水、湖水，最好给家畜设置清洁饮水槽，饮用井水或自来水。

子任务三 华支睾吸虫病的防治

扫码学课件

3-2-3

某家猫，雄性，4 月龄，一个月前偷吃生鱼的内脏，10 日后发生便秘，饲喂乳果糖后排出少量便，而后结膜开始发黄，逐渐消瘦，排黑便。现体温 38.6 ℃，脉搏 136 次/分，呼吸 17 次/分，被毛粗乱，鼻头干燥，精神沉郁，皮肤及可视黏膜严重黄染，腹部触诊肝区疼痛。腹部超声可见胆汁淤积，胆囊壁、胆管增厚，胆囊管、肝胆管、胆总管均扩张，胆道内可见点状强回声及絮状漂浮物。主人放弃治疗，经同意后进行剖检，发现肝脏表面颜色正常，质地稍硬，有大量散在白色结节。胆囊过度充盈，胆道严重扩张。切开肝叶，在肝叶边缘处划开一结节，发现结节内有大量成熟的虫体。切开胆总管，有大量虫体涌出。

问题：该病由临床检查、影像学结果可初步推断是什么病？与其他肝损伤疾病的鉴别诊断主要区别是什么？在常规情况下，治疗该病较为理想的药物是什么？

华支睾吸虫病是由后睾科支睾属的吸虫寄生于犬、猫、猪等动物和人肝脏胆管和胆囊内引起的疾病，偶见于胰管或小肠内。可使肝脏肿大并导致其他肝脏病变，又称为“肝吸虫病”，是重要的人兽共患寄生虫病，主要特征为多呈隐性感染和慢性经过。

一、病原

华支睾吸虫，虫体狭长，外形似葵瓜子，背腹扁平呈叶状，前端尖细，后端较钝圆，呈淡黄色或灰白色，体表光滑，半透明，无棘(图 3-8)。虫体大小为 10～25 mm×3～5 mm。有口、腹两个吸盘，口吸盘位于虫体前端，腹吸盘位于虫体前 1/5 处，口吸盘略大于腹吸盘。消化器官简单，口位于口吸盘的中央，咽呈球形，食道短，其后为肠支，肠支分为两支，沿虫体两侧直达后端，不汇合，末端为盲端。生殖器官系雌雄同体，它的两个睾丸均呈分支状，前后排列在虫体的后 1/3 处。卵巢分叶，位于睾丸之前。受精囊发达，呈椭圆形，位于睾丸与卵巢之间。输卵管的远端为卵模，周围为梅氏腺，均位于睾丸之前。子宫从卵模处开始盘绕而上，开口于腹吸盘前缘的生殖孔，内充满虫卵。卵黄腺由细小的颗粒组成，分布在虫体

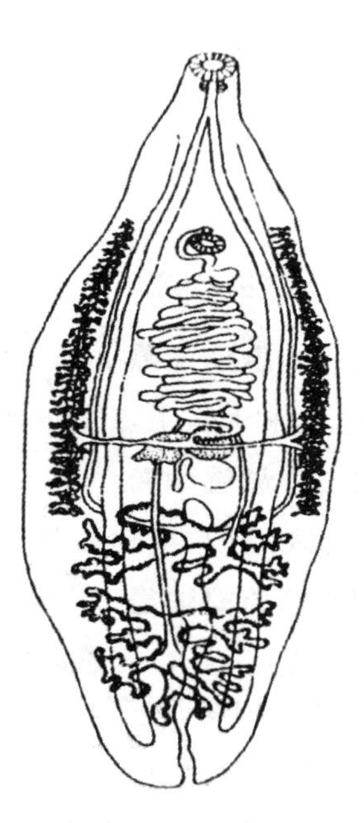

图 3-8 华支睾吸虫

两侧，由腹吸盘向下延伸至受精囊的水平线，两条卵黄腺管汇合后，与输卵管相通。

虫卵小，形似电灯泡，呈黄褐色，大小为 27～35 μm×12～20 μm，上端有卵盖，后端有一小突起，内面含有成熟的毛蚴。

二、生活史

中间宿主：淡水螺类，其中以纹沼螺、长角涵螺、赤豆螺等分布较广泛，它们生活于静水或缓流的坑塘、沟渠、沼泽中。

补充宿主：70 多种淡水鱼和虾，如草鱼、鲢鱼、青鱼等。种类多，分布广。

终末宿主：犬、猫、猪、鼠类和人以及野生的哺乳动物。

其生活史复杂，按发育程序可分为成虫、虫卵、毛蚴、胞蚴、雷蚴、尾蚴、囊蚴及幼虫八个阶段（图 3-9）。成虫在终末宿主的肝脏胆管内产卵，虫卵随胆汁进入消化道随粪便排出体外，在水中被中间宿主吞食后，在其体内发育为毛蚴、胞蚴、雷蚴和尾蚴。成熟的尾蚴从螺体逸出进入水中，如遇到适宜的补充宿主即钻入其体内发育成囊蚴。终末宿主吞食含有囊蚴的鱼、虾而感染。在消化液的作用下，囊蚴在十二指肠内破囊而出，进入肝脏胆管，发育为成虫。幼虫也可钻入十二指肠壁经血流或穿过肠壁经腹腔到达肝脏。从中间宿主吞食虫卵到发育为尾蚴需要 30～40 日。囊蚴进入终末宿主体内到发育为成虫需要 1 个月。成虫在犬、猫体内可分别存活 3～5 年和 12 年，在人体内可存活 20 年。

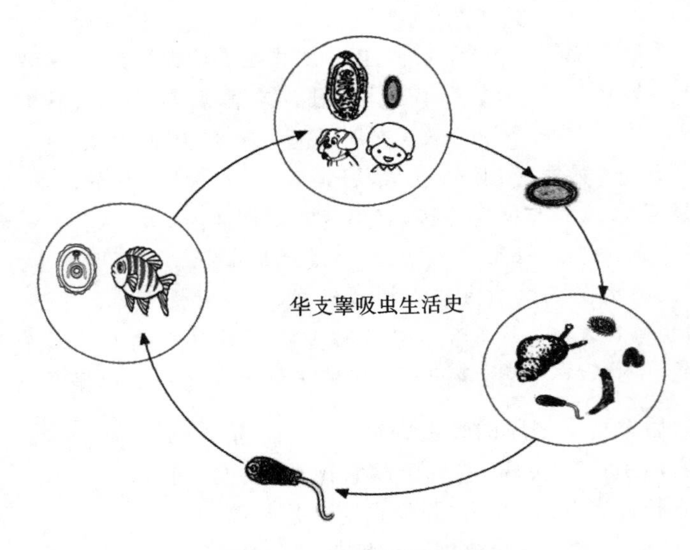

图 3-9　华支睾吸虫生活史

三、流行病学

（一）感染来源

犬、猫和人是主要的感染来源，其次是野猪、狐狸、鼠类、獾等肉食野生动物。

（二）易感动物

犬、猫、猪、鼠类和人以及野生的哺乳动物。

（三）感染途径

经口感染。犬、猫感染多因食入生鱼、虾饲料或由厨房废弃物而引起，猪多因散养或以生鱼及其内脏等作为饲料而感染，人多因食生或未煮熟的鱼、虾而感染。

（四）流行地区

分布广泛。在水源丰富、淡水渔业发达的地区流行严重。

（五）其他

本病的流行与地理环境、自然条件、生活习惯关系密切。在流行区，粪便污染水源是影响淡水螺感染率的重要因素，如南方地区，厕所多建在鱼塘上，猪舍建在塘边，用新鲜的人、畜粪直接在农田上施肥，含大量虫卵的人、畜粪直接进入水中，使螺、鱼受到感染，易促成本病的流行。囊蚴的抵抗力强，鱼感染囊蚴的感染率较高。囊蚴对高温敏感，90 ℃立即死亡。在烹制“全鱼”时，可因温度和时间不足而不能杀死囊蚴。终末宿主动物和人感染华支睾吸虫无明显季节性，但中间宿主淡水鱼的感染有一定季节性。一般温度在 20～30 ℃时尾蚴侵入鱼体明显增多。

四、临床症状和病理变化

（一）临床症状

多数动物为隐性感染，症状不明显。

严重感染时表现消化不良、食欲减退、下痢和腹水等症状，逐渐贫血、消瘦，肝区叩诊有痛感。病程多为慢性经过，易并发其他疾病。

人主要表现为胃肠道不适，食欲不佳，消化功能障碍，腹痛，有门静脉淤血症状，肝脏肿大，肝区隐痛，轻度水肿，或有夜盲症。

（二）病理变化

主要病变在胆囊、胆管和肝脏。胆囊肿大，胆管变粗，胆汁浓稠，呈草绿色。胆管和胆囊内有许多虫体和虫卵。肝表面结缔组织增生，有时引起肝硬化或脂肪变性。

五、诊断

(1)流行病学诊断：在流行区，动物有生食或半生食淡水鱼史，临诊表现消化不良和下痢等症状，即可怀疑为本病。

(2)粪便检查：可用沉淀法，如粪便中查到虫卵即可确诊。此外，还可应用十二指肠引流胆汁检查法，用引流胆汁进行离心沉淀检查也可查获虫卵。

(3)免疫学诊断：常用的方法有间接血凝试验、酶联免疫吸附试验等。其中酶联免疫吸附试验是目前较为理想的免疫检测方法，且国内已有商品快速酶联免疫吸附试验诊断试剂盒供应。

六、防治

（一）治疗

吡喹酮：首选治疗药物，犬、猫剂量为 10～35 mg/kg 体重，1 次口服，连用 3～5 日。

丙硫咪唑：剂量为 25～50 mg/kg 体重，口服，每日 1 次，连用 12 日。

六氯对二甲苯(血防 846)：剂量为犬、猫 20 mg/kg 体重，口服，每日 1 次，连用 10 日。总量不超过 25g，出现毒性反应后立即停药。

硫双二氯酚(别丁)：剂量为 80～100 mg/kg 体重，混入饲料中喂服，每日 1 次，连用 2 周。

（二）预防

(1)对流行地区的猪、犬和猫要定期进行检查和驱虫。

(2)严禁用生的或未煮熟的鱼、虾饲喂动物；人禁食生鱼、虾，改变不良的烹调鱼、虾习惯，做到熟食。

(3)加强粪便管理，防止粪便污染水塘。

(4)禁止在鱼塘边盖猪舍或厕所。

(5)可通过清理塘泥或药物消灭中间宿主淡水螺。

扫码学课件
3-2-4

子任务四　片形吸虫病的防治

案例引导

夏季，某绵羊群在低洼地带放牧后出现不明原因死亡。最急性发病的羊只不表现任何症状突然死亡。有些病羊起初体温升高，精神沉郁，食欲减少，可视黏膜苍白，偶有腹泻，部分病例的眼、颌下、胸腹下出现水肿，多在几日内死亡。叩诊肝区浊音界扩大，压迫肝区有疼痛感。剖检死亡羊只发现肝脏肿大，胆管扩张、增厚、变粗，切开肝脏可见大量背腹扁平、呈叶片状、长 20～30 mm 的虫体。用磺胺类药物和阿维菌素等药物治疗均无效，而用丙硫咪唑治疗，病情得到控制。

问题：案例中某绵羊群感染了何种寄生虫病？如何能够避免该病的发生？

片形吸虫病是由片形科片形属的片形吸虫寄生于牛、羊等反刍动物的肝脏和胆管内所引起的一种寄生虫病，又称为“肝蛭”。本病呈地方性流行，多为慢性经过，引起动物消瘦、贫血、发育障碍和生产性能下降；急性感染时能引起肝炎和胆管炎，并伴有全身性中毒现象和营养障碍，可引起幼畜和绵羊大批死亡，给畜牧业带来巨大经济损失。

一、病原

片形吸虫有肝片形吸虫和大片形吸虫两种，其中以肝片形吸虫最为常见。

（一）肝片形吸虫

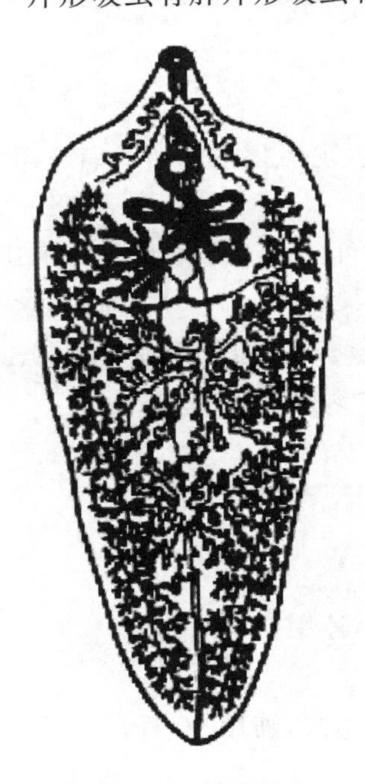
图 3-10　肝片形吸虫

虫体呈扁平叶片状，长 20～40 mm，宽 9～14 mm，活体为棕红色，固定后为灰白色。虫体前部较后部宽，前端有一个三角形的锥状突起，名头锥，其底部较宽似“肩”。口吸盘位于锥状突起前端，腹吸盘略大于口吸盘，位于肩水平线中央稍后方。消化系统从口吸盘底部的口孔开始，其后为咽和短的食管及两条盲端肠管，每条肠管有许多外侧支。生殖孔在口吸盘和腹吸盘之间。雌性生殖器官有一个鹿角状的卵巢位于腹吸盘后右侧，输卵管与卵模相通，卵模位于睾丸前，卵模周围有梅氏腺。曲折重叠的子宫位于卵模和腹吸盘之间，内充满虫卵，一端与卵模相通，另一端通向生殖孔。卵黄腺分布于虫体两侧，与肠重叠。左右两侧的卵黄腺通过卵黄腺管横向中央，汇合成一个卵黄囊与卵模相通。雄性生殖器官有两个高度分支状的睾丸前后排列于虫体的中后部，每个睾丸各有一条输出管，两条输出管上行汇合成一条输精管，进入雄茎囊。雄茎囊内有贮精囊和射精管，其末端为雄茎，通过生殖孔伸出体外。贮精囊与雄茎之间有前列腺。无受精囊。体后部中央有纵行的排泄管(图 3-10)。

虫卵较大，大小为 133～157 μm×74～91 μm，呈长椭圆形，黄色或黄褐色，前端较窄，后端较钝，卵盖不明显，卵壳薄而光滑，半透明，分两层，卵内充满卵黄细胞和一个胚细胞。

（二）大片形吸虫

形似肝片形吸虫，大小为 25～75 mm×5～12 mm，不同点是虫体呈长叶状，虫体两侧缘趋于平行，“肩”不明显，腹吸盘较大。虫卵的大小为 150～190 μm×70～90 μm，为长卵圆形，呈黄褐色。

二、生活史

终末宿主：主要是牛、羊、人、鹿、骆驼等反刍动物。猪、马属动物，兔，一些野生动物也可感染，人亦可感染。

中间宿主：主要为椎实螺科的淡水螺，如小土蜗螺和斯氏萝卜螺（内蒙古地区主要为土蜗螺，别名椎实螺）。

成虫寄生于终末宿主的肝胆管内产卵，虫卵随胆汁进入肠道后，随粪便排出体外（图 3-11）。在适宜的温度（25～26 ℃）、氧气、水分和光线条件下需 10～20 日孵化出毛蚴。毛蚴在水中游动，钻入中间宿主体内进行无性繁殖，经胞蚴、母雷蚴、子雷蚴三个阶段，经 35～50 日发育为尾蚴。尾蚴离开螺体，进入水中，在水中或水生植物上脱掉尾部，形成囊蚴。终末宿主饮水或吃草时，吞食囊蚴而感染。囊蚴在十二指肠中脱囊发育为童虫，童虫进入肝胆管有三种途径：从胆管开口处直接进入肝脏；钻入肠黏膜，经肠系膜静脉进入肝脏；穿过肠壁进入腹腔，由肝包膜钻入肝脏，童虫进入肝胆管发育为成虫。囊蚴进入终末宿主体内经过 2～3 个月发育为成虫。成虫可在终末宿主体内寄生 3～5 年。

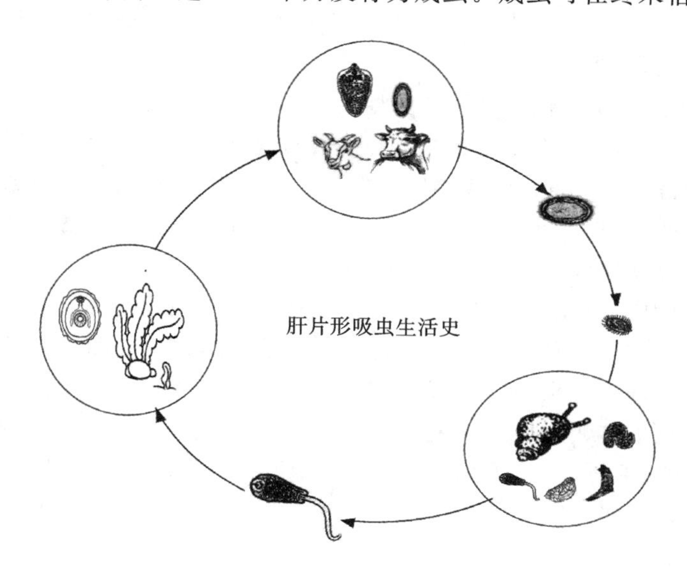

图 3-11 肝片形吸虫生活史

三、流行病学

（一）感染来源

患病和带虫的牛、羊等反刍动物通过粪便不断向外界排出大量虫卵，污染环境，为本病感染来源。

（二）易感动物

牛、羊、鹿、骆驼等反刍动物易感。

（三）感染途径

经口感染，牛、羊等动物因食入含囊蚴的饲草或饮水而感染。动物长时间停留在狭小而潮湿的牧地放牧时最易遭受严重的感染。舍饲动物也可因采食从低洼、潮湿的牧地收割的牧草而受感染。

（四）流行地区

分布广泛，多发生在低洼、水田、缓流水渠、沼泽地、湖滩地及水源丰富的放牧地区。

（五）其他

肝片形吸虫繁殖能力强。1 条成虫每昼夜可产 8000～13000 个卵；幼虫在中间宿主体内进行无性繁殖，1 个毛蚴可发育为数百个甚至上千个尾蚴。虫卵的发育、毛蚴和尾蚴的游动以及淡水螺的存活与繁殖都与温度、水有直接关系。虫卵发育最适宜的温度是 25～30 ℃，经过 8～12 日即可孵出毛蚴。虫卵对高温敏感，40～50 ℃时几分钟死亡，怕阳光直射，怕干燥、喜潮湿，稍有水分就能维持生存，在完全干燥的环境中迅速死亡。虫卵对低温的抵抗力较强，但结冰后很快死亡。含毛蚴的虫卵在新鲜水和光线的刺激下可大量孵出毛蚴。春夏晴日上午 8—10 时是毛蚴孵化的高峰，也是螺类

大量繁殖的季节，增加了感染毛蚴的机会。尾蚴在27～29 ℃大量逸出螺体。囊蚴对外界因素的抵抗力较强，在潮湿的环境中可存活3～5个月，但在干燥和阳光直射条件下，3～4周内死亡。多发生于温暖多雨的夏、秋季节。幼虫引起的疾病多在秋末冬初，成虫引起的疾病多在冬末和春季。在我国北方地区多发生在气候温暖、雨量较多的夏、秋季节，而在南方地区，由于雨水多、温暖季节较长，因而感染季节也较长，不仅在夏、秋季节，有时在冬季也可感染。

四、临床症状和病理变化

（一）临床症状

临床症状主要取决于感染的强度、机体抵抗力、年龄及饲养管理条件等。

轻度感染时往往不表现症状。感染数量多（牛250条以上，羊50条以上）时则表现症状，但幼畜即使轻度感染也可能呈现症状。

临诊上一般可分为急性型和慢性型两种类型。

1. 急性型 由幼虫引起。多发生于绵羊、犊牛，由于短时间内吞食大量囊蚴而引起。童虫在体内移行造成组织器官的损伤和出血，引起急性肝炎。主要表现为体温升高，食欲减退或废绝，精神沉郁，可视黏膜苍白和黄染，衰弱易疲劳，触诊肝区有疼痛感，叩诊肝区浊音界扩大，血红蛋白和红细胞数显著降低。一般出现症状后3～5日内死亡。

2. 慢性型 由成虫引起，一般在吞食囊蚴后4～5个月发病，此类型较多见。

羊主要表现为逐渐消瘦、贫血，食欲减退，被毛粗乱易脱落，眼睑、颌下水肿，有时波及胸、腹，早晨明显，运动后减轻。妊娠羊易流产，重者衰竭死亡。

牛多呈慢性经过，犊牛症状明显。常表现逐渐消瘦，被毛粗乱，易脱落，食欲减退，反刍异常，继而出现周期性瘤胃膨胀或前胃弛缓、下痢、贫血、水肿、母牛不孕或流产。乳牛产奶量下降，质量差，如不及时治疗，可因恶病质而死亡。

（二）病理变化

1. 急性型 贫血、肝脏肿大，包膜有纤维素沉积，有2～5 mm长的暗红色虫道，虫道内有凝固的血液和很小的童虫。胆管内有黏稠暗黄色胆汁和大量未成熟的虫体。腹腔中有血色液体，腹膜发炎。

2. 慢性型 主要表现为慢性增生性肝炎，在被破坏的肝组织形成瘢痕性的淡灰白色条索，肝实质萎缩，褪色、变硬，边缘钝圆，小叶间结缔组织增生。胆管肥厚，扩张呈绳索样突出于肝表面，胆管内壁粗糙坚实，内含大量血性黏液和虫体及黑褐色或黄褐色磷酸盐结石。切开后在胆管内可见成虫或童虫，少数个体在胆囊中也可见到成虫。

五、诊断

（一）死前诊断

根据临床症状、流行病学调查、粪便检查（多采用沉淀法、集卵法检查虫卵）等可做出初步诊断。

（二）死后诊断

动物死后剖检，以肝脏病理变化、肝脏胆管内找到虫体或胆汁中查出虫卵等即可做出诊断（牛、羊急性感染时应用）。

（三）免疫学诊断

对于隐性感染或急性感染可采用间接血凝试验（IHA）、酶联免疫吸附试验（ELISA）等进行实验室诊断。

（四）血液生化检验

可用血浆酶含量检测法作为诊断该病的一个指标。在急性病例时，由于童虫损伤实质细胞，使谷氨酸脱氢酶（GDH）含量升高；慢性病例时，成虫损伤胆管上皮细胞，使γ-谷氨酰转肽酶（γ-GT）含

量升高，持续时间可长达 9 个月之久。

六、防治

（一）治疗

硝氯酚（拜耳 9015）：牛为 3～4 mg/kg 体重；绵羊为 4～5 mg/kg 体重，1 次口服。针剂：牛为 0.5～1.0 mg/kg 体重，绵羊为 0.75～1.0 mg/kg 体重，深部肌内注射。适用于慢性病例，只对成虫有效，对童虫无效。

丙硫咪唑（抗蠕敏）：牛为 10 mg/kg 体重，绵羊为 15 mg/kg 体重，1 次口服。对成虫驱虫效果较好，对童虫效果稍差。

溴酚磷：可用于急性病例的治疗。牛为 12 mg/kg 体重，羊为 16 mg/kg 体重，1 次口服。对成虫和童虫具有较好的杀灭效果。

三氯苯唑（肝蛭净）：牛为 10 mg/kg 体重，羊为 12 mg/kg 体重，1 次口服。该药对成虫和童虫均有高效，休药期 14 日，不得用于治疗牛、羊泌乳期。

硫双二氯酚：一次口服。

四氯化碳：深部肌注或与液体石蜡等量混合后深部肌注，羊有副作用，注意减量。

（二）预防

1. 定期驱虫　驱虫的时间和次数可根据流行地区的具体情况而定。针对急性病例，可在夏、秋季选用肝蛭净等对童虫驱除效果好的药物。针对慢性病例，北方地区全年可进行 2 次驱虫，第 1 次在冬末春初，由舍饲转为放牧之前进行；第 2 次在秋末冬初，由放牧转为舍饲之前进行。南方因终年放牧，每年可进行 3 次驱虫。

2. 粪便无害化处理　对于驱虫后的动物粪便可应用堆积发酵法杀死其中的病原体，以免污染环境。

3. 消灭中间宿主　灭螺是预防片形吸虫病的重要措施。改造低洼地，使螺无适宜生存环境；大量养殖水禽，用以消灭螺类；也可采用化学灭螺法，如从每年的 3～5 月份，气候转暖，螺类开始活动起，利用 1∶50000 的硫酸铜或氨水以及 2.5 mg/L 的血防-67 杀灭螺类，或在草地上小范围的死水内用生石灰杀灭等。

4. 科学放牧　尽量不到低洼、潮湿地方放牧。牧区实施轮牧方式，每月轮换一次草地。

5. 饲养卫生　动物的饮水最好用自来水、井水或流动的河水，并保持水源清洁，以防感染。从低洼、潮湿地收割的牧草要晒干后再喂给牛、羊。

子任务五　姜片吸虫病的防治

扫码学课件

3-2-5

某养殖户在 5 月从区外购入 20 头育肥猪饲养。9 月初陆续出现精神沉郁、被毛粗乱、腹泻、食欲减退、逐渐消瘦、生长缓慢、眼黏膜苍白、眼睑及腹下水肿等症状。最严重的 1 头出现贫血，行动迟缓，低头呆立，爱独处厩角，最后死亡。据了解该养殖户从 6 月开始从附近坝塘内割水白菜、水花生进行饲喂。经对坝塘进行检查发现塘内有中间宿主扁卷螺。7 月初用 5%的盐酸左旋咪唑、丙硫苯咪唑，按常规剂量对猪群进行了驱虫。

问题：导致该病发生的直接原因是什么？驱虫失败的原因是什么？

姜片吸虫病是由片形科姜片属的布氏姜片吸虫寄生于猪和人小肠内引起的一种人兽共患的吸虫病。临床上以消瘦、腹痛、腹泻等为特征。

一、病原

虫体宽大而肥厚，是吸虫类中最大的一种，外观似姜片，故称姜片吸虫（图 3-12）。新鲜虫体呈肉

Note

图 3-12 布氏姜片吸虫

红色，固定后为灰白色，体表长有小刺，易于脱落。虫体大小为20～75 mm×8～20 mm。口吸盘位于虫体前端，腹吸盘发达，与口吸盘相距较近。咽小、食道短，两条肠管呈波浪状弯曲，伸达虫体后端。有两个分支的睾丸，前后排列在虫体后半部。有1个分支的卵巢，位于虫体中部稍偏后方。卵模位于虫体中部，周围为梅氏腺。卵黄腺位于虫体两侧，呈颗粒状。无受精囊。子宫弯曲，位于虫体前半部的卵巢与腹吸盘之间，内部充满虫卵。生殖孔开口于腹吸盘前方。

虫卵呈椭圆形或卵圆形，淡黄色，卵壳较薄，有卵盖。卵内含有1个卵细胞和许多卵黄细胞。大小为130～150 μm×85～97 μm。

二、生活史

中间宿主：扁卷螺。

终末宿主：猪和人。

成虫寄生于猪的小肠，虫卵随粪便排出体外，落入有中间宿主的水中，在26～30 ℃的温度下，经2～4周孵出毛蚴（图3-13）。毛蚴在水中游动，如遇中间宿主扁卷螺，即侵入其体内进行无性繁殖，形成胞蚴、母雷蚴、子雷蚴、尾蚴。毛蚴发育为尾蚴需25～30日。尾蚴从螺体逸出，借助吸盘吸附在水生植物，如水浮莲、水葫芦、浮萍、金鱼藻、菱角和荸荠等茎叶上形成囊蚴。猪吞食附有囊蚴的水生植物而感染。囊蚴经胃到达小肠，囊壁被消化时幼虫逸出，并附在小肠黏膜上发育为成虫。进入猪体内的囊蚴约经3个月发育为成虫。成虫在猪体内的寿命为9～13个月。

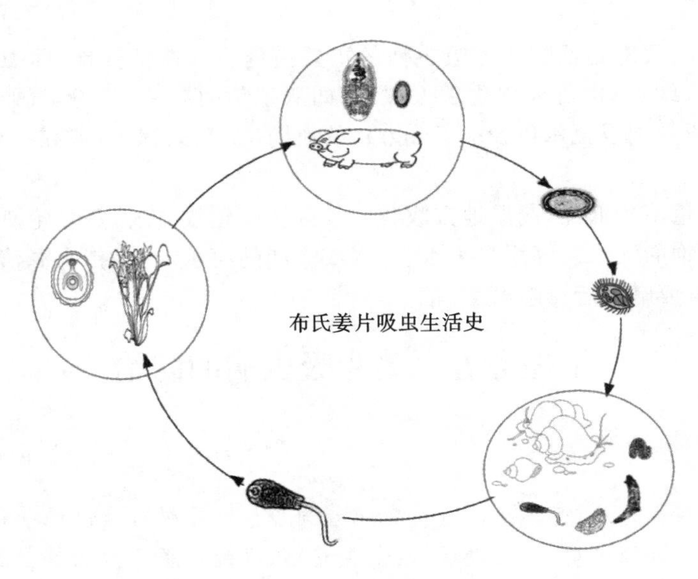

图 3-13 布氏姜片吸虫生活史

三、流行病学

（一）感染来源

病猪、带虫猪和人。

（二）易感动物

主要危害幼猪，以3～6月龄感染率最高，以后随年龄增长感染率下降，纯种猪比本地种和杂种猪更易感。

（三）感染途径

终末宿主经口感染。主要通过猪、人粪便当作主要肥料给水生植物施肥，让猪直接生吃水生植物而感染。

（四）流行地区

呈地方流行性，主要分布在用水生植物喂猪的南方省份。

（五）其他

繁殖力较强。1条成虫1昼夜可产卵1万～5万个。囊蚴对外界环境条件抵抗力较强，在潮湿的情况下可存活1年，遇干燥则易死亡。每年5—7月该病开始流行，6—9月是感染的高峰，猪一般只在秋季发病（较多），也有的延至冬季。冬季由于青饲料缺少，饲养条件差，天气寒冷，病情更为严重，死亡率随之增高。

四、临床症状和病理变化

（一）临床症状

虫体少量寄生时不显症状。寄生数量较多时，表现贫血、眼结膜苍白、水肿（尤其以眼睑和腹部较为明显）、消瘦、营养不良、生长缓慢、精神不振、食欲减退、皮毛干燥无光泽、腹痛、下痢等。母猪常因虫体的寄生而产奶量下降，影响乳猪生长，有时造成母猪产仔率下降。

（二）病理变化

当虫体前端钻入肠壁，可引起肠黏膜机械性损伤、局部炎症、水肿、点状出血及溃疡和坏死，肠黏膜脱落，甚至形成脓肿。严重感染时肠道机械性阻塞，可引起肠破裂或肠套叠而死亡。

五、诊断

根据流行病学、临床症状和剖检变化，可做出初步诊断，粪便检查可采用直接涂片法和反复沉淀法，若发现虫卵即可确诊。

六、防治

（一）治疗

硫双二氯酚：体重50～100 kg的猪，剂量为100 mg/kg体重；体重100～150 kg的猪，剂量为50～60 mg/kg体重，混在少量精料中喂服，一般服后出现拉稀现象，1～2日可自然恢复。

吡喹酮：剂量为30～50 mg/kg体重，拌料，1次口服。

硝硫氰胺（7505）：剂量为10 mg/kg体重，拌料，1次口服。

硝硫氰醚3%油剂：剂量为20～30 mg/kg体重，拌料，1次喂服。

（二）预防

（1）加强饲养管理：如喂少量水生植物可煮熟，如大量利用则应青贮发酵后再喂猪。

（2）消灭中间宿主扁卷螺：如用1∶5000的硫酸铜溶液或0.1%的石灰水等灭螺。

（3）猪粪无害化处理与定期驱虫：加强粪便管理，每日清扫猪舍粪便，堆积发酵，经生物热处理后，方可用作肥料。在流行区，每年应在春、秋两季进行定期驱虫。不要在有水生植物的池塘边放牧，避免猪下塘采食。

子任务六　阔盘吸虫病的防治

扫码学课件

3-2-6

12月份某山羊群中有3头幼龄羊出现食欲废绝、被毛粗乱，下颌部及前肢腹下部水肿，且呈糊状腹泻，体温41.2～41.8 ℃，均收腹弓背，反刍停止，呼吸急促，腹下淋巴结肿大，可

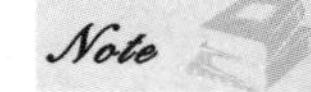

视黏膜苍白、黄疸。严重者，卧地不起，排糊状粪便，但四肢及蹄部均正常，无任何创伤。对病羊尸体进行解剖，发现心包内有积液，冠状沟内有胶冻样渗出物，肝肺表面没有病变，但肠系膜淋巴结肿大，切开呈大理石花纹状，边缘外翻。整个胰脏肿大，表面凹凸不平，胰脏内充满黑白相间的物质，剪开胰脏发现胰管内充满前窄后宽的虫体。

问题：根据该病的发病特点，病羊所表现出来的临床症状，剖解时所见的病理变化，可初步诊断为何病？如要确诊，还需进行哪些诊断？该病选用什么药物治疗效果会较好？

阔盘吸虫病是由双腔科阔盘属的吸虫寄生于动物及人的胰脏的胰管内引起的疾病，主要感染牛、羊，其次是猪、骆驼、鹿，人也感染。以贫血、营养障碍、腹泻、消瘦、水肿为特征，严重感染时可造成死亡。

一、病原

阔盘吸虫主要包括胰阔盘吸虫、腔阔盘吸虫、支睾阔盘吸虫三种，以胰阔盘吸虫最为常见（图3-14）。虫体背腹扁平，呈叶片状，新鲜虫体为棕红色，固定后为灰白色。

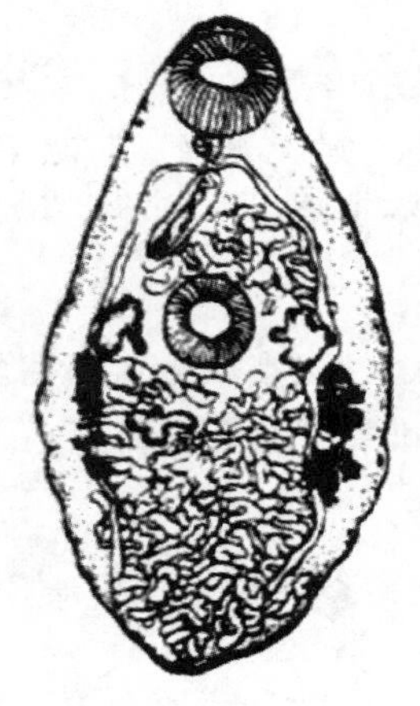

胰阔盘吸虫

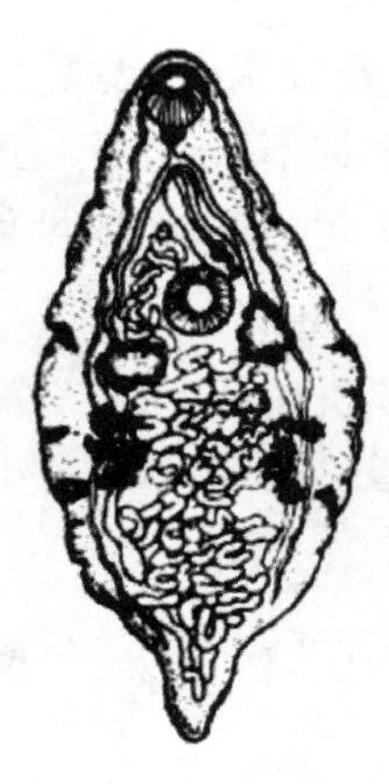

腔阔盘吸虫

支睾阔盘吸虫

图 3-14　阔盘吸虫

（一）胰阔盘吸虫

虫体较大，大小为 8～16 mm×5～5.8 mm，较厚，呈长椭圆形，体表有小刺，成虫常已脱落。吸盘发达，口吸盘大于腹吸盘，咽小，食道短，两条肠支简单。睾丸 2 个，圆形或边缘有缺刻，左右排列在腹吸盘水平线的稍后方。生殖孔开口于肠管分叉处的后方。卵巢分叶 3～6 瓣，位于睾丸之后。受精囊呈圆形，在卵巢附近。子宫有许多弯曲，位于虫体后半部，内充满棕色虫卵。卵黄腺呈颗粒状，位于虫体中部两侧。

虫卵呈黄棕色或棕褐色，椭圆形，两侧稍不对称，有卵盖，内含 1 个椭圆形的毛蚴。大小为 42～50 μm×26～33 μm。

（二）腔阔盘吸虫

虫体大小为 7～8 mm×3～5 mm，呈短椭圆形，虫体后端的中央有一个明显的尾突，口吸盘小于或等于腹吸盘。睾丸大多为圆形或椭圆形，位于腹吸盘后方两侧。卵巢呈圆形，多数边缘完整，少数分叶。

（三）枝睾阔盘吸虫

三种阔盘吸虫中最小者，虫体大小为 5～8 mm×2～3 mm，前尖后钝，呈倒置的瓜子形，口吸盘明显小于腹吸盘。睾丸大而分支，位于腹吸盘后的两侧。卵巢有 5～6 个分叶。此虫种少见。

二、生活史

中间宿主：陆地螺，主要为条纹蜗牛、枝小丽螺、中华灰蜗牛。

补充宿主：胰阔盘吸虫、腔阔盘吸虫的补充宿主为草螽；支睾阔盘吸虫为针蟋。

终末宿主：主要为牛、羊等反刍动物，还可感染猪、兔、人等。

三种阔盘吸虫的生活史相似。成虫在终末宿主胰管内产生虫卵，虫卵随着胰液进入肠道，再随粪便排出体外，被中间宿主吞食后，在其体内孵出毛蚴，进而发育成母胞蚴、子胞蚴和尾蚴（图 3-15）。在形成尾蚴的过程中，子胞蚴黏团逸出螺体，被补充宿主吞食，尾蚴发育为囊蚴。终末宿主吞食了含有囊蚴的补充宿主而感染，囊蚴在十二指肠内脱囊，由胰管开口进入胰管内发育为成虫。阔盘吸虫发育期为 10～17 个月。其中在中间宿主体内由毛蚴发育为尾蚴需 6～12 个月；在补充宿主体内由尾蚴发育为囊蚴需 1 个月；在终末宿主体内由囊蚴发育为成虫需 3～4 个月。

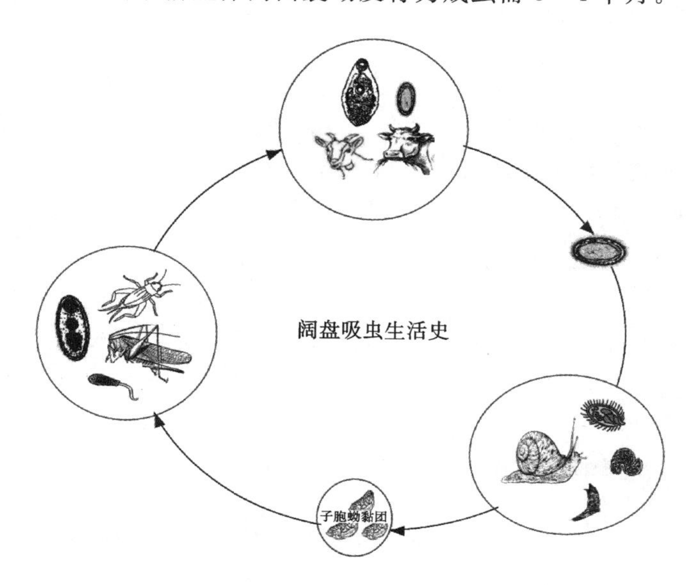

图 3-15　阔盘吸虫生活史

三、流行病学

（一）感染来源

病畜或带虫的反刍动物，虫卵随粪便排出体外，污染周围环境。

（二）易感动物

主要发生于放牧牛、羊。

（三）感染途径

终末宿主经口感染。

（四）流行地区

流行广泛，以胰阔盘吸虫和腔阔盘吸虫流行较广，与陆地螺和草螽的分布广泛密切相关。

（五）其他

7—10 月草螽最为活跃，但被阔盘吸虫感染后其活动能力降低，故同期很容易被牛、羊随草一起吞食，多在冬、春季节发病。

四、临床症状和病理变化

（一）临床症状

取决于虫体寄生强度和动物体况。轻度感染时症状不明显。严重感染时，牛、羊发生增生性胰管炎，胰管壁增厚，管腔缩小，甚至完全闭塞，引起消化障碍。动物表现为消瘦，贫血，下颌及前胸水肿，腹泻，粪便中带有黏液等代谢失调和营养障碍。严重者可因恶病质而导致死亡。

（二）病理变化

尸体消瘦，胰腺肿大，胰管因高度扩张呈黑色蚯蚓状突出于胰脏表面，使其表面不平，颜色不均，有小出血点，胰管发炎肥厚，管腔黏膜上有乳头状结节，并有点状出血点，内含大量虫体。慢性感染则因结缔组织增生而导致整个胰脏硬化、萎缩，胰管内仍有数量不等的虫体寄生。

五、诊断

根据流行病学、临床症状等可做出初步诊断。粪便检查可采用直接涂片法或沉淀法，如果发现大量虫卵，再结合尸体剖检在胰管内发现大量虫体即可确诊。

六、防治

（一）治疗

吡喹酮：牛为35～45 mg/kg体重，羊为60～70 mg/kg体重，1次口服。或者，牛、羊均按30～50 mg/kg体重，用液体石蜡或植物油配成灭菌油剂，腹腔注射。

六氯对二甲苯（血防846）：牛为300 mg/kg体重，羊为400～600 mg/kg体重，1次口服，隔日1次，3次为1个疗程。

（二）预防

（1）及时诊断和治疗患病动物，驱除成虫，消灭病原体。

（2）定期预防性驱虫，加强粪便管理，堆积发酵，以杀死虫卵。

（3）消灭中间宿主。

（4）避免到补充宿主活跃地带放牧，放牧地区实行轮牧。

子任务七　前后盘吸虫病的防治

扫码学课件
3-2-7

案例引导

某镇养羊户养殖400只绵羊，终年放牧，近段时间40 kg以下绵羊死亡20多只。注射药物不见效果，发病到死亡持续10日左右，消瘦、下颌水肿，跟不上群，有的腹泻，有的带血。症状：病羊精神沉郁，厌食消瘦，高度贫血，黏膜苍白，眼睑、颌下、胸膜下水肿，体温正常。剖检时见血液稀薄，腹腔内存在黑红色血液；肝脏肿大，淤血；胆囊显著膨大；网胃与瘤胃黏膜表面有出血斑，真胃黏膜有出血点；肠壁水肿，黏膜表面有充血，发生出血性肠炎；肠系膜及大网膜增厚，充满胶样浸润物；在病变各处均有较多圆锥形、梨形的童虫。采用水洗沉淀法，制片镜检发现虫卵。

问题：案例中羊群感染了何种寄生虫病？如何治疗？

前后盘吸虫病又称为“同盘吸虫病”，是由前后盘科的各属吸虫寄生于牛、羊等反刍动物瘤胃所引起的疾病。除平腹属的成虫寄生于牛、羊等反刍动物的盲肠和结肠外，其他各属成虫均寄生于瘤胃。本病的主要特征为感染强度较大，症状较轻；大量幼虫在移行过程中有较强的致病作用，甚至引起死亡。

一、病原

前后盘吸虫的种类繁多，其共同特征为虫体肥厚，呈圆锥形，口吸盘在虫体前端，腹吸盘发达，位于虫体后端，故称“前后盘吸虫”。较常见的有鹿前后盘吸虫和长菲策吸虫（图3-16）。

（一）鹿前后盘吸虫

鹿前后盘吸虫呈圆锥形，形似“鸭梨”。活体为粉红色，固定后呈灰白色，大小为8～10 mm×4～4.5 mm。口吸盘位于虫体前端，腹吸盘位于虫体后端，大小约为口吸盘的2倍。虫卵呈椭圆形，淡灰色，有卵盖，卵黄细胞不充满整个虫卵，大小为125～132 μm×70～80 μm。

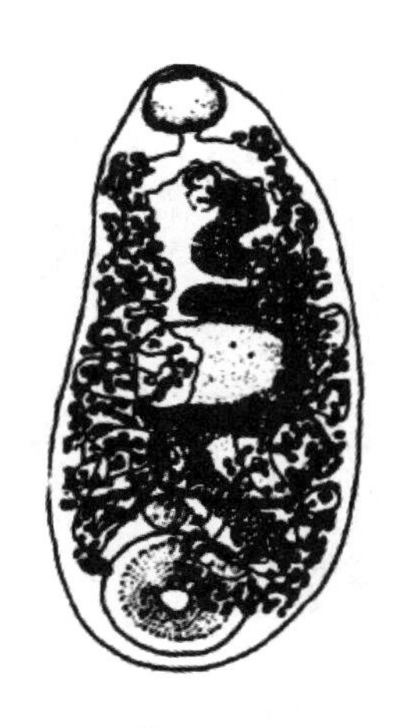

鹿前后盘吸虫

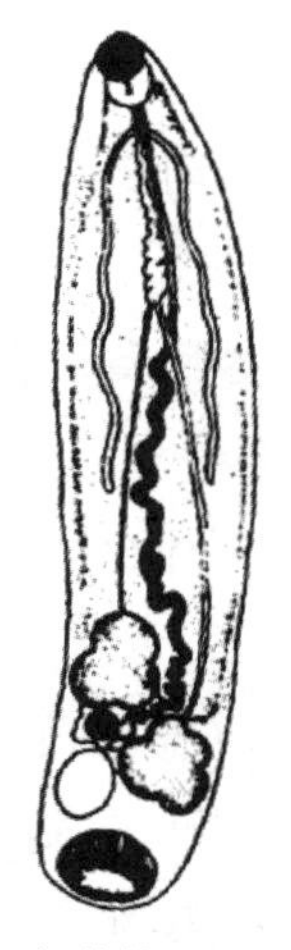

长菲策吸虫

图 3-16 前后盘吸虫

(二)长菲策吸虫

长菲策吸虫虫体前端稍尖,呈长圆筒形,活体为深红色,固定后呈灰白色,大小为 10～23 mm×3～5 mm。体腹面具有腹袋。腹吸盘位于虫体后端,大小约为口吸盘的 2.5 倍。虫卵和鹿前后盘吸虫相似,颜色为褐色。

二、生活史

中间宿主:淡水螺类,主要为扁卷螺和椎实螺。

终末宿主:主要为牛、羊、鹿、骆驼等反刍动物。

成虫在反刍动物瘤胃内产卵,虫卵随粪便排出体外落入水中,在适宜条件下约需 14 日孵出毛蚴(图 3-17)。毛蚴在水中游动,遇到中间宿主即钻入其体内,发育为胞蚴、雷蚴和尾蚴,侵入中间宿主体内的毛蚴约经 43 日发育为尾蚴,尾蚴逸出螺体,附着在水草上很快形成囊蚴。终末宿主牛、羊等吞食含有囊蚴的水草而感染。囊蚴在肠道内脱囊,幼虫在小肠、皱胃及其黏膜下以及胆囊、胆管和腹腔等处移行,最后到达瘤胃,经 3 个月发育为成虫。

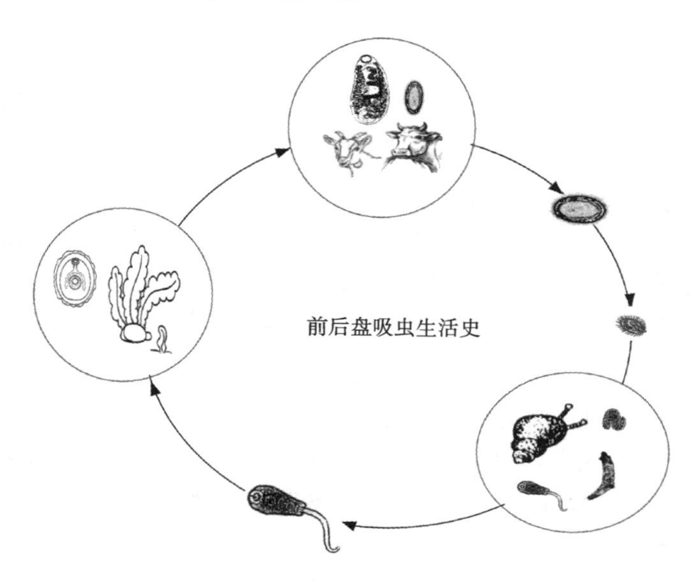

图 3-17 前后盘吸虫生活史

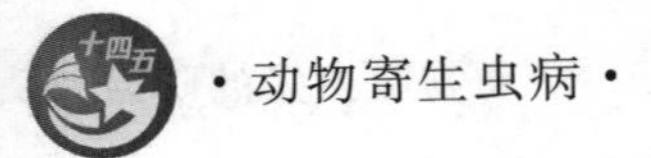

三、流行病学

（一）感染来源

患病或带虫牛、羊等反刍动物。

（二）易感动物

主要为牛、羊、鹿、骆驼等反刍动物。

（三）感染途径

终末宿主经口感染。虫卵随粪便排出，污染水草。

（四）流行地区

广泛流行，多流行于江河流域、低洼潮湿等水源丰富的地区。

（五）其他

南方可常年感染，北方主要在5—10月份感染。幼虫引起的急性病例多发生于夏、秋季节，成虫引起的慢性病例多发生于冬、春季节。多雨年份易造成流行。

四、临床症状和病理变化

（一）临床症状

1. 急性型 由幼虫在宿主体内移行引起。多见于犊牛。表现为精神沉郁，食欲降低，体温升高，顽固性下痢，粪便带血、恶臭，有时可见幼虫。重者消瘦、贫血，体温升高，中性粒细胞增多且核左移，嗜酸性粒细胞和淋巴细胞增多，可衰竭死亡。

2. 慢性型 由成虫寄生而引起。主要表现为食欲减退、消瘦、贫血、颌下水肿、腹泻等消耗性症状。

（二）病理变化

剖检可见瘤胃壁上有大量成虫寄生，瘤胃黏膜肿胀、损伤。幼虫移行时可造成“虫道”，使胃肠黏膜和其他脏器受损，有较多出血点，肝脏淤血，胆汁稀薄，颜色变淡，病变各处均有大量幼虫。慢性病例可见瘤胃壁黏膜肿胀，其上有大量成虫。

五、诊断

根据流行病学、临床症状、粪便检查和剖检发现虫体综合诊断。粪便检查用沉淀法，发现大量虫卵时方可确诊。

六、防治

（一）治疗

硫双二氯酚：牛为40～50 mg/kg体重，羊为80～100 mg/kg体重，1次口服。对寄生于瘤胃壁上的前后盘吸虫的幼虫约有87%的驱虫率，对成虫有100%的效果，但在应用时应注意，如果病牛腹泻严重，特别是犊牛则不宜采用此药，以防腹泻加重，引起死亡。

氯硝柳胺：牛为50～60 mg/kg体重，羊为70～80 mg/kg体重，1次口服。

（二）预防

1. 定期驱虫 驱虫的时间和次数可根据流行地区的具体情况而定。针对急性病例，可在夏、秋季选用肝蛭净等对童虫驱除效果好的药物。针对慢性病例，北方地区全年可进行2次驱虫，第1次在冬末春初，由舍饲转为放牧之前进行；第2次在秋末冬初，由放牧转为舍饲之前进行。南方因终年放牧，每年可进行3次驱虫。

2. 粪便无害化处理 对于驱虫后的动物粪便可应用堆积发酵法杀死其中的病原体，以免污染环境。

3. 消灭中间宿主 灭螺是预防片形吸虫病的重要措施。改造低洼地，使螺无适宜生存环境；大

量养殖水禽，用以消灭螺类；也可采用化学灭螺法，如从每年的3—5月份，气候转暖，螺类开始活动起，利用1∶50000的硫酸铜或氨水以及2.5 mg/L的血防-67杀灭螺类，或在草地上小范围的死水中用生石灰杀灭等。

4. 科学放牧 尽量不到低洼，潮湿地方放牧。牧区实施轮牧方式，每月轮换一次草地。

5. 饲养卫生 动物的饮水最好用自来水、井水或流动的河水，并保持水源清洁，以防感染。从低洼、潮湿地收割的牧草要晒干后再喂给牛、羊。

子任务八 并殖吸虫病的防治

扫码学课件

3-2-8

11月份，某畜主的2只犬陆续出现精神沉郁，食欲下降，腹泻，用抗病毒药治疗，病情稍有缓解。半个月后，犬又出现体温升高，阵发性咳嗽，咳出铁锈色痰液，呼吸困难，用抗生素治疗没有效果。病犬消瘦，精神萎靡，被毛粗糙，食欲不振，严重腹泻，触摸腹部有疼痛感，体温升高，咳嗽，呼吸困难，轻微气胸。其中1只衰竭死亡。剖检病亡犬发现，小肠黏膜充血、水肿、渗出；肺部有多个灰白色的囊肿，囊状豌豆大，稍突出于肺表面，切开囊肿，流出褐色黏稠液体，有的可见2条约长1 mm深红色虫体。

问题：案例中犬只感染了何种寄生虫病？该病如何感染？应如何治疗？

并殖吸虫病是由并殖科并殖属的吸虫寄生于犬、猫等动物和人的肺脏内引起的疾病，又称肺吸虫病，是重要的人兽共患寄生虫病。主要特征为引起肺炎和囊肿，痰液中含有虫卵，异位寄生时引起相应症状。

一、病原

虫体新鲜时呈深红色，肥厚，腹面扁平，背面隆起，很像半粒赤豆，固定压扁后呈椭圆形（图3-18），大小为7.6～16.0 mm×4.0～8.0 mm，厚3.5～5.0 mm。体表粗糙，被有小棘，虫体有口吸盘和腹吸盘，两个吸盘大小相近。腹吸盘位于体中横线稍前，有2条弯曲的盲肠，位于体末端。在虫体的后1/3处，有两个花瓣状的睾丸左右相对。腹吸盘两侧有5～6个分叶的指状卵巢和弯曲的充满虫卵的子宫。卵黄腺由许多密集的卵黄滤泡组成，分布于虫体两侧。虫卵金黄色，呈不规则的椭圆形，卵壳薄厚不均，大小为75～118 μm×48～67 μm，内含数十个卵黄细胞。

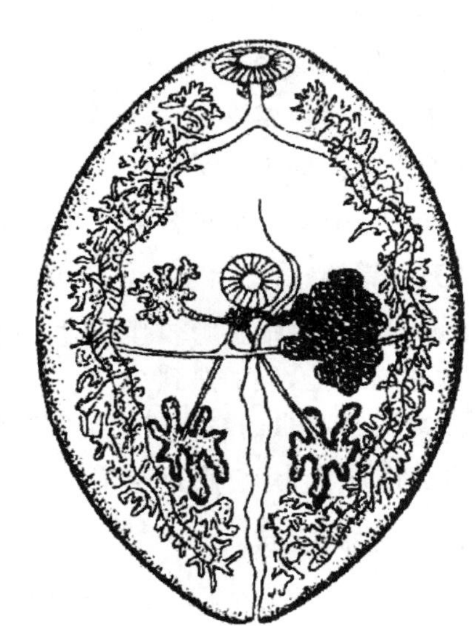

图3-18 并殖吸虫

二、生活史

中间宿主：淡水螺类。

补充宿主：淡水蟹和蝲蛄。

终末宿主：主要为犬、猫、猪和人，还见于野生的犬科和猫科动物中的狐狸、狼、貉、猞猁、狮、虎、豹等。

成虫在终末宿主肺脏产卵，虫卵上行进入支气管和气管，或随痰排出或进入口腔，被吞咽，经肠道随粪便排出体外（图3-19）。落于水中的虫卵在适宜的温度下经2～3周孵出毛蚴。毛蚴在水中游动，遇到中间宿主即侵入其体内发育为胞蚴、母雷蚴、子雷蚴及尾蚴。成熟的尾蚴从螺体逸出后，侵入补充宿主体内变为囊蚴。从毛蚴发育为囊蚴约需3个月。终末宿主吃到含有囊蚴的补充宿主后，囊蚴在肠内破囊而出，穿过肠壁进入腹腔，在脏器间移行后，穿过膈肌进入胸腔，钻过肺膜进入肺脏，经2～3个月发育为成虫。成虫寿命一般为5～6年。

Note

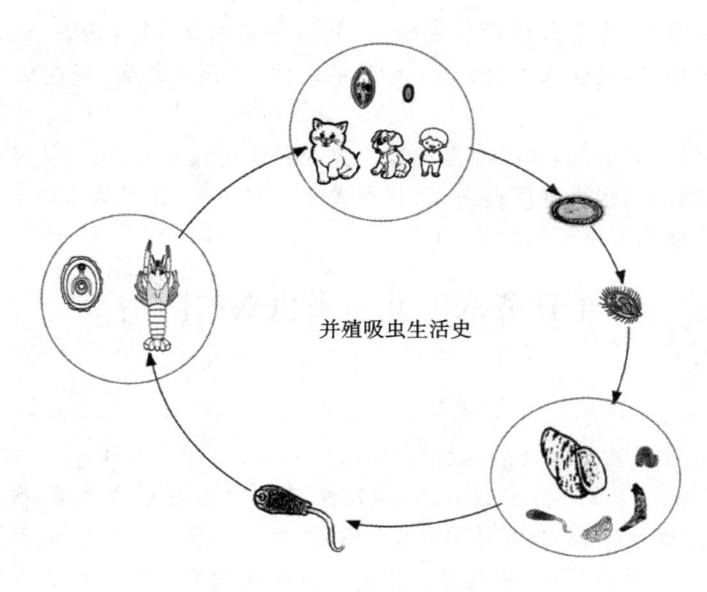

图 3-19 并殖吸虫生活史

三、流行病学

（一）感染来源

患病动物或带虫的犬、猫、猪和人，虫卵存在于粪便中。

（二）易感动物

犬、猫、猪和人易感。

（三）感染途径

终末宿主经口感染。

（四）流行地区

该病广泛分布于世界各地。在我国分布于23个省、自治区、直辖市。

（五）其他

囊蚴对外界的抵抗力较强，经盐、酒腌制仍大部分不死，在10%～20%的盐水或醋中部分囊蚴可存活24小时以上，但加热到70 ℃，经3分钟即可将其全部杀死。由于中间宿主和补充宿主的分布特点，加之并殖吸虫的终末宿主范围又较广泛，因此，本病具有自然疫源性。

四、临床症状和病理变化

（一）临床症状

患病动物表现为精神沉郁，食欲不振，消瘦，咳嗽，气喘，胸痛，血痰，肺部听诊湿啰音。因并殖吸虫在体内有到处窜扰的习性，有时出现异位寄生。寄生于脑部时，表现头痛、癫痫、瘫痪等；寄生于脊髓时，出现运动障碍、下肢瘫痪等；寄生于腹部时，可致腹痛、腹泻、便血、肝脏肿大等；寄生于皮肤时，皮下出现游走性结节，有痒感和痛感。

（二）病理变化

主要是虫体形成囊肿，以肺脏最为常见，还可见于全身各内脏器官中。肺脏中的囊肿多位于浅层，有豌豆大，稍凸出于肺表面，呈暗红色或灰白色，单个散在或积聚成团，切开时可见黏稠褐色液体，有的可见虫体，有的有脓汁或纤维素，有的成空囊。有时可见纤维素性胸膜炎、腹膜炎并与脏器粘连。

五、诊断

根据临床症状，结合流行病学资料，并检查痰液及粪便中虫卵确诊。痰液用10%氢氧化钠溶液

处理后，离心沉淀检查。粪便检查用沉淀法。也可用X线检查和血清学方法诊断，如间接血凝试验及酶联免疫吸附试验等。

六、防治

(一)治疗

硫双二氯酚(别丁)：剂量为50～100 mg/kg体重，每日或隔日给药，10～20个治疗日为1个疗程。

丙硫咪唑：剂量为50～100 mg/kg体重，连服2～3周。

吡喹酮：剂量为50 mg/kg体重，1次口服。

硝氯酚：剂量为每日1 mg/kg体重，连服3日。或2 mg/kg体重，分两次给药，隔日服药。

(二)预防

在流行区防止易感动物及人生食或半生食溪蟹和蝲蛄；粪便无害化处理；患病脏器应销毁；搞好灭螺工作。

子任务九 前殖吸虫病的防治

扫码学课件

3-2-9

某日一农户张某求诊，家养50多只蛋鸡，鸡群出现产无壳蛋和软壳蛋的现象。整个鸡群为初产的小母鸡。鸡表现为食欲减退、精神沉郁、消瘦、羽毛粗乱、腹围增大、步态失常，体温升高，泄殖腔突出，肛门边缘潮红，腹部及肛门周围羽毛脱落，有4只已经死亡。将死鸡剖检发现输卵管发炎，黏膜增厚、充血，出血，腹膜发炎，输卵管和泄殖腔内发现大量虫体。张某家的鸡是放到山上自行采食，且用蜻蜓喂食母鸡，同时蛋鸡到山上采食时，张某也发现母鸡吃到了一些蜻蜓。

问题：案例中鸡群可能感染了哪种寄生虫病？是如何感染的？该如何治疗？

前殖吸虫病是由前殖科前殖属的多种吸虫寄生于家禽和鸟类的直肠、泄殖腔、法氏囊、输卵管内引起的疾病，偶见于蛋内。主要导致产蛋鸡输卵管炎和产蛋机能紊乱，严重影响蛋鸡产蛋性能，出现薄壳蛋、软壳蛋、无壳蛋等，甚至继发腹膜炎。本病发病率不高，一旦发病损失巨大。

一、病原

前殖吸虫种类较多，但以卵圆前殖吸虫和透明前殖吸虫分布较广。

(一)卵圆前殖吸虫

前端狭，后端钝圆，体表有小刺。大小为3～6 mm×1～2 mm。口吸盘小，呈椭圆形，位于虫体前端，腹吸盘较大，位于虫体前1/3处。睾丸卵圆形，并列于虫体中部。卵巢分叶，位于腹吸盘的背面。子宫盘曲于睾丸和腹吸盘前后。卵黄腺在虫体中部两侧。生殖孔开口于口吸盘的左前方。虫卵呈棕褐色，椭圆形，大小为22～24 μm×13～16 μm，一端有卵盖，另一端有小刺，内含卵细胞。

(二)透明前殖吸虫

前端稍尖，后端钝圆，体表前半部有小棘。大小为6.5～8.2 mm×2.5～4.2 mm。口吸盘呈球形，位于虫体前端，腹吸盘呈圆形，位于虫体前1/3处，口吸盘等于或略小于腹吸盘(图3-20)。睾丸卵圆形，并列于虫体中央两侧。卵巢多分叶，位于腹吸盘与睾丸之间。卵黄腺分布于腹吸盘后缘与睾丸后缘的体两侧。生殖孔开口于口吸盘的左前方。虫卵与卵圆前殖吸虫的虫卵基本相似，大小为26～32 μm×10～15 μm。

此外还有楔形前殖吸虫、鲁氏前殖吸虫和家鸭前殖吸虫。

二、生活史

中间宿主：淡水螺类。

Note

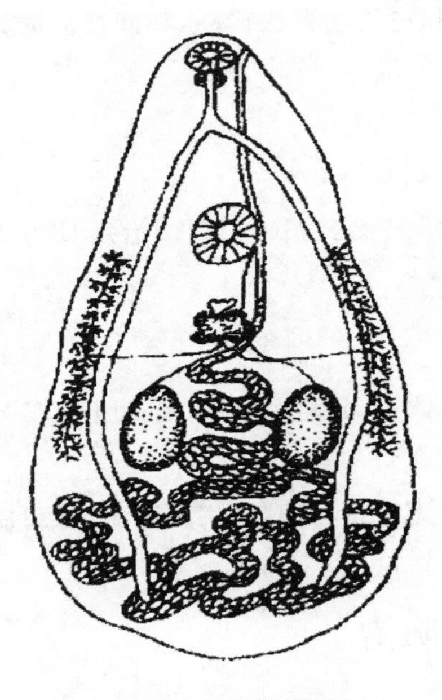

图 3-20　透明前殖吸虫

补充宿主:蜻蜓及其稚虫。

终末宿主:鸡、鸭、鹅、野鸭及其他鸟类。

成虫在寄生部位产卵,虫卵随粪便和排泄物排出体外,落入水中,被中间宿主淡水螺类吞食(或遇水孵出毛蚴)发育为毛蚴,毛蚴在螺体内发育为胞蚴和尾蚴,无雷蚴阶段(图 3-21)。尾蚴成熟后逸出螺体,游于水中,钻入补充宿主蜻蜓的幼虫和稚虫体内发育为囊蚴。家禽由于啄食含有囊蚴的蜻蜓或其稚虫而感染,在消化道内囊蚴壁被消化,幼虫逸出后经肠道进入泄殖腔,再转入输卵管或法氏囊经 1～3 周发育为成虫。成虫在鸡体内生存期为 36 周,在鸭体内 18 周。

三、流行病学

(一)感染来源

患病或带虫鸡、鸭、鹅等,虫卵存在于粪便和排泄物中。

(二)易感动物

各种年龄的家禽均能感染。本病主要危害鸡,特别是产蛋鸡,对鸭的致病性不强。

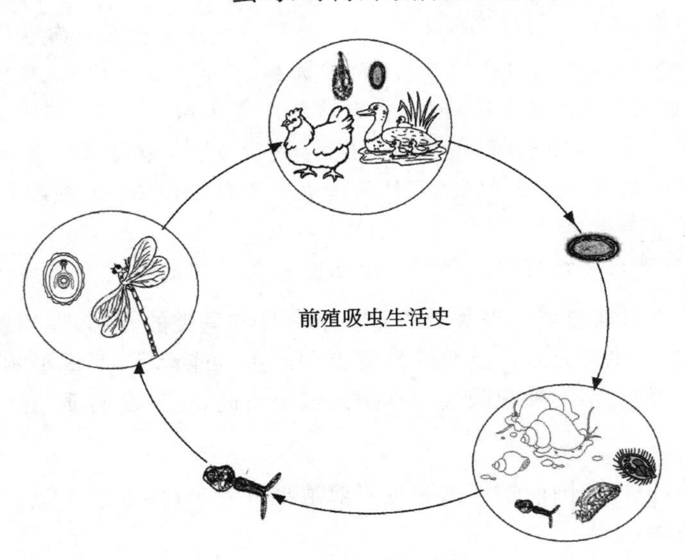

图 3-21　前殖吸虫生活史

(三)感染途径

终末宿主经口感染。

(四)流行地区

本病在我国南方分布较广,常呈地方流行性。

(五)其他

流行季节与蜻蜓的出现季节相一致,多发生在每年 7—8 月份蜻蜓群飞季节。家禽的感染多因到水池岸边放牧,捕食蜻蜓所引起。

四、临床症状和病理变化

(一)临床症状

Note

感染初期,病禽食欲、产蛋等外观正常,但蛋壳粗糙或产薄壳蛋、软壳蛋、无壳蛋,或仅排蛋黄或少量蛋清，继而病禽食欲下降，消瘦，精神萎靡，蹲卧墙角，滞留空巢，或排乳白色石灰水样液体，有的腹部膨大，步态不稳，两腿叉开，肛门潮红、突出，泄殖腔周围沾满污物，严重者因输卵管破坏，导致泛发性腹膜炎而死亡。

（二）病理变化

主要病变是输卵管发炎，输卵管黏膜充血、出血，极度增厚，后期输卵管壁变薄甚至破裂，在黏膜上可找到虫体。其次是腹膜炎，腹腔内有大量浑浊的黄色渗出液或脓样物，脏器被干酪样物黏着在一起。

五、诊断

根据蜻蜓活跃季节等流行病学资料，结合软壳蛋增多、个别软壳蛋表面可见棕褐色虫卵可做出初步诊断，结合粪便虫卵检查，或剖检有输卵管病变并查到虫体可确诊。

六、防治

（一）治疗

六氯乙烷：剂量为 200～500 g/kg 体重，混入饲料中喂给，每日 1 次，连用 3 日。

丙硫苯咪唑（抗蠕敏）：剂量为 25～30 mg/kg 体重，1 次口服。

吡喹酮：剂量为 30～50 mg/kg 体重，1 次口服。

氯硝柳胺：剂量为 100～200 mg/kg 体重，1 次口服。

（二）预防

在流行地区应每年春、秋两季进行有计划的驱虫；勤清除粪便，堆积发酵，杀灭虫卵，避免活虫卵进入水中；圈养家禽，防止吃入蜻蜓及其幼虫；及时治疗病禽，有计划地进行预防性驱虫。消灭中间宿主淡水螺，对主要滋生地如沼泽和低洼地区用硫酸铜、氯硝柳胺等进行灭螺。

知识拓展

1.《家畜日本血吸虫病诊断技术》GB/T 18640-2017

2. 血吸虫病防治条例（国务院令第 463 号）

实训二　吸虫形态构造观察

【实训目标】

（1）通过对本地畜禽常见吸虫及其中间宿主的观察，能肉眼识别畜禽常见吸虫病病原、宿主的外部形态。

（2）能使用显微镜识别畜禽常见吸虫成虫的内部结构及虫卵的形态特征，以作为畜禽常见吸虫病的诊断依据。

【实训内容】

（1）观察主要吸虫，如日本分体吸虫、华支睾吸虫、肝片形吸虫、布氏姜片吸虫、阔盘吸虫、并殖吸虫、前后盘吸虫、前殖吸虫成虫及虫卵的形态构造。

(2)观察吸虫引起的病变器官的病理变化。

【设备和材料】

显微镜、放大镜、虫体彩色封片标本、寄生虫病理浸渍标本、各种吸虫虫体浸渍标本、虫卵保存液、载玻片、盖玻片、胶头吸管、尺子、平皿、大头针、镊子。

【方法步骤】

1. 复习 教师带领学生对几种常见的吸虫的形态特征进行复习,便于学生观察识别。

(1)吸虫的基本构造:多为雌雄同体(个别为雌雄异体),体扁平,有口吸盘、腹吸盘。

消化系统由口、咽、食道和呈左右分支的肠组成,肠末端为盲端。

生殖系统构造复杂,雄性生殖系统通常有2个睾丸,也有多个的(血吸虫);输精管合并为输精总管后通入阴茎囊,有的输精总管膨大形成贮精囊;输精总管的末端为阴茎,开口于腹吸盘前;贮精囊的周围有前列腺。

雌性生殖器官有一个卵巢,通过输卵管连接卵模,卵模还与受精囊、劳氏管、子宫、卵黄管相通。子宫的另一端通生殖孔,卵黄管的另一端与虫体两侧的卵黄腺连接。

(2)吸虫的鉴别要点:虫体形状和大小;表皮光滑或有结节、小刺;口吸盘和腹吸盘的位置与大小;肠的形状与构造;雌雄同体或异体;生殖孔的位置;睾丸的数目、形状和位置;卵巢的数目、形状和位置。

2. 吸虫虫体观察

(1)浸渍标本的观察:取出肝片形吸虫、双腔吸虫、日本分体吸虫、阔盘吸虫、前后盘吸虫的浸渍标本,并放在平皿内,在放大镜下观察其形态,用尺子测量大小。

(2)封片标本的观察:取出肝片形吸虫、双腔吸虫、日本分体吸虫、阔盘吸虫、前后盘吸虫染色标本并在显微镜下仔细观察,主要观察口吸盘、腹吸盘的位置和大小,食道、肠的形态,睾丸的数目、形状和位置,阴茎囊的构造和位置,卵巢、卵模、卵黄腺、子宫的形状和位置,生殖孔的位置等。

3. 病理标本的观察 取出由各种吸虫引起的动物器官病理浸渍标本进行观察,并找出其特征性的病理变化。

4. 虫卵观察 取一洁净的载玻片,振荡虫卵保存液,用胶头吸管吸取虫卵保存液,在载玻片中央滴一滴虫卵保存液,盖上盖玻片于低倍镜下观察。

【实训报告】

(1)绘制肝片形吸虫或姜片吸虫的成虫及虫卵图,并标记出各器官的名称。

(2)在观察识别的同时,绘出几种常见吸虫虫卵的形态简图。

(3)将观察到的吸虫形态特征填入表3-1。

表3-1 吸虫形态特征

虫种	形状	吸盘大小与位置	睾丸形状与位置	卵巢形状与位置	卵黄腺位置	子宫形状与位置	其他特征

思考与练习

1. 简述吸虫形态构造和生活史。
2. 列表比较所讲述吸虫病的病原、虫卵特征、中间宿主、补充宿主、终末宿主及寄生部位。
3. 简述华支睾吸虫的生活史。

4. 简述日本分体吸虫的流行特点和防治方法。
5. 简述牛羊片形吸虫的流行特点和防治方法。

线上评测

项目三　测试题

项目四　动物绦虫病的防治

项目描述

本项目根据执业兽医师、动物疫病防治员和动物检疫检验员等工作的要求而设置。通过介绍绦虫概述，以及动物常见绦虫蚴病和绦虫病，如猪囊尾蚴病、牛囊尾蚴病、棘球蚴病、脑多头蚴病、细颈囊尾蚴病、裂头蚴病、反刍动物绦虫病、鸡绦虫病、犬猫绦虫病等的基本知识和技能，使学生了解绦虫的形态构造及分类，掌握动物常见绦虫蚴病和绦虫病的生活史、流行病学、临床症状、病理变化、诊断要点及防治方法，能够根据具体养殖情况，进行常见绦虫蚴病和绦虫病的调查和分析，制订合理的防治方案，解决生产生活中所遇到的实际问题。

学习目标

▲知识目标

(1)了解绦虫的形态构造、生活史和分类。

(2)掌握猪囊尾蚴、牛囊尾蚴、棘头蚴、多头蚴、细颈囊尾蚴、裂头蚴的病原、生活史、流行病学、临床症状、病理变化、诊断、预防和治疗方法。

(3)掌握反刍动物绦虫病、鸡绦虫病和犬猫绦虫病的病原、生活史、流行病学、病理变化、临床症状、诊断、预防和治疗方法。

(4)了解绦虫形态构造观察的基本方法。

▲技能目标

(1)能识别动物绦虫和绦虫蚴形态构造。

(2)能诊断动物绦虫病和绦虫蚴病。

(3)能对动物绦虫病和绦虫蚴病进行预防。

(4)能对动物绦虫病和绦虫蚴病进行治疗。

▲思政目标

(1)培养自我学习的习惯、爱好和能力。

(2)培养刻苦创新、勇于实践的动手能力。

(3)树立精益求精的工匠精神。

(4)培养随机应变的适应能力。

(5)树立良好的沟通能力和团队合作意识。

扫码学课件

4-1

任务一　绦虫的认知

Note

绦虫病是由扁形动物门、绦虫纲的各种绦虫寄生于人和动物体内而引起的一类蠕虫病。其中只有圆叶目和假叶目绦虫对畜禽和人具有感染性，是我们研究的主要对象。绦虫的成虫和幼虫均可致人畜严重的疾病。

一、绦虫的形态构造

成年绦虫为背腹扁平的带状，多为淡黄色、淡红色或乳白色。虫体分为头节、颈节、体节，其中体节占据虫体绝大部分，左右对称。不同品种绦虫长度大小不一，从几毫米到几十米不等。

（一）头节

头节细小，位于虫体最前端，主要作用是帮助绦虫固定在宿主肠道（图4-1）。一般分为吸盘型、吸槽型和吸叶型。吸盘型多呈球形，通常带有多个吸盘对称排列。吸槽型多呈梭形，背腹具有沟样内凹的吸槽。吸叶型具有多个长形叶状吸附器官附于头节上。

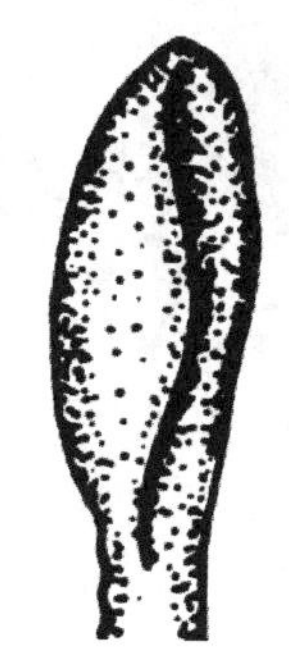
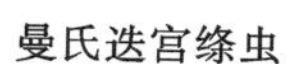
曼氏迭宫绦虫

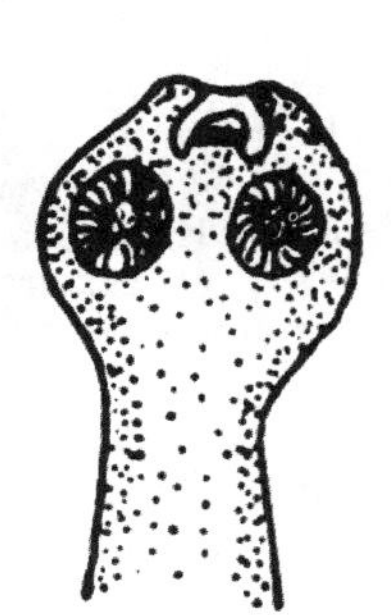
微小膜壳绦虫

肥胖带吻绦虫

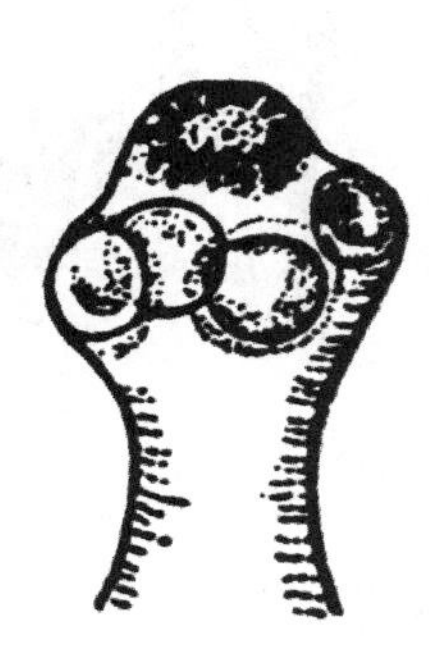
链状带绦虫

图 4-1 绦虫头节

（二）颈节

颈节短而细不分节，具有生发功能，可发育成体节。

（三）体节

体节是颈节后虫体最显著的部分，由多节构成，从几节到几千节不等，越往后体节越宽大，根据发育程度分为幼节、成熟节、孕卵节三部分。幼节尚未发育成熟，为未成熟节片。成熟节片较大，是体节主体部分，已形成两性生殖器官，简称成节。孕卵节生殖器官大多萎缩退化，充满虫卵，简称孕节。

（四）体壁

绦虫无体腔，体壁分为皮层和肌层。皮层外表面具有无数微小的指状细胞质突起，称微绒毛，其末端呈尖棘状。肌层也叫皮下层，位于皮层下，由环肌、纵肌、少量的斜肌组成，节片成熟后，节片间的肌纤维会退化，使得孕节能够脱落。绦虫没有消化系统，通过体表的渗透作用吸收营养物质。

（五）实质

绦虫无体腔，由体壁围成一个囊状结构，称为皮肤肌肉囊，简称皮肌囊。皮肌囊内充满海绵样的实质和器官。

（六）消化系统

绦虫无口和消化道，靠体壁微绒毛的渗透作用吸收营养。绒毛尖端能擦伤宿主肠黏膜上皮细胞，可使宿主肠上皮细胞胞质渗出供虫体吸收。

（七）神经系统

绦虫神经中枢位于头节，自此发出两条大的和几条小的纵神经干，贯穿于各个链节，直达虫体后端。

（八）排泄系统

绦虫排泄系统由若干焰细胞和与其相连的四根纵行的排泄管组成，分背、腹两条组成贯穿链体，

其中腹面的较粗大。排泄系统始于焰细胞，由焰细胞发出细管汇成较大的排泄管，再与虫体两侧的纵排泄管相连，纵排泄管又与体节后缘横管相通，最后汇聚在体节后缘中部的总排泄孔通向体外。

（九）生殖系统

绦虫多为雌雄同体，少数为雌雄异体。每个节片都具有一组或两组雄性和雌性生殖系统（图4-2）。

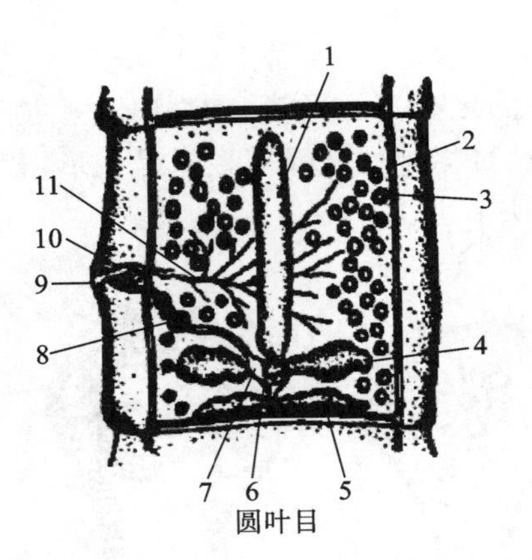

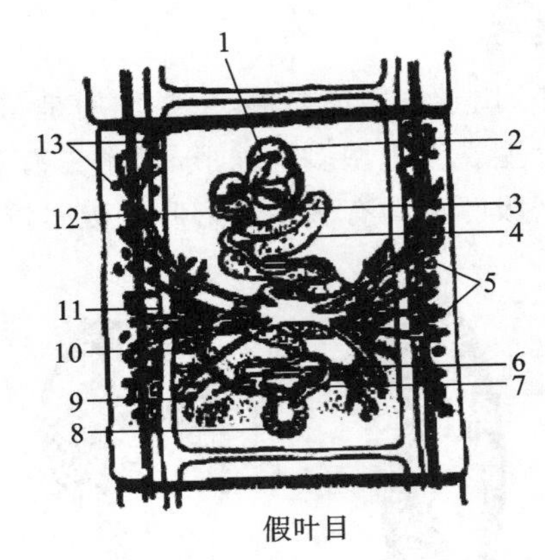

图4-2 绦虫生殖系统构造模式图

圆叶目：1.子宫 2.排泄管 3.睾丸 4.卵巢 5.卵黄腺 6.梅氏腺 7.受精囊 8.阴道 9.生殖孔 10.雄精囊 11.输精管

假叶目：1.雄精 2.雄精囊 3.阴道 4.子宫 5.睾丸 6.卵黄管 7.受精囊 8.梅氏腺 9.卵巢 10.卵黄腺 11.排泄管 12.输精管 13.睾丸

1.雄性生殖器官 有一个至数百个的圆形或椭圆形睾丸，它们连接输出管，输出管互相连接最后形成网状，在节片中央部汇合成输精管，输精管折向节片边缘有两个膨大部，一个在雄茎囊外，为外贮精囊；另一个在雄茎囊内，为内贮精囊。输精管末端为射精管和雄茎，雄茎可向生殖腔开口，开口处为生殖孔。内贮精囊、前列腺、射精管及雄茎的大部分均在雄茎囊内。

2.雌性生殖器官 雌性生殖器官的中心位置叫作卵模。卵巢位于节片的后半部，呈两瓣状，由许多细胞组成，各细胞分出小管汇合成一支输卵管，最后通入卵模。阴道的膨大部分为受精囊，近端通卵模，远端开口于生殖腔的雄茎下方。卵黄腺分为一叶或两叶，或呈泡状散发，位于卵巢附近，经卵黄管通向卵模。圆叶目绦虫的子宫一般为盲囊状，无子宫孔，故虫卵不能自动排出，随其增多和发育膨大，随孕节脱落破裂时散出虫卵。假叶目绦虫子宫有子宫孔，成熟虫卵可由子宫孔排出，子宫不如圆叶目绦虫的子宫发达。圆叶目绦虫节片受精后，雄性生殖系统萎缩消失，雌性生殖系统发育加快，最终充满虫卵的子宫占据整个节片。

二、绦虫的生活史

绦虫成虫多寄生在宿主的肠道中，其发育通常需要一至两个中间宿主，才能完成整个生活史。绦虫的发育过程需经虫卵期、中绦期（绦虫蚴期）、成虫期三个阶段（图4-3）。在中间宿主体内发育的时期称为中绦期，不同绦虫的中绦期，其结构和名称不同。

（一）圆叶目绦虫的生活史

圆叶目绦虫生活史只需一个中间宿主，个别种类没有中间宿主。其成虫寄生于终末宿主的小肠内，孕节破裂释放虫卵随粪便排出体外，被中间宿主吞食后，卵内的六钩蚴发育逸出钻入宿主肠壁，随血流到达各组织发育成囊尾蚴、似囊尾蚴等类型的中绦期幼虫。各种类型的中绦期幼虫被终末宿主吞食后，在肠道内受胆汁刺激翻出头节或脱囊发育为成虫。圆叶目绦虫的虫卵是在成虫体内发育的。卵内有发育成熟的六钩蚴，卵呈圆形，无卵盖。圆叶目绦虫无子宫孔，虫卵必须随孕节脱落后，由孕节活动破裂散出。圆叶目绦虫的中绦期有似囊尾蚴、囊尾蚴两种类型。似囊尾蚴前端为一个凹头双层囊状体，后部是实心带小钩的尾状结构。囊尾蚴俗称囊虫，是半透明的囊体，其中充满囊液，

Note

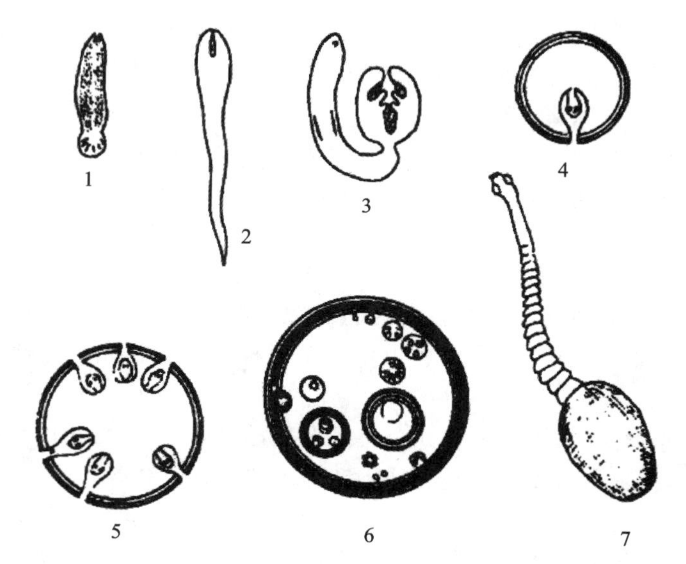

图 4-3 绦虫蚴模型构造

1. 原尾蚴 2. 裂头蚴 3. 似囊尾蚴 4. 囊尾蚴 5. 多头蚴 6. 棘头蚴 7. 链尾蚴

囊壁上有一个向内翻转的头节。囊尾蚴有的囊内有多个头节，称多头蚴。有的囊内有无数个生发囊，每个生发囊内有许多原头蚴，称棘球蚴（图 4-4）。

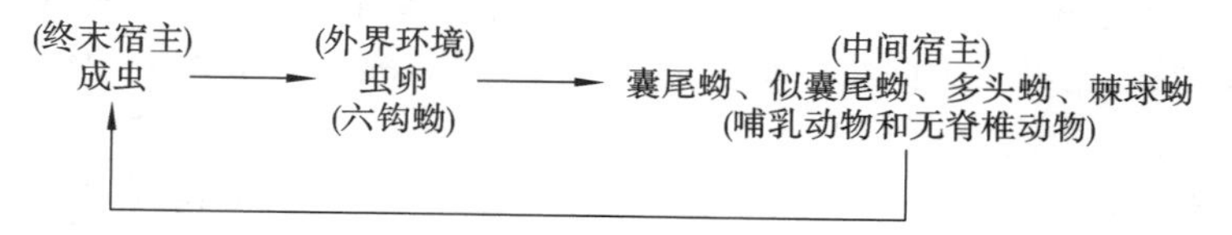

图 4-4 圆叶目绦虫生活史

（二）假叶目绦虫的生活史

假叶目绦虫的生活史通常需要两个中间宿主。虫卵随宿主粪便排出体外后，必须在水中发育孵出幼虫，称为钩毛蚴或钩球蚴。幼虫有 3 对小钩，体外被有一层纤毛使其能在水中游动。钩球蚴的第一中间宿主为甲壳纲昆虫（剑水蚤），被其吞食后在其体内发育成原尾蚴。含有原尾蚴的剑水蚤被第二中间宿主（鱼、蛙、蝌蚪等）吞食后，在其体内由原尾蚴继续发育为实尾蚴（或称裂头蚴）。最终被终末宿主吞食，在胃肠道内经消化液作用逸出蚴体，头节外翻，附着在肠壁上发育成成虫（图 4-5）。

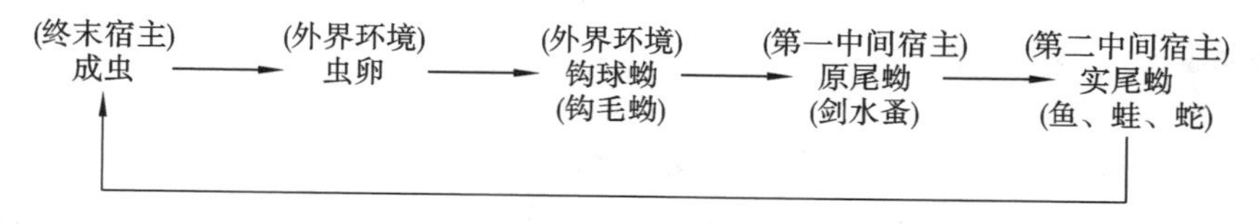

图 4-5 假叶目绦虫生活史

三、绦虫的分类

绦虫隶属于扁形动物门绦虫纲。分为圆叶目和假叶目，其中以圆叶目绦虫多见。

（一）圆叶目

圆叶目成虫头节上有 4 个吸盘，顶端常带有顶突，分有钩或无钩两种类型，体节明显，生殖孔开口于体节侧缘，无子宫孔。主要有以下几个科。

1. 裸头科 多为大、中型虫体，头节上有吸盘，但无顶突及小钩，每个体节有一组或两组生殖器官。睾丸数目多，子宫为横管状或网管状。幼虫为似囊尾蚴，寄生于无脊椎动物体内，成虫寄生于哺乳动物体内。裸头科绦虫包括裸头属、莫尼茨属、曲子宫属、副裸头属、无卵黄腺属。

2. 带科 多为大、中、小型虫体，头节上有 4 个吸盘无小棘。顶突不能回缩，上有两行钩，牛带绦

虫除外。生殖孔明显，呈不规则交替排列。睾丸数目众多，卵巢呈双叶状，子宫为管状，孕节子宫有主干和多对侧支。幼虫为囊尾蚴、多头蚴或棘球蚴，寄生于草食动物或杂食动物体内。带科绦虫包括带属、泡尾带属、多头属、棘球属、带吻属。

3. 戴文科　为中、小型虫体，头节上有4个吸盘附有小棘。顶突有2～3排斧型小钩，每个体节有一组生殖器官，偶有两组。幼虫寄生于无脊椎动物，成虫一般寄生于鸟类和哺乳动物。戴文科绦虫包括赖利属、戴文属。

4. 膜壳科　为中、小型虫体，头节上有可伸缩的顶突，具8～10个单行排列的小钩。节片宽大于长，每节有一组生殖系统。生殖孔为单侧，睾丸大，一般不超过4个，孕节子宫为横管。幼虫以无脊椎动物作为中间宿主，个别不需中间宿主，成虫寄生于脊椎动物。膜壳科包括膜壳属、皱褶属、剑带属、伪膜壳属。

5. 中绦科　为中、小型虫体，头节上有4个突出吸盘，无顶突。生殖孔位于腹面的中线上。虫卵居于厚壁的副子宫器内。成虫寄生于鸟类和哺乳动物。主要为中绦属。

6. 双壳科　为中、小型虫体，头节上有4个吸盘，有些有小棘，有些无小棘。顶突可伸缩，上有1行至多行小钩。每节有一组或两组生殖器官。睾丸数目很多，孕节子宫为横的袋状或分叶状。成虫寄生于鸟类和哺乳动物。主要为复孔属。

（二）假叶目

头节一般为双槽型，分节明显或不明显。每节有一组生殖器官，偶有两组。生殖孔位于体节中间或边缘。睾丸众多分散排列，孕卵节片子宫呈弯曲管状，虫卵通常有盖（称为卵盖）。在第一中间宿主体内发育为原尾蚴，在第二中间宿主体内发育为实尾蚴，成虫大多寄生于鱼类。

1. 双叶槽科　为大、中型虫体，头节上有吸槽。子宫孔和生殖孔位于腹侧。卵巢位于体后部髓质区内。子宫为螺旋管状。成虫主要寄生于鱼类，有些寄生于鸟类和哺乳动物。双叶槽科包括双叶槽属、舌形绦属、迭宫属。

2. 头槽科　头节上有吸槽，成虫寄生于鱼类的肠道。主要包括头槽属。

任务二　主要绦虫蚴病的防治

扫码学课件
4-2-1

子任务一　猪囊尾蚴病的防治

案例引导

某男性病人，38岁，先后在腹、背部和颈部皮下发现圆形活动结节，拇指大小。在医院手术切除腹部结节并做了囊尾蚴抗体检测，结果抗体检测为阳性，病理诊断为猪囊尾蚴病。用吡喹酮50 mg/kg治疗10日，皮下结节逐渐消失。

问题：案例中该病人感染猪囊尾蚴的原因可能有哪些？

猪囊尾蚴病又称猪囊虫病，是由绦虫目带科带属的猪带绦虫的幼虫猪囊尾蚴寄生于猪肌肉和其他器官而引起的一种寄生虫病。它不仅寄生于猪，也寄生于犬、猫和人，其中人是猪带绦虫的唯一终末宿主，因此猪囊尾蚴病是一种危害严重的人兽共患寄生虫病。

一、病原

猪囊尾蚴呈白色、椭圆形、半透明的囊泡状，囊内充满液体。大小为6～10 mm×5 mm，囊壁上有一个头节呈乳白色，粟粒大小，并有4个吸盘。其成虫为猪带绦虫，亦称有钩绦虫或链状带绦虫，乳白色，扁平带状，头节小，呈球形，直径约1 mm，其上有4个吸盘，有顶突，顶突上有25～50个小钩分两圈排列（图4-6）。体长2～5 m，最长可超过8 m，由700～1000个节片组成，未成熟节片宽而短，

成熟节片长宽几乎相等，呈四方形（图 4-7），孕卵节片则长大于宽（图 4-8）。每个节片有一组生殖系统，睾丸为泡状，有 150～300 个，分布于节片的背侧。生殖孔略突起在体节两侧。孕卵节片内子宫由主干分出 7～12 对侧支，每一孕卵节片含卵 3 万～5 万个，孕节可单个或成段脱落，虫卵浅褐色，圆形，直径 31～43 μm，卵壳分内外两层，外薄内厚，内层有辐射状的子纹，称胚膜。卵内具有 3 对小钩的胚蚴，称为六钩蚴。

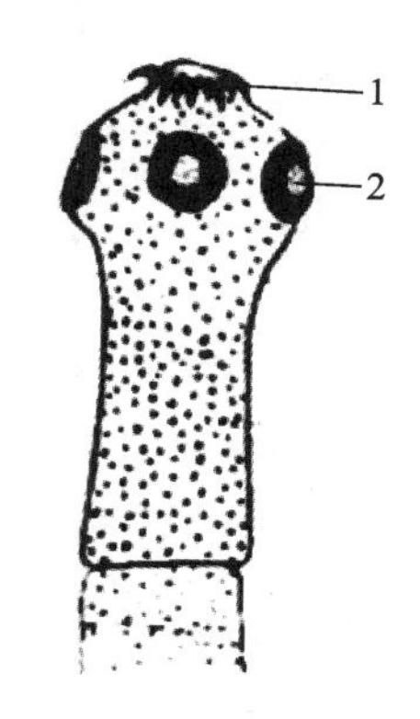

图 4-6　猪带绦虫成虫头节

1. 顶突　2. 吸盘

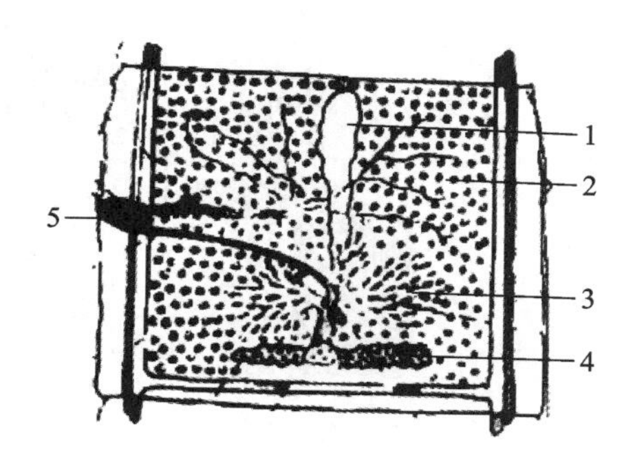

图 4-7　猪带绦虫成节

1. 子宫　2. 睾丸　3. 卵巢　4. 卵黄腺　5. 生殖孔

二、生活史

猪带绦虫寄生于人的小肠中，其孕节脱落随人的粪便排出体外，猪等中间宿主食入含有孕节或虫卵的食物和水，在消化液的作用下，六钩蚴从卵中逸出，钻入肠黏膜的血管或淋巴管内，随血流被带到机体各组织器官，最后到达横纹肌内发育，形成一个充满液体的囊泡体，之后囊上凹陷形成头节，长出吸盘和顶突，成为成熟的囊尾蚴（图 4-9）。猪囊尾蚴主要寄生于横纹肌，尤其是活动性较强的咬肌、膈肌、舌肌和心肌等。有时感染者还可在肝、肺、肾、脑等器官发现猪囊尾蚴。人感染猪囊尾蚴的主要途径：一是食入带有猪带绦虫虫卵的食物和水；二是猪带绦虫病人的自身感染，这是由于病人肠逆蠕动（如呕吐）时，孕节逆流入胃，在胃液作用下，逸出六钩蚴，随血液循环进入机体各组织器官发育形成囊尾蚴。人感染猪带绦虫是由于食入含有囊尾蚴的猪肉，囊尾蚴在胃液的作用下逸出，在小肠内翻出头节，以其吸盘和小钩固着在肠黏膜上发育，经 2～3 个月发育成猪带绦虫。

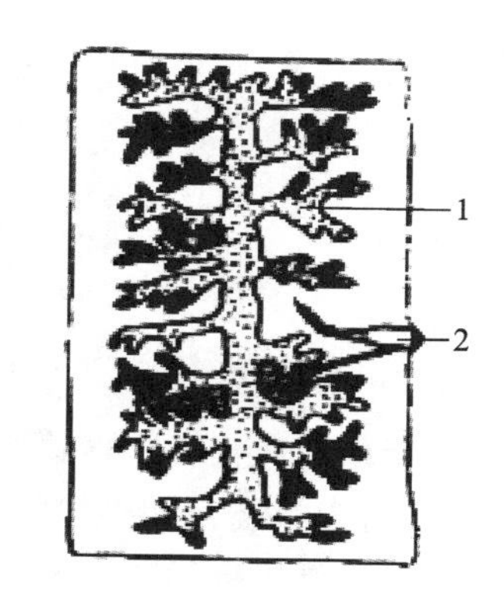

图 4-8　猪带绦虫孕节

1. 子宫　2. 生殖孔

三、流行病学

目前本病主要在发展中国家流行。我国华北、东北、西南等地区发生较多，长江流域较少。由猪到人、由人到猪的往复循环，构成了主要的流行要素，甚至会发生人与人的感染。猪囊尾蚴病的发生和流行与人的粪便管理及猪的饲养方式密切相关，一般本病发生于落后的地区，常常是由于人无厕、猪无圈，或人的厕所与猪圈相连通所致。此外，人感染猪带绦虫与饮食、卫生习惯也有关系，肉类未煮熟是主要原因。

四、临床症状和病理变化

（一）临床症状

猪少量感染猪囊尾蚴时，一般无明显的症状。大量寄生时，表现为肌肉疼痛、肢体僵硬、跛行、呼吸困难等，幼猪还伴有生长发育不良的现象。对人的危害主要取决于寄生数量。特殊情况下，寄生于脑可引起头晕、恶心、呕吐和癫痫等症状；寄生于眼部，可导致视力下降甚至失明；寄生于肌肉组织则引起局部肌肉疼痛。

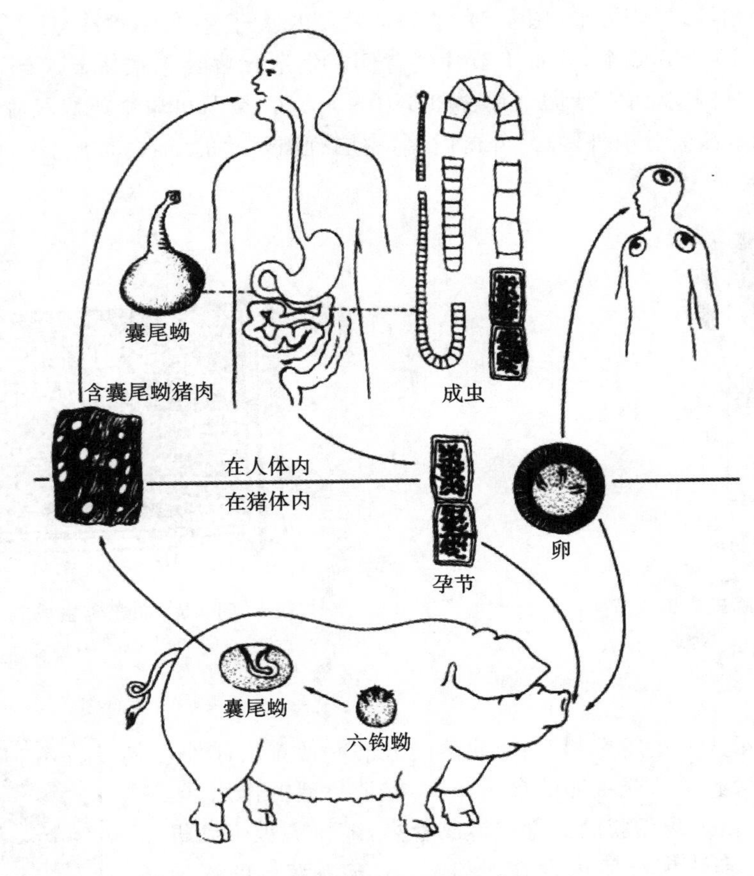

图 4-9 猪囊尾蚴生活史

(二)病理变化

猪囊尾蚴通常寄生在猪肌肉内,有时可见于眼球和脑内。虫体为长约 1 cm 的椭圆形无色半透明包囊,内含囊液,囊壁一侧有一个乳白色的结节,为头节。囊尾蚴包埋在肌纤维间,像散在的豆粒,故常称含猪囊尾蚴的猪肉为"米猪肉"。

五、诊断

死前诊断比较困难,常通过触摸舌部是否有豆状结节,作为死前诊断的依据。一般只有在宰后检验时才能确诊。宰后检验主要是观察咬肌、腰肌等肌肉是否有乳白色椭圆形或圆形的猪囊尾蚴。镜检,可见猪囊尾蚴头节上有 4 个吸盘和两圈小钩。钙化后的囊尾蚴,包囊中呈现大小不同的黄白色颗粒。目前血清学诊断方法也已经被应用于猪囊尾蚴病的诊断上,如间接血凝试验、间接荧光抗体试验、酶联免疫吸附试验等。

六、防治

(一)治疗

吡喹酮:猪按 30～60 mg/kg 体重给药,每日 1 次,用药 3 次。

丙硫咪唑或氟苯咪唑:猪按 30 mg/kg 体重给药,每日 1 次,用药 3 次,早晨空腹服药。

中兽药的驱虫方剂对于本病的治疗也有一定的效果。临床上可以使用槟榔、南瓜子合剂,将南瓜子、槟榔和龙芽草先用水浸泡数小时后再煎煮,给病猪灌服。

(二)预防

由于猪囊尾蚴病对人的危害性很大,因此防治猪囊尾蚴病是一项非常重要的工作。另外,有囊尾蚴的猪肉不能食用,是巨大的经济损失。对于猪囊尾蚴病必须采取综合性的预防措施。

(1)加强城乡肉品卫生检验,实行定点屠宰、集中检疫。对有囊尾蚴的猪肉,应做无害化处理。

（2）做到人有厕，猪有圈。切断猪和人粪的接触机会，并对人粪进行无害化处理。

（3）普查普治高发人群，发现人患绦虫病时，及时驱虫。驱虫后排出的虫体和粪便必须严格处理。

（4）注意个人卫生，改变饮食习惯，不吃生的或未煮熟的猪肉。

（5）加强科普宣传教育，提高人们对猪囊尾蚴病的危害以及感染途径和方式的认识，自觉参与防治猪囊尾蚴病。

子任务二　牛囊尾蚴病的防治

扫码学课件

4-2-2

在某地牛羊定点屠宰场进行检疫工作中，发现有头牛体温偏高（40 ℃），“三态”均为正常，观察 24 小时后准宰，检出其感染了囊尾蚴，感染部位主要在舌肌、咬肌、心肌、膈肌、腰肌、臀肌等处，形状为黄豆大小的半透明囊泡。感染密度为在 10 cm^2 面积内有囊尾蚴 8～10 个。

问题：案例中该牛感染囊尾蚴的原因可能有哪些？防治措施有哪些？

肥胖带吻绦虫又称牛带绦虫、无钩绦虫，寄生于人的小肠。牛囊尾蚴又称牛囊虫，牛囊尾蚴病是肥胖带吻绦虫的中绦期幼虫牛囊尾蚴寄生于牛的肌肉内而引起的一种寄生虫病。本病在人和牛之间传播，属人兽共患病。

一、病原

牛囊尾蚴外形与猪囊尾蚴相似，为灰白色、椭圆形半透明囊泡（图 4-10），大小为 5～9 mm×3～6 mm。囊壁上有一内陷乳白色头节，头节上有 4 个吸盘，但是没有顶突和小钩，这是与猪囊尾蚴的主要区别。

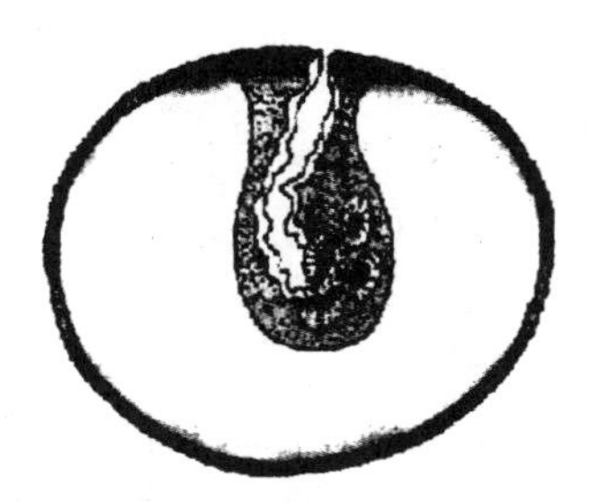

牛囊尾蚴的构造

翻出头节后的牛囊尾蚴

图 4-10　牛囊尾蚴

牛带绦虫体长 5～10 m，最长可达 25 m，由 1000～2000 个节片组成。每个成熟节片含有雌雄生殖器官各一组，生殖孔不规则交替开口，睾丸位于节片侧缘，数目为 300～400 个。卵巢分两大叶，孕节子宫每侧有 15～30 个分支（图 4-11）。每个孕节约含近圆形黄褐色虫卵 10 万个，大小为 30～40 μm×20～30 μm，内有一个六钩蚴。

二、生活史

牛带绦虫成虫寄生在人小肠中，孕节能自动爬出肛门，或随粪便排出。中间宿主牛食入带虫卵饲料和水后，六钩蚴在小肠逸出钻入肠壁，随血流到达牛的心肌、舌肌、嚼肌等肌肉中，经 10～12 周发育成为成熟的囊尾蚴。人食用生的或未煮熟的含有囊尾蚴的牛肉后，在小肠内经 2～3 个月发育为成虫。

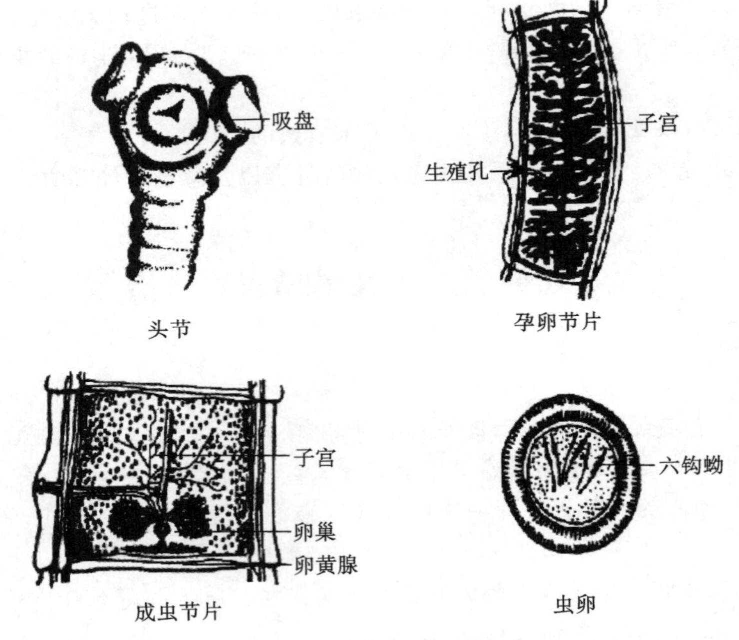

图 4-11　牛带绦虫

三、流行病学

牛带绦虫分布于世界各地，以亚洲和非洲居多，在北美洲和欧洲零星发生。在我国西藏、内蒙古、四川、贵州、广西等有吃生的或未煮熟的牛肉习惯的地区呈地方性流行，其余地区零星发生。牛感染囊尾蚴与人的粪便管理不当有关，凡感染牛囊尾蚴的病人，其粪便中必有孕节或虫卵。虫卵在外界的存活能力极强，可达 200 日以上，如果污染了牧地、饲料与饮水，被牛吞食后就会感染。在牛囊尾蚴病流行地区，人们往往是不习惯使用厕所，致使牛群的囊尾蚴感染率很高，有的地方可高达 40%。

四、临床症状和病理变化

（一）临床症状

牛感染囊尾蚴后六钩蚴在体内移行，表现为体温升高到 40～41 ℃、食欲不振、虚弱、腹泻、恶心、消瘦、贫血等症状，甚至反刍消失，有时可引起死亡。

（二）病理变化

牛囊尾蚴的分布很不均匀，以寄生在咬肌、舌肌、臀肌、腰肌、心肌、肩胛外侧肌等处较多。此外，也可寄生于脂肪、肝脏、肾脏和肺脏等处形成囊肿块。组织内的囊尾蚴 6 个月后会钙化，形成钙化灶。

五、诊断

牛囊尾蚴病的死前诊断较困难，可采用血清学方法进行诊断。宰后尸体剖检发现囊尾蚴即可确诊，但一般感染度较低，需仔细检验肉品。对牛带绦虫病的诊断主要通过检查人粪便中的孕节和虫卵，也可用棉签拭抹病人肛门周围做涂片检查。

六、防治

（一）治疗

牛囊尾蚴病：用吡喹酮、丙硫咪唑或甲苯咪唑，牛按 50 mg/kg 体重的剂量进行治疗。

牛带绦虫病：用氯硝柳胺（10～20 mg/kg，总量不超过 0.5 g，清晨空腹 1 次顿服），吡喹酮（成人清晨空腹顿服 2 g，儿童 1 g），丙硫咪唑（800 mg/d，连服 3 天）。注：此病只有人会感染，牛不需治疗。

（二）预防

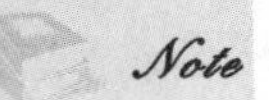

（1）在本病流行地区应对人的牛带绦虫病进行普查，对病人进行驱虫。

(2)做好人粪的管理,防止污染牲畜饲料、饮水与牧场;做好牛的饲养管理,防止牛接触人粪污染的饲草、饮水等。

(3)加强肉品卫生检验,对有牛囊尾蚴病患牛必须做无害化处理。

(4)不吃生的或未煮熟的牛肉,同时生、熟菜刀及砧板应分开。

子任务三　棘球蚴病的防治

扫码学课件

4-2-3

青海某养羊户饲养绵羊 100 多只。2017 年,畜主发现有 20 多只羊出现消瘦、食欲减退、咳嗽、倒地不起等症状。畜主怀疑为感冒,使用青霉素、链霉素,效果不好。又过了十天左右,病羊数量增加到 50 多只,其中有 12 只因呼吸困难而死亡。剖检病死羊,发现肝、肺、胃等脏器表面有近似球形的囊,大小不一,数量不等,囊内充满囊液。

问题:案例中羊群感染何种病?该病应如何进行防治?

棘球蚴又名包虫,是带科棘球属棘球绦虫的中绦期,寄生于牛、羊、马、猪等家畜和人的肝、肺等器官内。棘球蚴蚴体生长力强,体积大,不仅压迫周围组织使之萎缩和发生功能障碍,还易造成继发感染。如果蚴体包囊破裂,还可引起变态反应,严重时可导致死亡。在动物中,棘球蚴病对绵羊和骆驼的危害较为严重。成虫棘球绦虫,寄生于犬、狼、狐狸等动物的小肠。棘球蚴病是一种严重的人兽共患病,呈世界性分布。

一、病原

棘球蚴的形状和大小因其寄生部位的不同而异。一般近似球形,直径多为 5～10 cm,个别小虫体仅有黄豆大,大的虫体直径可达 50 cm。棘球蚴的囊壁分为两层,外为乳白色的角质层,内为生发层,生发层含有丰富的细胞结构,并有成群的细胞向囊腔内芽生出有囊腔的子囊和原头节,有小蒂与母囊的生发层相连接或脱落后游离于囊液中。子囊壁的构造与母囊相同,其生发层同样可以芽生出不同数目的孙囊和原头节。原头节和成虫头节的区别是体积小而无顶突腺。母囊向内芽生子囊,子囊再向内芽生孙囊,且都能芽生出原头节。所以在一个发育良好的棘球蚴中原头节数可多达 200 万个(图 4-12)。

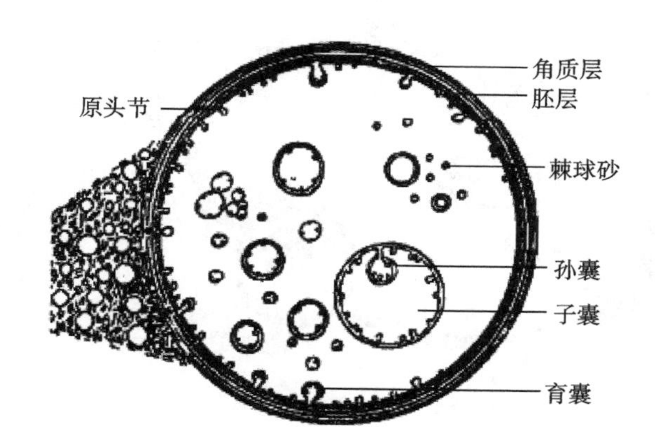

图 4-12　棘球蚴模式图

棘球绦虫可分为细粒棘球绦虫(图 4-13)和多房棘球绦虫。细粒棘球绦虫,虫体很小,全长 2～7 mm,由一个头节和 3～4 个节片构成。头节上有吸盘、顶突,顶突上有 36～40 个小钩。成节含雌雄生殖器官各一组,生殖孔位于节片侧缘后半部,睾丸 35～55 个,卵巢左右两瓣,孕节子宫膨大为盲囊状,内充满虫卵,虫卵直径为 30～36 μm,外被一层辐射状的胚膜。多房棘球绦虫,虫体与细粒棘球绦虫相似,但更小,仅 1.2～4.5 mm。顶突上有 14～34 个小钩。睾丸 14～35 个。生殖孔位于节

片侧缘前半部，孕节内子宫呈袋状，无侧支。虫卵大小为 30～38 μm×29～34 μm。

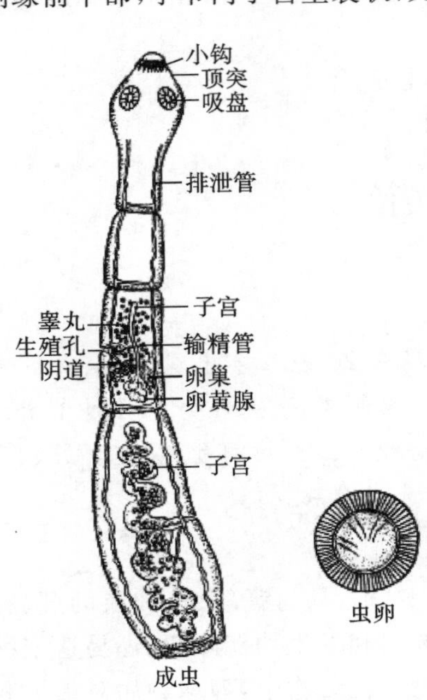

图 4-13　细粒棘球绦虫

二、生活史

细粒棘球绦虫寄生于狼、犬、狐狸的小肠，虫卵和孕节随终末宿主的粪便排出体外，中间宿主食入被虫卵污染的饲料和饮水而感染，虫卵内的六钩蚴在中间宿主消化道逸出，钻入肠壁，随血流或淋巴散布到肝、肺等处，经 6～12 个月发育成具有感染性的棘球蚴。狼、犬等终末宿主吞食了含有棘球蚴的中间宿主的脏器而感染，经 40～50 日发育为细粒棘球绦虫（图 4-14）。

多房棘球蚴寄生于中间宿主啮齿类动物的肝脏，在肝脏发育。狼、狐狸、犬等吞食含有棘球蚴的中间宿主肝脏后感染，经 30～33 天发育为成虫。

三、流行病学

细粒棘球蚴病在我国有 23 个省区市进行了报道，以新疆、内蒙古、西藏和四川较为流行，其中以新疆最为严重。绵羊感染率最高，受威胁最大。其他动物，如山羊、牛、猪、马、骆驼亦可感染。狼、犬、狐狸是散布虫卵的主要来源，尤其是牧区的牧羊犬。

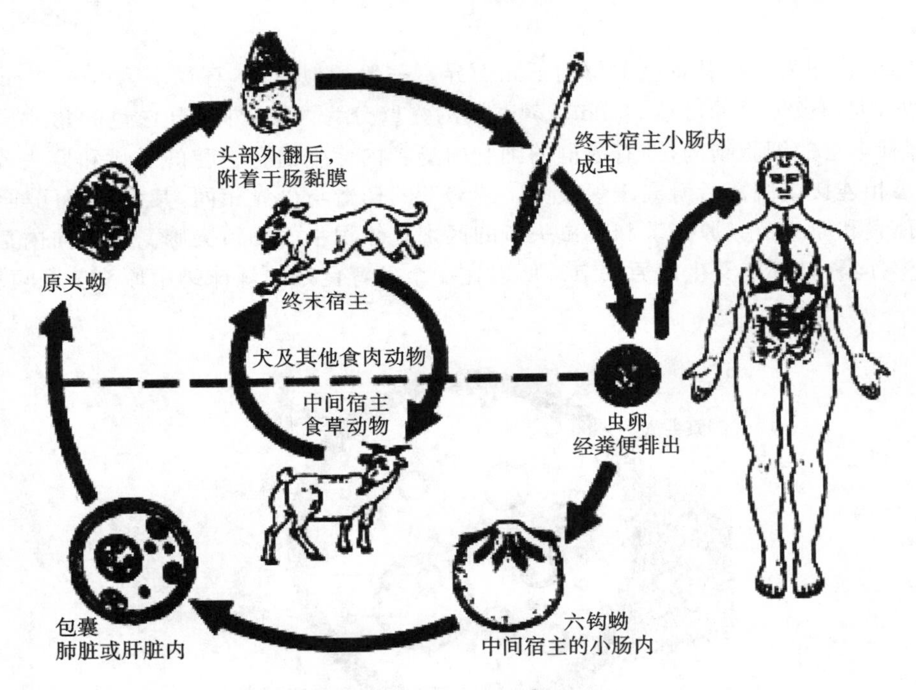

图 4-14　细粒棘球绦虫生活史

多房棘球蚴病在宁夏、内蒙古、新疆、青海、四川和西藏等地都有发生，以宁夏为最。国内已证实的终末宿主有狼、沙狐、红狐、犬等，中间宿主有布氏田鼠、长爪沙鼠、黄鼠和中华鼢鼠等啮齿类动物。

四、临床症状和病理变化

（一）临床症状

绵羊对细粒棘球蚴最为敏感，死亡率较高，感染严重者表现为消瘦、脱毛、呼吸困难、咳嗽、倒地不起等。牛感染严重时，常见身体消瘦、衰弱、呼吸困难，剧烈运动可使症状加重。各种动物有时会因囊泡破裂而产生过敏反应引起死亡。

（二）病理变化

可见肝脏、肺脏等器官有粟粒大到足球大不等的棘球蚴寄生。对犬的致病作用不明显，一般无明显的临床表现。对人的危害较为严重，以慢性消耗为主，最后使病人丧失劳动能力。

五、诊断

动物棘球蚴病的诊断比较困难。根据流行病学资料和临床症状，采用皮内过敏试验、IHA 和 ELISA 等方法对动物和人的棘球蚴病有较高的检出率。在动物尸体剖检时，在肝、肺等处发现棘球蚴可以确诊。对人和动物亦可用 X 射线和超声波诊断本病。

六、防治

（一）治疗

丙硫咪唑：绵羊按 90 mg/kg 体重给药，连服 2 次，对原头蚴的杀虫率为 82%～100%。

吡喹酮：绵羊按 25～30 mg/kg 体重给药，总剂量为 125～150 mg/kg，每日服一次，连用 5 日，有较好的疗效。

人体内的棘球蚴可通过外科手术摘除，也可用吡喹酮和丙硫咪唑等治疗。

对犬棘球绦虫的治疗可采用吡喹酮 5 mg/kg 体重、甲苯咪唑 8 mg/kg 体重或氢溴酸槟榔碱 2 mg/kg体重，一次经口给予。

（二）预防

（1）禁止用感染棘球蚴的动物肝、肺等器官组织喂犬。

（2）对家犬和牧羊犬应定期驱虫，以根除感染来源，驱虫后的犬粪，要进行无害化处理，杀灭其中的虫卵。

（3）保持畜舍、饲草、饲料和饮水卫生，防止被犬粪污染。

（4）人与犬等动物接触或加工毛皮时，应注意个人防护，以免感染。

子任务四　脑多头蚴病的防治

扫码学课件

4-2-4

某羊场，在圈舍当中发现 1 只病死羊，随后羊场越来越多的患病羊出现临床症状，主要表现为尖叫转圈、眼睛失明，发病后一周左右共有 8 只羊死亡。多数羊出现走路转圈现象，不能正常行走，站立不稳，卧地不起，食欲下降，反应迟钝。某兽医到达羊场后，对病死羊进行逐个解剖检查，发现脏器组织没有明显变化，病变位置主要集中在脑部。该羊场采用放牧养殖模式，放牧地地势低洼，存在大量犬科动物，有大量犬科动物排出的粪便。同时，羊场卫生环境普遍较差，潮湿不堪，遇到下雨天气会积水。

问题：案例中该羊可能感染了何种寄生虫病？如何治疗？该病的发生与养殖方式和环境条件有何关系？

脑多头蚴病（俗称脑包虫病）是由带科带属的多头带绦虫的幼虫多头蚴，寄生于牛、羊等反刍动物大脑内所引起的一种寄生虫病。幼虫主要寄生于绵羊、山羊、黄牛、牦牛等动物的大脑、延髓、脊髓等处，偶见于骆驼、猪、马及其他野生反刍动物，极少见于人。成虫寄生于终末宿主狼、犬、豺、狐狸等的小肠内。脑多头蚴病是危害羔羊和犊牛的一种重要的寄生虫病，两岁以下的绵羊最易感。

一、病原

脑多头蚴为乳白色半透明囊泡状，囊体由豌豆到鸡蛋大小不等，囊内充满透明液体。囊壁由两层膜组成，外膜为角皮层，内膜为生发层。生发层上有 100～250 个不等，直径 2～3 mm 的原头蚴。

Note

成虫为多头带绦虫(图 4-15),体长 40～100 cm,节片 150～250 个。头节上有 4 个吸盘,顶突上有 22～32 个小钩,分两圈排列。每个成熟节片内有一组生殖器官,生殖孔不规则地交替开口位于节片侧缘稍后部。睾丸约 300 个,卵巢分两叶,孕节子宫内充满虫卵,子宫每侧有 14～26 对侧支。卵为圆形,直径 29～37 μm,内含六钩蚴。

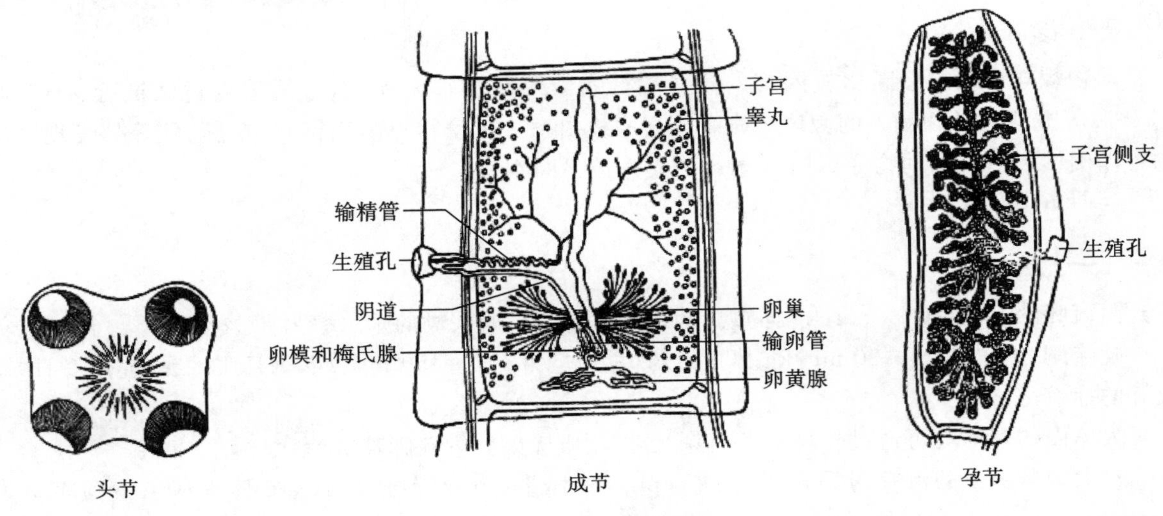

图 4-15 多头带绦虫

二、生活史

寄生在终末宿主体内的成虫,其孕节和虫卵随宿主粪便排出体外后,经牛、羊等中间宿主食入,在消化道逸出六钩蚴,后钻入肠黏膜血管内,随血流带入脑脊髓,经 2～3 个月发育为多头蚴。如果被血流带到身体其他部位,则不能继续发育而迅速死亡。狼、犬、狐狸等吞食了含有多头蚴的中间宿主脑脊髓,可使多头蚴进入其小肠并附着在肠壁上发育,经 41～73 日发育成多头带绦虫(图 4-16)。

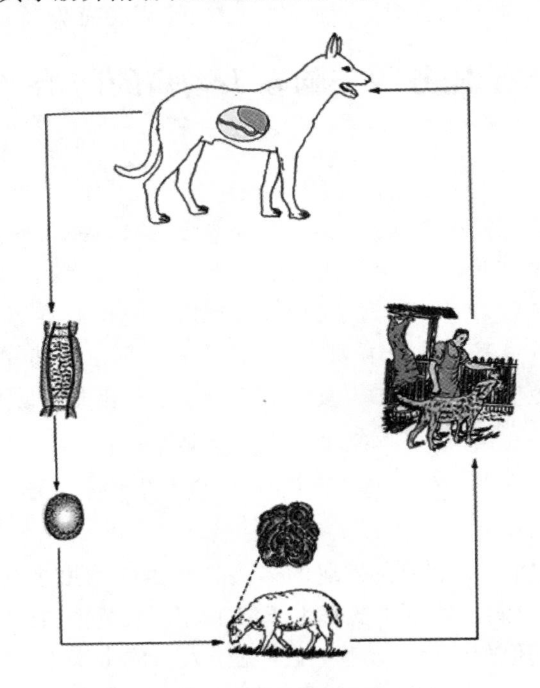

图 4-16 多头带绦虫生活史

三、流行病学

本病在全球均有分布,以欧洲、美洲及非洲绵羊脑多头蚴病较为常见。我国新疆、内蒙古、黑龙江、吉林、辽宁、北京、宁夏、甘肃、青海、山西、陕西、江苏、四川、贵州、福建与云南等地均有分布。脑多头蚴病的流行原因与棘球蚴病基本相似，在屠宰羊只时未经煮熟将羊头喂犬，是造成犬感染脑多头蚴病的主要原因。犬排出的粪便，污染饲料和饮水，造成脑多头蚴病的流行。多头带绦虫在犬的小肠中可以生存数年之久，所以一年四季，牲畜都有被感染的可能。

四、临床症状和病理变化

（一）临床症状

前期症状一般表现为急性型，后期为慢性型。后期症状又因病原体寄生部位的不同及其体积增大程度的不同而异。

1. 前期症状 以羔羊的急性型最为明显，感染初期，六钩蚴移行至脑部引起炎症，表现为体温升高，呼吸、脉搏加快，甚至会出现强烈兴奋。病畜会出现行为异常，长期躺卧或脱离畜群。部分羊只在5～7日内因急性脑膜炎而死亡，若耐过急性期则转为慢性症状。

2. 后期症状 急性症状消失后会转为慢性症状。到感染后2～7个月，才会展现典型症状，且随着时间推移而加剧。这种典型症状会因寄生部位不同而异。由于虫体寄生在大脑半球表面的次数最多，会出现典型的“转圈运动”，所以通常又将脑多头蚴病的后期症状称为“回旋病”。有时虫体被压迫到“转圈”运动外的大脑半球上，对侧视神经造成充血与萎缩，使感染动物视力障碍或失明。叩诊头骨，患区有浊音，患部头骨常萎缩变薄，甚至穿孔，按压压痛。病畜精神沉郁，对声音刺激反应弱，食欲消失，身体消瘦，卧地不起，严重时导致死亡。除上述症状外，病畜会脱离畜群，常不能自行回转。当多头蚴寄生在大脑后部时，主要典型症状为头颈部肌肉痉挛，头向上仰或作后退运动，甚至倒地不起，如果痉挛仅涉及一侧肌肉，头则偏向一侧。当多头蚴寄生在小脑时，常使病畜神经过敏，易受惊，以致病畜向与声源相反的方向走，并伴有四肢痉挛，行走时步伐常加长，极易跌倒。当多头蚴寄生在脊髓时，主要表现为步伐不稳，在转弯时很明显，囊体压力过大时会引起后肢麻痹（图4-17）。

图4-17 绵羊患脑多头蚴病时的各种症状

1. 脑的额叶受感染时，向前运动，头向下垂 2. 颞顶叶受感染时，则向受病的一侧弯曲 3. 脑的枕部受感染时的姿态 4. 小脑受感染时，足分开站立 5. 脊髓受感染时的姿态 6. 转圈运动

（二）病理变化

前期有脑膜炎和脑炎病变。后期可见囊体嵌入脑组织中，寄生部位的头骨变薄、松软。

五、诊断

由于脑多头蚴病经常有特异的症状，在流行地区根据其特殊的症状可作出初步判断。但要注意，在某种特殊情况下此病与莫尼茨绦虫病、羊鼻蝇蛆病以及脑瘤病症状相似，但这些疾病一般不会有头骨变薄、变软和皮肤隆起的现象。可用X射线或超声波进行诊断，或尸体剖检时发现虫体即可确诊。此外还可用变态反应原（用多头蚴的囊液及原头蚴制成乳剂）注入羊的上眼睑内进行诊断。感染多头蚴的羊于注射1小时后，皮肤会出现肥大（1.75～4.2 cm），并保持6小时左右。近年来酶联免疫吸附试验也开始用于诊断，它有较强的特异性和敏感性，且没有交叉反应，是脑多头蚴病早期诊断的方法之一。

六、防治

（一）治疗

对脑表面的虫体可根据包囊的所在位置，通过外科手术将头骨开孔，用注射器吸去囊中液体，使囊体缩小，而后摘除之。对深部的虫体，要采用X射线或超声波诊断确定其部位，再施行手术。此外，用吡喹酮和丙硫咪唑治疗也有较好的效果。

（二）预防

（1）病畜的头颅、脊髓应予烧毁。禁止将病畜的脑、脊髓喂犬。

（2）对犬定期驱虫，对患多头绦虫病的犬进行治疗，对犬粪便进行无害化处理。

（3）远离野犬、豺、狐狸等终末宿主。

子任务五　细颈囊尾蚴病的防治

扫码学课件

4-2-5

案例引导

某羊场年龄较小的羔羊发病，发病3天后有3只羊死亡。兽医发现该羊场的卫生条件普遍较差，并且放牧场地周边存在大量犬科动物活动的痕迹，能够发现大量的粪便存在，并且放养场地周边地势低洼，存在大量的积水，该养殖户已经连续多年没有对羊群进行有效的驱虫处理。随即对病死羊进行了解剖，能够发现脏器组织存在严重的病变，同时还能够发现大量的包囊，包囊当中存在很多头节，随后将包囊摘除，在显微镜下观察，能够发现乳白色的结节囊壁，凹入处含有头节，为双层的囊胚体，凹入处顶端中央存在一个顶突，顶突上有三对小钩，成排排列。

问题：案例中该羊感染了何种寄生虫病？如何治疗？该病的发生与养殖方式和环境条件有何关系？

细颈囊尾蚴是泡状带绦虫的中绦期幼虫，寄生于猪、山羊、绵羊、黄牛等多种家畜及野生动物的肝脏浆膜、肠系膜、大网膜等处，有时可进入胸腔寄生于肺部。成虫为泡状带绦虫，寄生于犬、狼等食肉动物的小肠。细颈囊尾蚴病在世界均有分布，在我国普遍流行，尤其是猪感染率极高，一般为50%左右，个别地区可达70%，且各年龄段猪均有感染，极大地影响了仔猪的生长发育，严重时可引起仔猪死亡。

一、病原

细颈囊尾蚴俗称"水铃铛"，呈乳白色大小不等的囊泡状，可达鸡蛋大小或更大。囊壁上的乳白色结节是颈和内凹的头节，将结节内凹翻转，可见一细长颈部和游离端的头节，故称细颈囊尾蚴（图4-18）。

泡状带绦虫呈乳白色或淡黄色，体长可达5 m，头节稍宽于颈节，顶突上有26～46个小钩，排成两圈。前部的节片宽而短，后部长而宽且长度大于宽度。孕节子宫每侧有5～16个粗大分支，每支又有多个小分支，被椭圆形虫卵充满，内含六钩蚴，大小为36～39 μm×31～35 μm（图4-19）。

二、生活史

成虫寄生于犬、狼等食肉动物的小肠中，孕卵节片随粪便排出体外，释放虫卵，污染饲料和水，造

图 4-18　细颈囊尾蚴

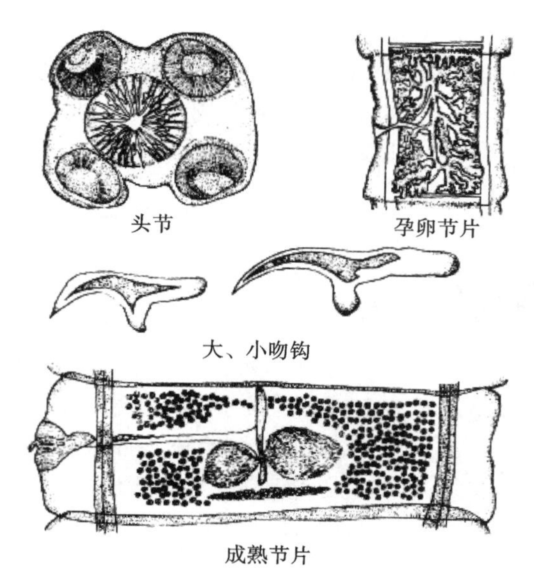

图 4-19　泡状带绦虫

成猪、羊等动物采食后受到感染，在消化道内逸出六钩蚴，钻入肠壁，随血液到达肝实质，再由肝实质移行到肝脏表面，随后进入腹腔附在肠系膜、大网膜等处，经2～3个月发育成细颈囊尾蚴。犬、狼等终末宿主吞食含有细颈囊尾蚴的猪、羊脏器后，细颈囊尾蚴会进入其小肠并翻出头节，附着在肠壁上，经51日左右发育为成虫。

三、流行病学

本病在全国均有分布，主要由于宰猪时犬会食用废弃内脏导致猪的细颈囊尾蚴进入犬的小肠使犬长期带有泡状带绦虫，此后犬排出粪便使附近环境长期带有虫卵，最后虫卵感染猪，形成一种往复循环。

四、临床症状和病理变化

（一）临床症状

多呈慢性症状。早期大猪一般无明显症状，但仔猪可能出现急性出血性肝炎、腹膜炎、体温升高等症状，少数出现急性死亡，多数可耐过，但身体虚弱、消瘦。

（二）病理变化

急性病例是由六钩蚴在肝实质向肝包膜移行时造成孔道，引起急性出血性肝炎，肝脏表现为肿大，出现很多小结节和出血点，可找到虫体移行的虫道。慢性病例，肝脏局部组织色泽变淡，呈萎缩现象，肝浆膜层发生纤维素性炎症，形成所谓“绒毛肝”，肠系膜、大网膜和肝脏表面有大小不等的水铃铛。严重感染时，细颈囊尾蚴还能侵入胸腔、肺实质及其他脏器，引起胸膜炎或肺炎。有时腹腔内有大量带血色的渗出液和幼虫。

五、诊断

本病诊断比较困难，可用血清学方法诊断，尸体剖检时发现虫体即可确诊，肝脏中的细颈囊尾蚴应注意与棘球蚴相区别，前者只有一个头节，且囊壁薄而透明，后者囊壁厚而不透明。

六、防治

（一）治疗

治疗可采用吡喹酮，按50 mg/kg体重给药，与液体石蜡按1∶6比例混合研磨均匀。分两次间隔1日深部肌内注射，可全部杀死虫体；或硫双二氯酚0.1 g/kg体重喂服。

(二)预防

(1)禁止犬类进入屠宰场,禁止把猪的脏器丢弃喂犬。

(2)防止犬进入猪舍,避免饲料、饮水被犬粪便污染。

(3)对犬定期驱虫,扑杀野犬。

子任务六　裂头蚴病的防治

扫码学课件

4-2-6

案例引导

2013—2018 年江西省寄生虫病防治研究所、南昌大学第一附属医院、广东三九脑科医院住院及门诊部记录了连续治疗随访的脑曼氏裂头蚴病病例。结果共收集 87 例脑曼氏裂头蚴病病例,其中吡喹酮治疗 62 例(其中 10 例吡喹酮治疗后转手术治疗),手术治疗 35 例。治疗后 12 个月,临床结局优的病人 71 例,无症状病人占 57.7%(41/71),有临床症状者占 42.3%(30/71),其中抽搐占 26.8%(19/71)、轻瘫占 14.1%(10/71)、复视占 1.4%(1/71)。

问题:案例中脑曼氏裂头蚴病的治疗方法有哪些?该病如何进行防治?

裂头蚴病是曼氏迭宫绦虫的幼虫寄生于哺乳动物肌肉、皮下组织和胸腹腔引起的一种寄生虫病。

一、病原

曼氏迭宫绦虫一般长为 40～60 cm,最长可达 1 m。头节指状,背腹各有纵行的吸槽。体节宽度大于长度。子宫有 3～5 次或更多的盘旋,子宫孔开口于阴门下方(图 4-20)。虫卵大小为 52～76 μm×31～44 μm,淡黄色,椭圆形,两端稍尖,有卵盖。曼氏裂头蚴呈乳白色,长度大小不一,从 0.3 cm到 30～105 cm 不等,扁平,不分节,前端具有横纹(图 4-21)。

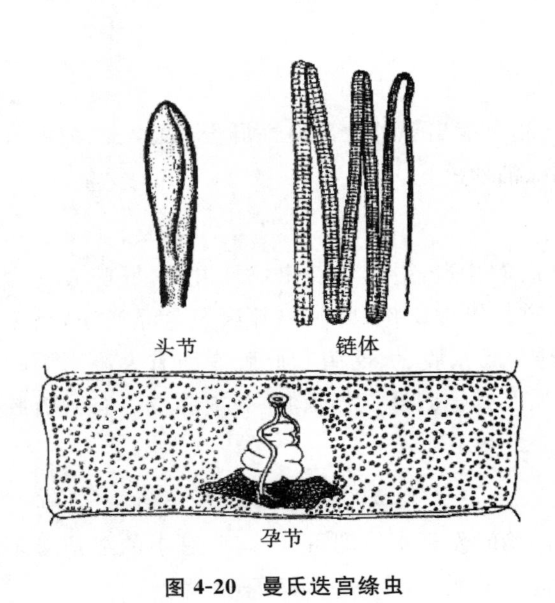

图 4-20　曼氏迭宫绦虫

1
2
3
4
5

图 4-21　曼氏裂头蚴

1. 包囊内的虫体

2～5. 各种大小不同的蚴带

二、生活史

成虫寄生于犬、猫等肉食动物小肠内,孕卵节片和虫卵随粪便排出体外。在水中经 15 日左右发

育成钩毛蚴，被中间宿主剑水蚤吞入，经1～2周发育成原尾蚴。剑水蚤被蝌蚪、青蛙吞食后，原尾蚴发育为裂头蚴。青蛙被蛇、鸟和猪等动物吞食后，裂头蚴在其肌肉、皮下组织和胸腹腔附着。含裂头蚴的动物最后被犬、猫吞食，裂头蚴附着在其小肠发育为成虫(图4-22)。

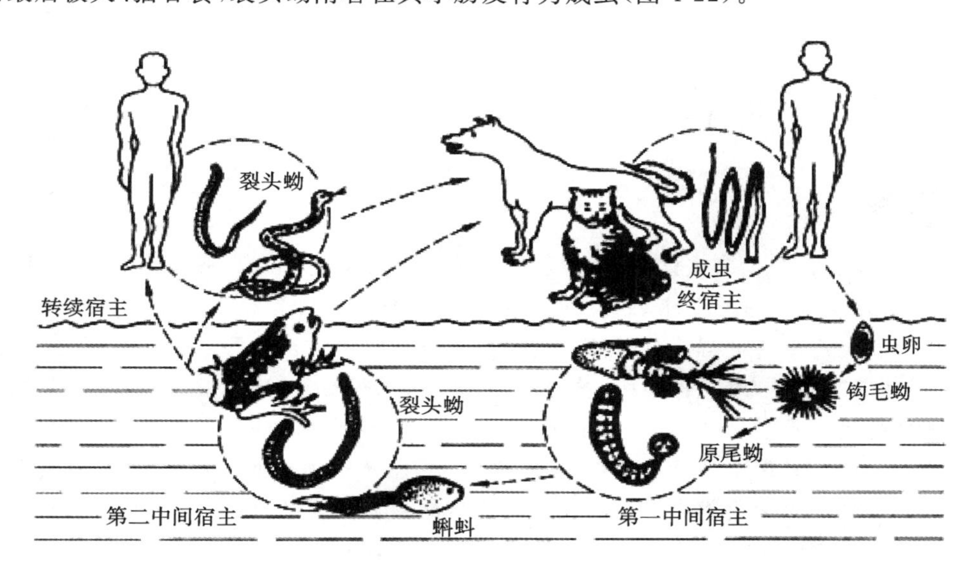

图 4-22　曼氏裂头蚴生活史

三、流行病学

裂头蚴在我国南方省份多见，主要是猪、鸡和鸭吞食了蝌蚪和青蛙所致。犬、猫食入蛇、鸟也可感染。

四、临床症状和病理变化

（一）临床症状

猪感染裂头蚴一般无明显症状，屠宰后可发现肌肉、肠系膜和大网膜有裂头蚴寄生。感染严重的猪会出现消瘦、食欲不振、嗜睡等症状。

人感染时局部皮下会出现瘙痒，有虫爬感，局部皮肤有隆起的结节，有时会出现浮肿并伴有呕吐、腹痛、恶心等症状。

（二）病理变化

局部皮肤有结节，感染部位出现炎症，侵入淋巴管时出现浮肿。

五、诊断

从寄生部位取出虫体或通过犬、猫粪便进行虫卵检查都可作为诊断方法。

六、防治

（一）治疗

吡喹酮治疗：吡喹酮50 mg/kg体重，分别于早、中、晚餐后分3次服用，连续给药10日，间隔60日为1个疗程，重复3个疗程。如超过3个疗程，则选择手术治疗。

手术治疗：手术治疗包括开颅手术和CT引导立体定向抽吸术。术后常规给予吡喹酮治疗(50 mg/kg，连续用药3日)，以防止可能的残留感染。

（二）预防

(1)对犬、猫定期驱虫。

(2)对犬、猫、猪、禽粪便做无公害化处理。

(3)避免犬、猫、猪、禽误食青蛙。

任务三　主要绦虫病的防治

扫码学课件

4-3-1

子任务一　反刍动物绦虫病的防治

案例引导

某羊场，自入冬以来，当年生的绵羊中大多数开始消瘦，贫血，腹泻与便秘交替，并逐渐加重，有的绵羊放牧时跟不上群，发病率达50%。畜主采用青霉素、链霉素、庆大霉素等常用抗生素和抗病毒药进行治疗，7日后均未见好转，并有2只羊死亡。患羊精神沉郁，食欲不振，高度营养不良，渐进性消瘦，被毛粗乱，贫血、可视黏膜苍白，腹泻与便秘交替，粪中含黏液和白色大米粒样物体，有时有明显的神经症状，如无目的的运动，步样蹒跚，有时有震颤。对死亡的2只绵羊进行了解剖，尸体消瘦，在小肠分别检出16条和7条白色分节面条样的成熟虫体和大量吸附在肠黏膜上的未成熟的虫体。成熟虫体长3 m以上，宽1.5 mm，前有一球形头节。头节上有4个近似椭圆形的吸盘，每节均宽大于长。

问题：案例中羊群感染了何种寄生虫病？如何治疗？

反刍动物绦虫病由莫尼茨绦虫、曲子宫绦虫、无卵黄腺绦虫等多种绦虫寄生于牛、羊小肠引起的寄生虫病，对犊牛、羔羊危害最为严重。

一、病原

（一）莫尼茨绦虫

在我国常见的莫尼茨绦虫有两种：扩展莫尼茨绦虫和贝氏莫尼茨绦虫。它们均为大型绦虫，外观相似，头节小，近似球形，上有4个吸盘，无顶突和小钩。体节宽而短，成节内有两套生殖器官，每侧一套，生殖孔开口于节片的两侧（图4-23）。扇形的卵巢和块状的卵黄腺在体两侧构成花环状。睾丸数百个，分布于两纵排泄管间，子宫呈网状。两种虫体各节片的后缘均有横列的节间腺。虫卵直径56～67 μm，内含梨形器，梨形器内含六钩蚴。

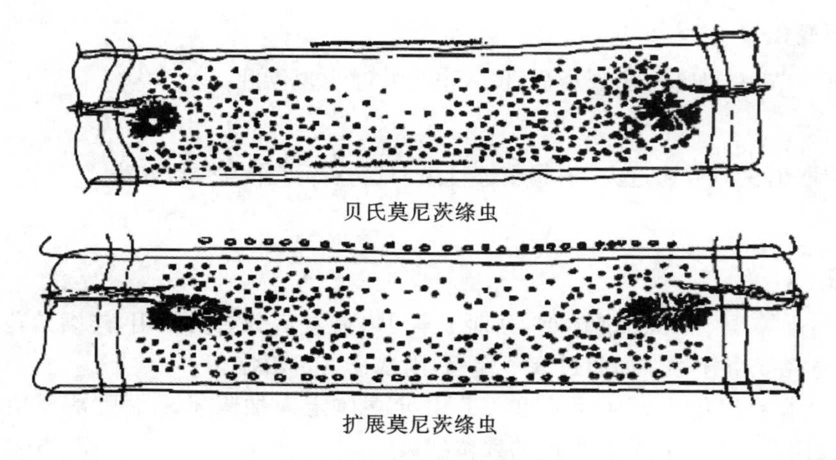

图4-23　莫尼茨绦虫成节

扩展莫尼茨绦虫长可达10 m，宽可达1.6 cm，呈乳白色。一排节间腺呈大囊泡状，沿节片后缘分布，范围大。虫卵近似三角形。

贝氏莫尼茨绦虫长可达4 m，宽可达2.6 cm，呈黄白色。节间腺呈小点密布的横带状，位于节片后缘的中央部位。虫卵为四角形。

（二）曲子宫绦虫

曲子宫绦虫成虫呈乳白色带状，体长可达 4.3 m，最宽为 8.7 mm，大小因个体不同而有很大差异。头节小，圆球形，直径不到 1 mm，上有 4 个吸盘，无顶突。节片较短，每节内含有一套生殖器官，生殖孔位于节片的侧缘，左右不规则地交替排列。睾丸为小圆点状，分布于纵排泄管的外侧；子宫管状，呈波状弯曲，几乎横贯节片的全部。虫卵呈椭圆形，直径为 18～27 μm，无梨形器，每 5～15 个虫卵被包在 1 个副子宫器内。

（三）无卵黄腺绦虫病

无卵黄腺绦虫虫体窄而长，可达 2～3 m 或更长，宽度仅 2～3 mm。头节上有 4 个吸盘，无顶突和小钩。节片极短，且分节不明显。成节内有一套生殖器官，生殖孔左右不规则地交替排列在节片的边缘。睾丸位于纵排泄管两侧。卵巢位于生殖孔一侧。子宫呈囊状，在节片中央。无卵黄腺和梅氏腺。虫卵被包在副子宫器内。虫卵内无梨形器，直径为 21～38 μm。

二、生活史

莫尼茨绦虫的中间宿主为地螨，易感的地螨有肋甲螨和腹翼甲螨。虫卵和孕节随终末宿主的粪便排至体外，虫卵被中间宿主吞食后，六钩蚴穿过消化道壁，进入体腔，发育成具有感染性的似囊尾蚴（图 4-24）。反刍动物吃草时吞入含似囊尾蚴的地螨而受感染，在其体内经 45～60 日发育为成虫。

曲子宫绦虫与莫尼茨绦虫生活史相似，但动物具有年龄免疫性，低于 5 月龄的羔羊一般不感染，故多见于 6 月龄以上的羊，犊牛也很少感染。

无卵黄腺绦虫生活史尚不完全清楚，现认为弹尾目昆虫为其中间宿主，羊吃草时食入含有似囊尾蚴的小昆虫而感染。

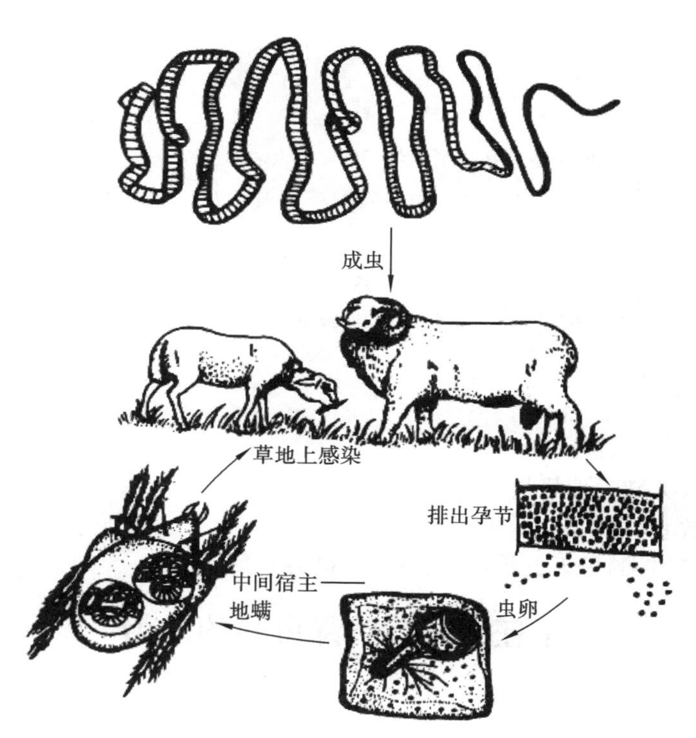

图 4-24　莫尼茨绦虫生活史

三、流行病学

莫尼茨绦虫为世界性分布，在我国东北、西北和内蒙古的牧区流行广泛，在华北、华东、中南及西南各地也经常发生。主要危害 1.5～8 月龄的羔羊和当年生的犊牛。动物感染莫尼茨绦虫是由于吞食了含似囊尾蚴的地螨。地螨可作为莫尼茨绦虫的中间宿主，其中以肋甲螨和腹翼甲螨感染率较

Note

高。地螨在富含腐殖质的林区、潮湿的牧地及草原上数量较多，而在开阔的荒地及耕种的熟地里数量较少。地螨性喜温暖与潮湿，在早晚或阴雨天气时，经常爬至草叶上，干燥或日晒时便钻入土中。雨后牧场上，地螨数量显著增加，故一般放牧要选择干燥时间段。南方感染高峰在4—6月份，北方主要在5—8月份。

曲子宫绦虫病多见于秋季到冬季。一般情况下，不出现临床症状，严重感染时可出现腹泻、贫血和体重减轻等症状。

无卵黄腺绦虫病的发生具有明显的季节性，多发于秋季与初冬季节，且常见于6月龄以上的绵羊和山羊。

四、临床症状和病理变化

（一）临床症状

幼年羊的最初表现是精神不振、消瘦、贫血、离群、粪便变软，后发展为腹泻、痉挛、抽搐，最后卧地不起。神经型的莫尼茨绦虫病羊往往以死亡告终。

（二）病理变化

尸体贫血、消瘦、黏膜苍白、肌肉色淡，胸腹腔有较多渗出液。肠有时发生阻塞或扭转，肠黏膜出血，小肠内有绦虫。

五、诊断

通过流行病学、临床症状、粪便检查、剖检发现虫体进行综合诊断。根据患病犊牛或羔羊的发病时间，再仔细观察粪球表面是否有黄白色的孕节节片，形似煮熟的米粒。孕节涂片检查时，可见到大量灰白色的虫卵。用饱和盐水浮集法检查粪便，发现虫卵。结合临床症状和流行病学资料可初步确诊。

六、防治

（一）治疗

硫双二氯酚：羊按75～100 mg/kg体重、牛50 mg/kg体重，一次经口给药。

氯硝柳胺（灭绦灵）：羊按75～80 mg/kg体重、牛60～70 mg/kg体重，制成10%水悬液灌服给药。

丙硫咪唑：牛、羊按10～20 mg/kg体重，制成1%水悬液灌服给药。

吡喹酮：羊按10～15 mg/kg体重、牛5～10 mg/kg体重，一次经口给药。

（二）预防

（1）定期驱虫。

（2）污染的牧地进行空置净化。

（3）土地耕作可大大减少地螨量，有利于莫尼茨绦虫的预防。

（4）避免在湿地放牧。

（5）避免在清晨、黄昏的雨天放牧，以减少感染机会。

扫码学课件

4-3-2

子任务二　鸡绦虫病的防治

案例引导

某养鸡场，在病鸡死亡之后，对其中10只鸡进行解剖，发现鸡的肌肉苍白或有黄疸，肝脏土黄色；小肠内黏液增多、恶臭，黏膜增厚，有出血点，部分鸡肠道内有绦虫节片，个别部位绦虫堆聚成团，堵住肠管，直肠有血便；肝脾肿大，质地较脆；胰腺有出血点，肺气肿；外观肠道肿胀，肠道黏膜脱落，饲料消化吸收不良，常和白色条状虫体混在一起。肠壁上可见中央凹陷的结节，结节内含黄褐色干酪样物。

问题：案例中鸡群感染了何种寄生虫病？如何治疗？

鸡绦虫病主要是由戴文科戴文属和赖利属的多种绦虫寄生于鸡小肠引起的以小肠发炎、下痢、生长缓慢和产蛋率下降为主要症状的一种寄生虫病。

一、病原

（一）节片戴文绦虫

节片戴文绦虫为小型绦虫，虫体短小，全长仅 0.5～3.0 mm，有 4～9 个节片。整体似舌形，由前往后逐渐增宽。头节细小，顶突呈轮状，其上具有 60～95 个小钩，排成 2 圈。吸盘上具有 3～6 列小棘，一般不易看到。生殖孔有规则地交叉分列于节片的侧缘前部。有睾丸 12～15 个，分布于节片的后半部，卵巢分左右两瓣。孕节中的子宫分裂为许多卵袋，每个卵袋内有一球形的虫卵，直径 28～40 μm，内含六钩蚴。

（二）赖利绦虫

赖利绦虫有三种：棘沟赖利绦虫、四角赖利绦虫和有轮赖利绦虫。

棘沟赖利绦虫：成虫寄生于鸡、火鸡等的小肠。虫体长 85～240 mm，最大宽度约 3 mm。头节上有 4 个圆形吸盘，吸盘上有 8～10 圈小钩。顶突上有 2 圈小钩，198～244 个。颈部肥而短，几乎与头节一样宽大。生殖孔多位于节片单侧，少数呈左右交叉。睾丸 28～35 个，分布于卵巢两侧和卵黄腺后缘。卵巢瓣状分叶如花朵或扇叶状，位于节片中央，其后有肾形的卵黄腺。每个孕节内含 90～150 个卵袋，每个卵袋内含 6～12 个虫卵。虫卵直径 25～40 μm，内含六钩蚴，大小为 21 μm×22 μm（图 4-25）。

四角赖利绦虫：成虫可寄生于鸡、火鸡、孔雀等的小肠，为大型绦虫。虫体长 98～250 mm，最大体宽 2～4 mm。头节类球形，上有 4 个长椭圆形的吸盘，吸盘上有 8～10 圈小钩，顶突小，上有 90～130 个小钩，排成 1～3 圈。颈部明显，节片宽而短。睾丸 18～37 个，分布于卵巢两侧，生殖孔位于单侧（偶见个别节片有交叉），卵巢如花朵样分瓣，位于节片中央。卵黄腺呈豆状，位于卵巢下方。每个孕节内含 34～103 个卵袋，每个卵袋内含 6～12 个卵（图 4-25）。

有轮赖利绦虫：成虫寄生于鸡、火鸡、雉鸡和珍珠鸡的小肠。虫体长一般不超过 40 mm，也有的可达 150 mm。头节大，上有 4 个不具小棘的吸盘。顶突呈轮盘状，突出于前端，上有 400～500 个小钩，排成两圈。生殖孔不规则地交替开口于节片侧缘。睾丸 15～29 个，分布于节片中央的后半部。孕节中有许多卵袋，每个卵袋中只有 1 个卵。虫卵直径 75～88 μm（图 4-25）。

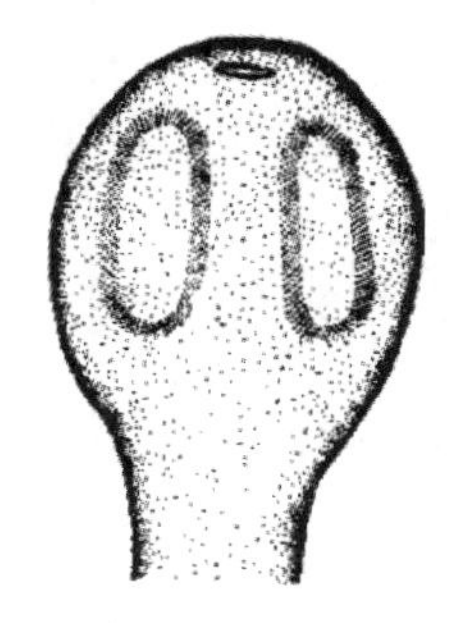
棘沟赖利绦虫

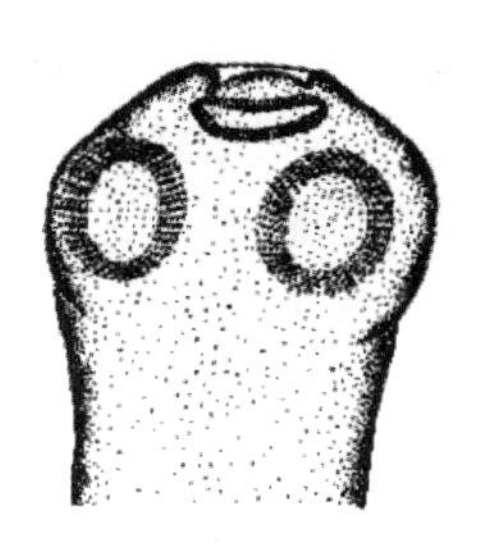
四角赖利绦虫

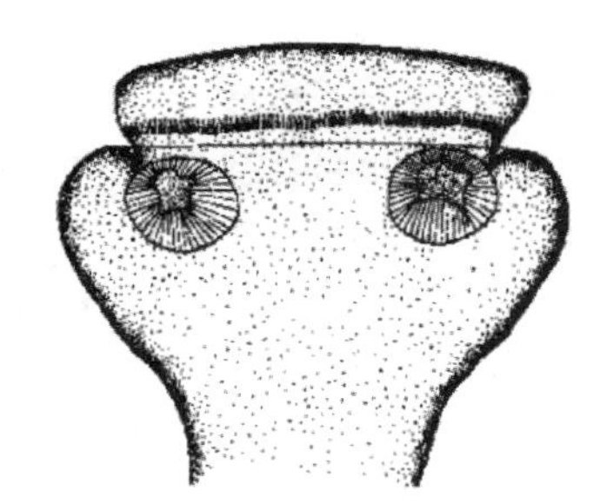
有轮赖利绦虫

图 4-25　赖利绦虫头节

二、生活史

鸡绦虫的终末宿主主要是鸡，其次是火鸡、孔雀等。中间宿主会有区别，四角赖利绦虫的中间宿主主要是家蝇和蚂蚁，棘沟赖利绦虫为蚂蚁，有轮赖利绦虫为家蝇、金龟子等，节片戴文绦虫为陆地螺。成虫寄生于终末宿主小肠内，孕卵节片脱落后随粪便排出体外，被中间宿主吞食后经 14～21 日发育成似囊尾蚴，含有似囊尾蚴的中间宿主被终末宿主吞食后经 12～20 日发育为成虫。

三、流行病学

鸡绦虫分布十分广泛，与中间宿主有极大关系，感染主要发生在 4—9 月份。以鸡最易感，雏鸡

感染率更高，可发生死亡，成年鸡常为带虫者。饲养管理不当会造成本病流行。

四、临床症状和病理变化

（一）临床症状

病鸡表现为食欲减退、羽毛蓬松下垂、贫血消瘦、头颈弯曲、粪便带有黏液，雏鸡发育迟缓，蛋鸡产蛋率降低。

（二）病理变化

剖检时可见鸡肠黏膜增厚、出血、附有虫体。大量感染时可造成肠阻塞甚至肠破裂从而引发腹膜炎。

五、诊断

主要经过粪便检查看是否存在虫卵或孕节（孕卵节片），也可通过剖检病死鸡发现肠道内有虫体确诊。

六、防治

（一）治疗

（1）氢溴酸槟榔碱：鸡按 3 mg/kg 饲料或配成 0.1%水溶液，经口给予。

（2）硫双二氯酚：鸡按 150 mg/kg 饲料拌入饲料中喂服。

（3）丙硫苯咪唑：鸡按 20 mg/kg 饲料拌入饲料中喂服。

（4）甲苯咪唑：鸡按 30 mg/kg 饲料拌入饲料中喂服。

（二）预防

（1）鸡舍和运动场要保持洁净干燥，运动场要定期翻耕。

（2）每年进行 2～3 次定期驱虫。

扫码学课件

4-3-3

子任务三　犬猫绦虫病的防治

例一，陈某驯养的一对体重约 25 kg 的狼犬，因食欲甚少、严重消瘦、贫血、泻痢、有时便秘而就医。症见病犬肛门中夹有长约 10 cm、宽 0.5 cm 的白色绦虫节片在外。治疗内服槟榔、鹤虱、雷丸、棘根、白皮各 2 g，木香 5 g，大黄 10 g，按体重 5～10 g/kg，空腹服用，连服 2 日。服药后排出绦虫体，3 日后不见排虫，食欲恢复，病情日见好转而康复。

例二，朱某的 1 只公猫。因经常喂食生鱼、生肉，久之该猫经常消化不良，腹痛，消瘦，懒睡不起，捕鼠无力，并见肛门中排出白色绦虫节片，体重由原来的 3.5 kg 下降到2.4 kg。给予槟榔、大黄、大蒜各 20 g，先将槟榔、大黄混合加水 200～300 mL 煎，取汁 50～100 mL，后加蒜汁捣烂榨汁，按 5～10 mL/kg 体重空腹服用，连服 2 日，次日加生南瓜子仁约 30 g 捣烂拌鱼饲喂，喂后虫体排出。

问题：案例中犬和猫感染了何种寄生虫病？如何预防该病发生？

犬、猫绦虫病是由多种绦虫寄生于犬、猫的小肠内而引起的疾病的总称。寄生于犬、猫的绦虫种类很多，这些绦虫成虫对犬、猫的健康危害很大，主要引起消化不良和腹泻。它的幼虫多以其他动物和人为中间宿主。

一、病原

（一）犬复孔绦虫

犬复孔绦虫虫体为淡红色，长 15～50 cm，宽约 3 mm，约有 200 个节片。体节外形呈黄瓜子状，故称“瓜子绦虫”。头节上有 4 个吸盘，顶突上有 4～5 圈小钩。每个成节（成熟节片）具有两套生殖管，生殖孔开口于两侧缘中线稍后方。睾丸 100～200 个，分布在纵排泄管内侧，卵巢呈花瓣状。孕

Note

节中的子宫分为许多卵袋,每个卵袋内含有数个至 30 个卵(图 4-26)。虫卵呈圆球形,直径 35～50 μm,卵壳较透明,内含六钩蚴。

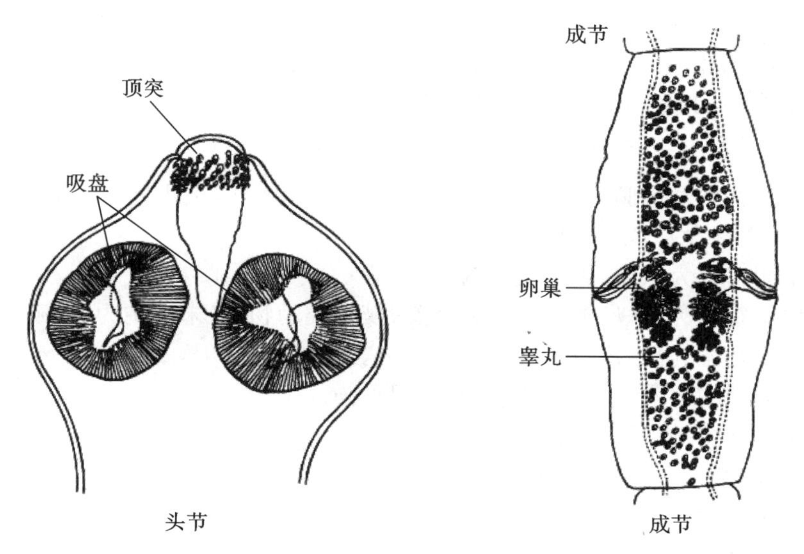

图 4-26 犬复孔绦虫

(二)泡状带绦虫

泡状带绦虫新鲜时呈黄白色。体长 60～500 cm,宽 0.1～0.5 cm。头节有 4 个吸盘,分布于周边部。顶突上有两圈相间排列的小钩。前部的节片宽而短,向后逐渐加长,孕节长大于宽。睾丸 540～700 个,主要分布在节片两侧排泄管内侧,卵巢分左右两叶。生殖孔不规则地交替开口于节片两侧中部偏后缘处。子宫呈管状,有波纹状弯曲。孕节子宫每侧有 5～16 个粗大分支,每支又有小分支,其间全部被虫卵充满。虫卵为卵圆形,大小为 36～39 μm×31～35 μm,内含六钩蚴。

(三)多头绦虫

多头绦虫病是由带科多头属的多头绦虫寄生于犬科动物的小肠而引起的疾病。寄生于犬科动物小肠中的多头绦虫有以下几种。

1. 多头带绦虫 长 40～100 cm,有 200～250 个节片。头节上有 4 个吸盘,顶突上有 22～32 个小钩。孕节子宫有 14～26 对侧支,其幼虫为脑多头蚴。

2. 连续多头绦虫 成虫长 10～70 cm,头节上有 4 个吸盘,顶突上有 26～32 个小钩,排成两圈。孕节子宫有 20～25 对侧支。其幼虫为连续多头蚴,直径为 4 cm 或更大,囊壁上有许多原头蚴。

3. 斯氏多头绦虫 成虫体长 20 cm。头节呈梨形,有 4 个吸盘,顶突上有 32 个小钩,分两圈排列。睾丸主要分布在两排泄管的内侧。子宫每侧有 20～30 个侧支,内充满虫卵。其幼虫为斯氏多头蚴。

4. 细粒棘球绦虫 成虫体长 2～7 mm。由 1 个头节和 3～4 个体节组成,分别是头节、颈节、幼节、成节和孕节。头节上有 4 个吸盘,顶突上有两圈小钩,共 36～40 个,排列整齐呈放射状。成节含雌、雄生殖器官各一套。睾丸 35～55 个。卵巢呈蹄铁状,子宫呈棒状。生殖孔位于体侧中央或中央偏后。最后一节为孕节,其长度超过虫体全长的一半。孕节的子宫具有侧支和侧囊,内充满虫卵。虫卵大小为 32～36 μm×25～30 μm,外层是辐射状的线纹较厚的外膜,内含六钩蚴。

5. 中线绦虫 成虫长 30～250 cm,乳白色。头节上有 4 个椭圆形的吸盘,无顶突和小钩。每个成节有一套生殖器官。子宫位于节片中央。节内有子宫和卵圆形的副子宫器,内含成熟虫卵。

6. 曼氏迭宫绦虫 成虫体长 40～60 cm,有的可长达 100 cm,最宽处为 8 mm。头节细小,呈指状或汤匙状,背腹各有一个纵行的吸槽,颈节细长。成熟体节有一组生殖器官,睾丸 320～540 个,为小泡型,散布在体节两侧背面。卵巢分左右两瓣,位于节片后部中央。子宫位于体节中部,有 3～5 个螺旋状盘曲,紧密地重叠,略呈金字塔状。孕节子宫发达、充满虫卵。虫卵呈椭圆形,淡黄色至浅

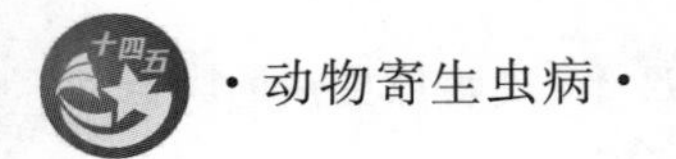

灰褐色，有卵盖，大小为 52～76 μm×31～44 μm，内有 1 个卵细胞和多个卵黄细胞。

7. 宽节双叶槽绦虫病　成虫长达 2～12 m，最宽处达 20 mm。体节数达 3000～4000 个，为绦虫中最大的一种。头节背腹各有一个纵行而深凹的吸槽。睾丸 750～800 个，与卵黄腺一起散在于体两侧。卵巢分两叶，位于体中央后部。子宫盘曲呈玫瑰花状。孕节结构与成节基本相同。虫卵呈卵圆形，淡褐色，具卵盖，大小为 67～71 μm×40～51 μm。

二、生活史

成虫寄生在终末宿主的小肠内，孕节和虫卵经粪便排出体外，被中间宿主吞食后在其体内发育为幼虫，再被终末宿主吞食发育为成虫。

犬复孔绦虫中间宿主为虱子，终末宿主为犬、猫。

中线孔绦虫中间宿主为地螨，补充宿主为禽类、爬行类动物，终末宿主为犬、猫。

泡状带绦虫中间宿主为猪、牛、羊，终末宿主为犬、猫。

豆状带绦虫中间宿主为家兔，终末宿主为犬，偶见猫。

带状带绦虫中间宿主为鼠，终末宿主为猫。

多头带绦虫中间宿主为牛、羊，终末宿主为犬。

连续多头绦虫中间宿主为兔，终末宿主为犬。

斯氏多头绦虫中间宿主为羊，终末宿主为犬。

细粒棘球绦虫中间宿主为牛、羊，终末宿主为犬。

宽节双叶槽绦虫中间宿主为剑水蚤，补充宿主为鱼，终末宿主为猫、猪、人。

曼氏迭宫绦虫中间宿主为剑水蚤，补充宿主为蛙、蛇、鸟，终末宿主为犬、猫。

三、流行病学

本病多分布于犬、猫多的地区，主要是由于犬、猫食入中间宿主及其脏器而感染，在家畜、犬、猫和人之间形成传播链。

四、临床症状和病理变化

（一）临床症状

轻度感染时犬、猫症状不明显，严重感染时出现食欲减退、消化不良、慢性肠炎、腹泻腹痛、身体消瘦、贫血。虫体过多时会导致肠破裂扭转，病情多呈慢性。

（二）病理变化

以肠部病变为主要特征，如炎症出血。有时由于虫体穿过肠壁可发生腹膜炎。

五、诊断

依据临床症状，结合饱和盐水漂浮法检出粪便中虫卵，可以确诊。如发现病犬肛门常夹着尚未落到地面的孕节，或粪便中夹杂短的绦虫节片，亦可确诊。

六、防治

（一）治疗

吡喹酮：犬按 5～10 mg/kg 体重，猫按 2 mg/kg 体重，一次内服。

丙硫咪唑：犬按 10～20 mg/kg 体重，每日经口给予一次，连用 3～4 日。

氢溴酸槟榔碱：犬按 1～2 mg/kg 体重，一次内服。

氯硝柳胺（灭绦灵）：犬、猫按 100～150 mg/kg 体重，一次内服。但对细粒棘球绦虫无效。

硫双二氯酚：犬和猫按 200 mg/kg 体重，一次内服，对带绦虫病有效。

盐酸丁萘脒：犬、猫按 25～50 mg/kg 体重，一次内服。驱除细粒棘球绦虫时按 50 mg/kg 体重，一次内服，间隔 48 小时再服一次。以上药物均可包在肉馅中或制成药饵喂给。

（二）预防

(1)为了保证犬、猫的健康，一年应进行四次预防性驱虫，在犬交配前 3～4 周内应进行驱虫。

(2)禁止用屠宰加工的废弃物以及未经无害处理的非正常肉、内脏喂犬、猫，因其中往往含有各种绦虫蚴。

(3)在裂头绦虫病流行的地区，最好不给犬、猫饲喂生的鱼、虾，以免感染裂头绦虫。

(4)应用杀虫药物杀灭动物舍内和体上的虱等中间宿主。

(5)做好防鼠、灭鼠工作，严防鼠类进出圈舍、饲料库、屠宰场等地。

知识拓展

1.《猪囊尾蚴病诊断技术》GB/T 18644-2020

2. 绦虫病的防治问答

实训三　绦虫形态构造的观察

【实训目标】

(1)掌握绦虫头节、颈节和体节的形态构造。

(2)掌握绦虫成熟节片和孕卵节片的形态构造。

(3)能鉴别常见的绦虫种类。

【实训内容】

绦虫虫体标本及其头节、成熟节片和孕卵节片的观察。

【设备和材料】

1. 图片　绦虫构造模式图；莫尼茨绦虫和赖利绦虫的形态图，及其头节、成熟节片和孕卵节片的形态构造图。

2. 标本　上述绦虫的浸渍标本及其头节、成熟节片和孕卵节片的压片标本。

3. 器材　显微镜、载玻片、标本片、放大镜、镊子、瓷盘、解剖针、量尺。

【方法步骤】

1. 外部形态观察　学生将浸渍标本置于瓷盆中，用放大镜进行观察，用尺量出虫体的长和宽，以及成熟节片的长和宽。

2. 内部形态构造的观察　在显微镜下观察虫体的染色标本，重点观察头节的构造，成熟节片睾丸分布、卵巢形状、卵黄腺位置，孕卵节片子宫形状和位置。

【实训报告】

(1)写出绦虫的观察步骤。

(2)绘出所看到的绦虫的形态构造图，并标出各部位的名称。

思考与练习

1. 简述绦虫的形态和结构。
2. 简述圆叶目绦虫的生活史。
3. 简述猪囊尾蚴的生活史。

4. 棘球蚴病的主要流行因素有哪些？如何进行防治？

5. 简述犬、猫绦虫病的预防措施。

线上评测

项目四　测试题

项目五　动物线虫病的防治

项目描述

本项目内容根据执业兽医师、动物疫病防治员和动物检疫检验员等工作的要求而设置。通过介绍线虫概述，以及动物常见线虫病，如猪蛔虫病、旋毛虫病、后圆线虫病、食道口线虫病、毛尾线虫病、类圆线虫病和犬恶丝虫病等的基本知识和技能，使学生了解线虫的形态结构及分类，掌握动物常见线虫病的生活史、流行病学、临床症状、病理变化、诊断要点及防治方法，能够根据具体养殖情况，进行常见线虫病的调查和分析，制订合理的防治方案，解决生产生活中所遇到的实际问题。

学习目标

▲知识目标

(1)了解线虫的形态结构及分类。

(2)掌握寄生于动物的常见线虫的生活史、流行病学、诊断要点及防治方法。

▲技能目标

(1)能识别动物线虫的形态构造。

(2)能诊断动物线虫病。

(3)能对动物线虫病进行预防。

(4)能对动物线虫病进行治疗。

▲思政目标

(1)明确人与自然和谐共存的道理，关注公众健康，具有敬畏生命的医者仁心。

(2)具有求真务实的工匠精神和不断创新进取的科学精神。

任务一　线虫的认知

扫码学课件
5-1

线虫病是由线形动物门线虫纲中的多种线虫寄生于动物体内所引起的一类蠕虫病。在自然界中，线虫种类多，数量大，广泛分布于海水、淡水、沙漠和土壤等自然环境中，有50多万种。大多于泥土或水中营独立生活，只有一少部分营寄生生活。据统计，寄生于人和动物的重要线虫有400多种。

一、线虫形态结构

（一）线虫形态构造

线虫一般为细长的圆柱形或纺锤形，有的呈线状或毛发状，两侧对称，横断面圆形，不分节。活体通常为乳白色或淡黄色，吸血的虫体常呈淡红色、血红色或棕色，死后多为灰白色。整个虫体可分为头端、尾端、腹面、背面和两侧面。前端一般较钝圆、后端较尖细。体表天然孔有口孔、排泄孔、肛

门和生殖孔等。动物寄生性线虫绝大多数为雌雄异体。一般雄虫较小，后端呈不同程度的弯曲，有交合伞或其他与生殖有关的辅助结构，显著地与雌虫有别。雌虫稍粗大，尾部较直。

（二）体壁

线虫体壁由角皮、皮下组织和肌层构成。

1. 角皮 覆盖体表，由皮下组织分泌形成，光滑或有纹线。角皮可延续为口囊、食道、直肠、排泄孔及生殖管末端的内壁。有些虫体外表还常有一些由角皮参与形成的特殊构造，如头泡、唇片、叶冠、颈泡、颈翼、侧翼、尾翼、交合伞、乳突等，这些特殊构造有帮助虫体附着、感觉或辅助交配等功能。这些角皮衍生物的大小、形状、数目、位置和排列方式，常是分类的依据。

（1）叶冠：环绕在口囊边缘的细小叶片状乳突，有1圈或2圈。一般位于内圈的称为内叶冠，而位于外圈的则称为外叶冠。其功能是在虫体采食时可以插入黏膜，帮助进食，在虫体脱离黏膜时可以封住口囊，防止异物进入。

（2）头泡和颈泡：分别是指在头端和食道区周围形成的角皮膨大。

（3）颈乳突和尾乳突：长在食道区和尾部的刺状或指状突起，有感觉和支持虫体的功能。

（4）颈翼、侧翼和尾翼：在食道区、体侧面或尾部由表皮伸出的扁平翼状薄膜突出。

2. 皮下组织 紧贴在角皮基底膜之下，是一层原生质。在虫体背面、腹面和两侧的中部，原生质相对集中使皮下组织增厚，形成4条纵索，分别称为背索、腹索和2条侧索。虫体的排泄管和侧神经干常穿行于侧索中，主神经干穿行于背、腹索中。

3. 肌层 皮下组织下面为肌层，由单层肌细胞组成。线虫的体肌仅有纵肌而无环肌。肌层被4条纵索分割成4个区。不同种的线虫肌层结构和肌细胞形态不同。肌纤维的收缩和舒张可使虫体发生运动。在食道和生殖系统还有特殊功能的肌纤维。

（三）体腔

在体壁与消化道之间有一腔隙，没有源于内胚层的浆膜作衬里，也无上皮细胞覆盖，故称假体腔或原体腔。假体腔内充满体液，它是虫体的血淋巴，内含有葡萄糖、蛋白质和一些无机盐类，具有输送营养物质和排泄废物的功能。线虫的消化器官和生殖器官等悬浸在此液中。假体腔液压很高，有“液压骨骼”之称，维持着线虫的形态和强度，对躯体运动有极为重要的作用。

（四）消化系统

线虫大多有完整的消化系统，包括口孔、口腔、食道、肠、直肠、肛门，常成为一直管状。口孔位于虫体头端，常有唇片围绕，唇片上分布有感觉乳突。无唇片围绕的寄生虫，有的在该部位发育为叶冠或角质环。口与食道之间有口腔，一些线虫在口腔内会形成非常厚的角质化衬里，成为硬质构造，称为口囊。有些线虫在口腔中还会有齿、口针或切板等构造。线虫的食道常为肌质构造，多呈圆柱状、棒状或漏斗状等，其功能是将食物泵入肠道。一些线虫在食道部位形成1～2个球形膨大，称为食道球。线虫的食道壁内常埋藏有数个食道腺，开口于食道腔、牙齿顶端等处，可以分泌消化液。线虫食道的形状在分类上具有重要意义。

一些线虫的食道后端有小胃或盲管，大多数线虫的食道后为管状的肠，肠的后端为直肠，末端为肛门。雌虫的肛门常单独开口于尾部腹面，雄虫的直肠常与射精管汇合成泄殖腔，又称泄殖孔。一些线虫的肛门附近常分布有性乳突，其数目、形状和排列方式随虫种不同而有差异，具有分类学意义（图5-1）。

（五）排泄系统

线虫的排泄系统主要有腺型和管型两类。

无尾感器纲的线虫，属腺型排泄系统，常见一个大的腺细胞位于体腔内，主要见于自由生活的线虫。有尾感器纲的线虫，属管型排泄系统，寄生线虫均属此型。管型排泄系统一般由左右两支排泄管构成，位于侧索内，排泄孔通常开口于食道部腹面正中线上。因其开口位置在每种线虫中都相当固定，常作为分类依据（图5-1）。

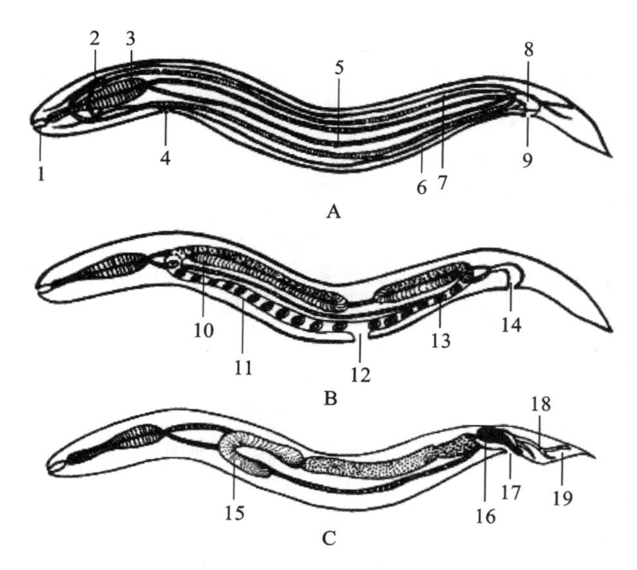

图 5-1 线虫纵切面示意图

A. 消化系统、排泄系统、神经系统：1. 口腔 2. 神经环 3. 食道 4. 排泄口 5. 肠 6. 腹神经索 7. 神经索 8. 直肠 9. 肛门

B. 雌性生殖系统：10. 卵巢 11. 子宫 12. 阴门 13. 虫卵 14. 肛门

C. 雄性生殖系统：15. 睾丸 16. 交合刺 17. 泄殖腔 18. 肋 19. 交合伞

（六）神经系统

线虫有发达的神经系统，位于线虫食道部的神经环相当于其神经中枢，由有许多神经纤维连接的神经节组成。自此处向前后各发出若干神经干，分布于虫体各部位，各神经干间有横联合。在虫体的其他部位还有单个神经节，在肛门处有一后神经环。

此外，乳突和尾感器都是神经感觉器官。大多线虫体表有许多乳突，如头乳突、唇乳突、尾乳突或生殖乳突等。尾感器一般位于线虫尾部，为一对小孔，位于肛门之后。尾感器的有无是划分纲的重要特征（图 5-1）。

（七）生殖系统

动物寄生性线虫大多为雌雄异体，生殖器官内部基本都是简单弯曲的连续管状结构，形态上区别不大。

1. 雌性生殖器官 通常为双管型（双子宫型），即有两组生殖器，最后由两条子宫汇合成一条阴道。少数为单管型（单子宫型），个别为多管型。由卵巢、输卵管、子宫、受精囊（贮存精液）、阴道（有些线虫无阴道）和阴门（有些虫种尚有阴门盖）组成。个别线虫在阴道与子宫之间还有肌质的排卵器来控制虫卵的排出。阴门是阴道的开口，可能位于虫体腹面的前部、中部或后部，但均在肛门之前，其位置及形态常具分类学意义（图 5-1）。

2. 雄性生殖器官 通常为单管型，由睾丸、输精管、贮精囊和射精管组成。睾丸产生的精子经输精管进入贮精囊，交配时，精液从射精管入泄殖腔，经泄殖孔射入雌虫阴门。雄性器官的末端部分常有交合刺、引器、副引器等辅助交配器官。线虫的交合刺常包藏在位于泄殖腔背壁的交合刺鞘内，多为 2 根，少数虫种 1 根，个别虫种无交合刺，其功能是在交配时掀开雌虫的生殖孔。根据雄虫尾部尾翼的发育情况，可把雄虫尾部分为两型。一型尾翼不发达，其上常排列有对称或不对称的性乳突，其形状、大小、排列和数目因种而异。另一型尾翼发达，演化为交合伞，在交配时可以帮助固定雌虫（图 5-1）。

二、线虫的生活史

（一）线虫的生殖方式

根据雌虫产出的虫卵发育情况，人们把线虫的生殖方式分为三种：第一种为卵生，是指从雌虫排

出的虫卵尚未卵裂，不管是处于单细胞期还是卵细胞分裂初期，只要胚胎尚未形成，都称为卵生，如蛔虫、毛尾线虫和圆线虫等都属于卵生；第二种生殖方式是卵胎生，是指从雌虫子宫排出的虫卵，已经发育成胚胎或幼虫，如后圆线虫、类圆线虫和多数旋尾线虫；第三种生殖方式是胎生，是指从雌虫子宫中直接产出幼虫，如旋毛虫和恶丝虫等的雌虫产出的直接是早期幼虫，属于胎生。

线虫的虫卵大多为卵圆形，不同虫种，其虫卵的形态、大小及卵壳的厚度差异较大。卵壳一般包括三层：内层为脂质层，较薄，无渗透性，可以调节内渗透压；中层为坚实的几丁质层，较厚，抵抗压力能力较强，许多虫种在此层一端或两端会形成卵盖；外层为卵黄膜，可以加固虫卵，有的虫卵表面还有一层蛋白质膜，可以抗干燥。一般虫卵的卵壳越厚，对外环境的抵抗力就会越强。

（二）线虫发育的过程

线虫的发育，一般要经过5个幼虫期，4次蜕化，才能发育为成虫。蜕化是幼虫产生一层新角皮，蜕去旧角皮的过程，此时幼虫不采食、不活动、不生长，处于休眠状态。其中前两次蜕化一般在外界环境中完成，后两次蜕化在宿主体内完成。

雌虫新产出的虫卵或幼虫一般不具有感染性，必须在新的环境中（外界或中间宿主体内）继续发育，经1～2次蜕化后才对终末宿主具有感染性（或称侵袭性）。此时线虫所处的发育阶段称为感染性阶段。这时如果蜕化的幼虫已经从卵壳内孵出，生活于自然界，称为感染性幼虫。如果感染性的幼虫仍在卵壳内未孵出，称为感染性（或侵袭性）虫卵。有的线虫蜕化后，旧角皮仍留在幼虫身体表面，称为披鞘幼虫，披鞘幼虫对外界环境的抵抗力较强。

根据线虫在发育过程中需不需要中间宿主，可分为无中间宿主线虫和有中间宿主线虫。无中间宿主线虫的幼虫在外界环境（如粪便、土壤等）中可直接发育到感染性阶段，所以又称直接发育型线虫或土源性线虫；有中间宿主线虫的幼虫需要在中间宿主（如昆虫或软体动物等）的体内才能发育到感染性阶段，又称间接发育型线虫或生物源性线虫。

1. 直接发育型线虫（土源性线虫）的发育 雌虫产出的卵排到体外后，在外界适宜的条件下发育为具有感染性的卵或幼虫，被终末宿主吞食后，幼虫在宿主体内逸出，在体内经过移行或不移行（因种而异），并进行2～3次蜕皮后，发育为成虫。

（1）蛔虫型：虫卵随宿主粪便排到外界后，先在粪便或土壤中发育为感染性虫卵。宿主经口感染后，幼虫在小肠内孵出，多数种类的幼虫需要在宿主体内经过复杂的移行过程，重新返回小肠内才能发育为成虫，如猪蛔虫。

（2）毛尾线虫型：虫卵随宿主的粪便排到外界后，先在粪便或土壤中发育为感染性虫卵。宿主经口感染后，幼虫在小肠内孵出，然后移行到大肠发育为成虫，如猪毛尾线虫。

（3）蛲虫型：雌虫在终末宿主肛门周围和会阴部产卵，并在该处发育为感染性虫卵。宿主经口感染后，幼虫在小肠内孵出，然后移行到大肠发育为成虫，如人的蛲虫、马的尖尾线虫等。

（4）钩虫型：虫卵随宿主粪便排出体外，在外界先孵出第1期幼虫，再经2次蜕皮，发育为感染性幼虫。宿主经皮肤黏膜或经口感染后，幼虫随血流经过复杂的移行过程，最终到达小肠发育为成虫，如犬钩虫。

（5）圆线虫型：虫卵随宿主粪便排到外界后，在外界发育并孵化出第1期幼虫，再经2次蜕化，发育为感染性幼虫。感染性幼虫在土壤或牧草上活动时，被宿主经口食入，幼虫在终末宿主体内经复杂的移行或直接到达寄生部位发育为成虫。大部分圆线虫为此类型。

2. 间接发育型（生物源性线虫）的发育 雌虫产出虫卵或幼虫后，首先被中间宿主（多为无脊椎动物）吞食，并在其体内发育为感染性幼虫。当终末宿主误食带有感染性幼虫的中间宿主或遭其侵袭后感染。幼虫在终末宿主体内经几次蜕化后发育为成虫。

（1）原圆线虫型：雌虫在终末宿主体内产出含有幼虫的卵，随即孵出第1期幼虫。第1期幼虫随粪便排到外界后，主动钻入中间宿主螺体内发育到感染性阶段。终末宿主往往因食入带有感染性幼虫的螺而感染。幼虫在终末宿主肠内逸出后，移行到寄生部位，发育为成虫。如寄生于绵羊呼吸道的原圆线虫，寄生于猪呼吸道的后圆线虫的发育也与此相似，但中间宿主为蚯蚓。

(2)旋尾线虫型:雌虫产出的卵或幼虫,随粪便排入外界环境后被中间宿主(节肢动物)通过各种渠道摄入。幼虫在中间宿主体内发育到感染阶段后,被终末宿主吞食而感染。之后在其不同部位发育为成虫,如旋尾类的多种线虫、猪胃线虫。

(3)丝虫型:雌虫产的幼虫会进入终末宿主的血液循环中,中间宿主(节肢动物)吸食患病动物血液时顺带摄入幼虫。幼虫在中间宿主体内发育至感染性阶段后,当其再次吸食易感动物(终末宿主)的血液时,会将感染性幼虫注入其体内。最后幼虫通过移行到达寄生部位,发育为成虫,如犬恶丝虫。

(4)龙线虫型:雌虫寄生于终末宿主的皮下结缔组织中,通过一个与外界相通的小孔,将幼虫产入水中。幼虫被中间宿主剑水蚤摄食后,在其体内发育至感染性阶段。终末宿主往往因食入带有感染性幼虫的剑水蚤而感染。感染后,幼虫移行至终末宿主的皮下结缔组织中发育为成虫,如鸟蛇线虫。

(5)旋毛虫型:旋毛虫的发育史比较特殊,同一宿主既是(先是)终末宿主又是中间宿主(后是)。其雌虫在宿主(此时为终末宿主)的肠壁产出幼虫后,幼虫会转入血液循环,并随血液循环到达横纹肌纤维中发育,形成幼虫包囊(此时被感染动物由终末宿主转变成了中间宿主)。其他动物(此时为终末宿主)因吞食含有幼虫的肌肉而感染。当肌肉被消化后,幼虫被释放出来,并在小肠内发育为成虫,成虫再产幼虫,幼虫再随血液循环到达横纹肌寄生,并形成幼虫包囊,如此在不同动物之间循环感染。

三、线虫的分类

线虫属线形动物门线虫纲,其下分 2 个亚纲:尾感器亚纲和无尾感器亚纲。

(一)尾感器亚纲

1. 蛔目 口孔由 3 片唇围绕,无口囊,食道简单,肌质,呈圆柱形。卵壳厚,处于单细胞期,属直接发育型。

(1)蛔科:属大型虫体,有 3 片发达的唇,食道简单,肌质圆柱形,后部无腺胃或盲突。雄虫尾部无尾翼膜,有肛乳突,具 2 根交合刺,无引带。雌虫尾部圆锥形,阴门位于虫体前部。卵生,常寄生于哺乳动物肠道。

蛔属、副蛔属、弓蛔属、贝蛔属。

(2)弓首科:体侧具有颈翼膜,头端有 3 片唇,食道与肠接合处有小胃。雄虫尾部具指状突起,尾翼膜有或缺,有肛前乳突和肛后乳突,交合刺等长或稍不等长,无引带。雌虫阴门位于虫体前部,后子宫,卵生。寄生于肉食动物肠道。

弓首属、新蛔属。

(3)禽蛔科:体侧具有狭侧翼膜,头端钝,有 3 片唇,食道呈棒状,无食道球或腺胃。雄虫有尾翼膜,尾端尖,交合刺 2 根,具有角质的肛前吸盘,肛乳突大。雌虫尾部圆锥形,阴门位于虫体中部,卵生。寄生于鸟类。

禽蛔属。

(4)异尖科:雄虫泄殖孔后有数对乳突,具 2 根不等长的交合刺。主要寄生于海洋类哺乳动物的消化道。

异尖属。

2. 尖尾目 中小型虫体,雄虫明显小于雌虫。食道有明显的食道球,口腔内有瓣或小齿或嵴。雌虫尾部长而尖,雄虫尾翼发达,上有大的乳突。卵胎生或胎生,属直接发育型。成虫主要寄生于宿主大肠,具有严格的宿主特异性。

(1)尖尾科:口周有 3 片唇,口囊内有齿,有发达的后食道球。雄虫尾部钝圆具翼膜,交合刺 1 根或 2 根或无,有或无引带。雌虫通常比雄虫长很多,尾部细长呈锥状,阴门位于体前部,少数在后部。卵生,少数为胎生。寄生于哺乳动物消化道。

尖尾属、无刺属、普氏属、斯克里亚宾属、住肠属(蛲虫属)、钉尾属、管状属。

(2)异刺科:头端钝,口周有3片唇,口腔小或缺,食道圆柱形,后部具有发达的食道球。雄虫尾尖,具有肛前吸盘和多数肛乳突,交合刺2根,等长或不等长。雌虫尾部细长呈锥形,阴门位于体前部,少数在后部。卵生,少数为胎生。寄生于两栖类、爬行类、鸟类和哺乳类动物的肠道。

异刺属、同刺属、副盾皮属。

3. 杆形目 微型至小型虫体,常具6片唇。雌、雄虫尾端均呈锥形,交合刺同形等长,常具引器。自生世代,雌、雄异体,有显著的前后食道球。寄生世代为孤雌生殖(宿主体内仅有雌虫),无食道球。两种世代交替进行,寄生于两栖类、爬行类、鸟类、哺乳类动物的肠道或肺部。

(1)类圆科:毛发状小型虫体。口具2片侧唇,口腔短或缺,食道细长,约为体长的1/3。雌虫尾短,阴门位于体后1/3处,生殖器官双管型,卵巢弯曲。卵胎生或胎生。寄生于哺乳动物的肠道。

类圆属。

(2)小杆科:虫体很小。口腔呈圆柱状,具3～6片不发达的唇。雄虫尾翼发达,尾部钝圆或细。雌虫生殖孔开口在体中部,自由生活。

小杆属、微细属。

4. 圆线目 细长形虫体。有口囊,口孔有小唇或叶冠环绕。食道常呈棒状。雄虫尾部有发达的交合伞,2根交合刺等长。卵生,常寄生于脊椎动物。

(1)圆线科:有发达的口囊,呈球形或半球形。多数口囊前缘有叶冠,有的口囊有背沟,口囊底部常有齿。雄虫有发达的交合伞和典型的肋,交合刺细长。雌虫阴门距肛门近。大多数寄生于哺乳动物。

圆线属、夏伯特属、三齿属、盆口属、食道齿属、狄克鲁属、异冠属、漏斗形属。

(2)盅口科(毛线科):为小型圆线虫。口缘有明显的叶冠。口囊不发达,一般较浅,呈圆筒状或环状,底部无齿。颈沟有或无。雄虫交合伞发达,背叶显著。种类多,形态复杂,寄生于哺乳动物和两栖动物的消化道。

盅口属(毛线属)、盂口属、辐首属、杯环属、杯齿属、杯冠属、鲍杰属、食道口属。

(3)毛圆科:小型毛发状虫体,口囊通常不发达或无。雄虫多有交合伞,交合刺2根。雌虫阴门大多数位于虫体后半部,有阴门盖或无。生活史属于直接发育型,通常不移行,第3期幼虫为感染性阶段,主要寄生于反刍动物消化道。

毛圆属、奥斯特属、背带线虫属、血矛属、长刺属、马歇尔属、古柏属、细颈属、似细颈属、猪圆线虫属、特尼登属、壶肛属、鸟圆线虫属。

(4)钩口科:口囊发达,向背侧弯曲,口边缘具齿或切板,无叶冠。因虫体前端向背面弯曲,故又名钩虫。雄虫交合伞发达。雌虫阴门在中部前或后。雌、雄虫处于交配状态时,形成“T”形外观。卵生,寄生于哺乳动物的消化道。

钩口属、旷口属、仰口属、盖格属、球首属、板口属、弯口属。

(5)冠尾科:虫体粗壮,口囊发达,呈杯状,基部有6～10个小齿。口缘有细小的叶冠和角质隆起,食道球后部呈花瓶状。雄虫交合伞不发达,交合刺粗短。雌虫阴门靠近肛门。寄生于哺乳动物肾脏及周围组织。

冠尾属。

(6)网尾科:口囊小,口缘有4片小唇。雄虫交合伞退化,中、后侧肋大部融合,交合刺短粗,黄褐色,呈颗粒状外观。雌虫生殖孔位于虫体中部。寄生于动物的呼吸系统。

网尾属。

(7)原圆科:虫体毛发状。雄虫交合伞不发达,交合刺呈膜质羽状,有栉齿。雌虫阴门位于近肛门处。卵生,寄生于哺乳动物的呼吸系统及循环系统。

原圆属、囊尾属、缪勒属、刺尾属、新圆属、鹿圆属、拟马鹿圆属。

(8)后圆科:口缘有一对分三叶的唇。雄虫交合伞发达,交合刺细长。阴门位于肛门附近。卵胎

生，主要寄生于猪的支气管和细支气管。

后圆属。

(9)比翼科：虫体短粗，口囊发达，无叶冠、齿或切板。雄虫明显小于雌虫，交合伞发达，交合刺等长或不等长。雌虫尾端圆锥形，子宫平行排列，生殖孔位于虫体前半部或中部。雄虫通常以其交合伞附着于雌虫生殖孔处，构成“Y”形外观，雌、雄虫一生均处于交配状态。卵生，寄生于鸟类及哺乳动物的呼吸道和中耳。

比翼属、哺乳类比翼属、鼠比翼属。

(10)裂口科：虫体细长，口腔发达，呈亚球形，底部有1～3个齿，口孔周围无叶冠。雄虫交合伞发达，2根交合刺等长。雌虫尾长，指状，阴门位于虫体后1/5部。卵生，寄生于禽类肌胃角质膜下，偶见于腺胃。

裂口属。

(11)管圆科：雄虫交合伞有所退化，但肋清晰，具典型圆线虫特征。交合刺2根，纤细，等长。雌虫阴门位于近肛门处。

管圆属。

(12)似丝科：雄虫交合伞背叶退化严重，只剩下乳突。交合刺短，弓形。雌虫阴门位于肛门前方，表皮膨大形成一个半透明的鞘。卵胎生。

似丝属、奥斯特属、肛似丝属、格莱特属。

5. 旋尾目 口周有6片小唇，或有2片侧唇，有筒形口囊，有些种类头部常有饰物。食道由短的前肌质部和长的后腺质部组成。雄虫尾部呈螺旋状卷曲，交合刺2根，多异形不等长。雌虫阴门大多位于体中部。卵胎生，发育过程中需中间宿主，常寄生于宿主消化道、眼、鼻腔等处。

(1)尾旋科：虫体粗壮，螺旋形。有分为3叶的侧唇2片。雄虫尾部具发达的尾翼和多对乳突，2根交合刺不等长。卵胎生，寄生于肉食动物。

尾旋属。

(2)似蛔科：唇小，咽部呈螺旋形或环形。雄虫尾部有尾翼膜，肛前有4对乳突，交合刺2根，不等长。雌虫阴门位于虫体中部，卵胎生，属间接发育史。寄生于猪胃内。

似蛔属、泡首属、西蒙属。

(3)吸吮科：虫体细长，体表角皮具有横纹，唇不明显，口囊小，食道全肌质呈圆柱形。雄虫尾部弯向腹面，短钝或细长，无尾翼膜，具有多数肛乳突，交合刺2根，不等长，形态也不同。雌虫尾部钝，阴门位于虫体前部或后部。胎生，寄生于哺乳动物或鸟类的眼部组织。

吸吮属、尖旋尾属、后吸吮属。

(4)筒线科：虫体细长，颈翼发达。口腔短小，呈圆柱状。雄虫尾部具有翼膜，交合刺2根，不等长。雌虫尾部钝圆，阴门位于体后半部。卵胎生，寄生于鸟和哺乳动物的食道和胃壁。

筒线属。

(5)华首科：虫体细长，头部有悬垂物或角质饰带，常无侧翼膜。食道分为短的肌质部和粗长的腺质部。雄虫具有尾翼膜，肛前乳突4对和不同数目的肛后乳突，交合刺不等长，形态也不同，无引带。雌虫尾部圆锥形，阴门位于体后部。卵胎生，主要寄生于鸟类消化道前部，罕见于肠。

副柔属、锐形属(华首属)、棘结属。

(6)四棱科：虫体无饰带。雌、雄虫明显异形。雄虫白色体小呈线状，尾部尖，无尾翼膜，交合刺不等长，肛乳突小，无柄。雌虫近似球形，体表有四条纵沟，尾部尖，阴门近肛门，子宫发达。卵生，寄生于禽类腺胃。

四棱属。

(7)颚口科：口具有3片侧唇，呈三叶状。唇后头端呈球状膨大，形成头球，有明显的横纹或钩。体表布满小棘，体前部小棘呈鳞片状。雄虫有尾翼膜，上有具柄的乳突数对。交合刺等长或不等长。雌虫阴门位于虫体后半部。卵生，寄生于鱼、爬行动物和哺乳动物的胃、肠，偶见于其他器官。

颚口属。

(8)泡翼科:虫体粗,头端具有2片大的三角形侧唇,无口囊,有齿,食道分肌质部和腺质部。雄虫尾翼发达,交合刺2根,多不等长。雌虫阴门位于体前或后部。卵生,寄生于脊椎动物的胃或小肠。

泡翼属。

(9)柔线科:虫体中等大小,口囊边缘有2片唇。口腔圆柱状或漏斗状,食道分短的肌质部和长的腺质部。雄虫尾部卷曲,尾翼膜发达,具有柄乳突和无柄的小乳突,交合刺2根不等长,异形,有或无引带。雌虫尾部钝圆,阴门近于体中部。卵胎生或胎生,常寄生于哺乳动物的胃黏膜下。

柔线属、德拉西属。

6. 驼形目 无唇,有或无口囊,食道长,分前肌质部和后腺质部。胎生,需要中间宿主,成虫寄生于脊椎动物的皮下组织、体腔、气囊、循环或消化系统。

龙线科:虫体细长,丝状。头端圆钝,口简单,食道分短的肌质部和粗长的腺质部。雄虫尾部弯向腹面,尾端尖,交合刺等长或不等长,有或无肛乳突。雌虫尾部圆锥形或具有尾突,阴门位于虫体中部稍后或体后部,虫体成熟时阴门和阴道萎缩。胎生,寄生于鸟类皮下组织,或哺乳动物的结缔组织。

龙线属、鸟蛇属。

7. 丝虫目 虫体乳白色,丝状,多数种缺口囊,口孔直接通食道。食道分前肌质部和后腺质部。雄虫交合刺常异形,不等长。雌虫阴门开口于食道部或头端附近。卵胎生或胎生,属间接发育型,常寄生于陆生脊椎动物的肌肉、循环系统、淋巴系统和体腔等与外界不相通的组织中。

(1)丝虫科:虫体前部角皮光滑或具有乳突状或环状结构。雄虫尾部旋曲,有尾翼膜或缺,交合刺异形,不等长,有3～4对肛前和肛后乳突。雌虫肛门靠近末端,阴门开口于食道部。卵胎生,寄生于哺乳动物的结缔组织。

副丝虫属。

(2)腹腔丝虫科(丝状科):虫体细长,角皮有细横纹。口周围有明显的角质环,肩章状或乳突状构造。雌、雄尾部均较长。雄虫尾部旋曲,交合刺异形,不等长。雌虫尾部弯向背面,阴门位于食道区,后子宫。卵胎生,寄生于哺乳动物的腹腔。

丝状属。

(3)盘尾科:虫体细长,丝状。雌虫远大于雄虫。口腔发育不全。体表角皮有横纹和螺旋状脊。雄虫尾部短,交合刺异形,不等长,具肛乳突,常排列不对称。雌虫尾部钝圆或锥形,阴门位于食道部。胎生,微丝蚴无鞘膜,寄生于哺乳动物的结缔组织。

盘尾属。

(4)双瓣科:虫体细长,丝状。雄虫尾部具尾翼膜或缺,交合刺不等长,同形或异形,具有肛前和肛后乳突。雌虫阴门位于体前部。胎生,寄生于脊椎动物的心脏或结缔组织。

双瓣属、浆膜丝虫属、恶丝虫属。

(二)无尾感器亚纲

1. 毛尾目 虫体前部(食道部)细,后部粗。食道由一串单列细胞组成,呈念珠状。雄虫交合刺1根或无。卵两端有塞。卵生或胎生,寄生于鸟类或哺乳动物。

(1)毛尾科:虫体前部细长,占全长的2/3,后部较粗。雄虫交合刺1根,具鞘。雌虫尾部稍弯曲,后端钝圆,阴门位于虫体粗细交界处。卵生,直接发育史,寄生于哺乳动物大肠。

毛尾属。

(2)毛形科:小型虫体,口简单,食道细长,约为体长的1/3,后部较前部稍粗。雄虫尾部具1对圆锥形突起,无交合刺,泄殖腔两侧有1对交配叶。雌虫尾端钝圆,肛门位于尾端,阴门位于食道区。胎生,成虫寄生于哺乳动物肠道,幼虫寄生于肌肉。

毛形属。

(3)毛细科：虫体细长，毛发状，前部稍细。雄虫具1根交合刺或无。雌虫阴门位于前后交界处。卵生，可寄生于鸟类或哺乳动物的鼻腔、气管、肠道、肝脏及泌尿系统等处。

毛细属、线性属、真鞘属。

2. 膨结目 虫体粗大，唇和口囊退化，食道呈柱状，食道腺发达。雌、雄虫肛门均位于尾部。雄虫尾部具钟形，无肋，有交合伞，交合刺1根。雌虫阴门位于虫体的食道部。虫卵壳厚，表面不平。寄生于哺乳动物的泌尿系统、腹腔和消化道，或寄生于鸟类。

膨结科：口孔由排列成1～3圈的乳突围绕。雄虫尾端有一钟形交合伞，无肋，交合刺1根。雌虫生殖孔位于体前部或体后部肛门附近。卵生，属间接发育史，寄生于肉食或杂食动物的泌尿系统及相通组织。

膨结属。

任务二 主要线虫病的防治

子任务一 蛔虫病的防治

扫码学课件

5-2-1

2021年6月，河南省偃师市陈先生家饲养的40头架子猪被毛粗糙，咳嗽，逐渐消瘦，时而腹泻，用环丙沙星、头孢等抗生素治疗病情不见好转，反而有加重趋势。采集粪便用饱和盐水漂浮法检查，发现大量蛔虫虫卵，确诊为猪蛔虫病。

问题：案例中猪蛔虫病应如何治疗？怎样做可以预防此病的发生？

蛔虫病是由线形动物门线虫纲蛔目的蛔虫寄生于动物的小肠内所引起的一种寄生虫病。蛔虫虫体在自然界中分布广泛，遍布世界各地，主要危害幼龄动物，常引起幼龄动物发育不良，生长缓慢，严重感染时可导致死亡，具有重要的公共卫生学意义。

一、猪蛔虫病

猪蛔虫病是由蛔科蛔属的猪蛔虫寄生于猪和野猪的小肠内引起的一种寄生虫病。本病分布广泛，仔猪感染率较高，特别在卫生状况差的猪场和营养不良的猪群中，感染率更高。

（一）病原

猪蛔虫是大型线虫，虫体呈中间稍粗、两端较细的圆柱状。新鲜虫体为淡红色或淡黄色，死后为苍白色。虫体头端有3片唇，呈“品”字形排列。唇片之间为口腔，口腔后为圆柱形的大食道。雄虫长15～25 cm，有一对等长的交合刺，尾端常向腹面弯曲，形似鱼钩。泄殖腔开口距尾端较近，周围有许多小乳突。雌虫长20～40 cm，尾端直，两条子宫合并为一个短小的阴道，阴门开口于虫体腹面中线上的前1/3处，肛门距虫体尾端较近(图5-2)。

虫卵分为受精卵与未受精卵两种。受精卵为短椭圆形，黄褐色，大小为50～75 μm×40～80 μm，卵壳厚，由四层组成，最外一层为凹凸不平的蛋白膜，向内依次为卵黄膜、几丁质膜和脂膜。新排出的虫卵内含一个圆形卵细胞，未分裂，卵细胞与卵壳间两端形成新月形间隙。未受精卵呈长椭圆形，大小约为90 μm×40 μm，卵壳薄，多数没有蛋白膜或蛋白膜很薄，且不规则。

（二）生活史

猪蛔虫发育不需要中间宿主，属土源性线虫。成虫寄生于猪的小肠中。雌虫产卵后，虫卵随宿主粪便排至外界。在适宜的温度、湿度和氧气充足的环境中，经过3～5周发育为感染性虫卵(含第2期幼虫)。感染性虫卵被猪吞食后，在小肠内孵出幼虫，并进入肠壁血管。然后随血流通过门静脉到

Note

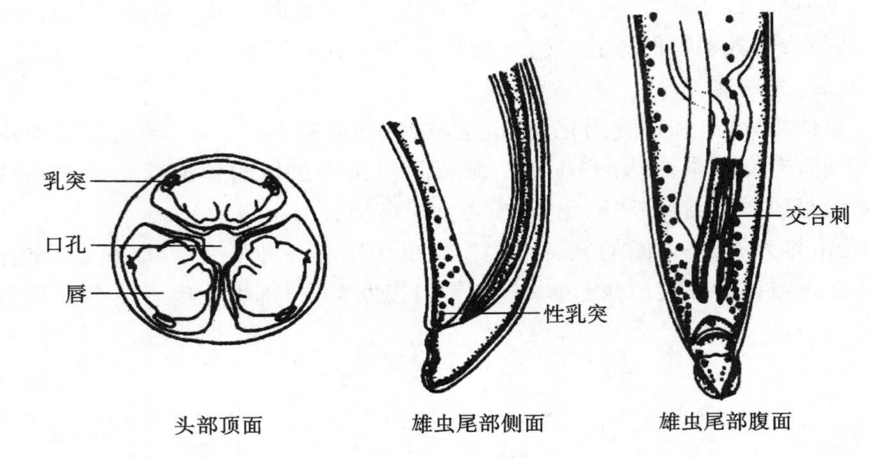

图 5-2　猪蛔虫

达肝脏，在肝脏中进行第二次蜕化，变成第 3 期幼虫。随后，第 3 期幼虫会继续沿肝静脉、后腔静脉、右心房、右心室和肺动脉移行至肺，并进入肺泡。在此处逗留 5～6 日后，进行第三次蜕化，变成第 4 期幼虫。接着，第 4 期幼虫离开肺泡，进入细支气管和支气管，再上行到气管，随黏液一起到达口腔。当第 4 期幼虫再次被吞咽后，会经食道、胃返回小肠，进行最后一次蜕化成为第 5 期幼虫，并在此处继续发育为成虫。自感染性虫卵被猪吞食，到在小肠内发育为成虫，需 2.0～2.5 个月。成虫寿命 7～10 个月（图 5-3）。

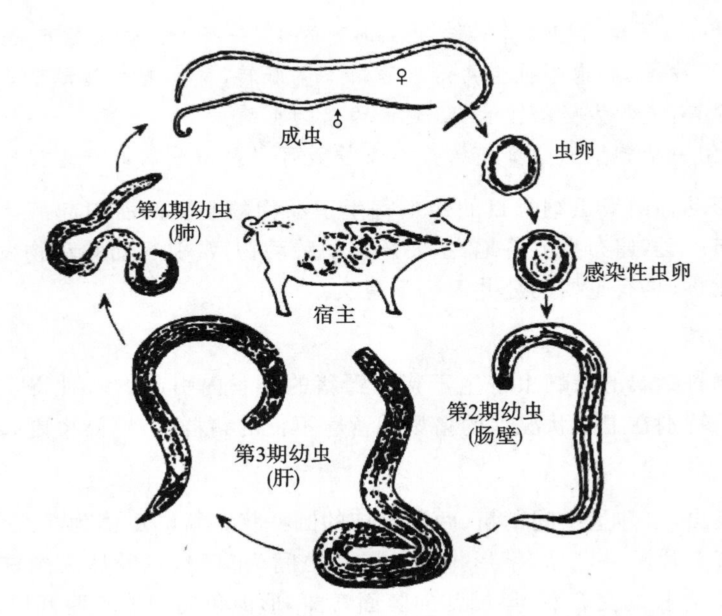

图 5-3　猪蛔虫生活史

（三）流行病学

猪感染蛔虫主要由于采食了被感染性虫卵污染的饮水和饲料。母猪的乳房也极易被污染，使仔猪在吸奶时感染。各个季节都能感染。温暖、潮湿的地区以及温度较高的夏季发病率较高。

1. 感染来源　患病或带虫的猪及野猪等终末宿主是主要感染来源。此外，蚯蚓和粪甲虫等可作为转运宿主进行传播。

2. 易感动物　猪及野猪。

3. 感染途径　经口感染。

4. 流行地区　猪蛔虫病分布极其广泛，呈世界性流行，散养猪和集约化养猪场均可发生。

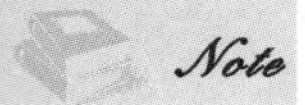

5. 发育条件　氧为虫卵发育的必要条件，缺氧时虫卵不能发育，但可存活，所以虫卵可在污水中

(缺氧环境下)存活相当长的时间。温度对虫卵的发育影响较大,在 28～30 ℃时,虫卵 10 日左右即可发育为第 1 期幼虫,18～20 ℃时则需 20 日左右,12～18 ℃时需 40 日左右。当温度高于 40 ℃或低于−2 ℃时,虫卵停止发育。由于卵壳厚,冬季未发育的虫卵,绝大部分能够越冬存活。温暖、潮湿的地区以及温度较高的夏季比较适合猪蛔虫的发育,动物感染率较高。

6. 流行原因

(1)生活史简单:猪蛔虫属土源性寄生线虫,发育过程不需中间宿主。

(2)繁殖力强:一条雌虫平均每日产卵 10 万～20 万个,高峰期每日可产 100 万～200 万个,一生可产卵约 3000 万个。所以,凡有感染蛔虫的猪舍、动物场及放牧地区,就会有大量的猪蛔虫虫卵汇集,成为猪蛔虫病感染和流行的疫源地。而且虫卵还具有黏性,容易借助器具、饲料、粪甲虫、蚯蚓等传播。

(3)虫卵对各种环境因素的抵抗力很强:蛔虫卵的壳较厚,由四层组成,其中内膜可保护胚胎不受外界各种化学物质的侵蚀,中间两层膜能保持虫卵内部湿度,外层膜可阻止紫外线照射。受卵壳的保护,猪蛔虫卵在一般消毒药内均可正常发育。适宜条件下,虫卵在外界环境中可长期存活,大大增加了感染性虫卵在自然界的积累量。干燥和高温(40 ℃以上)或夏季阳光直射能使虫卵迅速死亡。

(4)诱因:猪蛔虫病的流行与饲养管理和环境卫生有密切的关系。在饲养管理不良、卫生条件恶劣和过于拥挤的猪场容易造成本病的流行。在营养缺乏,特别是维生素和矿物质缺乏的情况下,也容易造成本病流行。一般 2～6 月龄的仔猪最易感染,症状也较严重,甚至造成死亡。

(四)临床症状和病理变化

1. 临床症状 本病的症状与动物的年龄和感染强度密切相关。一般以 2～6 月龄的仔猪症状比较严重,发病初期,幼虫在动物体内移行时,主要表现为精神沉郁,食欲不振,呼吸及心跳加快,体温明显升高,往往可超过 40 ℃。随着病程发展,病猪开始出现营养不良,日渐消瘦,被毛杂乱、失去光泽,异嗜,贫血,若生长发育长期受阻,则变为僵猪。严重感染病例,初期主要表现为呼吸困难,急促而不规律,常伴发沉重的咳嗽声,并有口渴、呕吐、流涎、拉稀等症状。此时病猪多喜卧,不愿走动,有时有神经症状。可能经 1～2 周好转,或逐渐虚弱,趋于死亡。当成虫寄生于肠道时,常会聚集成团阻塞肠道,病猪表现为阵发性痉挛性疝痛,有时可能发生肠破裂而死亡。

若蛔虫窜入与小肠有管道相通的胃、胆管或胰管,开始表现为拉稀、呕吐、体温升高、黄疸等症状,随后病猪食欲废绝,卧地不起,腹部剧痛,四肢乱蹬,多经 6～8 日死亡。

6 月龄以上的猪往往具有较强的免疫力,若寄生数量不多,营养良好,常不引起明显的临床症状。但大多会因胃肠功能遭受破坏,而出现食欲不振、磨牙和生长缓慢等现象,成为本病的重要感染来源。

2. 病理变化 幼虫移行至肝脏时,特别是在肝小叶间静脉周围的毛细血管中时,易造成小点出血,肝细胞浑浊肿胀,脂肪变性和坏死。肝表面形成云雾状的蛔虫斑,又称乳斑肝。幼虫移行至肺脏,从肺毛细血管穿入肺泡时可引起大量的小出血点及水肿等病变,严重者会引起蛔虫性肺炎,肝、肺和支气管等处常可发现大量幼虫。

当第 2 期幼虫钻入肠壁时可引起小肠黏膜下出血,轻度水肿及中性粒细胞和嗜酸性粒细胞浸润。当蛔虫成虫寄生于小肠时,可机械性地刺激肠黏膜,引起卡他性炎症、出血或溃疡。虫体数量多时常聚集成团,堵塞肠道,若造成肠管破裂,还会引起腹膜炎和腹腔内出血。此外,蛔虫有游走的习性,凡与小肠有管道相通的部位,如胃、胆管或胰管等均可被蛔虫窜入,引起相应病变。若蛔虫钻入胆道,会引起胆管炎或胆管阻塞,甚至可造成胆管破裂等。

(五)诊断

根据流行病学、临床表现,结合实验室检查,可对该病做出综合诊断。如 2～6 月龄的仔猪若出现肺炎症状,可根据其饲养管理条件及驱虫情况判定是否为幼虫移行期症状,若能从痰液或尸体剖

检中找到虫体,可立即确诊。若此时虫体已经发育到成虫阶段,可用直接涂片法或饱和盐水漂浮法检查粪便,检出虫卵即可确诊。也可进行驱虫性诊断,看到虫体也可确诊。

(六)防治

1. 治疗　在正确诊断的基础上,应根据病猪健康状况采取综合性治疗措施。对于有较严重胃肠疾病或明显消瘦或贫血的病猪,在使用驱虫药之前,应先进行对症治疗,常用的驱虫药如下。

阿维菌素(虫克星):0.3 mg/kg 体重,一次皮下注射或拌料内服。

伊维菌素:0.3 mg/kg 体重,一次皮下注射。

多拉菌素:0.3 mg/kg 体重,一次皮下或肌内注射。

左旋咪唑:8～10 mg/kg 体重,内服,或 5～8 mg/kg 体重,皮下或肌内注射。

丙硫咪唑:5～20 mg/kg 体重,拌料内服。

枸橼酸哌嗪:200～250 mg/kg 体重,拌料内服。

2. 预防

(1)定期驱虫:在猪蛔虫病流行的地区,每年春、秋两季定期驱虫。对于 2～6 月龄仔猪,断奶后驱虫 1 次,以后每隔 1.5～2 个月进行 1 次预防性驱虫。

(2)搞好环境卫生:猪舍应做好通风,避免阴暗、潮湿和拥挤。对饲槽、用具及圈舍定期消毒杀虫。及时清除猪粪等污物,并以堆积发酵等方式做好无害化处理。保持猪舍和运动场清洁卫生,防止饲料、水源和地面受到污染。

(3)保护易感动物:在已控制或消灭本虫的猪场,引入猪只时,应先隔离饲养,确保猪只健康后,再并群饲养。对断奶后的仔猪,加强饲养管理,多给富含蛋白质、维生素和多种微量元素的饲料,以增强其抵抗能力。

二、马副蛔虫病

马副蛔虫病是由蛔科副蛔属的马副蛔虫寄生于马属动物的小肠内引起的一种寄生虫病。

(一)病原

马副蛔虫是马属动物体内最粗大的一种寄生性线虫。虫体近似圆柱形,两端较细,黄白色。口孔周围有 3 片发达的唇,唇片后方虫体稍狭窄,使头部显著膨大,又称大头蛔虫。雄虫长 15～28 cm,尾端向腹面弯曲,有小侧翼和乳突。雌虫长 18～37 cm,尾部直而末端钝圆,阴门开口于虫体前 1/4 部分的腹面。

虫卵近似圆形,直径 90～100 μm,呈黄色或黄褐色。卵壳厚,新排出时内含 1 个亚圆形未分裂的胚细胞。卵壳表面蛋白膜凹凸不平,但很整齐。

(二)生活史

与猪蛔虫相似。虫卵随宿主粪便排出体外,在适宜的环境中,10～15 日发育为感染性虫卵。自感染性虫卵进入马体内,到发育为成虫,需 2～2.5 个月。成虫寿命约为 1 年(图 5-4)。

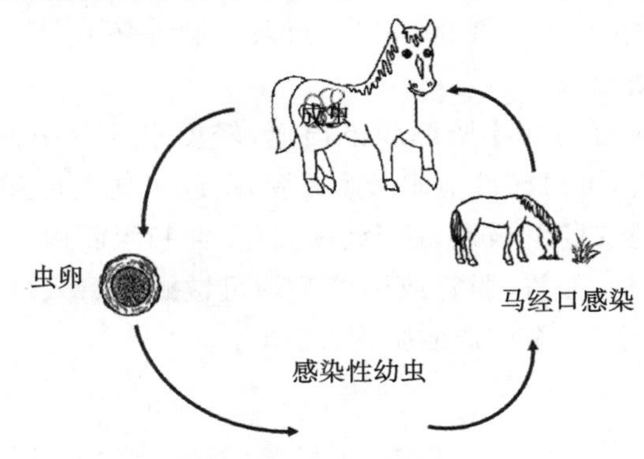

图 5-4　马副蛔虫生活史

（三）流行病学

1. 感染来源 患病或带虫的马属动物，虫卵存在于粪便中。

2. 易感动物 马属动物。

3. 感染途径 经口感染。

4. 流行地区与季节 马副蛔虫病分布广泛，在我国全国各地均有流行，一般秋、冬季节发病率较高。

5. 发育条件与抵抗力 虫卵发育适宜温度为 10～37 ℃。当气温低于 10 ℃时，虫卵停止发育，但不死亡，遇适宜条件仍可继续发育为感染性虫卵，所以埋在雪下粪便中的虫卵可越冬。当温度高于 39 ℃时，虫卵可发生变性而死亡。此外，虫卵对大多数消毒药有很强的抵抗力，只有 5%硫酸、5%氢氧化钠才能有效地将其杀死。

（四）防治

1. 治疗

(1)丙硫咪唑：5～20 mg/kg 体重，内服。

(2)噻嘧啶：7.5～15 mg/kg 体重，内服。

(3)奥芬达唑：10 mg/kg 体重，内服，一日 1 次，连用 3 天，10 日后复用 1 次。

(4)枸橼酸哌嗪：200 mg/kg 体重，内服。

2. 预防

(1)定期驱虫：在本病流行地区，每年的秋、冬季对马群进行 1～2 次预防性驱虫。孕马在产前 2 个月驱 1 次虫。

(2)加强饲养管理：发现病畜及时治疗，搞好厩舍的清洁卫生，及时处理粪便并堆积发酵。放牧地区实行分区放牧或轮牧。

三、牛犊新蛔虫病

牛犊新蛔虫病是由弓首科新蛔属的犊新蛔虫寄生于初生犊牛（奶牛、黄牛、水牛）的小肠内引起的一种寄生虫病。

（一）病原

牛犊新蛔虫又称牛弓首蛔虫，虫体粗大，外形与猪蛔虫相似，活体呈淡黄色，死后为灰白色。但虫体体表角质层较薄，柔软，半透明且易破裂。雄虫长 11～26 cm，尾部呈圆锥形，弯向腹面，交合刺一对，等长或稍不等长。雌虫长 14～30 cm，生殖孔开口于虫体前 1/16 到 1/8 处，尾直。

虫卵近似球形，淡黄色，壳厚，外层蛋白膜呈蜂窝状，内含一个胚细胞，大小为 70～80 μm（图 5-5）。

（二）生活史

成虫寄生于犊牛的小肠内，雌雄交配后，雌虫开始产卵并随粪便排出体外。虫卵在外界适宜的条件下，经 3～4 周发育为含有第 2 期幼虫的感染性虫卵。母牛误食被感染性虫卵污染的饲草或饮水后，幼虫在小肠内逸出，穿过肠壁，移行至肝、肺、肾等器官，进行第二次蜕化，变为第 3 期幼虫，并潜伏在这些组织中。当母牛怀孕 8.5 个月左右时，幼虫便移行至子宫，进入胎盘及羊膜液中，进行第三次蜕化，变为第 4 期幼虫。第 4 期幼虫随着胎盘的蠕动，可以直接被胎牛经口吞入肠中，也可钻入组织器官进入血液循环，沿猪蛔虫幼虫移行途径，先转入呼吸系统，再随痰被吞入小肠。待小牛出生后，幼虫在小肠内进行第四次蜕化，变成第 5 期幼虫，经 1 个月发育为成虫。成虫在犊牛体内可生存 2～5 个月，以后逐渐从宿主体内排出体外。

此外，幼虫在母体内移行时，一部分可经血液循环到达乳腺，哺乳时经乳汁感染。犊牛若在外界吞食感染性虫卵，幼虫在小肠内孵出后，可经血液循环移行至肝、肺，再经支气管、气管、口腔咽入消化道，然后随粪便排出体外，不能发育为成虫（图 5-6）。

Note

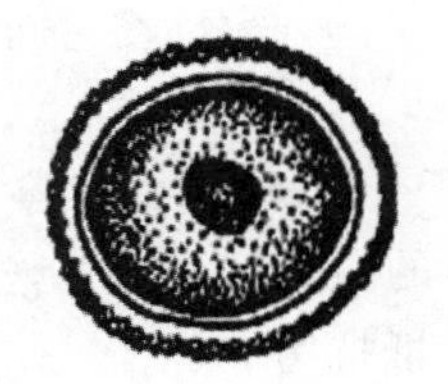

图 5-5　牛犊新蛔虫虫卵

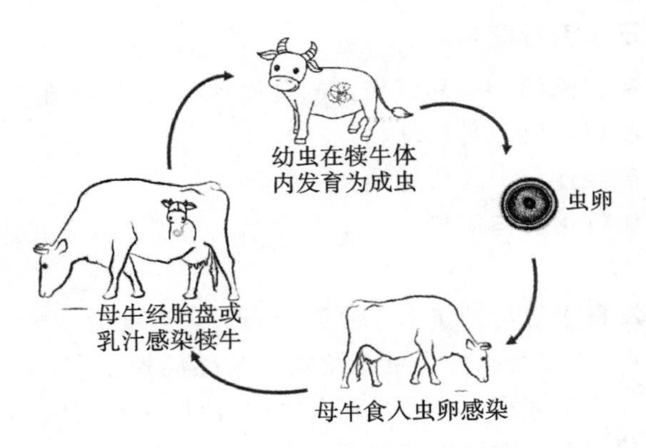

图 5-6　牛犊新蛔虫生活史

（三）流行病学

1. 感染来源　患病或带虫的犊牛。

2. 易感动物　牛。

3. 感染途径　犊牛可经胎盘体内感染或经口感染，其他牛经口感染。

4. 流行地区　牛犊新蛔虫分布很广，遍及世界各地，在我国多见于温暖湿润的南方，北方少见。

5. 发育条件及抵抗力　湿度对虫卵的发育影响较大。虫卵发育较适宜的温度为 20～30 ℃，潮湿的环境有利于虫卵的发育和生存，感染性虫卵需 80%的相对湿度才能存活，低于此湿度时，其生存和发育会受到严重影响。在干燥和阳光直射下，4 小时全部死亡。但虫卵对药物的抵抗力较强，可以在 2%的福尔马林中正常发育。29 ℃时，在 2%来苏尔中可存活 20 小时左右。

（四）临床症状和病理变化

1. 临床症状　在母体内被感染的犊牛一般出生两周后出现症状，开始表现为精神不振、后肢无力、不愿行动、嗜睡，继而食欲不佳、消化失调、吸乳无力或停止吸乳、腹胀、腹泻、消瘦，有的还有疝痛症状。多数牛拉稀粪或糊样灰白色腥臭粪便，手指捻粪有滑性油腻状感觉，严重者拉黏性血痢。当虫体大量寄生时可导致肠梗阻，甚至肠穿孔，引起死亡。出生后感染的犊牛，主要表现为咳嗽、呼吸困难，大多能自愈。

2. 病理变化　剖检可见病牛小肠黏膜出血或溃疡。大量成虫寄生时，可引起肠道阻塞或肠穿孔。出生后的犊牛受感染时，由于幼虫的移行，可造成肠壁、肺脏、肝脏、肾脏等组织器官的损伤，使其功能受到影响或破坏，出现点状出血、炎症等病变，血液中嗜酸性粒细胞明显增多。

（五）诊断

依据临床症状及流行病学资料可作出初步诊断，在粪便中检出虫卵或剖检发现虫体可确诊。

（六）防治

1. 治疗

(1)阿维菌素(虫克星)：0.2 mg/kg 体重，一次皮下注射。

(2)伊维菌素：0.2 mg/kg 体重，一次皮下注射。

(3)左旋咪唑：8 mg/kg 体重，皮下或肌内注射，或内服。

(5)丙硫咪唑：10～15 mg/kg 体重，拌料内服。

(6)枸橼酸哌嗪：200～300 mg/kg 体重，拌料内服。

2. 预防

(1)驱虫：在本病流行的地区，犊牛应于 10～30 日龄进行预防性驱虫，不仅有利于保护小牛健康，而且可减少虫卵对环境的污染。

(2)加强饲养管理：注意保持圈舍和运动场的清洁，垫草和粪便要勤清扫，并做无害化处理。有条件时，犊牛和母牛分群饲养，防止母牛感染。

四、犬猫蛔虫病

犬猫蛔虫病是由弓首科弓首属的犬弓首蛔虫和猫弓首蛔虫以及蛔科弓蛔属的狮弓首蛔虫寄生于犬、猫的小肠内所引起的一种寄生虫病。

（一）病原

1. 犬弓首蛔虫 寄生于犬和犬科动物的小肠中，是一种大型线虫。虫体白色或浅黄色，头端有3片唇，缺口腔，食道简单。虫体前端体侧有向后延伸的颈翼膜，食道与肠管连接处有一个小胃。雄虫体长50～110 mm，尾端弯曲，尾尖有圆锥状突起，尾翼发达，有两根不等长的交合刺。雌虫体长90～180 mm，尾端直，阴门开口于虫体前半部。

虫卵呈亚球形，深黄色或黑褐色，大小为68～85 μm×64～72 μm，卵壳厚，外膜上有明显的小泡状结构，内含有未分裂的卵胚（图5-7）。

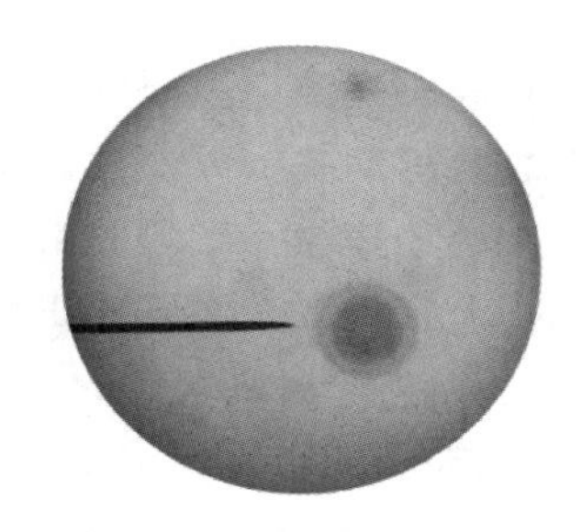

图5-7 显微镜视野内的犬弓首蛔虫虫卵

2. 猫弓首蛔虫 寄生于猫和猫科动物的小肠中，很少发生于犬。成虫外形与犬弓首蛔虫相似，但其颈翼膜短而宽，近头端处颈翼膜变窄，使虫体前端如箭头状。雄虫体长30～60 mm，尾部有指状突起，有两根等长的交合刺。雌虫体长40～100 mm。

虫卵大小为64 μm×70 μm，卵壳表面结构与犬弓首蛔虫相似。

3. 狮弓首蛔虫 属于蛔科弓蛔属，也称狮蛔虫，寄生于犬、猫和野生肉食兽的小肠中，多感染成年犬。虫体颜色、形态与犬弓首蛔虫相似。从头端开始到近食道末端的两侧具有狭长的呈柳叶刀形的颈翼膜，上有较密的横纹。虫体头端常向背侧弯曲，食道与肠管连接处无小胃构造。雄虫长35～70 mm，无尾翼膜，有两根等长的交合刺。雌虫体长30～100 mm，阴门开口于虫体前1/3与中1/3交界处，尾直而尖细。

虫卵近似卵圆形，浅黄色，卵壳厚而光滑，大小为49～61 μm×74～84 μm。

（二）生活史

犬弓首蛔虫的生活史是蛔虫科中最复杂的一种，传播方式多样，不同年龄犬感染蛔虫后，发育方式不同。它的最基本的传播模式是典型的蛔虫生活史，似猪蛔虫的生活史，而这种发育模式通常只发生于3月龄以内的犬。

犬弓首蛔虫虫卵随粪便排出体外，在适宜的环境条件下，经10～15日发育为感染性虫卵。3月龄内的幼犬吞食感染性虫卵后，幼虫在其消化道内孵出，钻入肠壁，经淋巴系统到达肠系膜淋巴结。然后经血液循环到达肝脏，在肝内蜕化成第3期幼虫后，继续沿肝静脉、后腔静脉进入右心房、右心室，最后经肺动脉移行至肺脏。感染后约第5日肺中幼虫达到高峰。在肺脏蜕化成第4期幼虫后，上行至气管、咽部，被重新吞下后入胃，再次返回小肠后进一步发育为成虫。凡不能移行至肺而误入其他器官的幼虫，不能继续发育为成虫。犬从感染到体内出现成虫需4～5周。

在3月龄以上的犬中，虫体很少发生上述肝到气管的移行。6月龄以上的犬感染后，第2期幼虫在肠壁孵出后，可随血流转移到范围更广的组织器官中，包括肝、肺、脑、心、骨骼肌、消化管壁等。在这些器官、组织中，幼虫并不进一步发育，而是形成包囊，但保持对其他肉食动物的感染性。当被其他肉食动物吞食后，包囊内的幼虫可发育为成虫。体内含有包囊的母犬怀孕后，第2期幼虫会在其分娩前3周被激活，然后随血液循环通过胎盘先后移行到胎儿的肝脏、肺脏，并蜕变成第3期幼虫。待幼犬出生后，第3期幼虫已移行到肺脏，在肺中停留1周左右，变为第4期幼虫。再随痰液进入气管及口腔，当被咽入胃中后，随胃肠蠕动进入小肠中，发生最后一次蜕皮，生成第5期幼虫，并进一步发育为成虫。幼犬出生后23～40日，肠道里即可出现成熟的蛔虫。所以幼犬在1个月左右最易发生蛔虫性胃肠炎。

另外，在泌乳开始后的前3周，幼犬也可通过吸吮含有感染性幼虫的母乳而感染。通过这个途径受到感染的犬，幼虫在体内不发生移行，可在小肠中直接发育为成虫。同时，母犬体内的一小部分活动性幼虫也可趁其免疫力低下在其体内完成正常移行，发育为成虫。

一些啮齿动物(如鼠类)或鸟类若误食了感染性虫卵,可在其体内形成感染性幼虫包囊而成为转运宿主。

猫弓首蛔虫的生活史与犬弓首蛔虫相似,幼虫也可经母乳感染,但未见胎内感染。猫通过吃入转运宿主(鼠、蟑螂、蚯蚓等)而感染后,幼虫移行不入肝、肺,在胃壁发育到第 3 期幼虫后,返回胃肠发育为成虫。

狮弓首蛔虫的生活史较简单,发育完全局限在肠壁和肠腔内,很少有体内移行过程。成虫在小肠内产卵,虫卵随粪便排出体外,在适宜环境条件下 3～6 日可发育为感染性虫卵。被宿主吞食后,幼虫在消化道逸出,先钻入肠壁内发育,然后返回肠腔,经 3～4 周发育为成虫。

(三)流行病学

1. 感染来源 患病及带虫的终末宿主是最主要的感染来源。

2. 易感动物 犬及犬科动物,猫及猫科动物。

3. 感染途径 经口感染,亦可经胎盘或哺乳感染。

4. 流行地区 犬猫蛔虫病分布广泛,在世界各地均有发生,但感染率从 5%～80%不等。部分地区感染率达 90%以上,如我国辽宁省盘山县犬弓首蛔虫的感染率曾达 96%。

5. 流行原因

(1)犬弓首蛔虫繁殖能力很强,每条雌虫每日可产卵约 20 万枚,每日每克粪便平均排出虫卵约 700 个,在感染幼犬的每克粪便中发现 15000 个以上虫卵很常见。

(2)虫卵对外界环境和消毒剂有较强的抵抗力,常温下可在土壤中存活数年。感染性虫卵至少能存活 11 日,最长可存活 1 年以上,很容易污染食物和饮水。

(3)幼虫在感染的成年犬组织内或转运宿主体内,对大多数抗蠕虫药不敏感,是感染的另一来源。

6. 抵抗力 虫卵对干燥和高温敏感,特别是阳光直射、沸水处理和粪便堆积时可迅速死亡。

(四)临床症状和病理变化

1. 临床症状 蛔虫病对幼龄犬、猫危害较大,轻度或中度感染时,症状不明显或没有临床症状。严重感染时,犬、猫表现为发热、厌食、腹痛、咳嗽、呼吸困难、泡沫性鼻漏等症状,一般 3 周后症状可自行消失或治疗后消失,重度病例则会在数日内死亡。

成虫阶段寄生于犬、猫小肠时,轻中度感染可引起胃肠功能紊乱。病犬、病猫表现为食欲不振,营养不良,渐行性消瘦,发育迟缓,被毛粗乱,贫血,黏膜苍白,呕吐、异食癖、腹泻或腹泻与便秘交替出现。有时腹围增大,排泄物恶臭,可在呕吐物和粪便中见到完整的虫体。大量严重感染时可引起肠阻塞,进而引起肠破裂、腹膜炎。偶见动物有兴奋、运动麻痹、癫痫性痉挛等神经症状。

犬弓首蛔虫和猫弓首蛔虫的幼虫也可感染人,引起幼虫移行症。多寄生于皮下或肌肉,会出现圆形无痛结节性肉芽肿。严重病人表现为消瘦、厌食、体温升高、肌肉疼痛、咳嗽和皮疹。如幼虫移行于眼部可致视力减退,寄生于神经系统可引起惊厥等相应的神经症状。

2. 病理变化 成虫寄生于肠道时可引起卡他性肠炎、肠壁出血。严重感染时,蛔虫在肠内集结成团,可造成肠阻塞、肠扭转或肠套叠,甚至肠穿孔。幼虫在宿主体内移行时,可损伤肠壁、肺毛细血管和肺泡壁,引起肠炎和蛔虫性肺炎。其新陈代谢产物和体液对宿主呈现毒害作用,能引起造血器官和神经系统中毒,发生过敏反应。

(五)诊断

根据流行病学资料、病史调查、临床表现可做出初步诊断,若能从粪便中检出虫卵或从痰液及尸体剖检中找到虫体,即可确诊。

(六)防治

1. 治疗

(1)伊维菌素:50～200 μg,皮下注射或口服。有柯利犬血统的犬,禁用。

(2)左旋咪唑:7～12 mg/kg 体重,皮下或肌内注射,或内服。

(3)芬苯哒唑:25～50 mg/kg 体重,内服。

(4)枸橼酸哌嗪:70～100 mg/kg 体重,内服。

(5)拜宠清:60 mg/kg 体重,内服。

2. 预防

(1)注意环境卫生和个人卫生,及时清除粪便并进行无害化处理,防止感染性虫卵污染环境。

(2)经常暴晒通风,保持犬舍、猫舍的干燥。

(3)定期驱虫,孕犬在怀孕后第 40 日至产后 14 日驱虫。幼犬 2 周龄首次驱虫,2 周后再次驱虫,2 月龄再次驱虫,若为哺乳犬,则母犬同时驱虫。

(4)新购进的幼犬必须间隔 14 日驱虫两次。

(5)不给犬、猫喂生肉,防止宠物吞食转运宿主。

五、鸡蛔虫病

鸡蛔虫病是由禽蛔科禽蛔属的鸡蛔虫寄生于鸡、火鸡等的小肠内而引起的一种线虫病。

(一)病原

鸡蛔虫寄生于鸡的小肠,是鸡体内寄生的大型线虫,黄白色,头端有 3 片唇。雄虫长 2.6～7 cm,尾端有尾翼、尾乳突和一个圆形或椭圆形的肛前吸盘,交合刺近于等长。雌虫长 6.5～11 cm,生殖孔开口于虫体中部。

虫卵椭圆形,深灰色,壳厚,表面光滑,新鲜虫卵内含单个胚细胞,大小为 70～90 μm×47～51 μm(图 5-8)。

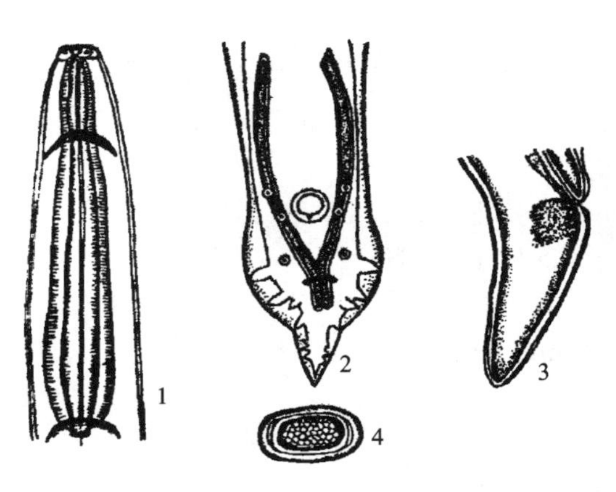

图 5-8 鸡蛔虫

1. 头部 2. 雄虫尾部 3. 雌虫尾部 4. 虫卵

(二)生活史

在鸡体内无移行过程。雌虫排出的虫卵随粪便排出体外,在适宜的条件下,发育为感染性虫卵。蚯蚓吞食后可成为其转运宿主。鸡食入被感染性虫卵污染的饲料、饮水或转运宿主而感染。幼虫在肌胃或腺胃内逸出后,先钻入小肠黏膜发育一段时间,重返小肠后发育为成虫。鸡从食入虫卵到体内出现成虫,需 35～58 日,成虫寿命 9～14 个月。

(三)流行病学

1. 感染来源 患病或带虫的鸡,虫卵存在于粪便中。

2. 易感动物 鸡、火鸡、珍珠鸡等,其中 2～4 月龄雏鸡最易感,成年鸡常为带虫者。

3. 感染途径 经口感染。

4. 流行季节 本病在温暖湿润的多雨季节容易流行,在炎热干旱的夏季不宜流行。

5. 流行原因

(1)鸡蛔虫繁殖力强,雌虫产卵量大,一般每日能够产出7万个以上的虫卵。

(2)虫卵在其转运宿主蚯蚓体内可避免干燥和阳光直射的不良影响,长期保持生命力和感染力。

(3)虫卵对外界环境因素及消毒药的抵抗力均较强,在阴暗、潮湿环境中可长期存活,使用5%甲醛溶液处理仍旧能够发育为侵袭性虫卵。但对干燥和高温(50 ℃以上)敏感,特别是阳光直射、沸水处理和粪便堆肥时,容易被杀死。

(4)当鸡缺乏动物性蛋白或者饲喂单一饲料时,尤其是饲喂缺乏维生素A和维生素B的饲料时,会导致机体抵抗力下降,容易感染本病。

6. 发育条件 鸡蛔虫卵适宜的发育温度为10～38 ℃,低于或高于此温度范围均不能正常发育。在此温度范围内发育时湿度应大于75%,否则不能够发育为感染性虫卵。

(四)临床症状和病理变化

1. 临床症状 本病对雏鸡危害严重,常表现为生长发育不良,精神萎靡,行动迟缓或呆立不动,翅膀下垂,羽毛松乱,鸡冠苍白,黏膜贫血。消化功能障碍,食欲减退,下痢和便秘交替,有时稀粪中混有带血黏液,以后渐趋衰弱而死亡。成年鸡多为带虫者,症状一般不明显,但亦有重症感染的情况,表现为下痢、贫血,蛋鸡产蛋量减少。

2. 症理变化 幼虫钻入肠黏膜发育时,可引起肠黏膜肿胀、增厚,有时存在充血、出血,或者形成溃疡性肠炎,肠壁上出现大量颗粒状化脓灶或结节。返回肠腔发育为成虫后,会争夺动物的营养并产生大量毒素,使患鸡消化功能紊乱、消瘦、贫血。严重感染时能导致肠道堵塞,甚至肠穿孔或肠破裂引起腹膜炎。

(五)诊断

粪便检查时发现大量虫卵(注意与异刺线虫卵相区别)可确诊,剖检时发现虫体也可确诊。

(六)防治

1. 治疗

(1)丙硫咪唑:10～20 mg/kg体重,内服。

(2)芬苯哒唑:10～50 mg/kg体重,内服。

(3)左旋咪唑:25 mg/kg体重,内服。

(4)枸橼酸哌嗪:200～500 mg/kg体重,内服。

2. 预防

(1)定期驱虫:在蛔虫流行的鸡场,每年应进行2～3次定期驱虫,雏鸡第一次驱虫在2月龄进行,第二次在冬季。成鸡第一次驱虫在10—11月份,第二次在春季产蛋前1个月进行。

(2)注意环境卫生:及时清除排泄物并进行无害化处理,保持鸡舍和运动场上的清洁卫生。

(3)加强饲养管理:动物应喂全价饲料,雏鸡、童鸡应与大鸡分群饲养,不共用运动场或牧地。

子任务二　旋毛虫病的防治

扫码学课件
5-2-2

案例引导

某肉联厂在屠宰时发现一只猪脾脏高度肿大,约为正常的10倍多,黑色,质脆易碎,切开多汁。肝脏变性,质硬。下颌淋巴结、肠系膜淋巴结肿大,周边有针尖状出血点。膈肌、腰肌采样,撕去肌膜和脂肪,在光线下观察,发现有针尖状灰白色斑点。剪24粒肉样在低倍镜下观察,发现每粒都有圆形或椭圆形包囊,决定销毁并无害化处理。

问题:案例中的猪感染了何种寄生虫病?此病的危害有哪些?应该怎样预防?

旋毛虫病是由毛尾目毛形科毛形属的旋毛形线虫所引起的一种人兽共患寄生虫病。旋毛虫的宿主范围非常广泛,人、猪、犬、猫、狐狸、豹、狼和鼠类等几乎所有哺乳动物均可感染。鸟类也可以实

验感染。人患旋毛虫病严重时可导致死亡，故肉品卫生检验中将其列为必检项目，在公共卫生上具有重要意义。

一、病原

旋毛虫的成虫寄生于小肠黏膜，称为肠旋毛虫，是一种白色细小的线虫，消化道为一简单管道，由口、食道、中肠、直肠及肛门组成。虫体前半部为较细的食道部，占整个体长的 1/3～1/2。后端较粗，内有肠管和生殖器官。生殖器官为单管型。雄虫长 1.4～1.6 mm，尾端有直肠开口的泄殖孔，其外侧为 2 个呈耳状悬垂的交配叶，内侧有 2 对小乳突，无交合刺。雌虫长 3～4 mm，阴门位于虫体前部(食道部)中央，卵巢位于虫体的后部，呈管状。子宫内含发育的幼虫。胎生(图 5-9)。

图 5-9　旋毛虫成虫

幼虫寄生于横纹肌内，称为肌旋毛虫。虫体长为 0.1～1.15 mm，前端尖细，向后逐渐变宽，后端稍窄，尾端钝。幼虫蜷曲在由机体炎性反应所形成的包囊内，又称包囊幼虫。包囊呈圆形、椭圆形或梭形，长 0.25～0.8 mm，其长轴与肌纤维平行，有 2 层壁。每个包囊内一般含有 1～2 条幼虫，有时可多达 6～7 条(图 5-10)。

二、生活史

旋毛虫的生活史比较特殊，发育过程不需要在外界进行。成虫和幼虫寄生于同一宿主，先为终末宿主后为中间宿主，但要延续生活史必须更换宿主。宿主常因食入含有感染性幼虫包囊的动物肌肉而感染，肌肉被宿主消化后，包囊也被消化液溶解，释出幼虫。幼虫在小肠黏膜细胞内两昼夜(48 小时内)经 4 次蜕皮即可发育为性成熟的肠旋毛虫。成虫寄生于小肠的绒毛间，雌、雄虫交配后，雄虫死去。雌虫受精后钻入肠腺或肠黏膜中继续发育，约 3 日，子宫内受精卵发育为新生幼虫，从阴门排出。雌虫的产幼虫期可持续 4～16 周。

图 5-10　肌肉中的旋毛虫

产出的幼虫除少数附于肠黏膜表面由肠道排出外，大部分经肠系膜淋巴结进入血液循环。然后随血流被带到全身各处，到达横纹肌后，幼虫穿破微血管，侵入肌细胞内发育。在感染后第 17～20 日开始蜷曲盘绕起来，周围逐渐形成包囊。虫体在包囊内呈螺旋状盘曲，充分发育的幼虫，通常有 2.5 个盘旋。此时幼虫已具有感染力，并有雌、雄之分。包囊呈梭形，长达0.25～0.5 mm，其长轴与肌纤维平行，一般含 1～2 条虫体，有的多达 6～7 条。包囊是由于幼虫的机械性刺激和代谢产物的刺激，使肌细胞受损，出现炎性细胞浸润和纤维组织增生而形成的。6～9 个月后包囊从两端向中间开始钙化，慢慢波及整个囊体。钙化可以使幼虫的感染力大大降低，但并不意味着包囊内的幼虫死亡，除非钙化波及幼虫本身。包囊内幼虫的生存时间，随动物个体不同而异，可保持生命力数年至 25 年之久。此时被寄生动物为中间宿主，其肌肉若被其他宿主生食，则幼虫又可在新宿主体内发育为成虫，开始其新的生活史(图 5-11)。

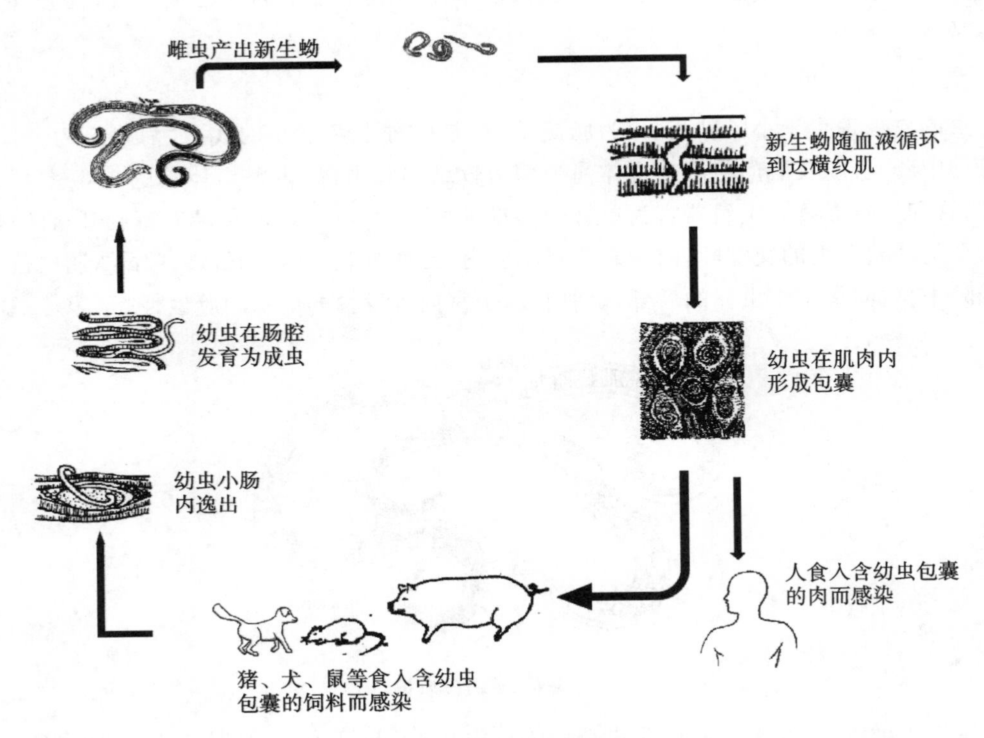

图 5-11　旋毛虫的生活史

三、流行病学

（一）感染来源

患病或带虫的中间宿主。

（二）易感动物

猪、犬、羊、牛、鼠等 120 多种哺乳动物可自然感染。

（三）感染途径

经口感染。

（四）流行地区

旋毛虫病分布于世界各地，尤其是欧洲及北美流行较为严重。我国旋毛虫病呈现局部暴发感染流行的特点。目前已在 20 多个省、自治区、直辖市发现动物和人感染旋毛虫病，其中以黑龙江、西藏、云南、湖北、河南等省、自治区旋毛虫病的感染较为严重。

（五）流行原因

1. 幼虫抵抗力强　包囊中的幼虫对外界的抵抗力很强，−20 ℃时可保持生命力 57 日，在腐败的肉或尸体内可存活 100 日以上，而且晾干、腌制、熏烤及涮食等一般不能将其杀死。

2. 主要流行原因　在自然界中，各种动物之间互相捕食是造成本病传播的主要因素。

在家畜中，犬感染旋毛虫病主要是因捕食鼠类、吃生肉、腐肉或粪便等引起的。猪感染旋毛虫除了吞食老鼠外，用未经处理的废肉水、生肉屑和其他动物的尸体喂猪，亦是猪感染旋毛虫的主要原因。

人感染旋毛虫病多因嗜食生肉和误食烹饪不熟的含旋毛虫包囊的各种肉类及其制品有关。在我国一些地区，人们有吃生肉或半生肉如“杀片”“生皮”“剁生”“涮肉”等的习俗，易引起本病的暴发流行。另外，切过生肉的菜刀、砧板均可能黏附有旋毛虫的包囊，亦可能污染食品而造成食源性感染。

四、临床症状和病理变化

（一）临床症状

大多数动物对旋毛虫的耐受性较强，猪、犬等家畜轻度或中度感染时几乎不表现任何临床症状。只有屠宰时会发现其肌肉病变，如肌细胞横纹消失、萎缩，肌纤维膜增厚等。严重感染时，初期有食欲不振、呕吐和腹泻等肠炎症状。随后出现肌肉疼痛、步伐僵硬、声音嘶哑、流涎、发热，呼吸和咀嚼吞咽亦有不同程度的障碍。有时眼睑和四肢水肿，但很少死亡，多经 4～6 周症状逐渐消失，自行恢复。

人感染旋毛虫后症状比较明显。成虫侵入肠黏膜时常引起肠黏膜充血、水肿，病人表现为腹痛、腹泻、恶心、呕吐等症状，严重时粪便带血，一般持续 3～5 日自行缓解。幼虫进入血液循环后可引起异性蛋白质反应，病人出现持续性高热、荨麻疹、斑丘疹、眼睑和面部水肿等症状，末梢血嗜酸性粒细胞也明显增多。幼虫进入肌肉后可引起急性肌炎，表现为发热和肌肉疼痛，以四肢肌肉和肋间肌较为明显。重者会出现吞咽、咀嚼、行走、发音和呼吸困难，眼睑水肿，食欲不振，极度消瘦。严重感染时多因呼吸肌麻痹、心肌及其他脏器病变和毒素作用而引起死亡。这些症状可持续 1～2 个月，肌肉疼痛有时持续数月。随着包囊的逐渐形成，急性炎症消退，症状缓解，但病人仍消瘦、乏力，体力恢复约需 4 个月。

（二）病理变化

旋毛虫寄生于宿主后，成虫可引起肠黏膜出血、发炎和绒毛坏死。幼虫移行时常引起肌炎、血管炎和胰腺炎，在肌肉定居后可引起肌细胞变形、肿胀、排列紊乱、横纹消失，虫体周围肌细胞坏死、崩解、肌间质水肿及炎性细胞浸润，肌纤维结缔组织增生。

五、诊断

（一）死前诊断

旋毛虫病的死前诊断较为困难，可根据流行病学史及典型的临床表现，再结合病原学检查或免疫学检查结果确诊。实验室常采用免疫学方法如间接血凝试验（IHA）、酶联免疫吸附试验（ELISA）、间接荧光抗体试验（IFA）、胶体金试纸条法等技术检验。这些免疫学方法具有敏感度高、特异性好、操作简便、快速等优点。目前，以 ELISA 较常用，对旋毛虫病诊断的阳性检出率可达 93%～96%。

（二）宰后检疫

旋毛虫是我国肉品卫生法定检验项目，宰后检验主要检查肌肉中的包囊幼虫，方法有目检法、压片镜检法与集样消化法等。目前，我国多采用目检法和镜检法，欧美等国家多用消化法。

1. 目检法 将新鲜膈肌脚撕去肌膜，肌肉纵向拉平，观察肌纤维表面，若发现与顺肌纤维平行、针尖大小的白色结节，即可初步认为是旋毛虫幼虫形成的包囊。随着包囊形成时间的延长，其色泽逐渐变成乳白色、灰白色或黄白色。该方法缺点是漏检率较高。

2. 压片镜检法 此法是检验肉品中有无旋毛虫的传统方法。猪肉取左、右膈肌脚（犬取腓肠肌）各一小块，先撕去肌膜作肉眼观察，沿肌纤维方向剪成燕麦粒大小的肉粒（10 mm×3 mm）12 粒，两块共 24 粒，放于两玻片之间压薄，低倍显微镜下观察，若发现有梭形或椭圆形，内有呈螺旋状盘曲的包囊，即可确诊。当被检样本放置时间较久，包囊不清晰时，可用美蓝溶液染色。染色后肌纤维呈淡蓝色，包囊呈蓝色或淡蓝色，虫体不着色。在感染早期及轻度感染时，压片镜检法的漏检率较高，不易检出。

3. 集样消化法 每头猪取 1 个肉样（100 g），再从每个肉样剪取 1 g 小样，集中 100 个小样（个别旋毛虫病高发地区以 15～20 个小样为一组）进行检验。取肉样用搅拌机搅碎，每克加入 60 mL 水、0.5 g 胃蛋白酶、0.7 mL 浓盐酸混匀。在 37 ℃下，加温搅拌 30～60 分钟。经过滤、沉淀、漂洗等步骤后，将带有沉淀物的凹面皿置于倒置显微镜或在 80～100 倍的普通显微镜下，调节好光源，将凹面皿左右或来回晃动，镜下捕捉虫体、包囊等，发现虫体时再对这一样品采用分组消化法进一步复检

(或压片镜检),直到确定病猪为止。

六、防治

(一)治疗

丙硫咪唑:犬、猫 25～50 mg/kg 体重,猪 15～30 mg/kg 体重,内服。

芬苯哒唑:犬、猫 25～50 mg/kg 体重, 猪 5～7.5 mg/kg 体重,内服。

(二)预防

(1)加强肉品卫生检疫,凡发现有旋毛形线虫的肉品,严格按照《病害动物和病害动物产品生物安全处理规程》进行生物安全处理。

(2)在旋毛虫病流行严重地区,不放养动物,不用生的废肉屑和泔水喂动物。

(3)加强环境卫生管理,控制或消灭饲养场周围的鼠类和其他啮齿类动物。

(4)加强卫生宣传,改变人的饮食习惯和饮食卫生,不吃生的和未煮熟的猪肉、犬肉等。提倡各种肉品熟食,生熟分开,防止旋毛虫幼虫对食品及餐具的污染。

子任务三 后圆线虫病的防治

扫码学课件
5-2-3

案例引导

赵先生新购进的 50 头仔猪生长缓慢,日渐消瘦,近期有一部分时常咳嗽,喂食后咳嗽尤为明显。用氟苯尼考等抗生素治疗后病情并未减轻,并有一头死亡。剖检死亡猪只,在支气管断面发现大量乳白色线状虫体及泡沫状液体,确诊为后圆线虫感染。

问题:案例中的猪是如何感染这种寄生虫的?该病的发生与养殖方式和环境条件有何关系?应如何防治?

猪后圆线虫病是由圆线目后圆科后圆属的线虫寄生于猪、野猪的支气管和细支气管引起的一种呼吸系统寄生虫病,又称肺线虫病。

一、病原

猪后圆线虫,又称猪肺线虫。虫体呈乳白色或灰色,口囊很小,口缘有 1 对分 3 叶的侧唇,食道呈棍棒状。雄虫交合伞有一定程度的退化,有 1 对细长的交合刺。雌虫两条子宫并列,至后部合为阴道,阴门紧靠肛门,前方覆阴门盖,虫体后端有时弯向腹侧。卵胎生。我国常见的种为野猪后圆线虫,复阴后圆线虫和萨氏后圆线虫很少见。

(一)野猪后圆线虫

野猪后圆线虫又称长刺后圆线虫,雄虫长 11～25 mm,交合伞较小,前侧肋大,顶端膨大,中侧肋和后侧肋融合在一起,背肋极小,交合刺一对,细长,呈丝状,末端有单钩,无引器。雌虫长 20～50 mm,阴道长超过 2 mm,尾稍弯向腹面,有半球形的阴门盖。

虫卵呈钝椭圆形,棕黄色,壳厚,表面不光滑,有细小的乳突状突起。排出时有已发育成形的幼虫盘曲在内。虫卵大小为 51～63 μm×33～42 μm(图 5-12)。

图 5-12 猪后圆线虫卵

(二)复阴后圆线虫

雄虫长 16～18 mm,交合伞较大,交合刺一对,末端有双钩,有引器。雌虫长 22～35 mm,阴道短于 1 mm,尾直,有较大的角质膨大覆盖肛门和阴门。

(三)萨氏后圆线虫

雄虫长 17～18 mm,交合刺长,末端有单钩。雌虫长 30～45 mm,

阴道长，尾端稍弯向腹面。

二、生活史

猪后圆线虫的中间宿主是蚯蚓。雌虫产卵后，虫卵随气管中的分泌物从咽部进入消化道，随粪便排出体外。虫卵在潮湿的土壤中孵出第1期幼虫。蚯蚓吞食了第1期幼虫或虫卵（第1期幼虫在其体内孵化）后，在其体内经2次蜕化发育为感染性幼虫，即第3期幼虫，并随粪便排至土壤中。猪在采食或拱土时，吃入土壤中的感染性幼虫或者含感染性幼虫的蚯蚓而受感染。感染性幼虫在小肠内逸出，钻入肠壁，沿淋巴系统进入肠系膜淋巴结，在此处蜕皮发育为第5期幼虫。然后经肠壁淋巴管、肠系膜淋巴结、腔静脉和心脏，随血流进入肺，穿过肺泡进入细支气管和支气管内寄生发育为成虫。猪从感染到成虫开始排卵需23～35日，感染后5～9周排卵最多，以后逐渐减少。成虫寿命一般1年左右（图5-13）。

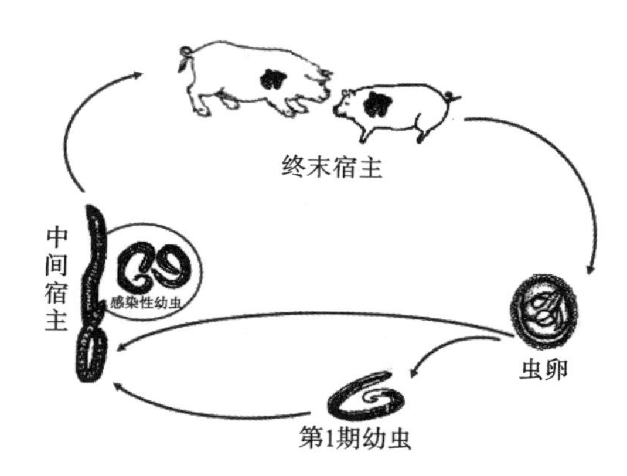

图5-13　猪后圆线虫生活史

三、流行病学

（一）感染来源

患病或带虫的终末宿主，虫卵存在于粪便中。

（二）易感动物

主要寄生于猪和野猪，6～12月龄的猪对后圆线虫的易感性最强。偶见于人、羊、鹿、牛和其他反刍动物。

（三）感染途径

经口感染。

（四）流行地区

本病呈全球性分布，遍布我国各地，往往呈地方性流行，对幼猪的危害很大。

（五）流行原因

(1)虫卵和第1期幼虫抵抗力强，存活时间长。虫卵在外界可生存6个月以上。秋季牧场上的虫卵可以越冬，生存5个月以上。第1期幼虫在水中可生存6个月以上，在潮湿的土壤中可达4个月以上。

(2)蚯蚓的感染率和载虫量高，在夏日高达71.9%，一条蚯蚓可含2000～4000条幼虫。感染性幼虫在蚯蚓体内可长期存活，其保持感染性的时间与蚯蚓的寿命相同。

(3)温暖、多雨季节最适于蚯蚓滋生繁殖，本病容易流行。放牧猪每年在夏、秋季容易感染。

四、临床症状和病理变化

（一）临床症状

轻度感染时，一般症状不明显，但会影响猪的生长。严重感染时，猪发育不良，阵发性咳嗽，尤其

在早晚运动或遇冷空气刺激时，咳嗽尤为剧烈。听诊肺部有啰音，被毛干燥、无光泽，鼻孔内有黄色或淡黄色脓性黏稠液体流出，呼吸困难，有明显的支气管肺炎和肺炎症状。初期病猪还有食欲，之后食欲减退甚至废绝，贫血，即使病愈，生长仍缓慢，病程长者常形成僵猪。有的在胸下、四肢和眼睑部呈现浮肿。严重病例还可发生呕吐、腹泻，最后多因极度衰竭而死亡。

（二）病理变化

猪后圆线虫病的病变主要集中在肺。剖检时，肉眼病变常不显著。严重感染时在肺膈叶腹面边缘有楔状气肿区，支气管增厚、扩张。在肺的隔叶后缘，可见到界限清晰的微突起的灰白色结节。小支气管周围呈淋巴样组织增生和肌纤维状肥大。解剖细支气管可以发现其中充满成虫和虫卵。当虫体、黏液和组织碎片阻塞支气管和细支气管时，可引起阻塞性肺膨胀不全，表现为剧咳和肺气肿。

五、诊断

根据流行病学、临床症状可作出初步诊断，粪便和痰液检查找到虫卵或者剖检病尸发现病原即可确诊。

（一）粪便和痰液检查

因虫卵相对密度较大，用饱和硫酸镁（或硫代硫酸钠）溶液漂浮法检查为佳。

（二）尸体剖检

虫体大多寄生在肺膈叶后缘，形成一些灰白色的隆起，剪开以后，常可在支气管中找到大量的虫体。

（三）变态反应诊断

取病猪气管黏液加 30 倍生理盐水稀释，用 30% 醋酸滴入，使之沉淀，滤液用 30% 氢氧化钠中和，调至中性，备用。用此抗原液 0.2 mL 于猪耳背皮内注射，5～15 分钟内，若注射部位肿胀超过 1 cm，则为阳性。

六、防治

（一）治疗

阿维菌素（虫克星）：0.3 mg/kg 体重，一次皮下注射或拌料内服。

伊维菌素：0.3 mg/kg 体重，一次皮下注射。

多拉菌素：0.3 mg/kg 体重，一次皮下或肌内注射。

左旋咪唑：8～10 mg/kg 体重，内服，或 5～8 mg/kg 体重，皮下或肌内注射。

丙硫咪唑：5～20 mg/kg 体重，拌料内服。

枸橼酸哌嗪：200～250 mg/kg 体重，拌料内服。

（二）预防

（1）猪舍应尽可能建在较干燥的地方，围墙和地面尽量采用水泥硬化，防止蚯蚓进入猪场，尤其是运动场。对放牧猪应严加注意，尽量避免去蚯蚓密集的潮湿地区放牧。

（2）对本病流行的猪场，应定期检查，有计划地进行驱虫。发现病猪及时治疗。

（3）搞好环境卫生，保持猪舍通风干燥，定期消毒，及时清理猪粪等排泄物，并进行堆积发酵等无害化处理。

扫码学课件

5-2-4

子任务四　食道口线虫病的防治

案例引导

2019 年 8 月，河南某养殖场饲养的 3 月龄羊出现精神沉郁，腹泻，食欲逐渐减少。用青霉素等抗生素治疗不见好转，4～5 日后部分羊只衰竭死亡。剖检死亡羊只，发现结膜苍

白，小肠和大肠壁上有大量结节，剪开结节可发现白色虫体。采集病羊粪便用饱和盐水漂浮法检查，可发现大量椭圆形虫卵。

问题：案例中的羊只得了何种寄生虫病？应如何防治？

一、猪食道口线虫病

猪食道口线虫病是由圆线目盅口科食道口属的多种线虫寄生于猪的结肠而引起的一种寄生虫病，又称结节虫。本病感染较为普遍，严重感染时可引起结肠炎，是目前我国规模化猪场流行的主要线虫病之一。

（一）病原

1. 有齿食道口线虫 虫体呈乳白色，口囊浅，头泡膨大。雄虫长 8～9 mm，雌虫长 8～11.3 mm，寄生于猪结肠。虫卵呈椭圆形，壳薄，内含 8～16 个胚细胞。虫卵大小为 70～74 μm×40～42 μm。

2. 长尾食道口线虫 虫体呈灰白色，口额膨大，口囊壁下部向外倾斜。雄虫长 6.5～8.5 mm，雌虫长 8.2～9.4 mm，寄生于盲肠和结肠。

3. 短尾食道口线虫 雄虫长 6.2～6.8 mm，雌虫长 6.4～8.5 mm，寄生于结肠。

（二）生活史

虫卵随宿主粪便排出体外，在外界适宜的条件下，6～8 日发育为披鞘的感染性幼虫（即第 3 期幼虫）。猪只食入第 3 期幼虫而感染，幼虫先在小肠内脱鞘，1～2 日移行至结肠并侵入黏膜深部，使肠壁形成 1～6 mm 的结节。1 周左右，幼虫在结节内蜕化，形成第 4 期幼虫，然后返回大肠肠腔，再次蜕化形成第 5 期幼虫，1～2 个月发育为成虫。成虫在猪体内的寿命为 8～10 个月（图 5-14）。

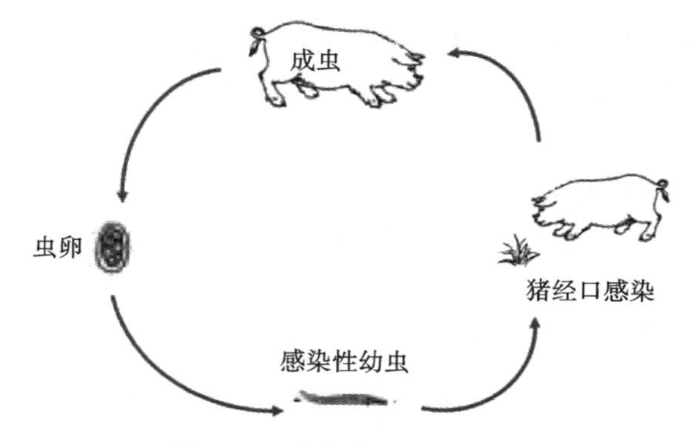

图 5-14 猪食道口线虫生活史

（三）流行病学

1. 感染来源 患病或带虫的终末宿主，虫卵存在于粪便中。

2. 易感动物 猪、野猪。

3. 感染途径 经口感染。

4. 流行地区 本病流行广泛，全国各地猪场均有发生。

5. 生存条件 潮湿的环境有利于虫卵和幼虫的发育和存活。披鞘幼虫（即感染性幼虫）抵抗力强，在室温湿润状态下可存活 10 个月，在 −20～−19 ℃可生存 1 个月。虫卵和幼虫对干燥和高温的耐受性较差，在 60 ℃高温下可迅速死亡。

（四）临床症状和病理变化

1. 临床症状 轻度或中度感染时，病猪一般无明显症状。严重感染时，肠壁结节破溃后，可发生顽固性肠炎，病猪表现为不食、腹痛、腹泻、日见消瘦、贫血和发育障碍，粪便中常带有脱落的黏膜，严重时可引起死亡。

2. 病理变化 幼虫对大肠壁的机械刺激和毒性物质的作用，可使肠壁普遍增厚、发炎，形成粟粒

状的结节。初次感染很少发生结节，一般经3～4次感染后，由于宿主产生了组织免疫力，肠壁上可产生大量结节。结节破裂后形成炎灶，如结节在浆膜面破裂，可引起腹膜炎，在黏膜面破裂则可形成溃疡，继发细菌感染时可导致弥漫性大肠炎，表现为腹痛、不食、拉稀、消瘦和贫血。

(五)诊断

根据流行病学、临床症状和病理变化可以作出初步诊断，发现虫卵或虫体即可确诊。

粪便检查常用饱和盐水漂浮法。因猪食道口线虫虫卵易与红色猪圆线虫虫卵相混淆，可将其培养成第3期幼虫进行鉴别。食道口线虫幼虫短而粗，尾鞘长。红色猪圆线虫幼虫长而细，尾鞘短。

(六)防治

1. 治疗 常用的驱线虫药对成虫均有效，但对组织中幼虫大多效果不好。母猪分娩前1周用药，仔猪产后1个月驱虫，可有效防止仔猪感染。

(1)阿维菌素(虫克星)：0.3 mg/kg体重，一次皮下注射或拌料内服。

(2)伊维菌素：0.3 mg/kg体重，一次皮下注射。

(3)多拉菌素：0.3 mg/kg体重，一次皮下或肌内注射。

(4)左旋咪唑：8～10 mg/kg体重，内服，或5～8 mg/kg体重，皮下或肌内注射。

(5)丙硫咪唑：5～20 mg/kg体重，拌料内服。

(6)枸橼酸哌嗪：200～250 mg/kg体重，拌料内服。

2. 预防

(1)定期按计划驱虫：对散养育肥猪，在3月龄和5月龄应各驱虫一次。规模化饲养场，公猪每年至少驱虫两次，母猪产前1～2周驱虫一次，仔猪转群时驱虫一次，后备猪在配种前驱虫一次，新进的猪驱虫后再和其他猪并群。

(2)搞好环境卫生：猪舍应做好通风，避免阴暗、潮湿和拥挤。对饲槽、用具及圈舍定期消毒杀虫。猪粪等污物及时清除，并以堆积发酵等方式做好无害化处理。保持猪舍和运动场清洁卫生，防止饲料、水源和地面受到污染。

(3)保护易感动物：已控制或消灭本虫的猪场引入猪只时，应先隔离饲养，确保猪只健康后，再并群饲养。对断奶后的仔猪，加强饲养管理，多给富含蛋白质、维生素和多种微量元素的饲料，以增强其抵抗能力。

二、牛羊食道口线虫病

牛羊食道口线虫病是由圆线目盅口科食道口属的几种线虫寄生于牛、羊等反刍动物的大肠所引起的一种寄生虫病。由于幼虫寄生时在肠壁上常形成结节，所以又称结节虫。

(一)病原

1. 哥伦比亚食道口线虫 有发达的侧翼膜，身体前部弯曲。头泡膨大。颈乳突在颈沟的稍后方，其尖端突出于侧翼膜之外。雄虫长12～13.5 mm，交合伞发达。雌虫长16.7～18.6 mm，尾部长，阴道短，排卵器呈肾形，其尖端突出侧翼膜之外(图5-15，图5-16)。主要寄生于羊和野羊的结肠，也可寄生于牛的结肠。

2. 甘肃食道口线虫 头泡膨大，有发达的侧翼膜，前部弯曲。颈乳突位于食道末端或前后的侧翼膜内，尖端稍突出于膜外。雄虫长14.5～16.5 mm，雌虫长18～22 mm，寄生于绵羊的结肠。

3. 粗纹食道口线虫 口囊较深，头泡显著膨大。无侧翼膜。颈乳突位于食道后方。雄虫长13～15 mm，雌虫长17.3～20.3 mm，主要寄生于羊的结肠。

4. 微管食道口线虫 前部直，无侧翼膜，口囊较宽而浅，外叶冠18叶，颈乳突位于食道后面。雄虫长12～14 mm，雌虫长16～20 mm，主要寄生于羊，也寄生于牛和骆驼的结肠。

5. 辐射食道口线虫 缺外叶冠，内叶冠也只是口囊前缘的一小圈细小的突起，38～40叶。有口领，头泡膨大，上有一横沟，将头泡区分为前后两部分。侧翼膜发达，前部弯曲。颈乳突位于颈沟的后方。雄虫长13.9～15.2 mm，雌虫长14.7～18.0 mm，寄生于牛的结肠。

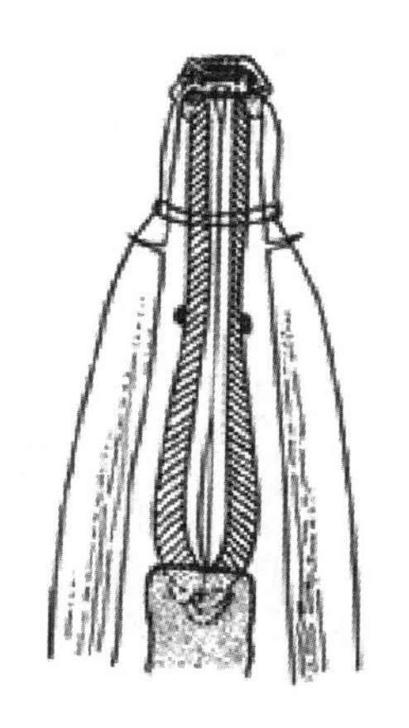

图 5-15　牛羊食道口线虫头部

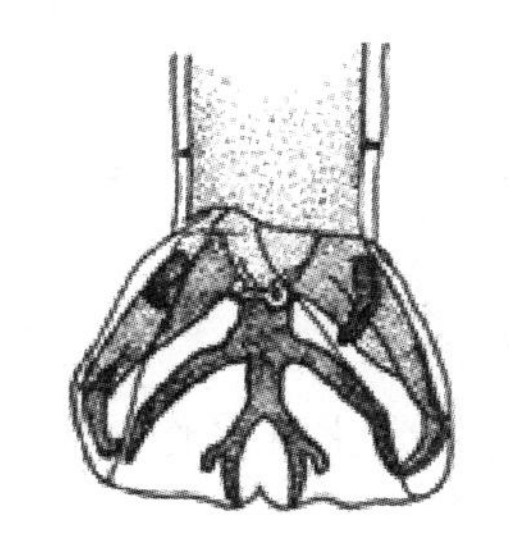
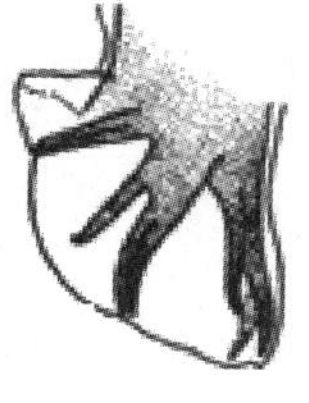
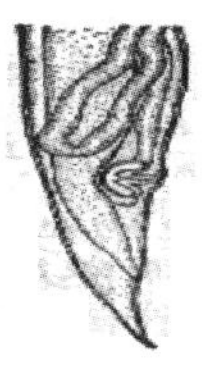

图 5-16　牛羊食道口线虫尾部

（二）生活史

虫卵随宿主粪便排出体外，在外界适宜的条件下，10～17 小时孵出第 1 期幼虫，一周后，蜕化为披鞘的第 3 期幼虫，即感染性幼虫。感染性幼虫适宜于潮湿的环境，尤其是在有露水或小雨时，幼虫便爬到青草上。牛羊等反刍动物常因摄入被感染性幼虫污染的饲草或饮水而感染。感染后 36 小时，大部分幼虫已钻入结肠固有层的深处。随后通过幼虫及其代谢物的慢性刺激导致肠壁形成大量卵圆形的结节，幼虫在结节内进行第 3 次蜕化，变为第 4 期幼虫。之后幼虫从结节内返回肠腔，经第 4 次蜕化变为第 5 期幼虫，进而发育为成虫(图5-17)。幼虫在结节内停留的时间，常因家畜的年龄和抵抗力(免疫力)而不同，短的经过 6～8 日，长的需 1～3 个月或更长，甚至不能发育为成虫。哥伦比亚食道口线虫和辐射食道口线虫可在肠壁的任何部位形成结节。微管食道口线虫很少造成肠壁结节。

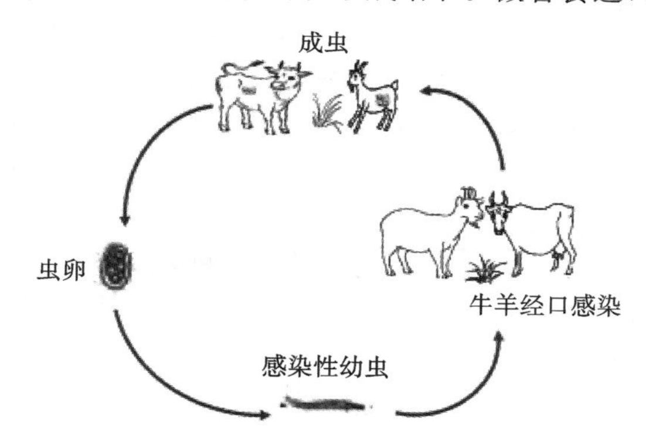

图 5-17　牛羊食道口线虫生活史

（三）流行病学

1. 感染来源　患病或带虫的终末宿主，虫卵存在于粪便中。

2. 易感动物　牛羊等反刍动物。

3. 感染途径　经口感染。

4. 流行地区　该病流行广泛，在我国各地的牛、羊中普遍存在。

5. 生存条件　虫卵在相对湿度 48%～50%，平均温度为 11～12 ℃时，可生存 60 日以上。但不耐低温，在低于 9 ℃时，虫卵即停止发育。第 1、2 期幼虫对干燥敏感，极易死亡。第 3 期幼虫有鞘，抵抗力较强，在适宜条件下可存活 10 个月，但冰冻可使之死亡。温度在 35 ℃以上时，所有的幼虫均迅速死亡。

（四）临床症状和病理变化

1. 临床症状　病畜临床症状的有无及严重程度常与其感染虫体的数量和自身的抵抗力密切相关。如一岁以内的羊寄生 80～90 条，即为严重感染，而年龄较大的羊寄生 200～300 条虫体时属严重感染。初期表现为持续性腹泻或顽固性下痢。粪便呈暗绿色，表面带有黏液，有时带血。慢性病

例病畜则表现为便秘和腹泻交替发生，渐进性消瘦，下颌间水肿，最后多因机体衰竭而死亡。

2. 病理变化 本病主要受害部位为肠壁。当幼虫钻入或钻出肠黏膜时对肠黏膜所形成的机械性损伤，可导致局部卡他性或化脓性炎症。有的虫种如哥伦比亚食道口线虫和辐射食道口线虫等，还在肠壁形成灰绿色的结节病变。剪开结节，常可发现幼虫和黄白色或灰绿色泥状物，有时可发现结节钙化。当肠壁形成的结节数量多时，肠壁变硬。结节在肠的浆膜面破溃时，会引发腹膜炎，甚至发生坏死性病变；结节在肠腔面破溃时，则形成溃疡性和化脓性肠炎。在成虫阶段，虫体分泌的毒素常造成肠壁的炎症。

（五）诊断

根据流行病学、临床症状和病理变化可以作出初步诊断，发现虫卵或虫体即可确诊。

（六）防治

1. 治疗 常用的驱线虫药对成虫均有效，但对组织中幼虫大多效果不好。

(1)阿维菌素(虫克星)：0.2 mg/kg 体重，一次皮下注射或拌料内服。

(2)伊维菌素：0.2 mg/kg 体重，一次皮下注射。

(3)左旋咪唑：6～10 mg/kg 体重，内服，或皮下、肌内注射。

(4)丙硫咪唑：10～15 mg/kg 体重，拌料内服。

(5)枸橼酸哌嗪：200～300 mg/kg 体重，拌料内服。

2. 预防

(1)定期按计划驱虫：一般在春、秋两季各进行一次驱虫。北方在冬末、春初进行驱虫，可有效防治春季发病高潮。

(2)搞好环境卫生：对饲槽、用具及圈舍定期消毒杀虫。粪便等污物及时清除，并以堆积发酵等方式做好无害化处理。保持圈舍和运动场清洁卫生，防止饲料、水源和地面受到污染。

(3)保护易感动物：加强饲养管理，注意饲料、饮水卫生，在冬、春季节应合理地补充精料、矿物质和多种维生素，以增强其抵抗能力。科学放牧，有条件的可实行轮牧，尽量避开潮湿地和幼虫活跃时间，以减少感染机会。

扫码学课件
5-2-5

子任务五　毛尾线虫病的防治

案例引导

2021 年 6 月，洛阳市某养殖场饲养的 4 月龄仔猪精神沉郁，食欲减退，不同程度腹泻。先后用氟苯尼考、恩诺沙星、磺胺间甲氧嘧啶等抗生素治疗均不见好转，病情反而加重，并有部分死亡。剖开死亡仔猪，发现盲肠、结肠内有大量乳白色形似鞭子的虫体。取病猪粪便，用饱和盐水漂浮法检查，发现有大量棕黄色腰鼓形虫卵，两端各有一个透明的栓塞。

问题：案例中的猪感染了何种寄生虫病？该病的发生与养殖方式和环境条件有何关系？应如何防治？

毛尾线虫病是由毛尾科毛尾属的毛尾线虫寄生于动物的盲肠和结肠所引起的一种寄生虫病。由于虫体前端细长像鞭梢，后端粗短像鞭杆，故又称鞭虫病(图 5-18)。

一、病原

（一）猪毛尾线虫

虫体乳白色，前部为食道部，细长，占虫体全长的 2/3，内含由一串单细胞围绕的食道。后部为体部，短粗，内有肠管和生殖器。雄虫长 20～52 mm，交合刺鞘短而膨大成钟形，上布满小刺。雌虫长 39～53 mm。虫卵呈棕黄色，呈腰鼓状，卵壳厚，两端有塞(图 5-19)，其大小为 52～61 μm×27～30 μm。主要寄生于猪和野猪的盲肠，也寄生于人和其他灵长类动物。

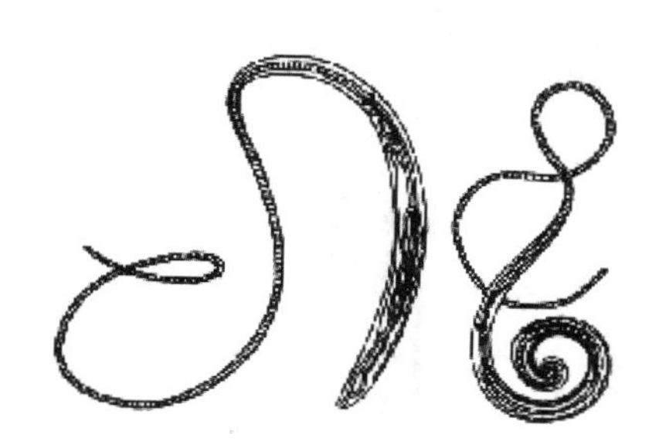

图 5-18 毛尾线虫成虫

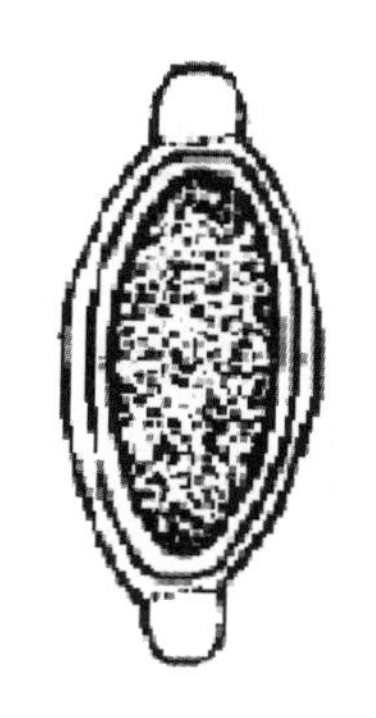

图 5-19 毛尾线虫虫卵

（二）绵羊毛尾线虫

食道部占虫体全长的2/3～4/5。雄虫长50～80 mm，交合刺鞘全部展开时末端有一椭圆形膨大部。雌虫长35～70 mm。虫卵70～80 μm×30～40 μm。寄生于绵羊、牛、长颈鹿和骆驼等反刍动物的盲肠。

（三）球鞘毛尾线虫

雄虫长40～70 mm，其交合刺鞘的末端膨大成球形，食道部占虫体全长的3/4。雌虫42～60 mm。食道部占虫体全长的2/3或3/4。寄生于骆驼、绵羊、山羊和牛等反刍动物的盲肠。

（四）瞪羚毛尾线虫

雄虫体长30.5～44.9 mm，前后长度比值约为2∶1。交合刺一根，细长，末端较钝。刺鞘近端3/5部分较粗大，上密布有小刺，远端部分较细，无刺。有刺部分的鞘在接近无刺的部分时，前者形成一膨大部。泄殖孔两侧，有时可见各有一乳突构造。寄生于骆驼等反刍动物的盲肠。

（五）兰氏毛尾线虫

寄生于骆驼等反刍动物的盲肠。

（六）狐毛尾线虫

成虫呈乳白色，雌雄虫体长为40～75 mm。前端细长呈丝状，占整个虫体长度的3/4。雄虫尾部卷曲，泄殖腔在尾端，有一根交合刺，外有被有小刺的交合刺鞘。雌虫尾部直，后端钝圆，阴门位于粗细交界处，肛门位于虫体末端。寄生于犬、猫和狐的盲肠或结肠。

（七）毛尾线虫

寄生于人和多种猿、猴大肠。

二、生活史

毛尾线虫为直接发育型线虫，不需要中间宿主。成虫寄生于动物的盲肠和结肠内。雌雄虫体交配后产卵，虫卵随粪便排出体外，在适宜的温度和湿度下，经3～4周发育为感染性虫卵（内含感染性幼虫）。动物误食入感染性虫卵后，幼虫在十二指肠或空肠中自卵壳孵出。然后从肠腺隐窝处钻入肠黏膜中，在其中进行第4次蜕皮，发育为童虫。5～10日后返回肠腔，移行至盲肠继续发育为成虫（图5-20）。成虫的寿命为4～5个月。

三、流行病学

（一）感染来源

患病或带虫的终末宿主，虫卵存在于粪便中。

（二）易感动物

猪、牛、羊、骆驼、犬、猫、人等。

（三）感染途径

经口感染。

图 5-20　毛尾线虫生活史

（四）流行地区

本病呈世界性分布，我国各地均有报道，但南方感染率明显高于北方。鞭虫病一年四季均能感染，但以夏季的感染率最高。

（五）流行原因

雌虫每日可以产卵 2000～7000 个，由于卵壳厚，虫卵对寒冷和干燥有很强的抵抗力，在圈舍中存活时间可达 3～4 年。

四、临床症状和病理变化

（一）临床症状

轻度感染时，一般不表现明显临床症状。中度感染时，表现为精神不振、被毛粗糙、体重减轻。严重感染时，表现为肠炎、贫血、消瘦、急性或慢性腹泻、粪便恶臭，有时带血。幼龄动物往往生长发育受阻，严重时可因衰竭死亡。

（二）病理变化

毛尾线虫主要损害盲肠，其次为结肠。动物感染毛尾线虫后，毛尾线虫以头部深入肠黏膜吸血，可引起盲肠、结肠黏膜卡他性炎症或出血性炎症。眼观肠黏膜充血、肿胀，表面覆有大量灰黄色黏液，大量乳白色毛尾线虫混在黏液中或埋于肠黏膜。严重感染时可引起肠黏膜出血、水肿及坏死。感染后期可发现溃疡病灶，并产生大量结节。结节有两种：一种质软有脓，虫体前部埋入其中。另一种在黏膜下，呈圆形包囊状。

五、诊断

根据流行病学、临床症状结合病原学检查即可确诊。

检查虫卵可用直接涂片镜检或用饱和盐水浮集法，发现大量虫卵即可确诊。死后诊断剖检尸体，若肠道有明显的炎症变化，盲肠中存在大量鞭虫，也可确诊。

六、防治

（一）治疗

大多驱线虫药都可以用于本病的治疗，其中羟嘧啶效果最好，常作为首选药，2 mg/kg 体重，一次口服。

（二）预防

(1)注意保持环境卫生，及时清除粪便，并注意用品、用具及圈舍的消毒。

(2)用适宜的驱虫药定期驱虫。

(3)加强饲养管理，提高动物的抵抗力。

子任务六　类圆线虫的防治

案例引导

2022年8月，陈先生家饲养的牧羊犬最近精神沉郁，经常咳嗽，气喘，食欲逐渐减少。用氟苯尼考等抗生素治疗不见好转，血常规检测发现红细胞数降低，嗜酸性粒细胞数升高。CT显示其右肺门及右肺叶上有团块状占位病灶，疑似阻塞性肺炎。

问题：案例中的牧羊犬得了何种寄生虫病？应如何防治？

类圆线虫病是由杆形目类圆科类圆属的类圆线虫寄生于动物的体内所引起的一种寄生虫病。

一、病原

类圆线虫是一种兼性寄生虫，不同的生殖阶段形态各异。属于小型虫体，体长一般小于10 mm。自生世代的雄虫，食道长，尾部尖细向腹面卷曲，有1对等长的交合刺，引器呈匙状。

自生世代的雌虫，头端有2个侧唇，尾端尖细，生殖系统为双管型。成熟虫体子宫内有呈单行排列的各期虫卵，阴门位于体腹面中部略后(图5-21)。

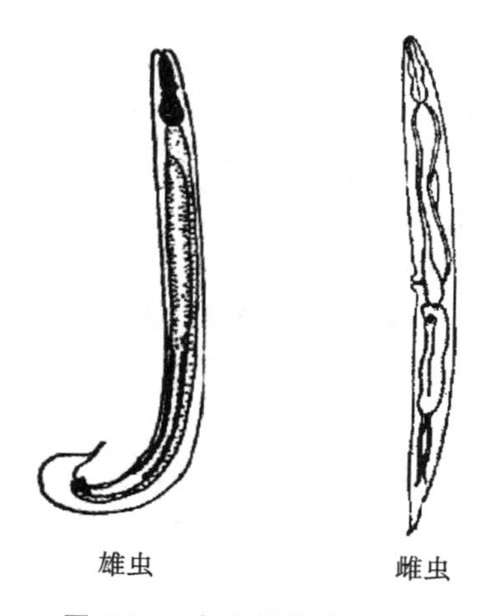

图5-21　自生世代类圆线虫

寄生世代的雌虫毛发状，乳白色，半透明，体表有角质细横纹，深埋于消化道黏膜内，主要是小肠黏膜隐窝内。子宫与肠道互相缠绕成麻花样，尾尖偏钝，呈指状锥形，肛门位于近末端处腹面。

类圆线虫虫卵呈卵圆形，卵壳薄而透明，大小仅为典型圆线虫虫卵的一半。在草食兽、猿、犬、猫，随粪便排出的是含幼虫的卵。在其他动物，随粪便排出的是第1期幼虫(图5-22)。

图5-22　类圆线虫虫卵

(一)兰氏类圆线虫

自生世代的雄虫长0.7～0.8 mm，雌虫长1～1.5 mm。寄生世代的雌虫乳白色，长2～2.5 mm，寄生于猪的小肠，多在十二指肠黏膜内。

（二）韦氏类圆线虫

乳白色，毛发状，口腔小，有2片唇，体长7.3～9.5 mm，阴门稍突出，位于体中后1/3交界处。寄生于马属动物的十二指肠黏膜内。

（三）乳突类圆线虫

寄生世代的雌虫体长4.38～5.92 mm，尾端指状，阴门开口于体后1/3处。寄生于牛羊的小肠黏膜内。

（四）粪类圆线虫

自生世代的雄虫长0.7～0.8 mm，尾部尖细向腹面卷曲，有1对等长的交合刺。自生世代的雌虫长1～1.5 mm，尾端尖细。寄生世代的雌虫长2～2.5 mm，寄生于其他灵长类、犬、狐和猫的小肠内。

（五）福氏类圆线虫

寄生于黑猩猩、狒狒、猕猴和人的肠道。

二、生活史

类圆线虫生活史复杂，既可在土壤中营自生生活，也可在动物体内营寄生生活。当外界温度适宜时，虫卵很快即可孵化出杆状蚴，然后经四次蜕皮发育为自由生活的雌虫和雄虫。当外界环境一直适宜时，自生世代可继续多次，此过程称为间接发育。当外界环境不利于虫体发育时，杆状蚴会发育成具感染性的丝状蚴。丝状蚴主要经皮肤或黏膜侵入宿主，开始寄生世代，此过程称为直接发育。直接发育型的丝状蚴侵入宿主后，先经淋巴进入血液循环，12小时后经肝脏移行到肺脏，穿破毛细血管，进入肺泡。然后沿支气管、气管移行至咽喉，并被宿主重新咽下至消化道，返回小肠。然后钻入小肠（尤以十二指肠、空肠为多）黏膜，蜕皮2次，发育为雌性成虫，并在此产卵。

虫卵产出后，发育很快，数小时后即可孵化出杆状蚴，并自黏膜内逸出，进入肠腔，随粪便排出体外。然后根据外界环境选择发育形式。在不适宜的外界环境条件下（温度低于25 ℃，营养环境不合适）杆状蚴经两次蜕皮直接发育成具有感染性的丝虫型幼虫，重复上述寄生生活。而在适宜的环境条件下，杆状蚴则会进行间接发育。当动物机体发生便秘或有自身免疫缺陷等特殊情况时，杆状蚴在肠腔内迅速发育为丝状蚴，再自小肠下段或结肠的黏膜内侵入，引起自身体内感染。此外，若排出的丝状蚴附在肛周，也可钻入皮肤，而引起自身体外感染。严重腹泻的动物，可自粪便排出虫卵。除肠道外，类圆线虫偶尔也可寄生于大肠、胆管、胰管、肺或泌尿生殖系统（图5-23）。

三、流行病学

（一）感染来源

患病或带虫的终末宿主。

（二）易感动物

猪、牛、羊、马、犬、猫、狐、灵长类动物和人。

（三）感染途径

主要经皮肤、黏膜感染，也可经口感染，有的虫种可经胎盘、母乳感染。

（四）流行地区

本病呈世界性分布，主要流行于热带和亚热带地区。我国东起台湾，西至甘肃，南及海南，北至辽宁，均有本病的报道。温暖潮湿的夏季容易流行。

四、临床症状和病理变化

类圆线虫的致病作用与其感染程度和动物自身健康状况，特别是免疫功能状态有密切关系。本病主要发生在幼龄动物以及免疫力低下的动物或人。

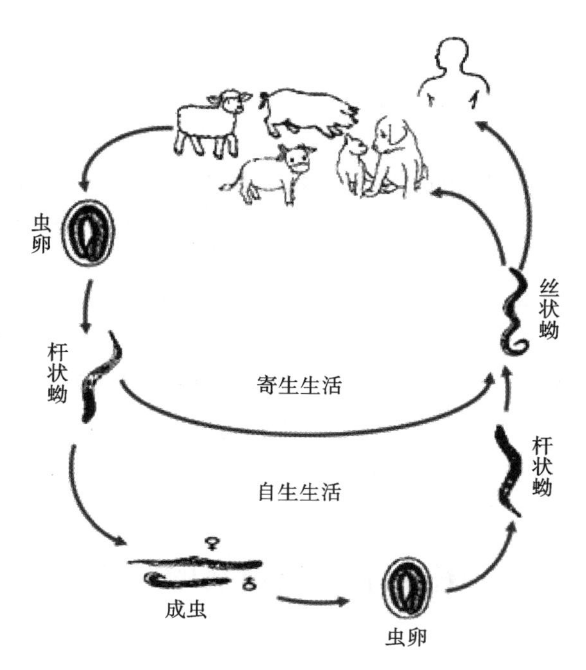

图 5-23　类圆线虫生活史

临床症状主要表现在三个阶段。初期，当丝状蚴在侵入皮肤时，可以引起小出血点，出现红色肿块或结节，发痒，有刺痛感，蹭破后易引起继发感染。病畜初次感染一般无明显皮肤变化，当反复感染或虫体大量寄生时，才表现出临床症状。

中期，幼虫侵入肺后，在肺内移行时，可引起肺毛细血管壁破坏或穿孔而出血，使炎性细胞浸润，轻者动物表现为食欲减退、咳嗽、多痰、哮喘等。严重者可出现高烧，呼吸困难、发绀或伴发细菌性支气管肺炎。如虫体定居于肺、支气管时，则症状更加严重，持续时间也长，动物生长缓慢，明显消瘦。

后期，虫体进入肠道后，钻入肠黏膜，破坏黏膜的完整性，引起慢性炎症，轻者病畜表现为以黏膜充血为主的卡他性肠炎，粪便中不带血，多可自行恢复。中度感染表现为水肿性肠炎或溃疡性肠炎，动物出现腹泻、脱水、贫血、昏睡等症状，治疗后大多可恢复。严重者可引起肠黏膜广泛坏死及剥离，甚至继发腹膜炎，病畜衰弱、严重贫血，排出带有黏液和血丝的粪便，死亡率较高。动物与人患病后的症状相似。

此外，丝状蚴也可移行到全身其他器官，如心、肝、肾、胰、脑及泌尿生殖系统等处，并可形成肉芽肿，引起相应器官病变，甚至可引起多器官性损伤，导致弥散性类圆线虫病。其发生的机制，可能与患病动物和病人细胞免疫功能减退有关。

五、诊断

根据流行病学、临床症状，结合实验室检查做出综合判断。由于本病有间歇性排虫现象，故应多次反复进行检查。

（一）粪便检查

用饱和盐水漂浮法检查刚排出的新鲜粪便时，夏季不超过 6 小时，发现虫卵即可确诊。粪便检查幼虫时，要将粪便放置 5～15 小时，一般采用直接涂片法检出率较低，采用贝尔曼法分离幼虫检查效果较好，发现幼虫即可确诊。也可刮取十二指肠黏膜，压片镜检，若发现大量雌虫即可确诊。

（二）免疫诊断

用 ELISA 法检测血清中特异性抗体，对轻、中度感染者，具有较好的辅助诊断价值。

（三）其他检查

剖检发现虫体即可确诊。胃和十二指肠液引流检查病原，对粪类圆线虫病诊断的价值大于粪

检。也可从动物痰、尿或脑积液中检获幼虫或培养出丝状蚴以确诊。

六、防治

(一)治疗

阿维菌素:牛、羊 0.2 mg/kg 体重,猪 0.3 mg/kg 体重,犬 200～400 μg,一次皮下注射。

伊维菌素:牛、羊 0.2 mg/kg 体重,猪 0.3 mg/kg 体重,犬 50～200 μg,一次皮下注射。

左旋咪唑:牛、羊、猪 6～10 mg/kg 体重,犬、猫 7～12 mg/kg 体重,内服,或皮下、肌内注射。

丙硫咪唑:犬、猫 25～50 mg/kg 体重,马、猪 5～30 mg/kg 体重,牛、羊 10～15 mg/kg 体重,拌料内服。

噻苯达唑:家畜 50～100 mg/kg 体重,犬 50～60 mg/kg 体重,拌料内服。

(二)预防

(1)搞好圈舍环境卫生,保持地面干燥清洁,经常消毒,以杀死环境中的幼虫。

(2)对动物定期驱虫,发现患病动物及时隔离治疗。

扫码学课件
5-2-7

子任务七　丝虫病的防治

李女士养的比熊犬“豆豆”最近老咳嗽,稍微一运动就呼吸困难,经检查发现该犬得了恶丝虫病。

问题:案例中的犬为何会得犬恶丝虫病?应如何防治?

一、犬恶丝虫病

犬恶丝虫病又名犬心丝虫病,是由丝虫目双瓣科恶丝虫属的犬恶丝虫寄生于犬的右心室及肺动脉(少见于胸腔、支气管)而引起的一种寄生虫病。病犬主要表现循环障碍、呼吸困难及贫血等症状。本病多发于 2 岁以上犬,少见于 2 岁以内犬。除犬外,猫、狐狸、狼及其他野生肉食动物亦可作为终末宿主。人偶尔也会感染,在肺部及皮下形成结节,病人出现胸痛和咳嗽。

(一)病原

犬恶丝虫为黄白色细长的粉丝状,食道细长。雄虫长 12～16 cm,尾部短而钝,有窄的尾翼,泄殖腔前乳突有 5 对,后乳突 6 对。有两根不等长的交合刺,左侧的长,右侧的短,整个尾部呈螺旋状卷曲。雌虫体长 25～30 cm,尾端直,阴门开口于食道后端(图 5-24、图 5-25)。胎生,幼虫称为微丝蚴,体长 307～322 μm,为直线形,前端尖,后端平直,在新鲜的血液中作蛇形或环形运动。

(二)生活史

犬恶丝虫具有间接型发育史,中间宿主为中华按蚊、白纹伊蚊、淡色库蚊等多种蚊。此外,微丝蚴也可在蚤、蜱体内发育。犬恶丝虫成虫寄生于犬、猫和人类的右心室与肺动脉处。雌、雄虫交配后,雌虫在血液中产出长约 0.3 mm 的微丝蚴(可在血液中生存 1～3 年),并随血流游于宿主全身,可随时出现在病犬的外周血液中,但一般夜间出现较多。当中间宿主蚊等叮咬患病犬、病猫时,微丝蚴会顺势进入其体内。经 2～2.5 周,在中间宿主体内发育成对终末宿主具有感染能力的成熟子虫(即幼丝虫),长约 1 mm。然后移行到中间宿主蚊、蚤的口器。当带虫的中间宿主叮咬其他健康犬、猫或人类时,成熟子虫即从其口器中逸出,钻进健康犬的皮肤中,开始在皮下结缔组织、肌间组织、脂肪组织和肌膜下发育。3 个月后,由淋巴血液循环移行到心脏及大血管内。在此处继续发育 3～4 个月,蜕变为成熟的成虫。微丝蚴从侵入犬、猫等终末宿主体内到其血液中再次出现微丝蚴需要 6～9 个月的时间。成虫在宿主体内能生存 5～6 年,在此期间内能不断产生微丝蚴(图 5-26)。

(三)流行病学

1. 感染来源　患病或带虫的终末宿主。

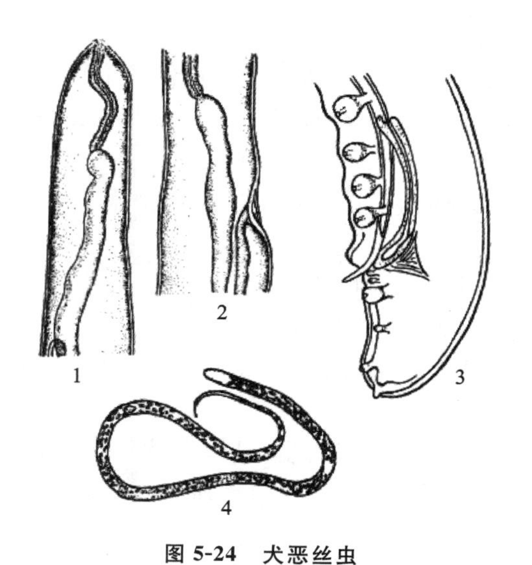

图 5-24 犬恶丝虫

1. 虫体头部 2. 雌虫阴门部 3. 雄虫尾端 4. 微丝蚴

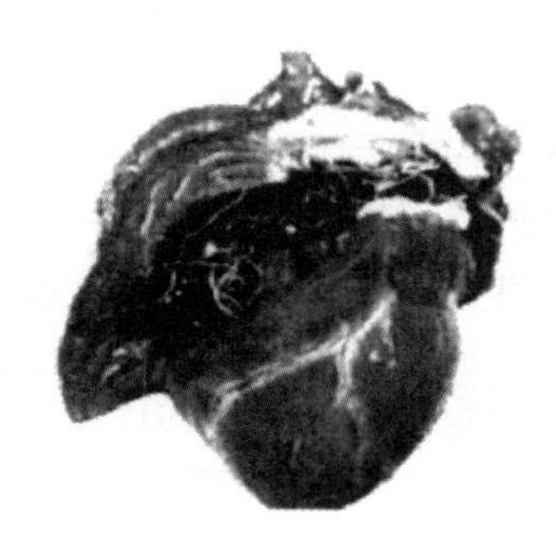

图 5-25 犬右心室内的犬恶丝虫成虫

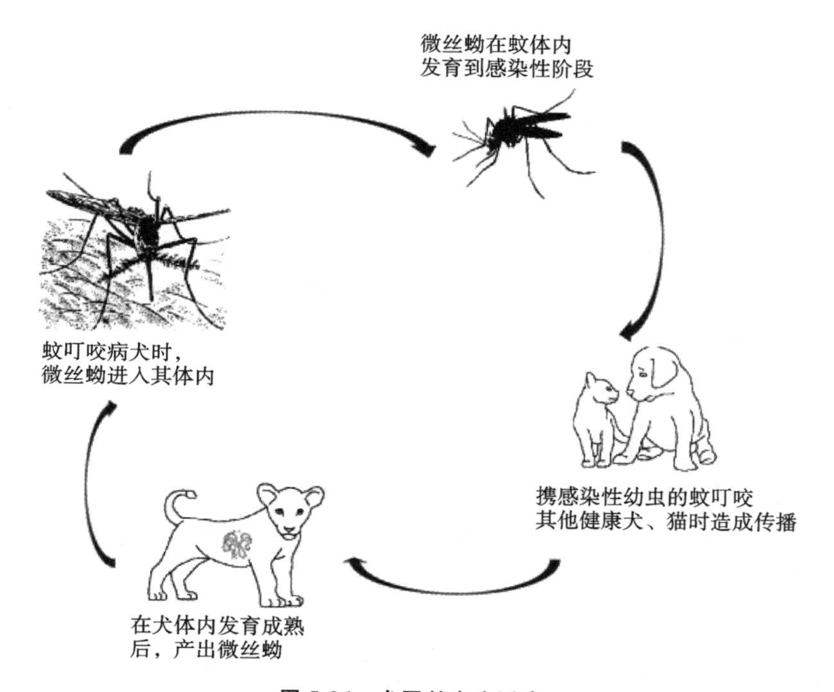

图 5-26 犬恶丝虫生活史

2. 易感动物 犬、猫、狐狸、狼、其他野生肉食动物及免疫功能不全的人。

3. 感染途径 经节肢动物叮咬感染。

4. 流行地区 犬恶丝虫病在世界各地分布广泛，在亚洲、南北美洲、非洲和欧洲等地都有该病感染的报道。在中国，北至沈阳、南至广州，几乎全国各地均有发生，南方蚊虫活跃的地区此病较为普遍。

5. 流行时间 本病主要发生于夏秋季节，与蚊虫的活动季节一致，感染时期一般为 6—10 月份，7—9 月份为高峰期。饲养条件差的犬感染率较高，户外饲养犬的感染率高于室内饲养犬。

（四）临床症状和病理变化

1. 临床症状 本病多发生于 2 岁以上的犬，少见于 1 岁以内的犬。症状取决于成虫寄生的数量和部位，感染的持续时间，以及宿主对虫体的反应，有无并发症等。

一般感染初期症状不明显，病犬偶尔咳嗽，但无上呼吸道感染的其他症状，受刺激或运动时咳嗽加剧，易疲劳。随着病情的发展，病犬开始出现呼吸困难、咳嗽频繁、训练耐力下降、体重减轻等症

状。体检会发现其脉细小而弱并有间歇，心脏有杂音，肝脏常肿胀。胸部 X 射线摄影可见心房、右心室、肺动脉和主动脉扩张。肺动脉栓塞及肺水肿时，局部 X 射线透过性降低。心电图检查可见右轴变位和肺性 P 波，右心室扩张时，ST 波降低和 T 波增高。血液生化检查可见血清谷丙转氨酶和血清尿素酶升高，红细胞比容和血红蛋白含量降低。

后期贫血进一步加重，腹围增大，全身浮肿，逐渐消瘦衰弱而死亡。并发急性腔静脉综合征时，还会出现血色素尿、黄疸和尿毒症的症状。

此病常伴发结节性皮肤病，以瘙痒和破溃倾向的多发性结节为特征。皮肤结节中心化脓，在化脓性肉芽肿周围的血管内常见微丝蚴。犬恶丝虫病治疗后，皮肤病变亦随之消失。

猫最常见的症状为食欲减退、咳嗽、呼吸困难、嗜睡和呕吐，体重下降，可突然死亡。右心衰竭和腔静脉综合征在猫少见。

2. 病理变化　虫体及其代谢物长期的慢性刺激，常导致血管内膜增生，血管内径变窄使血流阻力上升。末梢动脉容易发生阻塞性纤维栓塞。虫体作为栓子的一种，也会阻碍血液的流动。综上，肺部的循环阻力会随着犬恶丝虫的寄生时间渐增，最终造成肺脏高血压，使肺组织失去生理功能。病犬因犬恶丝虫在肺部寄生引发弥漫性间质性嗜酸性粒细胞的浸润，同时肺组织因栓子的出现，在栓塞周围形成肉芽肿，最后在诸多不利因素的作用下肺实质组织渐渐产生病变，并引起心脏病变。如右心室肥大和右心淤血性心力衰竭。中后期犬恶丝虫寄生位置转移至后腔静脉和肝静脉，会造成肾小球性肾炎，甚至肾脏滤过功能永久丧失。这是病犬体内虫体寄生引起的Ⅲ型变态反应和微丝蚴对肾小球生理性损伤的共同作用引起的。

尸体剖检发现虫体除寄生于肺动脉和心室外，还可移行到脑、腹腔、胸腔、眼前房、气管、食管和肾脏等处，并造成相应器官的功能障碍。

（五）诊断

根据病史调查、临床症状结合外周血液内发现微丝蚴或血清学检查阳性即可确诊。

1. 血液微丝蚴的检查

(1)改良 Knott 氏试验：取全血 1 mL 加入 2%甲醛 9 mL，混合后 1000～1500 r/min，离心 5～8 分钟，倾去上清液，取 1 滴沉渣和 1 滴 0.1%美蓝溶液混合，显微镜下检验微丝蚴。

(2)毛细管离心法：取抗凝血，吸入特制的毛细管内离心，取红细胞和血浆交界处的样本镜检。

(3)直接涂片法：采末梢血 1 滴，滴到载玻片上，加盖玻片镜检，也可全血涂片直接镜检。

2. 免疫学诊断　可用琼脂扩散试验、补体结合试验、荧光抗体标记技术、酶联免疫吸附试验(ELISA)进行免疫学诊断。

（六）防治

1. 治疗　对于心脏功能障碍的病犬应先对症治疗，然后分别针对成虫和微丝蚴进行治疗，同时对病犬进行严格的监护。因犬恶丝虫寄生部位特殊，故药物驱虫具有一定的危险性。应先手术摘除或驱除已存在的成虫，再驱除微丝蚴，最后应用预防药以防再感染。

1)手术治疗　用犬恶丝虫夹虫手术法暂时减少犬恶丝虫的寄生量，减轻腔静脉和右心负担，病情缓解后再行驱虫以降低治疗的危险性。

2)驱除成虫

(1)硫乙砷铵钠：0.22 mg/kg 体重，静脉注射，每日 1 次，连用 2～3 日。注射时应缓缓注入，药液不可漏出血管。该药有一定的毒性，可引起肝和肾中毒，对患严重犬恶丝虫病的犬较危险。一旦犬出现持续性呕吐、黄疸和橙色尿，应停止使用。

(2)盐酸二硫苯砷：2.5 mg/kg 体重，用蒸馏水稀释成 1%溶液，缓慢静脉注射，间隔 4～5 日 1 次。

(3)菲拉松：1 mg/kg 体重，口服，每日 3 次，连用 10 日。

(4)海群生：22 mg/kg 体重，口服，每日 3 次，连用 14 日。

3)驱除微丝蚴

(1)碘化噻唑氰胺:按每日 6.6～11.0 mg/kg 体重,用 7 日,如果微丝蚴检查仍为阳性,则可增大剂量到 13.2～15.4 mg/kg 体重,直至微丝蚴检查阴性。

(2)左咪唑:按 11.0 mg/kg 体重,1 次/日,口服,用 6～12 日。治疗后第 6 日开始检查血液,当血液中微丝蚴转为阴性时停止用药。

(3)伊维菌素 0.1～0.2 mg/kg 体重,1 次/日,皮下注射。

4)对症治疗　主要是强心、利尿、镇咳、保肝等。

2. 预防

(1)搞好环境及犬体卫生,扑灭周围蚊是预防本病的重要措施。

(2)对流行地区的犬、猫定期进行血检,有微丝蚴的动物应及时治疗。

(3)蚊虫活动季节做好药物预防。

二、腹腔丝虫病

草食动物丝虫病又称腹腔丝虫病,是由丝虫目腹腔丝虫科丝状属的线虫寄生于牛、羊等反刍动物的腹腔所引起的一种寄生虫病。

(一)病原

丝状线虫呈乳白色。雄虫 1 对交合刺不等长,不同形。雌虫尾部常呈螺旋状卷曲,尾尖上常有小结或小刺,阴门在食道部。雌虫产出的微丝蚴带鞘,在宿主的血液中。胎生。

1. 马丝状线虫　虫体呈乳白色,线状。口孔周围有角质环围绕,口环的边缘上有 2 个半圆形的侧唇、2 个乳突状的背唇和 2 个腹唇。雄虫长 40～80 mm,有 2 根不等长的交合刺。雌虫长 70～150 mm,尾端呈圆锥状,阴门开口于食道前端。产出的微丝蚴长 19～25 μm。常寄生于马属动物的腹腔,有时可在胸腔、阴囊等处发现虫体。

2. 鹿丝状线虫　又称唇乳突丝状线虫。口孔呈长圆形,角质环的两侧向上突出成新月状,背、腹面突起的顶部中央有一凹陷,略似墙垛口。雄虫长 40～60 mm,有 2 根不等长的交合刺。雌虫长 60～120 mm,尾端为一球形的纽扣状膨大,表面有小刺。微丝蚴长 24～26 μm。成虫寄生于牛、羚羊和鹿的腹腔。

3. 指形丝状线虫　形态和鹿丝状线虫相似,较鹿丝状线虫大,口孔呈圆形,口环的侧突起为三角形。雄虫长 40～50 mm,有 2 根不等长的交合刺。雌虫长 60～90 mm,尾末端为一小的球形膨大,其表面光滑或稍粗糙。微丝蚴长 25～40 μm。寄生于黄牛、水牛或牦牛的腹腔。

(二)生活史

中间宿主为伊蚊、按蚊、螯蝇等吸血昆虫。终末宿主为马、牛、羊、鹿等草食动物。

成虫寄生于终末宿主腹腔内,雌虫产出的微丝蚴进入血液循环,周期性地出现在外周血液中。当中间宿主吸食终末宿主的血液时,微丝蚴进入其体内,经 12～16 日发育为感染性幼虫,然后移行至中间宿主的口器内。当中间宿主再次吸食终末宿主的血液时,感染性幼虫进入终末宿主体内,8～10 个月发育为成虫。

当带有感染性幼虫的中间宿主吸食非固有宿主的血液时,例如带有指形丝状线虫感染性幼虫的中间宿主吸食马或羊的血液时,由于宿主不适,晚期幼虫常进入脑、脊髓的硬膜下或实质中,引起脑脊髓丝虫病,也有的会误入眼房,引起浑睛虫病。当幼虫在固有宿主体内迷路时,也会误入脊髓、眼房等组织引起脊髓丝虫病或浑睛虫病(图 5-27)。

(三)流行病学

1. 感染来源　患病或带虫的终末宿主,幼虫存在于血液中。

2. 易感动物　马、牛、羊、鹿等草食动物。

3. 感染途径　经伊蚊、按蚊、螯蝇等吸血昆虫传播。

4. 流行地区　草食动物丝虫病在日本、以色列、印度、斯里兰卡和美国等许多国家都相继有过报

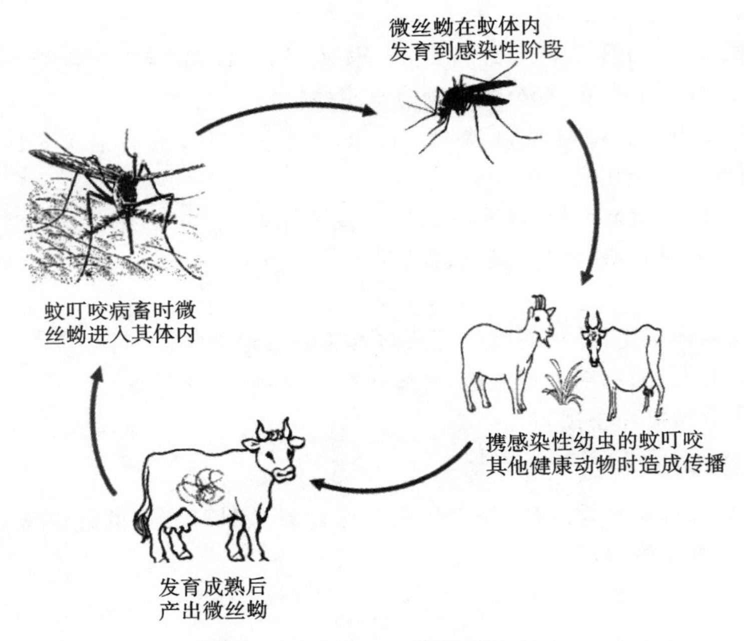

图 5-27　腹腔丝虫生活史

道。我国各地亦有病例发生，主要流行于长江流域和华东沿海地区。低湿、沼泽和稻田等地区适于蚊虫滋生的地区多发。

5. 流行季节　本病多发于夏末秋初，有明显的季节性。发病时间比蚊虫出现时间晚 1 个月左右，一般为 7—9 月份，以 8 月中旬发病率最高。

（四）临床症状和病理变化

寄生于动物腹腔的丝状线虫的成虫，对宿主的致病力不强，动物一般无明显的临床症状。感染严重的有时能引起睾丸鞘膜积液，腹膜及肝包膜的纤维素性炎症。幼虫迷路时或寄生于非固有宿主时可表现出较强的致病力。

1. 脑脊髓丝虫病　又称为“腰萎病”。前期主要表现为腰髓支配的后躯运动神经障碍，食欲、体温、脉搏、呼吸无明显变化。随着病程的发展，动物逐渐丧失使役能力，重病者多因长期卧地不起，发生压疮，继发败血症而致死。

2. 浑睛虫病　常引起角膜炎、虹膜炎和白内障。病畜畏光、流泪，角膜和眼房液轻度混浊，瞳孔放大，视力减退，眼睑肿胀，结膜和虹膜充血。病畜摇头，摩擦患眼，严重时可失明。对光观察动物的患眼时，常可见眼前房中有虫体游动，时隐时现。

（五）诊断

根据流行病学、临床症状可做出初步诊断，发现病原即可确诊。

1. 微丝蚴检查　取动物外周血液 1 滴滴于载玻片上，覆以盖玻片，在低倍镜下检查到游动的微丝蚴即可确诊。也可取 1 大滴血液作厚膜涂片，自然干燥后置水中溶血，然后用显微镜检查，此方法检出率较高。

2. 皮内试验　脑脊髓丝虫病早期诊断可用皮内试验。于患病动物皮内注射 0.1 mL 提纯抗原，30 分钟后测量其丘疹直径，15 mm 以上者为阳性，不足者为阴性。

3. 检查虫体　怀疑马浑睛虫病时，对光观察患眼，看到有虫体在眼前房游动即可确诊。

（六）防治

1. 药物治疗

（1）阿维菌素：牛、羊 0.2 mg/kg 体重，一次皮下注射。

（2）左旋咪唑：牛、羊 6～10 mg/kg 体重，内服，或皮下、肌内注射。

(3)丙硫咪唑：马、猪 5～30 mg/kg 体重，牛、羊 10～15 mg/kg 体重，拌料内服。

(4)噻苯达唑：家畜 50～100 mg/kg 体重，犬 50～60 mg/kg 体重，拌料内服。

(5)乙胺嗪：马、牛、羊、猪 20 mg/kg 体重，犬、猫 50 mg/kg 体重(预防犬恶丝虫病 6.6 mg/kg 体重)内服。

2. 预防

(1)搞好环境及畜体卫生，扑灭周围蚊、蝇是预防本病的重要措施。

(2)对流行地区的动物定期进行血检，有微丝蚴的动物应及时隔离治疗。

(3)在蚊、蝇活动季节做好药物预防，每月 1 次。

三、副丝虫病

副丝虫病又称血汗症或皮下丝虫病，是由丝虫目丝虫科副丝虫属的线虫寄生于马属动物或牛的皮下和肌间结缔组织所引起的一种寄生虫病。

(一)病原

1. 多乳突副丝虫 为丝状白色线虫，虫体表面布满横纹，前端部环纹有隔断，越向前方，隔断越密越宽，致使环纹似小点构成的“虚线”，最前方的小点成为乳突状隆起，故称多乳突副丝虫。雄虫长 30 mm，尾部短，尾端钝圆，泄殖孔前后均有一些乳突，交合刺 2 根，不等长。雌虫长 40～60 mm，尾端钝圆，肛门靠近末端，阴门开口于接近前端的部位。卵胎生。寄生于马属动物的皮下组织和肌间结缔组织中。

2. 牛副丝虫 与多乳突副丝虫大小形态相似，但虫体前部体表的横纹转化为角质脊，只在最后形成两列小的圆形结节。雄虫长 20～30 mm，交合刺 2 根，不等长。雌虫长 40～50 mm，肛门靠近末端，阴门开口于距头端 0.07 mm 处。寄生于牛的皮下组织和肌间结缔组织中。

(二)生活史

虫体寄生于终末宿主皮下和肌肉结缔组织内。当它们性成熟时，穿过真皮和表皮，形成小的水肿性、出血性肿胀，雌虫于肿胀部位产卵，损伤毛细血管引起持续性出血。虫卵随血液流到家畜体表，孵化为微丝蚴。当中间宿主叮咬病畜时感染，并在其体内发育为感染性幼虫。当中间宿主叮咬其他健康动物时，感染性幼虫随之注入其体内发育为成虫。

(三)流行病学

1. 感染来源 患病或带虫的终末宿主，幼虫存在于血液中。

2. 易感动物 马属动物和牛。

3. 感染途径 经吸血昆虫传播。

4. 流行地区 本病分布广泛，世界各地均有报道。在我国主要见于东北、内蒙古以及云南、青藏高原及新疆等地区。

5. 流行季节 本病有明显的季节性。发病时间一般从 4 月份开始感染，7、8 月份达到高潮，以后逐渐减少，冬季消失，翌年重新发病。

(四)临床症状和病理变化

本病常在动物的鬐甲部、背部、肋部，有时在颈部和腰部形成半圆形结节。结节常突然出现，周围肿胀，被毛竖起，然后迅速破裂出血，血液似汗滴流出，故称“血汗症”。然后虫体转移到附近其他部位，数日后再形成上述病变，每间隔 3～4 周出现 1 次，直到天气变冷时为止。至次年天气转暖后，此现象可再度发生，一般可持续 3～4 年。少数情况下虫体死亡，结节化脓，会进一步发展为皮下脓肿或皮肤坏死。

（五）诊断

根据流行病学、临床症状可做出初步诊断，采取患部血液或压迫皮肤结节，取内容物镜检，发现虫卵或幼虫即可确诊。

（六）防治

1. 药物治疗

(1)丙硫咪唑：马 5～30 mg/kg 体重，牛、羊 10～15 mg/kg 体重，内服。

(2)噻苯达唑：家畜 50～100 mg/kg 体重，犬 50～60 mg/kg 体重，内服。

(3)乙胺嗪：马、牛、羊、猪 20 mg/kg 体重，内服。

2. 预防

(1)搞好环境及畜体卫生，保持畜舍及动物体清洁，扑灭周围吸血昆虫是预防本病的重要措施。

(2)对流行地区的动物定期进行检查，发现病畜及时治疗。

(3)在昆虫活跃季节做好药物预防，尽量选择地势高、干燥的牧地放牧。

四、猪浆膜丝虫病

（一）病原

虫体丝状，乳白色，头端稍微膨大，无唇，口孔周围有 4 个小乳突。雄虫长 12～27 mm，尾部呈指状，向腹面卷曲，有 1 对不等长的交合刺。雌虫长 51～60 mm，阴门位于食道腺体部分，不隆起，尾端两侧各有一个乳突。微丝蚴两端钝，有鞘，胎生。

（二）生活史

成虫寄生于猪的心脏、肝、胆囊、子宫和膈肌等处的浆膜淋巴管内。雌虫产出的微丝蚴进入血液后，被中间宿主库蚊吸血时食入。微丝蚴在中间宿主库蚊体内很快发育为感染性幼虫。当这种库蚊再次吸食其他终末宿主的血液时，感染性幼虫进入其体内，进一步发育为成虫。

（三）流行病学

1. 感染来源　患病或带虫的终末宿主，幼虫存在于血液中。

2. 易感动物　猪。

3. 感染途径　经吸血昆虫传播。

4. 流行地区　本病分布广泛，在我国江西、山东、安徽、北京、河南、湖北、四川、福建、江苏等地均有发现。

5. 流行季节　本病有明显的季节性，多发生于夏末秋初蚊虫活动频繁的季节。

（四）临床症状和病理变化

1. 临床症状　通常猪对浆膜丝虫有一定的抵抗力，轻度或中度感染时临床症状不明显。严重感染时，猪群表现为食欲下降，生长缓慢，腹式呼吸，肌肉震颤等。

2. 病理变化　寄生于心外膜层淋巴管内的虫体，可致使猪心脏表面呈现病变。在心纵沟附近或其他部位的心外膜表面形成绿豆大的灰白色小泡状乳斑，或形成长短不一、质地坚实的迂曲的条索状物。陈旧病灶外观为灰白色针头大钙化的小结节，呈砂粒状。一般每个猪心脏上有 1～20 处病灶，散布于整个心外膜表面。

（五）诊断

根据流行病学、临床症状可做出初步诊断，血液检查发现微丝蚴或尸体剖检发现虫体即可确诊。

（六）防治

参照犬恶丝虫病。

子任务八 钩虫病的防治

2020 年 9 月陕西省陈先生饲养的羊出现精神沉郁，食欲逐渐减少，腹泻，粪便带血，消瘦，黏膜苍白，四肢无力。个别羊乱吃东西或卧地不起，用青霉素等抗生素治疗不见好转，4～5 日部分羊衰竭死亡。剖检死亡羊，发现结膜苍白，尸体水肿，小肠内有大量淡红色和乳白色虫体。确诊这些羊得了钩虫病。

问题：案例中的羊在什么情况下容易得钩虫病？应如何防治？

钩虫病是由圆线目钩口科的多种线虫寄生于动物的小肠，尤其是十二指肠中，引起的以贫血、胃肠功能紊乱及营养不良为特征的一种寄生虫病。

一、病原

（一）犬钩口线虫

犬钩口线虫为钩口属的小型线虫。虫体粗壮，呈淡红色，头端向背面弯曲，口囊发达，腹侧口缘上有 3 对排列对称的大齿，口囊深部有 2 对背齿和 1 对侧腹齿。雄虫长 10～13 mm，有交合伞，两根交合刺等长。雌虫长 14～18 mm，尾端尖细，阴门开口于虫体后 1/3 前部。寄生于犬、猫、狐狸的小肠，偶尔寄生于人（图 5-28）。

虫卵呈椭圆形，浅褐色，随粪便排出的卵，内含 8 个卵细胞。虫卵大小为 56～75 μm×34～47 μm（图 5-29）。

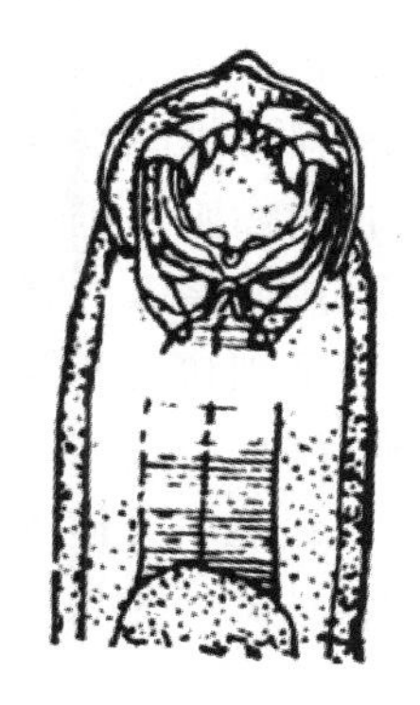

图 5-28 犬钩口线虫头部

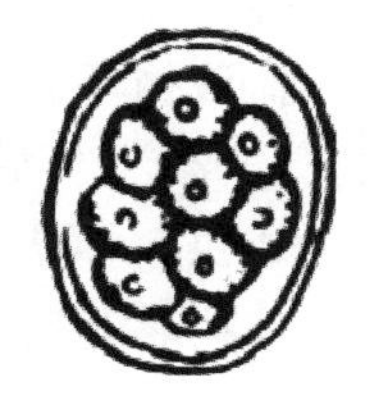

图 5-29 犬钩口线虫虫卵

（二）巴西钩口线虫

巴西钩口线虫为钩口属。虫体头端腹侧口缘上有 1 对大齿和 1 对小齿。雄虫长 5～7.5 mm，雌虫长 6.5～10 mm，虫卵大小为 80 μm×40 μm。寄生于犬、猫和狐狸的小肠。

（三）十二指肠钩口线虫

十二指肠钩口线虫为钩口属。寄生于人、猩猩、猪、虎等的小肠。

（四）管形钩口线虫

管形钩口线虫为钩口属。寄生于猫的小肠。

（五）狭首弯口线虫

狭首弯口线虫为弯口属。虫体呈淡黄色，两端稍细，头端向背面弯曲，口囊发达，呈漏斗状，其腹面前缘两侧各有一片半月状切板，底部有 1 对亚腹侧齿，无背椎，雄虫长 6～11 mm，雌虫长 7～12 mm。虫卵形状与犬钩口线虫卵相似，大小为 65～80 μm×40～50 μm。寄生于犬科肉食动物，猫少见。

（六）美洲板口线虫

虫体头端弯向背侧，口孔腹缘上有1对半月形切板。口囊呈亚球形，底部有2个三角形亚腹侧齿和2个亚背侧齿。雄虫长5～9 mm，雌虫长9～11 mm。寄生于犬、人、犀牛、骆驼、马等宿主的十二指肠。

（七）羊仰口线虫

虫体乳白色或淡红色。口囊底部的背侧有一大背齿，底部腹侧有1对小的亚腹侧齿。雄虫长12.5～17 mm，交合伞发达，外背肋不对称，交合刺等长，较短，扭曲。雌虫长15.5～21 mm，尾端钝圆，阴门位于体后部。虫卵79～97 μm×47～50 μm，两端钝圆，两侧平直，胚细胞大而数少，内含暗色颗粒。寄生于羊的小肠。

（八）牛仰口线虫

形态与羊仰口线虫相似，但口囊底部腹侧有2对亚腹侧齿。雄虫长10～18 mm，交合刺长，为羊仰口线虫的5～6倍。雌虫长24～28 mm，阴门位于虫体中部稍靠前。虫卵106 μm×46 μm，两端钝圆，胚细胞呈暗黑色。寄生于牛的小肠。

（九）球首属线虫

口孔呈亚背位，口囊球形或漏斗状，腹缘既无齿也无切板，背沟显著。雄虫长4～7 mm，交合伞腹肋在尖端有裂痕，外背肋从背肋主干发出，交合刺2根，等长，纤细，有引器。雌虫长5～8 mm，阴门位于虫体中部略后。

二、生活史

钩虫成虫寄生于动物小肠，成熟后开始产卵，卵随粪便排到体外，在适宜的外部环境条件下，先孵出第1期幼虫（杆状蚴），再经两次蜕皮形成第3期幼虫即感染性幼虫（带鞘丝状蚴）。感染性幼虫可经口或经皮肤侵入到犬、猫、牛、羊等宿主体内，也可经胎盘感染宿主。经口感染时，一些幼虫可耐过胃酸进入宿主肠道，脱去囊鞘，直接发育为成虫。其他幼虫多会先钻入食道黏膜再进入血液循环，然后经心脏、肺脏，随痰进入口腔，再被咽入胃中，到达小肠发育为成虫。经皮肤侵入时，幼虫会先钻入外周血管再进入血液循环。随血液进入心脏，经血液循环到达肺中，穿破毛细血管和肺组织，移行到肺泡和细支气管，再经支气管、气管，随痰液到达咽部，最后随痰被咽到胃中，经胃进入小肠，固着于小肠壁上发育为成虫。怀孕的动物，幼虫在体内移行过程中，可通过胎盘到达胎儿体内，使胎儿造成感染。幼虫在母体内移行时可进入乳汁，幼龄动物吸吮乳汁便可造成感染（图5-30）。

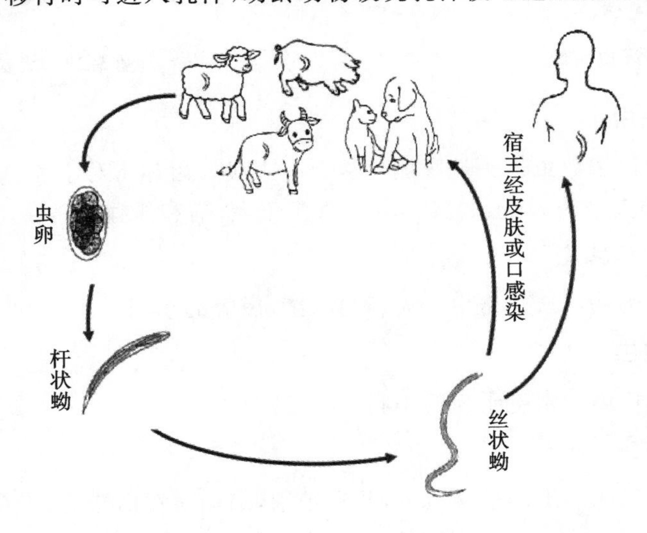

图5-30　钩虫的生活史

三、流行病学

（一）感染来源

患病或带虫的动物，虫卵存在于粪便中。

（二）易感动物

犬、猫、猪、牛、羊、人和灵长类等。

（三）感染途径

主要经皮肤感染，也可经口感染，少数虫种可经胎盘或乳汁感染。

（四）流行地区

钩虫病是世界上分布极为广泛的寄生虫病之一，在亚洲、欧洲、美洲、非洲等均有流行，尤其是在热带和亚热带地区，感染较为普遍。由于各地气候条件不一样，一般在流行区常以一种钩虫流行为主，但亦有混合感染的现象。我国土地辽阔，大部分地区处于亚热带与温带，所以钩虫病在我国分布也比较广泛。在华东、中南、西北和华北等温暖地区广泛流行，但主要流行于气候温暖的长江流域及华南地区，其中以四川、广东、广西、福建、江苏、江西、浙江、湖南、安徽、云南、海南及台湾等地较为严重。

（五）发育条件

钩虫繁殖力较强，一条雌虫每日可产卵 16000 个。虫卵在外界环境中的发育及幼虫的孵出受温度和湿度的影响较大，最适宜的温度为 25～30 ℃，湿度为 60%～80%，温度低于 10 ℃时停止发育，超过 45 ℃时，数小时即可死亡。虫卵在温暖、潮湿、氧气充足、不受阳光直射的环境中，24～48 小时即可孵出第一期幼虫（杆状蚴），经 1 周左右可发育为感染性幼虫（第 3 期幼虫）。感染性幼虫多生活于离地面约 6 cm 深的土层中，在土壤中存活的时间与温度有关。在最适宜条件下可存活 15 周左右，在 45 ℃时，幼虫能存活 50 分钟，在－15～－10 ℃时，存活时间不超过 4 小时。干燥和阳光直射不利于幼虫的生存，阴暗潮湿，空气流通不畅，阳光不能射入以及卫生条件差等不良因素有利于本病的流行。

四、临床症状和病理变化

感染性幼虫侵入皮肤时，可破坏皮下血管导致出血，从而引起钩蚴性皮炎。病犬表现为皮肤红肿、瘙痒，抓破后可继发感染性皮炎，常发生在趾间、腹下和四肢，表现为瘙痒、脱毛、肿胀和角质化等。

幼虫移行阶段，可破坏肺微血管和肺泡壁，寄生数量少时，一般不表现临床症状。严重感染时，大量幼虫在肺部移行，可引起局部出血及炎性病变。

成虫寄生阶段，钩虫以口囊吸附在宿主的肠黏膜上，利用齿或切板刺破黏膜而大量吸血，造成黏膜出血、溃疡。除此之外，虫体还能分泌抗凝素来延长凝血时间，而且喜欢不断更换吸血部位，这样当新的伤口出现后，原伤口仍继续流血，从而造成动物大量失血。据统计，每个虫体每日平均可使宿主失血 0.8 mL。因此由于慢性失血，宿主体内的铁质和蛋白质会不断损耗，使宿主出现缺铁性贫血。轻度感染时，由于感染虫体量少，一般只出现轻度贫血、营养不良和胃肠功能紊乱的症状。此种情况多发生于自身免疫功能较强的成年动物。中度或重度感染时，病畜出现食欲减退或不食、被毛粗糙易脱落、倦怠、异嗜、呕吐、下痢，并伴有血性或黏液性腹泻，粪便带血或呈黑色、咖啡色或柏油色，并带有腐臭气味。哺乳期幼崽一般病情较严重，常表现为精神沉郁，严重贫血，可因极度衰竭或继发感染其他疾病而死亡。剖检后可见全身黏膜苍白，血液稀薄，小肠黏膜肿胀、出血，肠内容物中常混有血液和大量虫体。

五、诊断

根据流行病学资料、临床症状可以做出初步诊断，病原学检查发现虫卵、幼虫或小肠内的虫体即

可确诊。

六、防治

（一）治疗

应用抗蠕虫药，配合输血、补液等对症治疗，效果较好。

(1)伊维菌素：牛、羊 0.2 mg/kg 体重，猪 0.3 mg/kg 体重，犬 50～200 μg，每周 1 次，连用 1～4 周，用于驱虫。

(2)丙硫咪唑：犬、猫 25～50 mg/kg 体重，马、猪 5～30 mg/kg 体重，牛、羊 10～15 mg/kg 体重，禽 10～20 mg/kg 体重，每日 1 次内服，连用 3 日。

(3)左旋咪唑：牛、羊、猪 6～10 mg/kg 体重，犬、猫 7～12 mg/kg 体重，禽 25 mg/kg 体重，1 次内服。

（二）预防

(1)注意清洁卫生，保持圈舍干燥。定期对笼舍、用具以及动物经常活动的地方进行消毒，尽量用干燥或加热方法杀死幼虫及虫卵。

(2)定期对动物进行预防性驱虫。

(3)饲喂的食物要清洁卫生，不让动物吃生食。

(4)控制转运宿主，注意灭鼠。实验表明，鼠类经口或皮肤感染钩虫后，钩虫可经血流进入鼠的头部，并存活达 18 个月之久。犬、猫可因捕食鼠类而感染本病。

(5)及时治疗病畜和带虫动物，成年动物与幼龄动物要分开饲养。

扫码学课件

5-2-9

子任务九　血矛线虫病的防治

2021 年 5 月，河南王老汉饲养的 40 多只羊被毛粗乱，日渐消瘦，黏膜苍白。部分羊只下颌及腹下水肿，时常腹泻，甚至粪中带血或黏液。用恩诺沙星等抗生素治疗不见疗效，几日后部分羊只衰竭死亡。剖检死亡羊只，发现黏膜苍白，真胃和小肠有大量毛发状虫体。

问题：案例中的羊只得了何种寄生虫病？应如何防治？

血矛线虫病是圆线目毛圆科血矛属的血矛线虫(图 5-31、图 5-32)寄生于牛、羊和其他反刍动物的胃和小肠所引起的一种寄生虫病，是危害草食动物（尤其是羊）较严重的一种线虫病。

一、病原

（一）捻转血矛线虫

虫体淡红色，毛发状，表皮上有横纹和纵嵴。颈乳突显著，呈锥形，伸向后侧方。头端尖细，口囊小，内有一矛状角质齿。雄虫长 15～22 mm，交合伞发达，背肋呈“Y”字样。交合刺较短而粗，末端有小钩，有引器。雌虫长 26～32 mm，生殖器呈白色，内含灰白色未成熟虫卵，白色的生殖道与红色含血消化道相互捻转呈红白线条相间的“麻花状”，故称捻转血矛线虫，亦称捻转胃虫。阴门位于虫体后半部，有一个显著的瓣状或舌状阴门盖。寄生于牛、羊、骆驼等反刍动物的真胃，偶见小肠。

虫卵卵壳薄，光滑，稍带黄色，大小为 75～95 μm×40～50 μm，新鲜虫卵含 16～32 个胚细胞(图 5-33)。

（二）似血矛线虫

雄虫长 8～12.5 mm，雌虫长 12～17 mm，寄生于牛等反刍动物的真胃。

（三）普氏血矛线虫

寄生于牛等反刍动物的真胃。

图 5-31　血矛线虫成虫

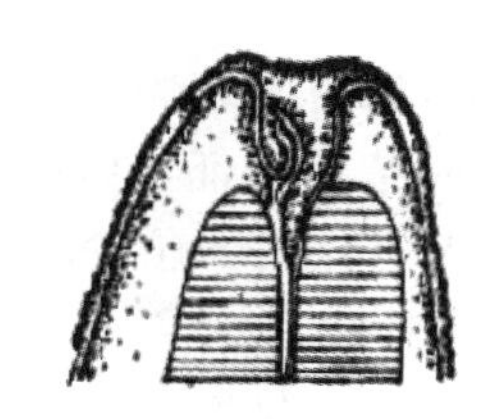

图 5-32　血矛线虫头端

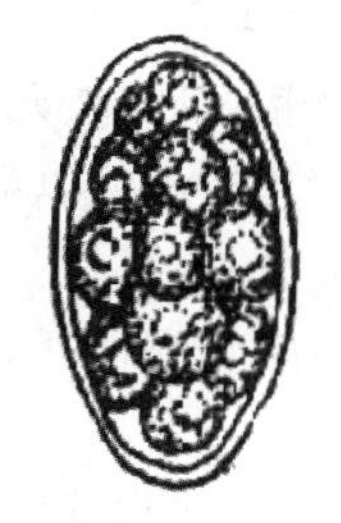

图 5-33　捻转血矛线虫虫卵

二、生活史

血矛线虫成虫寄生于反刍动物的真胃或小肠，虫卵随粪便排到外界，在外界适宜的条件下，约经1周发育为披鞘的第3期幼虫即感染性幼虫。感染性幼虫有向光性反应，在温度、湿度和光照适宜时，幼虫就会从羊粪或土壤中移行到牧草的茎叶上，动物吃草时经口感染。幼虫在真胃或小肠黏膜内进行蜕皮，逐渐发育为成虫（图 5-34）。

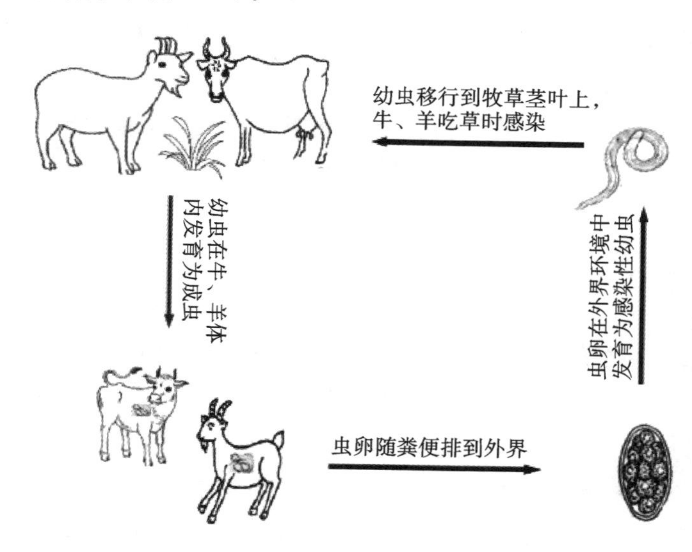

图 5-34　血矛线虫生活史

三、流行病学

（一）感染来源

患病或带虫的终末宿主，虫卵存在于粪便中。

（二）易感动物

牛、羊等反刍动物。

（三）感染途径

经口感染。

（四）流行地区

本病分布广泛，遍及全国各地，尤其西北牧区存在着明显的“春季高潮”。

（五）生存能力

血矛线虫繁殖力强，产卵多，第3期幼虫对外界不良因素的抵抗力较强。在干燥环境中可存活

一年半，在潮湿的土壤中可存活 3～4 个月。耐低温，可在牧地上越冬。

四、临床症状和病理变化

（一）临床症状

急性型病例多以突然死亡为特征，多发生在春季，与春季高潮和春乏有关。病死动物眼结膜苍白、高度贫血。其他病例以显著的贫血为特征，病畜眼结膜苍白，下颌及腹下水肿，腹泻或顽固性下痢，有时便中带血，有时便秘与腹泻交替。同时精神沉郁，食欲不振，被毛粗乱，放牧时易落群，甚至卧地不起，最终因衰竭而死亡。轻度感染时，无明显临床症状，多呈带虫现象，但污染牧地，成为感染来源。

羊对捻转血矛线虫病有一个重要的特点是自愈现象，这是初次感染产生的抗体和再感染时的抗原物质相结合而引起的一种过敏反应。羊只表现为真胃黏膜水肿，这种水肿造成对虫体不利的生活环境，导致原有的虫体被排出和不再发生感染。这种自愈反应没有特异性，既可以引起真胃线虫的自愈，也可以引起肠道其他线虫的自愈。

（二）病理变化

虫体吸血时或幼虫在胃肠黏膜内寄生时，经过的器官会出现淤血性出血和小出血点，使胃肠组织的完整性受到损害，引发局部炎症。寄生虫的毒素作用也可干扰宿主的造血功能，使贫血更加严重。剖检尸体可见尸体消瘦、贫血、水肿，胃、小肠黏膜发炎有出血点，带有大量虫体。

五、诊断

根据本病的流行病学、临床症状可作出初步诊断，实验室检查或剖检发现病原即可确诊。

六、防治

（一）治疗

应用抗蠕虫药，配合输血、补液等对症治疗法，效果较好。

(1)伊维菌素：牛、羊 0.2 mg/kg 体重，每周 1 次，连用 1～4 周，用于驱虫。

(2)丙硫咪唑：马、猪 5～30 mg/kg 体重，牛、羊 10～15 mg/kg 体重，每日 1 次内服，连用 3 日。

(3)左旋咪唑：牛、羊、猪 6～10 mg/kg 体重，1 次内服。

（二）预防

1. 计划性驱虫 对全群动物计划性驱虫，传统的方法是在春、秋各进行一次。但针对北方牧区的冬季幼虫高潮，在每年的春节前后驱虫一次，可以有效地防止春季高潮（成虫高潮）的到来，避免春乏的动物大批死亡，减少经济损失。

2. 防治结合 在流行区的流行季节，应经常检测动物的带虫情况，防治结合，减少感染来源。

3. 加强饲养管理 搞好环境卫生，及时清除粪便并无害化处理。提高营养水平，尤其在冬春季节应合理地补充精料和矿物质，提高畜体自身的抵抗力。注意饲料、饮水的清洁卫生，放牧动物应尽可能避开潮湿地带，避开幼虫活跃的时间。有条件的地方，可以实行划地轮牧或不同种畜间进行轮牧等，以减少动物感染机会。

扫码学课件

5-2-10

子任务十 吸吮线虫病的防治

案例引导

黄先生家的柯基犬“牛牛”最近老蹭眼部，还用爪子抓挠。去动物医院检查后，医生在其眼部挑出了两条白色丝状虫体，确诊该犬感染了吸吮线虫。

问题：案例中的柯基犬是怎样感染吸吮线虫的？应如何防治？

吸吮线虫病又称眼线虫病，是由旋尾目吸吮科吸吮属的线虫寄生于动物的眼部瞬膜下所引起的

疾病。常造成动物的结膜炎和角膜炎，导致视力下降，甚至造成角膜糜烂、溃疡和穿孔。

一、病原

（一）丽嫩吸吮线虫

丽嫩吸吮线虫又称结膜吸吮线虫。虫体在宿主结膜囊内时半透明，离开动物体后呈乳白色。虫体细长，体表有显著的微细横纹，横纹边缘锐利呈锯齿状（图 5-35）。头钝圆，口囊小，无唇，口缘有内外两圈乳突。雄虫长 7～11.5 mm，尾端卷曲，有两根不等长的交合刺。肛门接近尾端，并有左、右并列的乳突。雌虫长 7～17 mm，生殖器呈双管型，阴门位于虫体前方食道部，开口于食道中线水平的略后位置。虫卵呈椭圆形，卵壳薄、透明，大小为 54～60 μm×34～37 μm，排出时已含幼虫。孵化后，幼虫带鞘，被囊末端呈特异的降落伞状。寄生于犬瞬膜下，亦寄生于羊、兔和人。

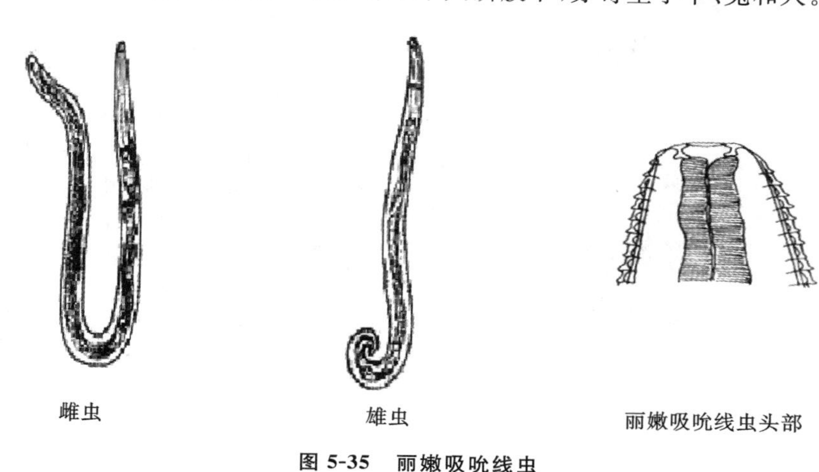

图 5-35 丽嫩吸吮线虫

（二）罗氏吸吮线虫

虫体呈乳白色，表皮上有明显的横纹。头端细小，有一小长方形的口囊。食道短，呈圆柱状。雄虫长 9.3～13.0 mm，尾部弯曲，泄殖腔开口处不向外突出。交合刺两根，不等长。雌虫长 14.5～17.7 mm，尾端钝圆，尾尖侧面上有一个小突起。阴门开口于虫体前部，开口处的角皮上无横纹，并略凹陷。胎生。寄生于牛的结膜囊、第三眼睑和泪管处。

（三）大口吸吮线虫

虫体上有不明显的横纹，口囊呈碗状。雄虫长 6～9 mm，交合刺两根，不等长，有 18 对尾乳突，其中 4 对位于泄殖孔后。雌虫长 11～14 mm，阴门开口于食道末端处，开口处的体表平坦。寄生于牛的眼部。

（四）斯氏吸吮线虫

虫体体表无横纹。雄虫长 5.9 mm，交合刺 2 根，较短，近于等长。雌虫长 11～19 mm。寄生于牛的眼部。

（五）泪吸吮线虫

虫体呈乳白色，角皮上无横纹。虫体长 8.7～14.4 mm，头端细小，有一小而略呈长方形的口囊，食道短，呈圆柱形。雄虫尾部卷曲，左右两交合刺的形状相似。雌虫尾端腹面有 1 对突起。多寄生于马泪管里，很少发现它在结膜囊中。

二、生活史

吸吮线虫的生活史为间接发育史，中间宿主为多种蝇类，终末宿主为犬、猫、牛、狐、人等。

成虫主要寄生于终末宿主的瞬膜下，雌虫直接在结膜囊和瞬膜下产卵。卵迅速孵出第 1 期幼虫，通过降落伞状的被囊，浮游于眼分泌物和泪液中。当蝇栖身于终末宿主的眼睑上，舐食终末宿主的分泌物时顺带食入幼虫。经 10～14 日幼虫在蝇的卵滤泡内，发育为第 3 期幼虫即感染性幼虫。

然后进入蝇的体腔,并进一步移行到蝇的口器内。当带有感染性幼虫的蝇再次舐食其他健康动物的眼分泌物时,幼虫顺势进入终末宿主的眼内瞬膜下进行寄生。经 2 次蜕皮发育为成虫。一般从终末宿主感染到体内出现成虫约需 5 周,成虫寿命一般 1～2 年,最长可达两年半(图 5-36)。

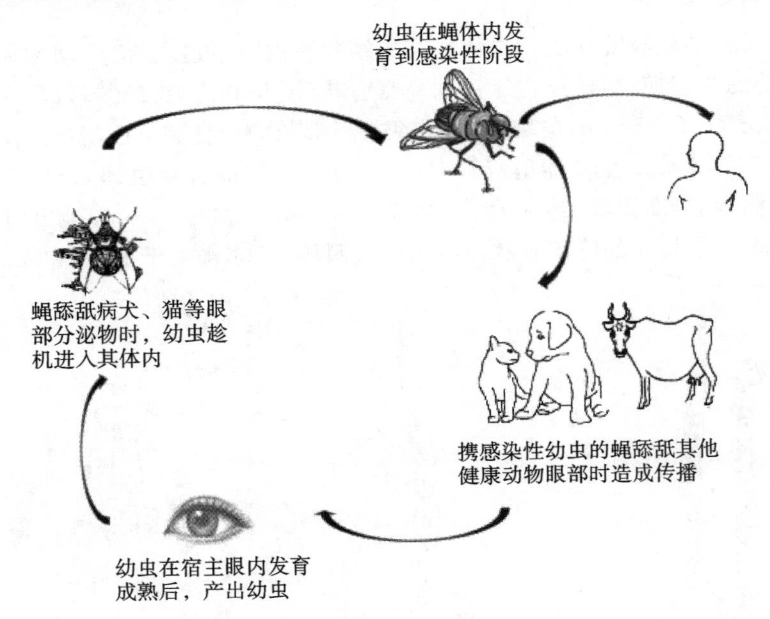

图 5-36　吸吮线虫生活史

三、流行病学

(一)感染来源

患病或带虫的终末宿主。

(二)易感动物

犬、猫、牛、人等。

(三)感染途径

经节肢动物传播。

(四)流行地区

吸吮线虫分布广泛,其中丽嫩吸吮线虫多发生于亚洲地区,故该病又称为东方眼虫病。我国 26 个省区市均有报道,其中以山东、湖北、江苏、河南、安徽、云南及河北报道的病例较多。

(五)流行季节

本病的流行季节与蝇类出没的季节相吻合。南方温暖地区一年四季均有流行,北方地区以夏秋季为主,多发生于蝇类较多的地区,各种年龄阶段的动物均可感染发病。

四、临床症状和病理变化

成虫主要在瞬膜囊、结膜囊和泪管等部位寄生,偶尔可见虫体在眼前房液中活动。虫体多侵犯一侧眼,少数病例双眼感染。

本病症状与虫体寄生部位及数量相关,虫体少量寄生时常无明显症状。寄生数量多时,由于虫体机械性刺激泪管、结膜和角膜,常造成机械性眼球损伤、发炎。动物呈急性结膜炎、角膜炎的症状,眼部明显不适、奇痒,异物感严重,结膜充血肿胀、眼球湿润、分泌物增多,畏光、流泪。患病动物坐立不安,常用前肢抓挠眼部,或在障碍物上摩擦患眼。以后逐渐转为慢性结膜炎,可见眼部有黏稠脓性分泌物,结膜有米粒大的滤泡肿,特别密集地发生在瞬膜下,摩擦易出血。严重病例常引起眼睑炎和角膜混浊,极个别病例还发生角膜糜烂、溃疡或穿孔,出现水晶体损伤及睫状体炎,甚至失明。

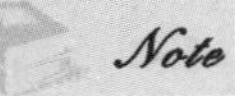
Note

五、诊断

根据临床症状，在眼内检查发现虫体即可确诊。检查时可采取盐酸左旋咪唑注射液点眼，用手轻揉10～20秒，翻开上下眼睑检查是否有半透明乳白色蛇形活泼运动的虫体。

六、防治

（一）治疗

保定病畜，用2%普鲁卡因点眼，按摩眼睑5～10秒，待虫体麻痹不动时，用眼科镊子摘除可见虫体，再用3%硼酸溶液洗眼，然后滴入含抗螨虫药的滴眼液(如0.5%盐酸左旋咪唑)。滴眼液连用2～3日，同时应用抗生素滴眼液预防继发感染。

（二）预防

(1)在流行季节大力灭蝇，搞好环境和圈舍卫生，减少蝇类滋生，防止蝇类滋扰动物。

(2)根据地区流行病学特点，每年在蝇类大量出现之前，对全群动物进行预防性驱虫，以减少病原的传播。

(3)一旦发现患病动物，要及时采取治疗措施。同时要提高警惕，注意个体卫生，特别要注意眼部清洁。

子任务十一　肺线虫病的防治

扫码学课件
5-2-11

2019年5月，河南省中牟县某养殖场饲养的几头牛精神沉郁，腹泻，食欲减退，逐渐消瘦，不时咳嗽，运动后尤为明显，听诊后发现肺部有啰音，用氟苯尼考等抗生素治疗后不见好转。用贝尔曼氏法检查粪便发现有头端呈半圆形突起的幼虫。

问题：案例中的牛得了何种寄生虫病？应如何防治？

一、网尾线虫病

网尾线虫病是由网尾科网尾属的线虫寄生于牛、羊等反刍动物的支气管和细支气管所引起的寄生虫病，是肺线虫病的重要类型。

（一）病原

1. 胎生网尾线虫　虫体呈丝状，黄白色。雄虫长40～50 mm，交合伞的中侧肋与后侧肋完全融合。两根交合刺呈黄褐色，为多孔性结构，引器椭圆形，为多泡性结构。雌虫长60～80 mm，阴门位于虫体中央部，其表面略突起呈唇瓣状。虫卵82～88 μm×33～38 μm，卵内含第1期幼虫。寄生于牛、绵羊、山羊、骆驼等反刍动物的支气管，有时见于气管和细支气管。

2. 丝状网尾线虫　虫体细线状，乳白色，肠管似一条黑线穿行体内。雄虫长25～80 mm，交合伞发达，后侧肋和中侧肋合二为一，末端稍分开，两个背肋末端有3个小分支。交合刺靴形，黄褐色，为多孔结构。雌虫长40～112 mm，阴门位于虫体中部附近。虫卵呈椭圆形，灰白色，大小为120～130 μm×80～90 μm，卵内含第1期幼虫。寄生于绵羊、山羊、骆驼等反刍动物的支气管，有时见于气管和细支气管。

3. 骆驼网尾线虫　雄虫长32～55 mm，交合伞中、后两侧肋完全融合，仅末端稍膨大，外背肋短，有1对粗大的背肋，末端有呈梯级的3个分支。交合刺的构造与胎生网尾线虫的相似。雌虫长46～68 mm。虫卵49～99 μm×32～49 μm，寄生于单峰驼、双峰驼的气管和支气管。

4. 安氏网尾线虫　雄虫长24～40 mm，交合伞的中、后侧肋在开始时为一总干，后半段分开，交合刺2根，棕褐色，略弯曲，呈网状结构，引器不明显。雌虫长55～70 mm。虫卵80～100 μm×50～60 μm。寄生于马属动物的支气管。

（二）生活史

网尾线虫的生活史为直接发育史。成虫寄生于宿主的支气管内，雌虫产出的虫卵随咳嗽进入口腔后被咽下，在消化道中孵出第 1 期幼虫，随粪便排出体外。在适宜的条件下，经 5～7 日蜕皮 2 次发育为感染性幼虫。宿主吃草或饮水时误食入感染性幼虫后感染。感染后幼虫先钻入肠壁，在肠淋巴结内蜕皮变为第 4 期幼虫，再经淋巴循环到右心，随血液循环到达肺，发育为成虫。成虫在动物体内的寿命与其营养状态和年龄有关，寿命为 2～12 个月（图 5-37）。

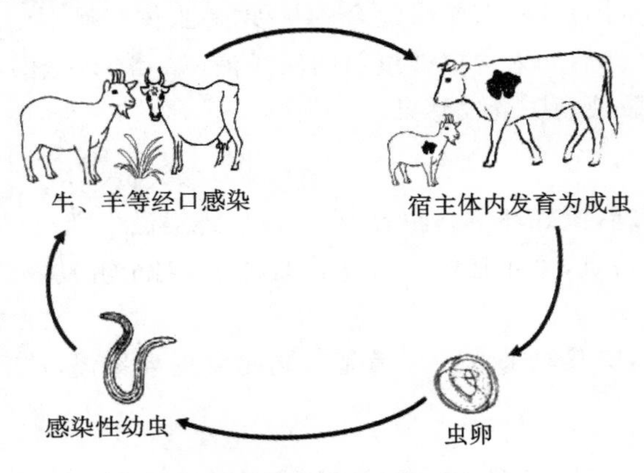

图 5-37　网尾线虫生活史

（三）流行病学

1. 感染来源　患病或带虫的宿主。

2. 易感动物　牛、羊、骆驼等反刍动物及马属动物。

3. 感染途径　经口感染。

4. 流行地区　本病多见于潮湿地区，呈地方性流行。胎生网尾线虫在西北、西南地区广泛流行，是放牧牛群，尤其是牦牛春季死亡的重要原因之一。

5. 幼虫抵抗力　幼虫耐低温，4～5 ℃就可以发育，并可以保持活力 100 日之久。被雪覆盖的粪便，其中的感染性幼虫在－40～－20 ℃仍不死亡。但幼虫对热和干燥敏感，干燥和直射阳光下可迅速死亡。

（四）临床症状和病理变化

1. 临床症状　本病主要危害幼龄动物，成年动物一般症状较轻。感染初期，幼虫移行可引起肠黏膜和肺组织损伤，继发细菌感染时常引起广泛性肺炎。成虫寄生时常引起细支气管和支气管炎症，严重时使其阻塞。动物表现为明显的咳嗽症状，由干咳转为湿咳，常具有群发性，特别是动物被驱赶或夜间休息时症状最明显。动物咳出的黏液团块，镜检可发现虫卵或幼虫。鼻孔常排出黏液分泌物，在其周围形成结痂，病畜经常打喷嚏，逐渐消瘦，后期严重贫血。幼龄动物症状较严重，死亡率较高。

2. 病理变化　剖检病畜尸体时可见虫体及黏液、脓汁、分泌物等阻塞细支气管，肺有不同程度的膨胀不全、气肿。虫体寄生部位的肺表面隆起，呈灰白色，触诊有坚硬感，切开后常可发现虫体。支气管黏膜肿胀、充血、出血。

（五）诊断

根据本病的流行病学、临床症状可作出初步诊断，实验室检查或剖检发现病原即可确诊。

（六）防治

1. 治疗　应用抗蠕虫药，配合对症治疗法，效果较好。

（1）伊维菌素：牛、羊 0.2 mg/kg 体重，每周 1 次，连用 1～4 周，用于驱虫。

（2）丙硫咪唑：马、猪 5～30 mg/kg 体重，牛、羊 10～15 mg/kg 体重，每日 1 次内服，连用 3 日。

(3)左旋咪唑:牛、羊、猪 6～10 mg/kg 体重,1 次内服。

2. 预防

(1)定期驱虫:由放牧转舍饲前进行 1 次驱虫,使动物能安全越冬,2 月初再进行 1 次驱虫,以免"春乏"死亡。驱虫后 3～5 日内,对动物实行圈养,集中粪便发酵。

(2)搞好饲养管理:注意饲草、饮水与环境卫生,实行科学轮牧。成年动物与幼龄动物分群放牧。

(3)免疫预防:对羔羊接种致弱幼虫苗,可起到一定的保护作用。

二、原圆科线虫病

原圆科线虫病是由原圆科多个属的线虫寄生于牛、羊等反刍动物的肺脏所引起的一种寄生虫病。原圆科线虫常混合寄生,其中最常见的是缪勒属和原圆属的线虫。

(一)病原

1. 毛样缪勒线虫 虫体细小,呈毛发状,是分布最广的一种,寄生于羊的肺泡、细支气管、胸膜下结缔组织和肺实质中。雄虫长 11～26 mm,交合伞高度退化,具引器,尾部呈螺旋状卷曲,泄殖孔周围有许多乳突。交合刺两根,弯曲,近端部有翼膜,远端部分分为两支,呈锯齿状结构。雌虫长 18～30 mm,阴门距肛门很近。虫体后端边缘有一个小的角质隆起。虫卵呈褐色,82～104 μm×28～40 μm,产出时细胞尚未分裂。

2. 柯氏原圆线虫 虫体纤细,红褐色,雄虫长 24～30 mm,交合刺长、梳子状。雌虫长 28～40 mm。寄生于羊的细支气管和支气管内。虫卵 69～98 μm×36～54 μm。

3. 囊尾属原圆线虫 雄虫交合伞尚属发达,背肋细,末端呈长乳突状。引器分为头、体、足三部分。雌虫有前阴道。寄生于绵羊、山羊、鹿肺组织中。

4. 刺尾属原圆线虫 雄虫交合伞发达,背肋丘状,上散布有乳突。引器分为头、体、足三部分。交合刺长,与原圆属显著不同。寄生于绵羊、山羊、鹿的细支气管、支气管内。

5. 新圆属原圆线虫 雄虫交合伞尚属发达,交合刺两根,长短差异大。引器只包括体、足两部分,足较体短而粗。寄生于绵羊、山羊的肺泡、细支气管、肺实质中。

6. 鹿圆属原圆线虫 寄生于鹿的肺组织内或脑组织、肌肉组织血管中。

7. 拟马鹿圆属原圆线虫 寄生于鹿。

(二)生活史

原圆线虫属间接发育史,中间宿主为软体动物(各种螺蛳和蛞蝓)。成虫寄生于终末宿主的支气管内,雌虫产出虫卵后,孵化为第 1 期幼虫,随咳嗽上行到咽,转入肠道,随粪便排出体外。被中间宿主吞食后,在其体内发育为感染性幼虫。感染性幼虫可留在中间宿主体内,也可自行逸出,终末宿主吃草或饮水时误食入感染性幼虫后感染。感染后幼虫先钻入肠壁,发育一段时间后,随血液循环移行至肺,在肺泡、细支气管以及肺实质中发育为成虫。终末宿主从感染到体内出现成虫需 25～38 日。

(三)流行病学

1. 感染来源 患病或带虫的终末宿主。

2. 易感动物 绵羊、山羊、鹿等反刍动物。

3. 感染途径 经口感染。

4. 生存能力 第 1 期幼虫对低温、冰冻和干燥有较强抵抗力,能在粪便中越冬,而阳光暴晒容易使其死亡。第 1 期幼虫均可钻入螺体内,感染性幼虫与螺的寿命一样长,可达两年之久。

5. 感染季节 除严冬外,几乎全年都可发生感染。在潮湿阴雨天幼虫活力增大,易感染羊,4～5 月龄羊感染率较高。

(四)临床症状和病理变化

1. 临床症状 原圆科线虫单独感染时,病情表现比较缓慢,往往无明显临床症状,只是在病情加

剧、重症感染或接近死亡时，才表现出明显的呼吸困难、干咳或暴发性咳嗽等症状，叩诊肺部可发现较大的实变区。与网尾线虫并发感染时，可引起大批死亡。

2. 病理变化 线虫刺激气管或细支气管会导致局部炎症，幼虫在肺内有时会引起肺泡萎缩或实变，使其周围的肺泡和末梢支气管发生代偿性气肿和膨大。当肺泡和毛细支气管膨大到破裂时，细菌会趁机侵入，引起支气管肺炎。在肺脏边缘病灶的涂片上，可见到成虫或幼虫。

（五）诊断与防治

参照网尾线虫病。

扫码学课件
5-2-12

子任务十二 肾虫病的防治

2020年8月，陕西省某农户饲养的育肥猪有几头精神沉郁，食欲减退，后肢僵硬，走路左右摇摆，尿液中有白色絮状物，皮肤上有红色小结节。

问题：案例中的育肥猪得了何种寄生虫病？应如何防治？

一、犬肾虫病

肾膨结线虫病又称肾虫病，是由膨结目膨结科膨结属的肾膨结线虫寄生于犬、猪、狐狸、水貂、狼等20多种动物（偶尔可以感染人）引起的寄生虫病。

（一）病原

肾膨结线虫为大型线虫，俗称巨肾虫。虫体新鲜时呈红白色，固定后为浅灰褐色，圆柱状，两端略细，表皮有横纹，沿每条侧线有乳头排列。口简单，无唇，口孔位于顶端，周围有2圈乳突，前环乳头较细，后环位于结节膨大处。雄虫长14～45 cm，尾端有一钟形的交合伞，其边缘及内壁有许多细小乳突，交合刺一根，呈刚毛状。雌虫长20～100 cm，虫体粗壮。生殖器官为单管型，阴门开口于食道后端处，略突出于体表。肛门位于后侧，呈半月形，在其附近有数个小乳突。

虫卵椭圆形，淡黄色，卵壳厚，表面不平，有许多小凹陷，两端具塞状物，整体大小为72～80 μm×40～48 μm。

（二）生活史

肾膨结线虫为间接型发育史。蚯蚓科的贫毛环节动物为其第一中间宿主。补充宿主为淡水鱼或蛙类。终末宿主为犬、水貂、狐狸、猪、马、牛等哺乳动物及人。

成虫寄生于终末宿主的肾盂内，产出的卵随尿液排出体外。在水中发育成熟后，卵内形成第1期幼虫，被中间宿主蚯蚓等（环节动物）吞食后，在其体内发育为第2期幼虫。当补充宿主吞食了含有第2期幼虫的环节动物后，幼虫移行至肠系膜形成包囊，并发育为第3期感染性幼虫。犬等终末宿主因摄食含感染性幼虫的生的或未煮熟补充宿主而感染。在终末宿主体内，幼虫进入消化道后，先进入肠壁血管，然后随血流移行到肾或与其相通的体腔发育为成虫。整个发育过程约需2年。从终末宿主食入感染性幼虫到尿中出现虫卵需要5～6个月，一般认为已感染过的犬不会再发生感染（图5-38）。

（三）流行病学

1. 感染来源 患病或带虫的终末宿主。

2. 易感动物 犬、水貂、狐狸、猪、马、牛等哺乳动物及人。

3. 感染途径 经口感染。

4. 流行地区 该病呈世界性分布，主要分布于欧洲、北美洲和亚洲等地，非洲及大洋洲报道较少。温暖潮湿的地区较多见，常呈地方性流行，一些地方淡水鱼的感染率可高达50%。在我国，江苏、浙江、四川、上海、辽宁、吉林、云南、湖北、新疆和黑龙江等地均有报道，可能与当地以淡水鱼、蛙

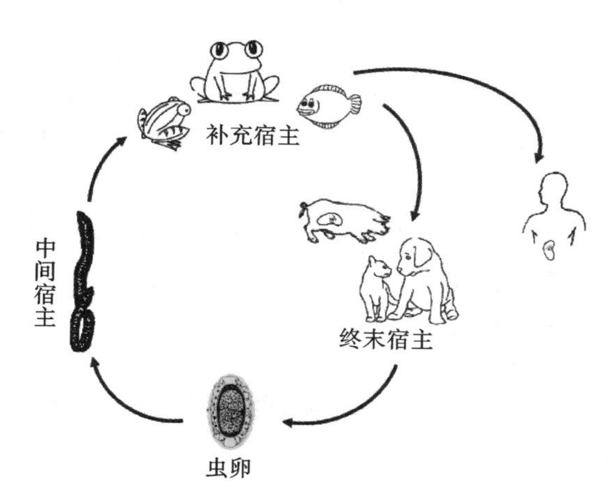

图 5-38 肾膨结线虫生活史

或其废弃物作动物饲料有关。人体感染本虫多是由于食入了未加工熟的鱼肉所致。

（四）临床症状和病理变化

1. 临床症状 肾膨结线虫的成虫通常寄生于犬、狐、猪、人等终末宿主的肾脏中。在感染早期或者仅有一侧肾脏受到虫体侵害时，动物一般不会表现出明显的临床症状。在感染中期，当幼虫接近或到达成熟时，寄生部位受害明显，动物表现为消瘦，弓背，跛行，不安，腹股沟淋巴结肿大，有的腰痛或腹痛。严重的表现为排尿困难，尿频，反复血尿、脓尿等。若虫体阻塞输尿管，则发生肾盂积水，引起肾脏肿大。如两侧肾脏都受损时，或者未受侵袭的肾脏缺乏代偿功能时，则会引起肾功能不全，还可并发肾盂肾炎、肾结石等症状。有时可见尿中排出活的或死的甚至残缺不全的虫体。当虫体自尿道逸出时可引起尿路阻塞，或表现为急性尿中毒症状。当虫体寄生于腹腔时，可引起腹膜炎、腹水或腹膜出血，动物表现为腹痛、不安等。有时发生失血性贫血，或出现神经症状。

2. 病理变化 解剖死亡动物，发现病变主要在肾脏，初期肾实质有虫道，肾脏显著增大。随着寄生时间延长，在中期，大多数肾小球和肾盂黏膜乳头变性，肾盂腔中常有大量的红细胞、白细胞或脓液。感染后期，肾实质萎缩，肾包膜和基质纤维化，包膜骨胶质沉积，甚至将肾组织完全破坏，形成一个膨大的膀胱状的纤维质包囊，内含一条至数条虫体和带血的液体。右侧肾常比左侧肾受侵害的程度高，而未被侵害的另一侧肾脏往往呈代偿性肥大。虫体还常突入输尿管，或进入膀胱、腹腔。寄生于腹腔的虫体，有的游离，有的形成包囊，常引起慢性腹膜炎，使腹壁多处发生粘连。除此之外，偶尔可在肝脏、卵巢、子宫和乳腺等处见到含有虫体的结节。

（五）诊断

根据流行病学、临床症状、尿液检查和剖检进行综合判定。

1. 死前诊断 尿液中检出虫卵即可确诊。尿液检查用沉淀法：取晨尿于烧杯中，沉淀 30 分钟，弃去上清液，在杯底衬以黑色背景，肉眼可见杯底黏有白色虫卵颗粒。如检测不出，也不能排除本病，因为仅有雄虫或者雌虫寄生时没有虫卵，若虫体仅寄生于腹腔时也在尿中查不出虫卵。可用尿道造影、B 超或 CT、X 线摄影等进行辅助检查。

2. 死后剖检 在肾脏中找到虫体及相应病变即可确诊。

（六）防治

1. 治疗 对于已经确诊有虫体寄生于腹腔或肾脏的病犬，最有效的治疗是手术摘除虫体。若单侧肾脏病变严重，可实施肾脏摘除术。

2. 预防

(1)在本病流行地区要禁止犬等易感动物吞食生鱼或其他水生生物。

(2)发病动物或带虫动物的粪尿应严格处理，以防病原扩散。

(3)定期对犬等易感动物进行预防性驱虫。

二、猪冠尾线虫病

猪冠尾线虫病是肾虫病的一种，是由圆线目冠尾科冠尾属的有齿冠尾线虫寄生于猪的肾盂、肾周围脂肪和输尿管而引起的寄生虫病。偶尔也寄生于肺、肝、腹腔及膀胱等处。

（一）病原

有齿冠尾线虫活体灰褐色，虫体粗壮，形似火柴杆，体壁薄而透明，可隐约看到内部器官。口囊呈杯状，壁厚，底部有6～10个圆锥状大小不等的齿，口缘有1圈细小的叶冠和6个角质的隆起。雄虫长20～30 mm，交合伞小，有2根等长或稍不等长的交合刺，有引器和副引器。雌虫长30～45 mm，阴门靠近肛门。

虫卵较大，呈椭圆形，灰白色，两端钝圆，卵壳薄，内含32～64个深灰色的胚细胞，胚与卵壳壁间有较大空隙，大小为90～125 μm×56～63 μm。

（二）生活史

终末宿主主要是猪，亦能寄生于黄牛、马、驴、豚鼠等动物。虫卵随猪尿液排出体外，在适宜的温度和湿度条件下，先孵化出第1期幼虫，再蜕皮2次，发育为披鞘的第3期幼虫即感染性幼虫。猪经口感染时，幼虫钻入胃壁脱去鞘膜，蜕皮变为第4期幼虫，然后随血流经静脉到达肝。经皮肤感染时，幼虫先钻入皮肤和肌肉，蜕皮变为第4期幼虫，然后随血流经肺到达肝。第4期幼虫会在肝脏停留3个月或更长时间，变为第5期幼虫后，穿过肝包膜进入腹腔，移行到肾或输尿管等组织中形成包囊，并发育为成虫。少数幼虫在移行中误入其他器官，如脾、腰肌和脊髓等，均不能发育为成虫。从感染性幼虫侵入猪体内到发育为成虫，一般需要6～12个月（图5-39）。

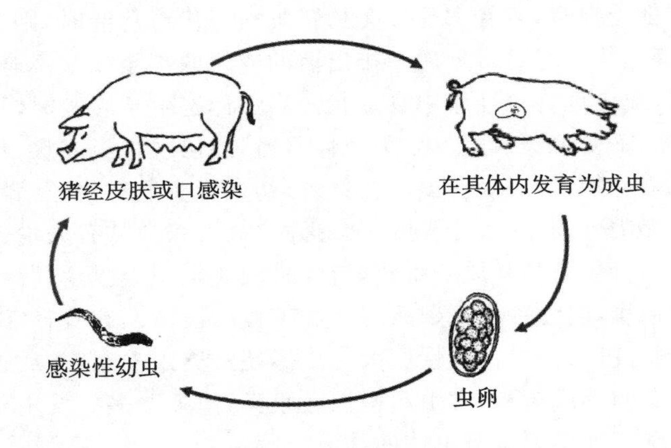

图5-39 猪冠尾线虫生活史

（三）流行病学

1. 感染来源 患病或带虫的终末宿主，虫卵存在于尿液中。

2. 易感动物 猪、牛、马、驴等动物。

3. 感染途径 经口和皮肤感染。

4. 流行地区与季节 本病常呈地方性流行，是热带、亚热带地区猪的常见寄生虫病。其发病的严重程度随各地气候条件的不同而异。一般温暖多雨的季节适宜幼虫发育，感染的机会较多，而炎热干旱的季节不适宜幼虫发育，感染机会较少。在我国南方各地流行较为严重，多发于3—5月和9—11月。近年来我国北方也有病例报道。

5. 流行原因 成虫的繁殖能力强，每天可以排出100万个以上的虫卵。生活史简单，虫卵和幼虫对干燥和阳光直射的抵抗力弱，对化学药物的抵抗力较强。

（四）临床症状和病理变化

1. 临床症状 病猪初期表现为食欲不振，精神萎靡，逐渐消瘦，贫血，被毛粗乱。随着病程的发展，病猪出现后肢无力，行动迟钝，跛行，走路时后躯左右摇摆，喜卧地，尿液中常有白色黏稠的絮状

Note

物或脓液。有时可继发后躯麻痹或后肢僵硬，不能站立，拖地爬行食欲废绝，颜面微肿。仔猪发育停滞，母猪不孕或流产，公猪性欲减低或失去交配能力。严重的多因极度衰弱而死。经皮肤感染时，表现为皮肤炎症，有丘疹和红色小结节，体表淋巴结肿大。

2. 病理变化 病变主要发生于肝、肾及肾周围的脂肪组织。剖检发现尸体消瘦，皮肤有丘疹和小结节，局部淋巴结肿大。可见肝内有包囊和脓肿，肝肿大变硬，结缔组织增生，切面上可以看到幼虫钙化的结节。肝门静脉中有血栓，内含幼虫。肾盂有脓肿，结缔组织增生。输尿管壁增厚，常有数量较多的包囊，内含有脓液和1～5条不等的虫体，并伴有大量虫卵。有时膀胱外围也有类似的病理变化。腹腔内腹水较多，并可见到成虫。在胸膜和肺中也可发现结节和脓肿，脓液中可找到幼虫。

（五）诊断

根据流行病学、临床症状可做出初步诊断，尿液检查和尸体剖检发现病原可以确诊，皮内变态反应可用于早期诊断。

1. 尿液检查 取清晨第1次排出的尿液自然沉淀，收集于小烧杯中，采用自然沉淀法或离心沉淀法检查，肉眼检查即可见杯底或离心管底粘有白色虫卵颗粒。

2. 死后剖检 从肾、输尿管壁等处检出虫体。5月龄以下的仔猪，只能依靠剖检时在肝、脾、肺等处发现虫体而确诊。

3. 免疫学检查 用新鲜虫体制成抗原耳后注射，5分钟后注射部位肿胀，直径大于1.5 cm为阳性反应，直径1.2～1.4 cm为可疑反应，直径小于1.2 cm者为阴性。

（六）防治

1. 治疗 参考猪蛔虫病。

2. 预防

(1)猪舍的修建应选择干燥及阳光充足的位置，要便于排水和排尿，不使尿液积留在圈内，训练猪在固定地点排尿。

(2)经常保持圈内外清洁、干燥。猪大小便的地方，每隔3～4日可用清水冲洗，并用消毒液进行消毒。

(3)流行地区应定期对猪群进行普查，如发现阳性猪，应立即隔离治疗。

(4)新购入的猪或外运猪应进行检疫，确保无携带病原后方可合群。

(5)加强饲养管理，给予富有营养的饲料，注意补充维生素和矿物质，以增强动物机体抵抗力。

知识拓展

1. 世界上最大的线虫——麦地那龙线虫

2.《旋毛虫诊断技术》GB/T 18642-2021

实训四 线虫形态构造观察

【实训目标】

(1)知识目标：熟悉线虫的一般形态构造特征，能够识别不同种属的线虫。

(2)能力目标:培养学生辨别推演能力,使其能够应用自己所学的线虫知识正确诊断动物的线虫病,解决实际问题。

(3)思政与素质目标:通过实践,培养学生严谨务实的职业精神和善于探索的科研精神。通过分组合作,培养学生互帮互助的奉献精神和同舟共济的协作精神。

【实训内容】

观察线虫代表虫种的一般形态构造。

【设备和材料】

线虫标本、线虫形态构造图、驱虫药、流浪犬、挑虫针、放大镜、显微镜、显微投影仪、解剖针、载玻片、盖玻片、培养皿、直尺等。

【方法步骤】

(1)教师示范讲解各种线虫的形态构造特点及重要科、属的鉴别要点。

(2)分组观察各种线虫的大小、形态构造特点及异同点,如头部口囊的有无、大小和形状,口囊内齿、切板等的有无及形状,食道的形状,以及头泡、颈翼、唇片、叶冠、颈乳突等的有无及形状,雄虫交合伞、肋、交合刺、性乳突、肛前吸盘等的有无及形状,以及雌虫阴门的位置和形态等。

(3)用驱虫药给流浪犬驱虫,并收集其粪便,挑出虫体,进行观察鉴别,指出流浪犬所感染的线虫种别。

【实训报告】

绘出流浪犬所感染的线虫形态构造图,并标出各部名称。

思考与练习

1. 简述线虫的一般形态结构特征。
2. 简述线虫的发育类型。
3. 简述动物旋毛虫的发育特性及综合防治措施。
4. 简述猪蛔虫的生活史及流行特点。
5. 简述反刍动物消化道线虫的主要种类及综合防治措施。

线上评测

项目五　测试题

项目六　动物棘头虫病的防治

项目描述

本项目内容是根据执业兽医师、动物疫病防治员和动物检疫检验员等工作的要求而设置。通过介绍棘头虫概述、动物常见棘头虫病，如猪棘头虫病和鸭棘头虫病等动物棘头虫病的基本知识和技能，使学生了解棘头虫的形态结构及分类，掌握动物常见棘头虫病的生活史、流行病学、临床症状、病理变化、诊断要点及防治方法，能够根据具体养殖情况，进行常见棘头虫病的调查和分析，制订合理的防治方案，解决生产生活中所遇到的实际问题。

学习目标

▲知识目标

(1)了解动物棘头虫的一般形态结构、生物学特性和分类。

(2)掌握主要动物棘头虫的形态结构、生活史、流行病学、临床症状和剖检病变等特征，从而掌握动物主要棘头虫病的诊断方法和防治方法。

▲技能目标

(1)能正确诊断主要动物棘头虫病。

(2)具备综合分析、诊断和防治动物棘头虫病的能力。

▲思政目标

(1)培养团队合作能力和创新能力。

(2)树立预防为主的观念，培养保护人类和动物健康，控制和消灭动物棘头虫病，维护动物源性食品安全的使命感。

(3)具有从事本专业工作的生物安全意识和自我安全保护意识。

任务一　棘头虫的认知

扫码学课件

6-1

一、棘头虫的形态

(一)一般形态

1. 外形　虫体呈椭圆形、纺锤形或圆柱形等不同形态，大小为 10～650 mm。虫体一般可分为细短的前体和较大的躯干两部分。

2. 前体　前端为可伸缩的吻突，其上排列有许多角质的倒钩或棘，故称棘头虫。颈部短，无钩或棘。体不分节，有假体腔，无消化系统，雌雄异体。

3. 躯干　前宽后窄，体表有环纹或小刺，常呈现红、橙、褐、黄或乳白色。躯干部是一个中空的构造，里面包含着生殖器官、排泄器官、神经以及假体腔液等物质。

Note

（二）体壁

体壁由5层固有体壁和2层肌肉组成。最外层是上角皮，其下为角皮，第3层称条纹层，第4层称覆盖层，第5层即固有体壁的最深层，称辐射层，体壁的核位于此层之中，再下为基底膜和由结缔组织围绕的环肌层和纵肌层，还有许多粗糙的内质网（图6-1）。

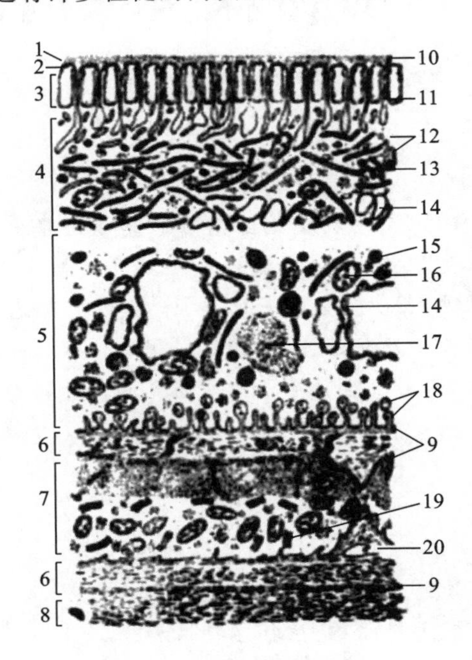

图6-1　棘头虫体壁的构造

1.上角皮　2.角皮　3.条纹层　4.覆盖层　5.辐射层　6.结缔组织　7.环肌层　8.纵肌层　9.基底膜　10.小孔　11.管道　12.纤维索　13.小泡　14.腔隙管　15.脂体　16.线粒体　17.糖原　18.原浆膜皱襞　19.内质网　20.游走细胞

（三）内部构造

腔隙系：由贯穿身体全长的背、腹或两侧纵管和与它们相连的细微的横管网系组成。

吻腺：呈长形，附着于虫体前部、吻突囊两侧的体壁上，悬垂于假体腔中。吻腺具有调节前体部腔隙液的功能。

韧带囊：从吻囊起，穿行于身体内部，包围着生殖器官，是棘头虫的特殊构造。

排泄器官：由一对位于两侧部的原肾组成，为两个附着在生殖器官上的团块。

神经系统：中枢部分是位于吻鞘顶部正中的一个神经节。雄虫的一对性神经节和由它们发出的神经分布在雄茎和交合伞内。雌虫没有性神经节。

生殖系统：雄虫有两个睾丸，呈圆形或椭圆形，前后排列，包裹在韧带囊中，每个睾丸连接1条输出管，两个输出管合成1个射精管。虫体后端为一肌质囊状的交配器官，包括1个雄茎和1个可以伸缩的交合伞。子宫钟呈倒置的钟形，前端为一大的开口，后端的窄口与子宫相连，子宫后接阴道，末端为阴门（图6-2）。

二、棘头虫的发育

雌、雄虫交配受精后，受精卵在韧带囊或假体腔内发育，而后被吸入子宫钟内，成熟的虫卵由子宫钟入子宫，经阴道排出体外。虫卵中含有幼虫，称棘头蚴，中间宿主为甲壳类动物和昆虫。排到自然界的虫卵被中间宿主吞咽，在肠内孵化，发育为棘头体，而后变为感染性幼虫棘头囊。终末宿主因摄食含有棘头囊的节肢动物而被感染。在某些情况下，棘头虫的发育史中可能有转运宿主，如蛙、蛇或蜥蜴等脊椎动物（图6-3）。

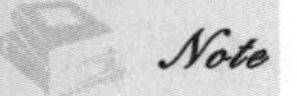

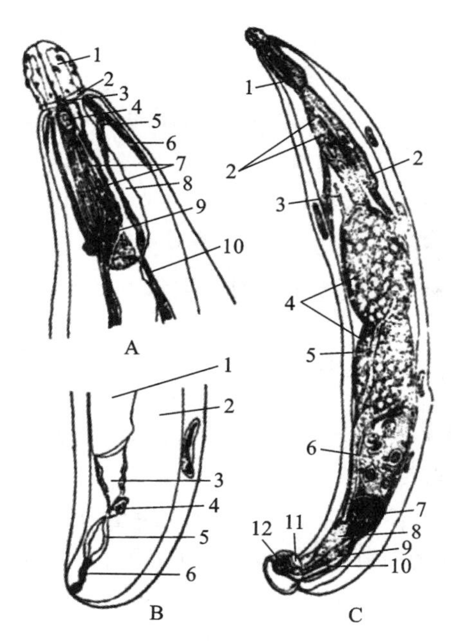

图 6-2 棘头虫的内部构造

A 头部:1. 吻突 2. 颈 3. 颈乳突 4. 头器 5. 肌鞘 6. 牵缩肌 7. 伸延肌 8. 吻腺 9. 吻神经节 10. 背韧带囊

B 雌虫后部侧面:1. 腹韧带囊 2. 背吻牵缩肌 3. 子宫钟 4. 选择器 5. 子宫 6. 阴道

C 雄虫侧面观:1. 吻囊 2. 吻腺 3. 韧带索 4. 睾丸 5. 输出管 6. 黏液腺 7. 黏液腺囊 8. 贮精囊 9. 黏液腺管 10. 斯氏囊

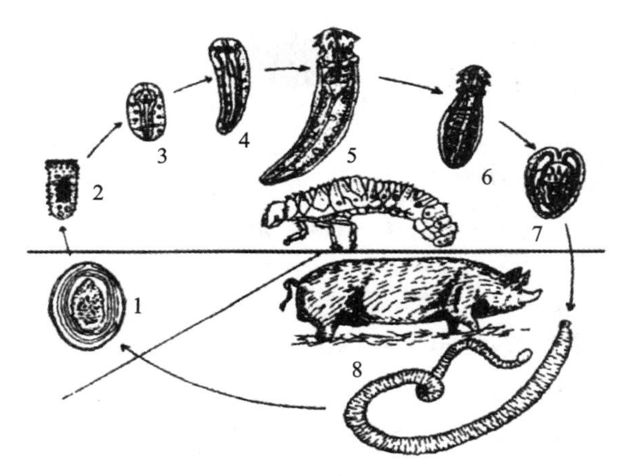

图 6-3 蛭形巨吻棘头虫生活史示意图

1. 虫卵 2~7. 棘头虫-棘头体-棘头囊 8. 成虫

扫码学课件

6-2

任务二 主要棘头虫病的防治

子任务一 猪棘头虫病的防治

某养猪场共饲养 600 头肉猪，按免疫程序接种过疫(菌)苗。近 10 日来，发现猪只出现

不同程度消瘦，活动量减少，食欲减退，常躺卧于窝中，有时发出轻轻的呻吟声，一些猪只粪便混有血液。个别猪体温升高至40.5～41.5 ℃，不时伴有血性腹泻，肌肉震颤，弯腰弓背，站立不稳，皮肤有出血斑点，腹部着地爬行等症状。在一些猪舍的围墙面发现金龟子，剖检病死猪，发现可视黏膜苍白，腹腔有纤维素性炎症，空肠和回肠有不同程度出血性和纤维素性炎症，局部有脓肿灶，可见大量呈豌豆大的灰红相间坏死结节，结节的质地坚实，切开可见结节呈灰白色干酪样坏死，回肠段发现有一处肠穿孔，穿孔处肿胀并带黑褐色。剪开肠腔可见呈浅灰白色的大型虫体，体表有环状横纹（在虫体前端较为明显），体型稍弯曲，背腹略扁平，前部稍粗大，后部稍细，前端有吻突，后端钝圆的虫体。

问题：案例中猪群感染了何种寄生虫病？如何治疗？该病的发生与养殖方式和环境条件有何关系？

一、病原

猪蛭形巨吻棘头虫虫体呈乳白色或淡红色，长圆柱形，前部较粗，后部较细。体表有横纹。吻突小，呈球形，有5～6行小棘。雌虫长300～600 mm，雄虫长70～150 mm。虫卵呈长椭圆形，深褐色，两端稍尖，大小为89～100 μm×42～56 μm。卵壳由4层组成，外层薄而无色；第2层呈褐色，有细微皱纹，两端有小塞状构造，一端的较圆，另一端的较尖；第3层为受精膜；第4层不明显。棘头蚴的头端有4列小棘，棘头蚴的大小为58 μm×26 μm（图6-4）。

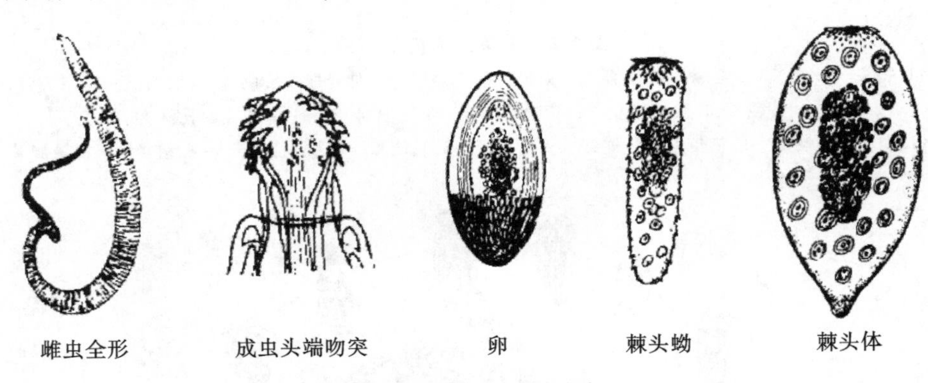

图6-4　蛭形巨吻棘头虫

二、生活史

中间宿主为金花龟属的金龟子、鳃角金龟属的金龟子（普通鳃角金龟子、鳃角金龟子）及其他甲虫。成虫寄生在猪的小肠，繁殖力很强。终末宿主感染后，雌虫开始排卵，虫卵被中间宿主金花龟属、鳃角金龟属的金龟子及其他甲虫幼虫吞食，棘头蚴在中间宿主的肠内孵化，发育为棘头体，随后形成具有感染性的棘头囊。棘头囊体扁，白色，吻突常缩入吻囊，易为肉眼看到。当甲虫化蛹并变为成虫时，棘头囊一直停留在它们体内，并能保持感染力达2～3年。猪吞食了含有棘头囊的甲虫成虫、蛹或其幼虫时，均能造成感染。棘头囊在猪的消化道中脱囊，以吻突固着于肠壁上，经3～4个月发育为成虫，成虫在猪体内可以寄生10～24个月（图6-5）。

三、流行病学

多发于甲虫活动的季节5—7月，呈地方性流行。周围环境有中间宿主金龟子或其幼虫存在，如猪舍有露天运动场，夜间有照明习惯，就容易招引甲虫。野外放牧猪比舍饲猪感染率高。

四、临床症状和病理变化

（一）临床症状

轻度感染：病猪消瘦，食欲减退，可视黏膜苍白，粪便混有血液，大部分猪体温正常。

严重感染：体温升高到41 ℃，病猪表现为衰弱、不食、腹痛，腹部着地爬行，最终死亡。

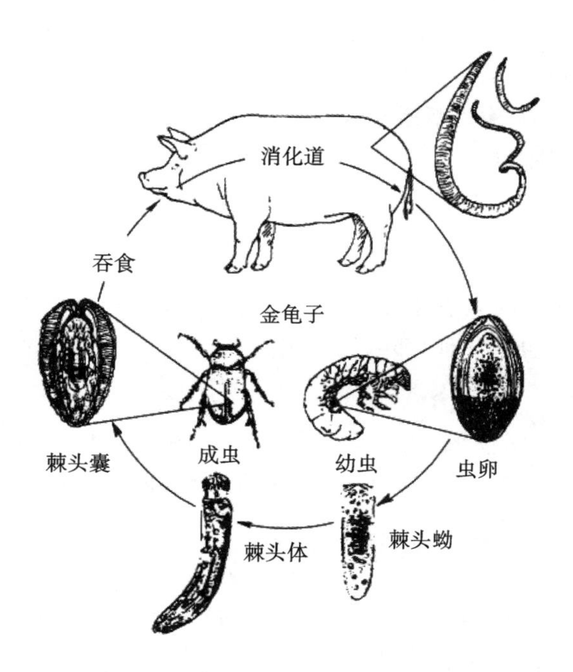

图 6-5 猪蛭形巨吻棘头虫生活史

（二）病理变化

空肠和回肠的浆膜有灰黄色或暗红色的小结节，周围有红色充血带，甚至有穿孔。剪开肠管，发现有虫体。

五、诊断

根据流行病学和临床症状，以直接涂片法和水洗沉淀法在粪便中检查到特征性虫卵，结合尸体剖检看到虫体，即可确诊。

六、防治

（一）治疗

本病无有效药物，有人推荐可使用左旋咪唑、丙硫苯咪唑、氯硝柳胺等。

（二）预防

根据猪蛭形巨吻棘头虫的生活史和该病的流行特点，采取综合性的防治措施。

(1)定期进行驱虫，对粪便进行生物热处理，切断传播途径。

(2)改进饲养管理条件，改放牧为舍饲。如在甲虫活动季节 5—7 月，猪场内不宜整夜用灯光照明，避免招引甲虫，防止猪吃中间宿主金花龟属、鳃角金龟属的金龟子及其他甲虫幼虫。尽量采用舍饲养猪，对仔猪与成年猪分开饲养。

(3)饲喂充足的全价饲料，提高动物的抵抗力。

子任务二　鸭棘头虫病的防治

案例引导

某养殖户于 2015 年 9 月购回 1000 只麻鸭幼苗用于生产柴鸭蛋，白天放养于河中，捕食鱼虾，晚上圈于鸭舍内。其间接种过鸭病毒性肝炎活疫苗、鸭传染性浆膜炎灭活苗、鸭瘟活疫苗。2016 年 6 月中旬，部分麻鸭突然发病。表现为精神萎靡，双翅下垂，双腿无力，喜卧，强行驱赶后扇翅前行。发病后患鸭迅速死亡，病程 1～2 天。截至 6 月末，共死亡 200 多只。剖检后发现主要病变集中在空肠后段至回肠前段肠道，可见到米粒大至豌豆大小白色或黄白色凸起的结节。肠壁增厚，肠道黏膜面浅橘黄色，上附有数量不等、纺锤形、橘黄色的虫体。虫体大小不一，以大者占多数。将虫体拉伸可见一端深深陷入肠壁，不易分离，严重者甚至穿透整个肠壁，在肠道浆膜面形成一个类似火山口的凸起。

问题：案例中鸭群感染了何种寄生虫病？如何治疗？该病的发生与养殖方式和环境条件有何关系？

一、病原形态

寄生于禽类肠道的多形棘头虫有4种：大多形棘头虫、小多形棘头虫、腊肠状多形棘头虫与台湾多形棘头虫。鸭细颈属棘头虫有一种，即鸭细颈棘头虫。

（一）大多形棘头虫

大多形棘头虫呈橘红色，纺锤形，前端大，后端狭细，吻突上生有18纵列小钩，吻囊呈圆柱形。雄虫长9.2～11 mm，雌虫长12.4～14.7 mm。虫卵呈长纺锤形，大小为113～129 μm×17～22 μm（图6-6）。

（二）小多形棘头虫

虫体呈橘红色、较小，纺锤形，吻突呈卵圆形，吻钩16纵列。雄虫长3 mm，雌虫长10 mm。虫卵呈纺锤形，大小为110 μm×20 μm，内含黄而带红色的棘头蚴（图6-7）。

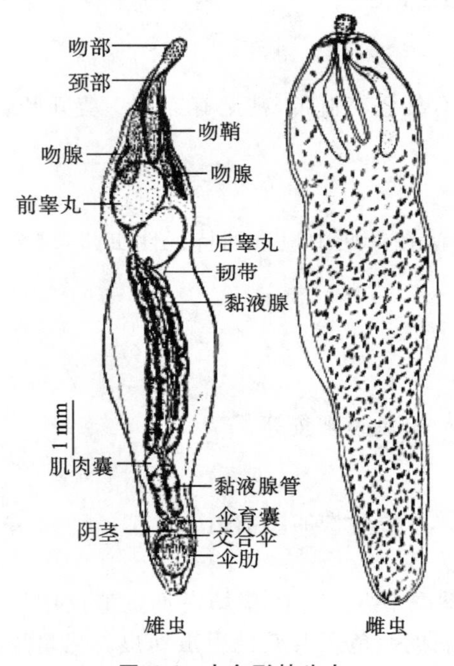

图6-6　大多形棘头虫

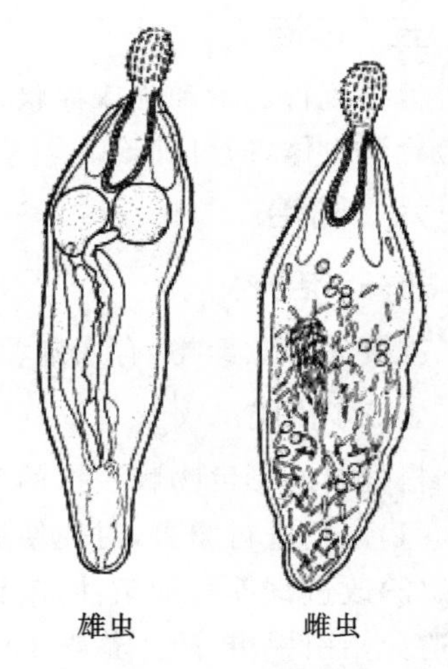

图6-7　小多形棘头虫

（三）腊肠状多形棘头虫

虫体纺锤形，吻突球状，吻钩12纵列。雄虫长13～14.6 mm，雌虫长15.4～16 mm。

（四）台湾多形棘头虫

新鲜虫体橘黄色，中部膨大，呈梭形，前部有体棘20环列。雄虫大小为8.83～10.83 mm×1.47～2.12 mm，雌虫长8.37～11.42 mm×1.74～2.78 mm。虫卵呈长椭圆形，卵壳三层，外壳薄而光滑，中间壳较厚且中层卵壳两端无极突，虫卵大小24～62 μm ×15～43 μm。

（五）鸭细颈棘头虫

虫体呈白色，纺锤形，吻突呈椭圆形，具有18纵列的小钩。雄虫长4～6 mm，睾丸前后排列，位于虫体的前半部内。雌虫呈黄白色，长10～25 mm，前后两端稍狭小，吻突膨大呈球形，其前端有18

纵列小钩。虫卵呈椭圆形，大小为 62～70 μm×20～25 μm。

二、生活史

大多形棘头虫以甲壳纲端足目的湖沼钩虾为中间宿主；小多形棘头虫以蚤形钩虾、河虾和罗氏钩虾为中间宿主；腊肠状多形棘头虫以岸蟹为中间宿主；鸭细颈棘头虫以等足类的栉水虱为中间宿主。

以大多形棘头虫的生活史为例：虫卵随粪便排出，被中间宿主钩虾吞食后，卵模破裂，孵出棘头蚴，棘头蚴固着于肠壁钻入体腔，发育成为棘头体，被厚膜包裹，游离于体腔内，发育成棘头囊，达到感染期。鸭吞食含棘头囊的钩虾而感染。小鱼吞食含幼虫的钩虾后可成为多形棘头虫的转运宿主，鸭摄食这种小鱼仍能感染（图 6-8）。

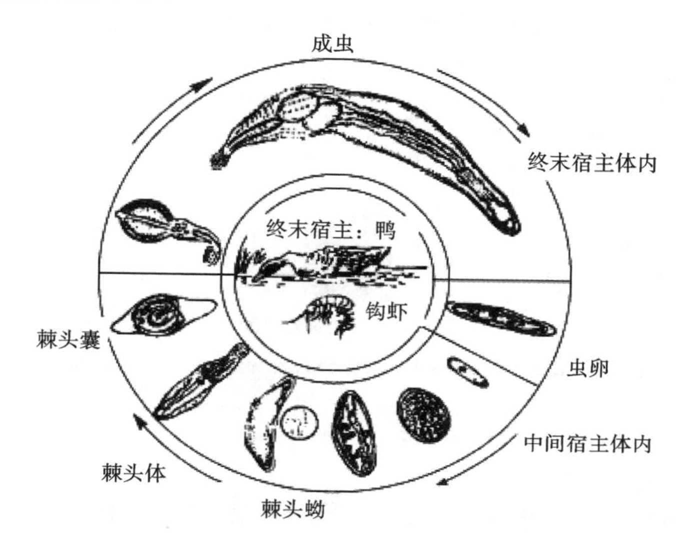

图 6-8　大多形棘头虫的生活史

小多形棘头虫发育与大多形棘头虫相似。Kolenkov（1954）研究发现鸭细颈棘头虫的中间宿主为栉水虱，终末宿主吞食含棘头囊的栉水虱后而感染，幼虫经过 29～30 天发育为成虫。

三、流行病学

感染来源：患病或带虫，虫卵存在于粪便中。不同种鸭棘头虫的地理分布不同，多为地方流行性。春、夏季流行。部分感染性幼虫可在钩虾体内越冬。

四、临床症状和病理变化

（一）临床症状

大多形棘头虫和小多形棘头虫均寄生于鸭、鹅和野生水禽的小肠前段，鸭细颈棘头虫多寄生于小肠中段。棘头虫吻突附着在肠黏膜上，引起肠炎，固着部位出现溢血和溃疡。固着比较深的地方，可以从浆膜面上看到突出的黄白色的结节，甚至造成肠壁穿孔，并发腹膜炎而死亡。肠黏膜的损伤，容易造成其他病原菌的继发感染，引起化脓性炎症。大量感染，并且饲养条件较差时可以引起死亡。幼禽的死亡率高于成年禽。

（二）病理变化

死后剖检时，可在肠道的浆膜面上看到肉芽组织增生的小结节。有大量橘红色的虫体聚集在肠壁上，固着部位出现不同程度的创伤。

五、诊断

以离心沉淀法或饱和硫酸镁漂浮法检查虫卵，结合尸体剖检看到虫体，即可确诊。

六、防治

（一）治疗

硝硫氰醚(7804)：按 100～125 mg/kg 体重，1 次口服。

丙硫苯咪唑：按 10～25 mg/kg 体重，1 次口服。

（二）预防

(1)对发生过多形棘头虫病的鸭场，应进行预防性驱虫。雏鸭与成年鸭分开饲养。

(2)雏鸭或新引进的鸭群，应选择在未受污染的或没有中间宿主的水池中饲养，对不安全的池塘，可每年秋冬干塘一次。

(3)加强饲养管理，给予充足的全价饲料，提高禽体的抵抗力。

知识拓展

棘头虫特殊的繁殖现象

实训五　猪棘头虫和鸭棘头虫的形态观察

【实训目标】

(1)通过实训使学生熟悉猪棘头虫和鸭棘头虫的一般形态构造。

(2)掌握猪棘头虫和鸭棘头虫的形态特征。

【实训内容】

(1)观察猪棘头虫和鸭棘头虫的一般形态构造。

(2)观察猪棘头虫和鸭棘头虫的形态构造特征。

【设备材料】

1. 图片　猪棘头虫和鸭棘头虫的形态图。

2. 标本　猪棘头虫和鸭棘头虫的染色标本。

3. 器材　显微镜、载玻片、盖玻片、香柏油、拭镜纸、显微投影仪、猪棘头虫和鸭棘头虫的图片及多媒体投影仪。

【方法步骤】

1. 示教讲解　教师利用显微投影仪或多媒体投影仪，带领学生观察并讲解猪棘头虫和鸭棘头虫的形态构造特征。

2. 分组观察　分组观察猪棘头虫和鸭棘头虫的染色标本，在显微镜下观察其虫体的形态构造特征。

【实训报告】

绘出猪棘头虫和鸭棘头虫的形态图，并标出各部位的名称。

思考与练习

1. 简述猪棘头虫的生活史。
2. 简述鸭棘头虫的生活史。
3. 简述猪棘头虫病的防治措施。

线上评测

项目六　测试题

项目七　动物蜘蛛昆虫病的防治

项目描述

本项目内容是根据执业兽医师、动物疫病防治员和动物检疫检验员等工作的要求而设置。通过介绍节肢动物概述、动物常见蜘蛛昆虫病，如蜱病、螨病、虱病、牛皮蝇病、马胃蝇病、羊鼻蝇病和吸血昆虫病等的基本知识和技能，使学生了解蜘蛛昆虫的形态结构及分类，掌握动物常见蜘蛛昆虫病的流行病学、临床症状、病理变化、诊断要点及防治方法，能够根据具体养殖情况，进行常见蜘蛛昆虫病的调查和分析，制订合理的防治方案，解决生产生活中所遇到的实际问题。

学习目标

▲知识目标

(1)了解动物蜘蛛昆虫的一般形态结构、生物学特性和分类。

(2)掌握主要动物蜘蛛昆虫的形态结构、生活史、流行病学、临床症状和剖检病变等特征，从而掌握动物主要蜘蛛昆虫病的诊断方法和防治方法。

▲技能目标

(1)能正确诊断主要动物蜘蛛昆虫病。

(2)具备综合分析、诊断和防治动物蜘蛛昆虫病的能力。

▲思政目标

(1)培养团队合作能力和创新能力。

(2)树立预防为主的观念，培养保护人类和动物健康，控制和消灭动物蜘蛛昆虫病，维护动物源性食品安全的使命感。

(3)具有从事本专业工作的生物安全意识和自我安全保护意识。

扫码学课件

7-1

任务一　节肢动物的认知

节肢动物门是动物界中的一个大门，占已知动物的85%，有110万～120万种，大多数营自由生活，只有少数危害动物而营寄生生活或作为生物传播媒介传播疾病。

蜘蛛昆虫病是由蛛形纲、昆虫纲内的一些节肢动物寄生于动物体表或体内所引起的疾病。引起蜘蛛昆虫病的主要是硬蜱、软蜱、疥螨、痒螨、蝇、蚊、虻、虱等。

一、节肢动物的形态构造

(一)外形与体表

虫体左右对称，躯体(头、胸、腹)和附肢(如足、触角、触须等)既有分节，又有对称结构。无眼、单眼或复眼。体表由几丁质和蛋白质组成，称为外骨骼，具有保护内部器官以及防止水分蒸发的功能，与内壁所附肌肉共同完成动作。雌雄异体，大多经过变态和蜕皮。

（二）内部

有消化系统、呼吸系统、神经系统、生殖系统、循环系统。

1. 循环系统 开放式的，有心脏无血管，体腔又称血腔。

2. 呼吸系统 借助腮和气门呼吸。

3. 消化系统 前肠包括口、咽、食道、前胃，作用是磨碎和消化食物；中肠包括胃和小肠，作用是消化和吸收食物；后肠包括结肠、直肠和肛门，作用是排泄废物。

4. 神经系统 中枢神经系统属于链状结构，包括一个围绕食道的神经环和位于头部背侧部分的脑，每个体节有成对的神经干和神经节。

5. 生殖系统 雄性生殖器官包括睾丸、输精管、射精管等。雌性生殖器官包括卵巢、输卵管等。

蛛形纲的虫体圆形或椭圆形，分头胸和腹两部，或头、胸、腹完全融合；眼有或无，假头突出在躯体前或位于前端腹面，由口器和假头基组成，口器由 1 对螯肢、1 对须肢、1 个口下板组成。成虫有足 4 对，幼虫有 3 对。肛门多位于躯体腹面后部。生殖孔位于腹面，位置因种而异。以气门或肺呼吸。

昆虫纲的昆虫身体分为头、胸、腹三部分。单眼或复眼。口器由上唇、上咽、上颚、下颚、下咽或小舌及下唇 6 个部分组合而成，分为咀嚼式、刺吸式、刮舐式、舐吸式、刮吸式 5 种。头上有触角 1 对，胸部有足 3 对，腹部除外生殖器外无附肢。多数昆虫的中胸和后胸的背侧各有翅 1 对，分别称前翅和后翅。双翅目昆虫仅有前翅，后翅退化，仅留栉状突出，称平衡棒。有些昆虫翅完全退化，如虱、蚤等。以气门及气管呼吸。

二、节肢动物的生活史

节肢动物一般都是雌雄异体，通过卵生来繁殖后代。大多数节肢动物在发育过程中都有蜕皮和变态现象，变态分为完全变态和不完全变态。节肢动物为了渡过不良环境往往采取滞育来保存虫种。

（一）变态

节肢动物在从虫卵发育到成虫的过程中，各阶段的虫体在形态及生活习性上有明显变化，这种变化被称为变态。

1. 完全变态 在节肢动物发育过程中，在虫卵之后有幼虫、蛹和成虫 3 个时期，而这 3 个时期的虫体形态和生活习性彼此有别，如双翅目昆虫蚊、蝇、虻、蠓、蚋等。

2. 不完全变态 节肢动物在发育过程中，自卵以后有幼虫、若虫和成虫 3 个时期，它们的形态和生活习性都很相似，只是大小不同、生殖器官成熟度不同，如蜱螨和虱目的昆虫。

（二）蜕皮

节肢动物体表有一层几丁质膜，它不能随虫体生长而增大，所以节肢动物在生长过程中会定期脱落，同时很快在体表形成新的几丁质膜，这一生理现象称为蜕皮。节肢动物每蜕皮一次就进入新龄期。

（三）滞育

节肢动物为渡过不良环境而采取的一种休眠措施。如草原革蜱的雌虫，它在秋季附于宿主体表，但并不吸血，直到来年春季才开始吸食。

蛛形纲的虫体为卵生，从卵孵出的幼虫，经若干次蜕皮变为若虫，再经过蜕皮变为成虫，其间在形态和生活习性上基本相似。若虫和成虫在形态上相同，只是体形小和生殖器官尚未成熟。

昆虫纲的昆虫多为卵生，极少数为卵胎生。具有虫卵、幼虫、蛹、成虫 4 个形态与生活习性都不同的阶段，发育过程中都有变态和蜕皮现象。

三、节肢动物的分类

节肢动物门共分 13 个纲，与兽医有关的有蛛形纲、昆虫纲、甲壳纲、蠕形纲 4 个纲，与家畜疾病

有密切关系的仅有蛛形纲和昆虫纲。

（一）蛛形纲

躯体分头胸和腹两部分，或头、胸、腹融合不分。成虫有4对足，无翅，无触角，假头上有螯肢和须肢。有单眼或无眼，呼吸器官为肺或气管或借体表呼吸。

蛛形纲可分为11个亚纲，其中与兽医有关的为蜱螨亚纲，根据Kranlz(1978)分类系统可分为2个目7个亚目，在兽医学上有重要意义的为下列各目、科。

1. 寄螨目

①蜱亚目：包括硬蜱科和软蜱科等。

②革螨亚目：包括厉螨科和皮刺螨科。

2. 真螨目

①辐螨亚目：包括蠕形螨科和恙螨科。

②粉螨亚目：包括疥螨科和痒螨科。

③甲螨亚目：其中有些种类为裸头科绦虫的中间宿主。

（二）昆虫纲

躯体分头、胸、腹3部分。胸部有足3对，典型昆虫有翅2对，分别着生于中胸及后胸，但有些昆虫后翅消失（如双翅目），有的前、后翅均消失（如虱目、蚤目）。有复眼，有的种类还具有单眼，有触角1对。

昆虫纲种类极多，占节肢动物总数的80%，已记载的昆虫多达100万种以上，在兽医学上具有重要意义的有下列各目、科。

1. 双翅目 长角亚目：包括蚊科和毛蠓科。短角亚目：虻科。环裂亚目：包括狂蝇科、皮蝇科、胃蝇科、蝇科和虱蝇科。

2. 虱目 虱目包括血虱科和颚虱科。

3. 食毛目 食毛目包括啮毛虱科、长角羽虱科和短角羽虱科。

4. 蚤目 蠕形蚤科。

（三）甲壳纲

多生活于水中，也有陆生或寄生的，其中水蚤为裂头绦虫、棘颚口线虫、麦地那龙线虫的中间宿主。蟹和虾是肺吸虫的第二中间宿主，虾还是华支睾吸虫的第二中间宿主。

（四）蠕形纲

主要寄生于脊椎动物体内。成虫体形细长，呈蠕虫状，无附肢，体表具有许多明显的环纹，口器简单，以体表呼吸。

扫码学课件
7-2

任务二 蜱、螨的防治

子任务一 蜱的防治

案例引导

北京郊区某养殖户山羊存栏400余只，羊群白天放牧自由采食，夜间回到圈舍休息。2018年7月，某兽医接到该养殖户的求救电话，称全场羊群已被某一寄生虫严重侵袭，羊的全身布满该寄生虫，严重者因被该寄生虫叮咬出现化脓感染现象，羊普遍消瘦，希望能够得到治疗。兽医快速赶往养殖场，对羊群进行临床检查，具体情况：羊群已全部被该寄生虫侵

袭，其头部、耳朵、躯干均出现该寄生虫，羊只消瘦，部分羊出现了皮肤化脓感染的症状。经过连续2次的用药驱虫，羊身上的该寄生虫数量明显减少，被毛恢复光亮，膘情明显好转。

问题：案例中羊群感染了何种寄生虫？该寄生虫还可以传播哪些主要疾病？该病的发生与环境条件有无关系？

一、病原

（一）硬蜱

硬蜱呈红褐色，背腹扁平，躯体呈卵圆形，背面有几丁质的盾板，眼一对或缺。气门板一对，发达，位于足基节Ⅳ后外侧，性的二态性明显。虫体芝麻至米粒大，雌虫吸饱血后膨胀可达蓖麻籽大。硬蜱头、胸、腹融合在一起，不可分辨，仅按其外部器官的功能与位置区分为假头与躯体两部分（图7-1）。

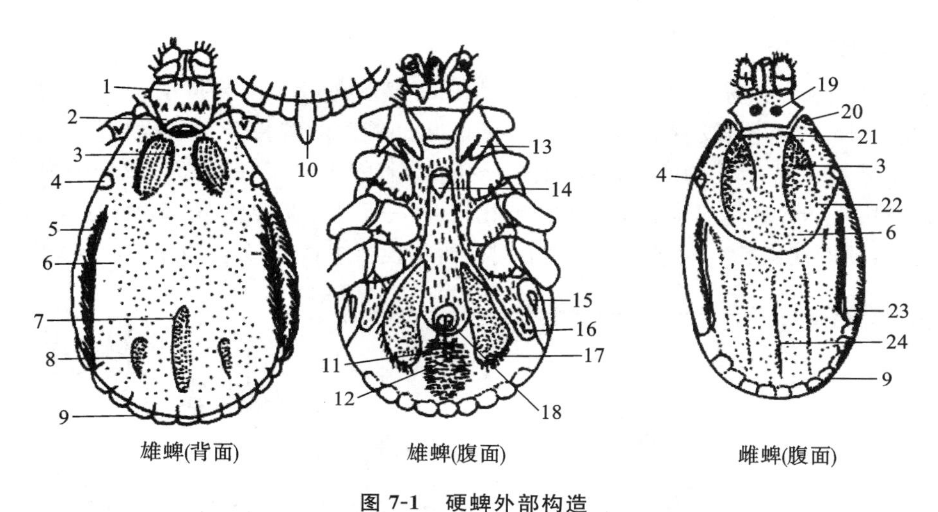

图7-1 硬蜱外部构造

1.假头基 2.背角 3.颈沟 4.眼 5.侧沟 6.盾板 7.后中沟 8.后侧沟 9.缘垛 10.尾突 11.肛沟 12.肛后沟 13.基节内、外距 14.生殖孔 15.气门 16.副肛侧板 17.肛侧板 18.肛门瓣 19.孔区 20.肩突 21.颈 22.前侧沟 23.边沟 24.中沟

（二）软蜱

软蜱雌雄异形性不明显。虫体扁平，卵圆形或长卵圆形，体前端较窄。有的种类腹面前端突出，称为顶突；未吸血前为灰黄色，吸饱血后为灰黑色。饥饿时其大小、形态略似臭虫，饱血后体积增大，但不如硬蜱明显（图7-2），与兽医有关的有锐缘蜱属和钝缘蜱属。

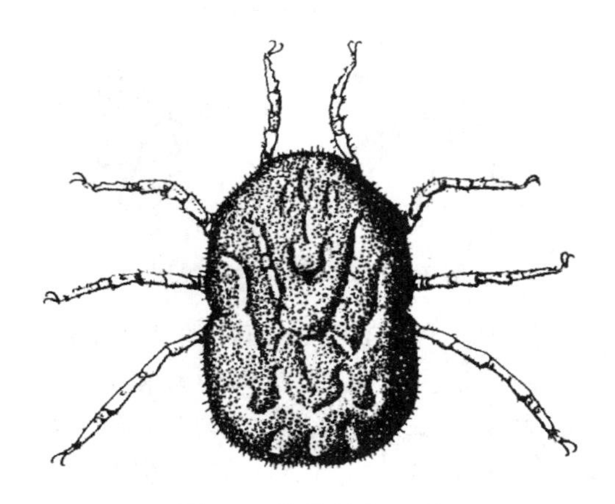

图7-2 钝缘蜱背面观

二、蜱的生活史

蜱的整个发育过程包括虫卵、幼蜱、若蜱和成蜱4个阶段，经两次蜕皮和3次吸血期，为不完全变态。成虫吸血后交配落地，爬行在草根、树根、畜舍等处表层缝隙中产卵。蜱的生活史中有更换宿主的现象。蜱的幼虫、若虫、成虫都吸血。蜱的吸血量很大，各发育期饱血后可胀大几倍至几十倍，雌硬蜱甚至可达100多倍。多数蜱宿主种类繁多，如鸟类、爬行类和两栖类动物，陆生哺乳动物，这在流行病学上有重要意义。蜱的活动范围不大，一般为数十米。蜱寻觅宿主的方式主要依靠蜱的敏锐嗅觉，蜱对动物的汗臭和CO_2很敏感，当与宿主相距15 m时，即可感知，一旦接触宿主即攀登而上。气温、湿度、土壤、光、植被、宿主等都可影响蜱的季节消长及活动。温暖的地区，多种蜱在春、夏、秋季活动，如全沟硬蜱成虫活动期在4—8月，高峰在5—6月初，幼虫和若虫的活动季节较长，从早春4月持续至9—10月间，一般有两个高峰，主峰常在6—7月，次峰在8—9月间。蜱多数在栖息场所越冬，越冬期因蜱种类而异，如硬蜱的多数种类在生活史的各个虫期均可越冬。

（一）硬蜱的生活史

硬蜱多栖息于森林、牧场、草原，一生产卵一次。硬蜱多在白天侵袭宿主，雌蜱吸血后离开宿主产卵，虫卵呈卵圆形，黄褐色，胶着成团，经2～4周孵出幼蜱。幼蜱侵袭宿主吸血后，蜕皮变为若蜱，若蜱再吸血后蜕皮变为成蜱。幼蜱吸血时间需2～6天，若蜱吸血需2～8天，成蜱吸血需6～20天。硬蜱生活史的长短受外界环境温度和湿度的影响比较大，一个生活周期为3～12个月；环境条件不利时出现滞育现象，生活周期延长。根据硬蜱在吸血时是否更换宿主，将其分为以下3种类型(图7-3)。

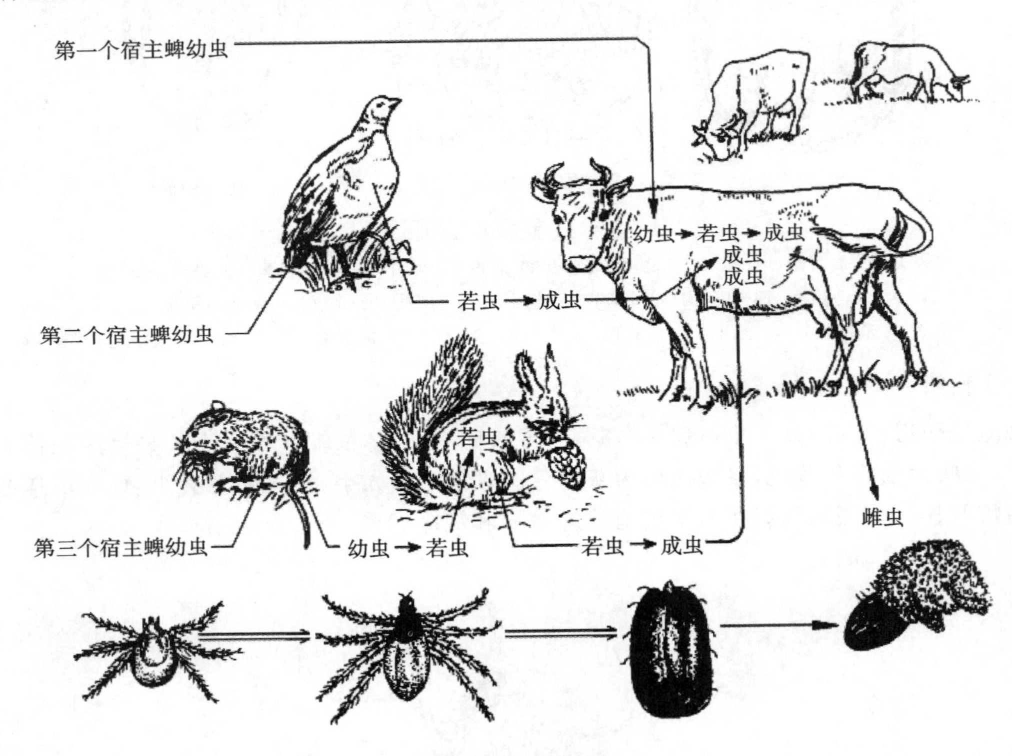

图7-3　硬蜱更换宿主类型

(1)一宿主蜱：其生活史各期都在一个宿主体上完成，如微小牛蜱。

(2)二宿主蜱：其整个发育在两个宿主体上完成，即幼蜱在第一个宿主体上吸血并蜕皮变为若蜱，若蜱吸饱血后落地，蜕皮变为成蜱，成蜱再侵袭第二个宿主吸血，如璃眼蜱。

(3)三宿主蜱：此类蜱种类最多，两次蜕皮在地面上完成，但3个吸血期要更换3个宿主，即幼蜱在第一个宿主体上吸饱血后，落地蜕皮变为若蜱，若蜱再侵袭第二个宿主，吸饱血后落地蜕皮变为成蜱，成蜱再侵袭第三个宿主并吸血，如长角血蜱、草原革蜱等。

Note

（二）软蜱的生活史

若虫阶段常有2～7个若虫期。软蜱只在吸血时才到宿主体上去，吸血大多在夜间，白天隐伏在圈舍隐蔽处。各时期的软蜱在宿主体上吸血的时间长短不一，一般幼虫吸血需要的时间长一些，而若虫和成虫吸血只需要0.5～1小时。在动物体上若虫和成虫较少见，常见幼虫。成虫一生可多次吸血，在吸血离开宿主后，雌雄交配产卵，软蜱一生可多次产卵。

三、流行病学

（一）传播疾病

蜱刺叮宿主吸血，不仅造成宿主血液损失且能引起皮肤过敏，刺伤处往往形成溃疡。除所分泌毒素引起“蜱瘫痪”外，更重要的是还能传播多种疾病，如原虫32种（如巴贝斯虫）、病毒83种（如森林脑炎、新疆出血热）、细菌14种（如布氏杆菌、无形体）、立克次体20种（如Q热、蜱传斑疹伤寒）、螺旋体18种（如伯氏疏螺旋体）、衣原体1种、支原体1种、巴尔通体1种（猫爪病）和线虫2种。在这些病原中，有些是十分重要的蜱传病原，如贝纳柯克斯体可作为生物恐怖战剂。中国已知的蜱传人兽共患病主要有5类10种，包括森林脑炎、出血热、Q热、斑点热、莱姆病、回归热、野兔热、鼠疫、布病和巴贝斯虫病等。通过蜱叮咬传播的新发媒介生物性疾病——莱姆病，目前已在全球70多个国家有病例报道。

（二）易感动物

人、鼠类、家畜、家禽以及各种野生动物是蜱的主要宿主。

（三）感染途径

(1)主要通过蜱叮咬传播。蜱叮咬携带病原的宿主（动物）后，再叮咬人时病原可随之进入人体引起发病。

(2)直接接触危重病人或带菌动物的血液等体液而传播疾病。

（四）流行地区

蜱多分布在开阔的自然界，如森林、灌木丛、草原、半荒漠地带。蜱病主要分布在中国的河南、湖北、山东、安徽、辽宁等省份，河南信阳地区是高发区。

四、临床症状

蜱叮咬后，在叮咬后24～48小时局部会出现不同程度的炎症反应，较轻，有一片红斑，比较重的可以在瘀点周围形成水肿或水疱，时间久后可以形成比较坚硬的结节。一旦形成结节会持续很长时间，如几个月甚至1～2年。

个别蜱叮咬以后可以引起组织坏死，某些蜱含有神经毒素。带有麻痹神经毒素的蜱叮咬以后，可以出现麻痹的症状，最严重的可以出现呼吸中枢麻痹，导致呼吸肌无力而出现死亡。蜱叮咬以后，1～2日有的病人可以出现畏寒、发热、头痛、腹痛，以及恶心、呕吐等，此情况称为蜱咬热。蜱叮咬以后临床表现的差别比较大，这是因为蜱的种类比较多。

五、诊断

蜱病的诊断，需要依据流行病学史（蜱叮咬史、在蜱活动的区域的工作或生活史）、症状和辅助检查进行综合评估。其中血清学的抗体检测和病原学检测等手段是确诊和鉴别诊断的重要方法。常规的检查包括全身检查（血常规、生化检查）和局部检查，如头痛需要做头部CT或核磁共振，肺部症状需要做肺部CT，腹部症状需要做腹部超声、腹部CT等。

六、防控

环境处理：清除杂草，清理禽畜圈舍，搞好环境卫生可有效预防蜱的滋生。有些蜱通常生活在畜舍的墙壁、地面、饲槽的裂缝内，应堵塞畜舍内所有缝隙和小孔，堵塞前先向裂缝内撒杀蜱药物，然后以水泥、石灰、黄泥堵塞，并用新鲜石灰乳粉刷厩舍；用杀蜱药液对圈舍内墙面、门窗、柱子做滞留喷

洒,保持畜舍干燥。灭鼠的同时进行杀虫处理,防止蜱游离后攻击人群。

家畜、家禽的处理:发现家畜、家禽携带蜱,可及时检视,用镊子取下后焚烧。蜱较多时,可喷洒倍硫磷、林丹、马拉硫磷、二嗪农等高效低毒的杀虫剂,或对家畜进行定期药浴杀蜱。一般在春季蜱开始活动,家畜容易受到侵袭,应注意及时防治。人工刷抹或采摘也能消除蜱。在蜱的活动季节,最好每日刷抹畜体各部,检查时要注意寄生的主要部位,如头部、颈部、腹部、股内侧、尾根等处。同时注意厩舍灭蜱,蜱常隐伏在墙壁、饲料槽等裂缝内。蜱严重发生的畜厩,可使用烟剂熏杀,每立方米 0.5 g 林丹的烟剂,灭蜱效果良好。使用杀虫剂时要做好个人防护。

城市以及我国无蜱分布地区居民家中饲养宠物通常无蜱寄生,如果携带宠物去有蜱地区出行,返回时应仔细检查宠物体表是否有蜱附着。

子任务二　螨的防治

案例引导

杂种犬,雄性,3 月龄,3.4 kg。该犬,平时吃餐桌剩饭,未驱虫。体格检查可见双眼脓性分泌物,消瘦,跖行(俗称"趴蹄"),双髋膝活动受限,全身体表淋巴结明显增大,质地柔软,心肺听诊和腹部触诊无明显异常。皮肤检查见病灶分布全身,包括面部、耳廓、下巴、颈部、后背、四肢、爪、腹部;病灶表现为红斑、脱毛、鳞屑、结痂、油腻,臭味。实验室检查:皮肤刮片和拔毛蠕形螨+++。马拉色菌+++。该幼年犬全身性蠕形螨病,伴浅表脓皮症和马拉色菌皮炎。

问题:螨病应如何治疗?该病是否传染人?

一、病原

(一)疥螨

成虫,身体呈圆形,微黄白色,大小不超过 0.5 mm,体表多皱纹。疥螨的种类很多,差不多每一种家畜和野生动物体上都有疥螨寄生。各种疥螨在形态上极为相似,多数学者认为它们都为疥螨属疥螨,寄生在不同动物体上的都是其变种,各变种虽然也可偶然传染给本宿主以外的其他动物,但在异宿主身上存留时间不长(图 7-4)。

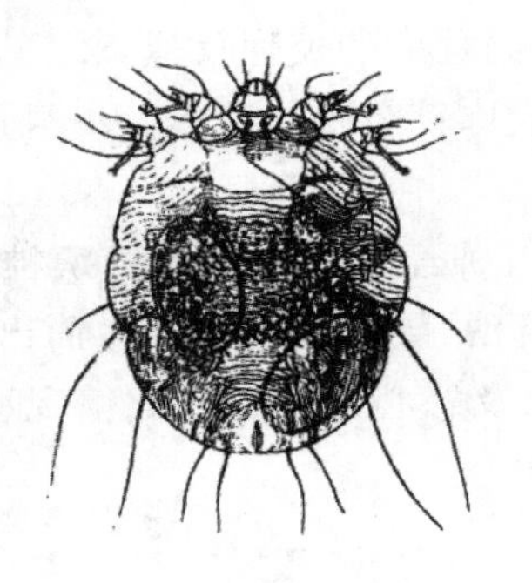
雌螨背面观

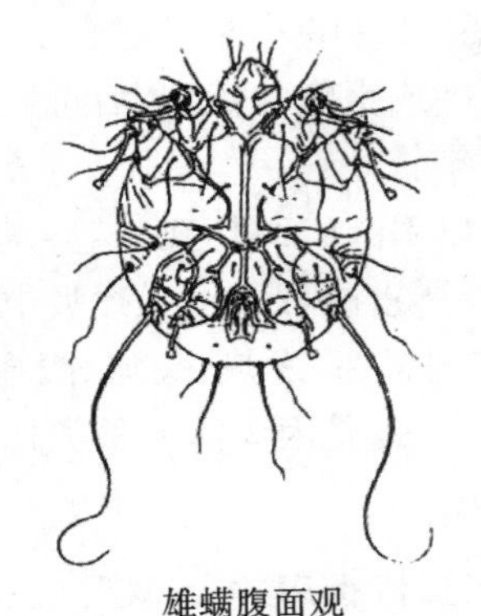
雄螨腹面观

图 7-4　疥螨成虫

(二)痒螨

痒螨呈长圆形,体长 0.5～0.9 mm,肉眼可见。体表有细皱纹。雄虫体末端有尾突,腹面后端两侧有 2 个吸盘。雄性生殖器居第 4 足之间。雌虫腹面前部正中有产卵孔,后端有纵裂的阴道,阴道背侧有肛孔。雌性第二若虫的末端有 2 个突起供接合用,成虫无此构造(图 7-5)。

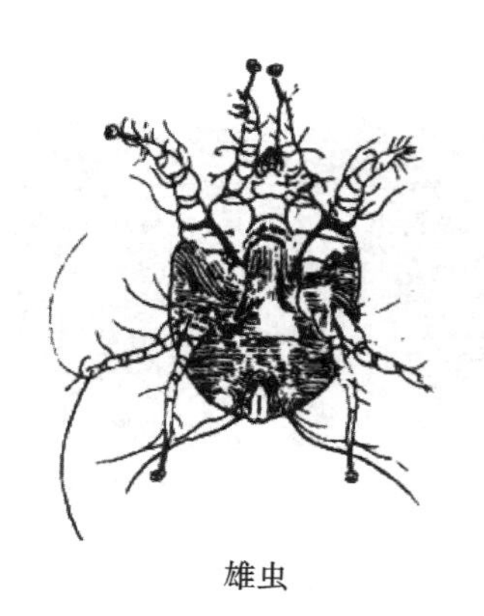
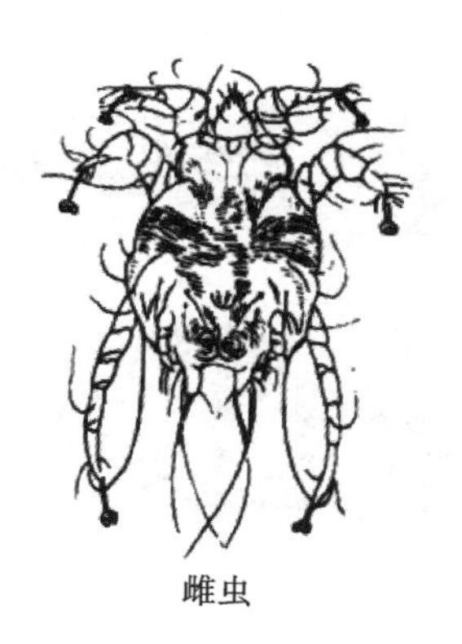

图 7-5 痒螨成虫

（三）蠕形螨

虫体细长呈蠕虫样，半透明乳白色，一般体长 0.17～0.44 mm，宽 0.045～0.065 mm。全体分为颚体、足体和末体三部分。颚体（假头）呈不规则四边形，由一对细针状的螯肢、一对分三节的须肢及一个延伸为膜状构造的口下板组成，为短喙状的刺吸式口器。足体（胸）有 4 对短粗的足，各足基节与躯体腹壁愈合成扁平的基节片，不能活动。末体（腹）长，表面具有明显的环形皮纹。雄虫的雄茎自足体的背面突出。雌虫的阴门为一狭长的纵裂，位于腹面第 4 对足的后方（图 7-6）。

二、生活史

（一）疥螨

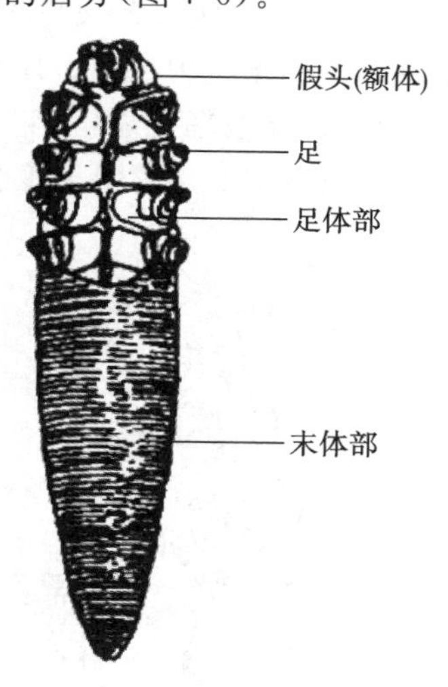

图 7-6 犬蠕形螨

疥螨属于不完全变态类，其发育过程包括虫卵、幼虫、若虫和成虫四个阶段；雄螨有 1 个若虫期，而雌螨有 2 个若虫期。受精后的雌螨非常活跃，每分钟能爬行 2.5 cm，在宿主的表皮寻找适当部位，利用螯肢和前足跗节末端的爪突挖凿隧道，每日能挖凿 2～5 mm，以后逐渐形成 1 条与皮肤平行的蜿蜒隧道。在隧道中，每隔一段距离即有通向表皮的纵向通道，便于虫卵的孵育和幼虫爬出隧道。雌螨经 2～3 日开始在隧道内产卵，每日产卵 1～2 粒。雌螨继续向前掘进，卵就留在虫体后面的隧道中。这样持续 4～5 周，可产卵 40～50 粒。虫卵呈椭圆形，淡黄色，长约 0.15 mm。虫卵在隧道中一般经 3～4 日孵出幼虫。幼虫孵出后很活跃，可离开隧道爬到宿主皮肤表面，然后顺着毛孔或毛囊间的皮肤而钻入，并开凿小穴道，在小穴道内经 3～4 日蜕皮发育为若虫。若虫有大小两型，小型若虫是雄性若虫，在挖凿的浅穴道内蜕皮变为雄螨；大型若虫是雌性第一期若虫，体长约 0.16 mm，有足 4 对，经蜕皮发育为雌性第二期若虫（又称未成熟雌虫或青春期雌虫）。雌性第二期若虫与雄虫在隧道中或宿主体表接触，然后雌性第二期若虫再蜕皮变为雌螨。雌螨又钻入皮内，挖凿永久性隧道，并在其中产卵。雄螨交配后留在隧道中，或自行啮钻 1 个短隧道而短期生活，很快就会死亡。雌螨的寿命达 4～5 周。疥螨整个发育过程为 8～22 日，平均 15 日（图 7-7）。

疥螨离开宿主后，在适宜温湿度下，在畜舍内、墙壁上或各种用具上能存活 3 周左右；在 18～20 ℃，空气湿度 65%时，可存活 2～3 日；在 7～8 ℃，能存活 15～18 日。虫卵离开宿主后 10～30 日，仍保持其发育能力。某种动物寄生的疥螨机械地传给另一种动物时，疥螨能在后一种动物的皮肤内生存数日，甚至能够采食，以后则死亡。

（二）痒螨

痒螨寄生于皮肤表面，吸食患部渗出物和淋巴液，不在皮肤内挖掘隧道（图 7-8）。痒螨的发育过程与疥螨相似，雌螨产卵于患部皮肤周围，虫卵灰白色，椭圆形，借助特殊物质黏着于上皮的鳞屑。

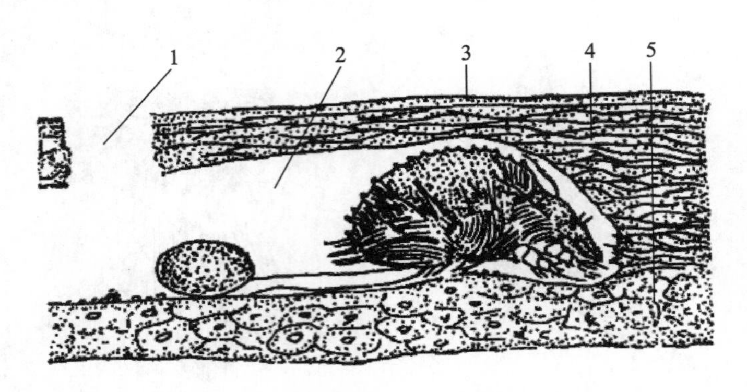

图 7-7　螨在皮内开凿隧道

1. 隧道口　2. 隧道　3. 皮肤表层　4. 角质层　5. 细胞层

85%～90%的湿度和 36～37 ℃的温度，适于胚胎发育，一般虫卵经过 2～3 日（可长至 6 日）孵出幼虫，采食 24～48 小时进入静止期后蜕皮成为第一期若螨，若螨具 4 对浅棕色足，除第 3 对足端部为长刚毛外，其余 3 对足均具有吸盘。采食 24 小时，经过静止期蜕皮成为雄螨或第二期若螨，雄螨通常以其肛吸盘与第二期若螨躯体后部的一对瘤状突起相接，抓住第二期若螨，这一接触约需 48 小时。之后第二期若螨蜕皮变为雌螨，体后端瘤状突起消失，雌雄进行交配。雌螨采食 1～2 日后开始产卵，一生可产卵约 40 粒。痒螨整个发育过程为 10～12 日，寿命为 42 日。在温度不足、低温与日光的影响下，一个世代的发育可持续 3 个月。痒螨具有比疥螨更强韧的角质表皮，离开宿主后，对外界不利因素的抵抗力很强。痒螨在 6～8 ℃温度和 85%～100%空气湿度下，在畜舍内不采食时也能生存 2 个月；在牧场上能生存 35 日。在－2～12 ℃温度下，经过 4 日死亡；在－25 ℃时经 6 小时死亡。当牧场气温和湿度显著变化时，虫卵经 4～8 日死亡。

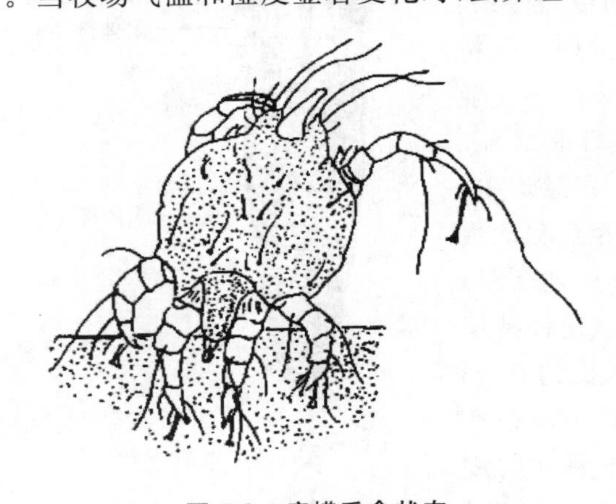

图 7-8　痒螨采食状态

（三）蠕形螨

蠕形螨属于不完全变态类，其发育过程包括虫卵、幼虫、若虫和成虫等 4 个阶段。全部发育阶段均在宿主体上进行。雌螨产卵于宿主的毛囊和皮脂腺内。虫卵无色半透明，呈蘑菇状，自前端向后逐渐增宽，虫卵长 0.07～0.10 mm。虫卵经 2～3 日孵出幼虫。幼虫经 1～2 日蜕皮变为第一期若虫。再经 3～4 日蜕皮变为第二期若虫。然后经 2～3 日蜕皮变为成螨。整个生活史约需半个月。成螨在耵聍内能存活 4 个月以上。它们多半先寄生在发病皮肤毛囊底部，很少寄生于皮脂腺内。据研究证明，犬蠕形螨尚能生活在宿主的组织和淋巴结内。本病的发生主要是由于病畜与健畜互相接触，通过皮肤感染。

三、流行病学

（一）感染来源

患有此病的病牛、羊或其他一些带虫的动物为主要的感染来源。其他畜禽、鼠类、麻雀、乌鸦等野生动物也可作为螨类的传播者。

（二）易感动物

疥螨病多发生于山羊，痒螨病多发生于绵羊。引进羊和改良羊易感性强；高山羊也可感染，但症状较轻，多为带虫者。

（三）感染途径

蝻病除了可通过健康动物与患螨动物直接接触而进行传播和感染外，还可通过与被污染的圈

舍、用具以及饲养员的衣物等间接接触而发生流行。在牧区，由于牧民对于螨病的综合防治认识不足，因此没有把患病动物隔离饲养，经常将圈舍的羊只放牧于同一草地；另外，圈舍环境没有引起牧民足够的重视，使圈舍内粪便、垫草等污物成为一大感染来源。这也是螨病在灌木、疏林草地流行较严重，而在高山草甸则相对较轻的原因。

（四）流行地区

常年温度高和湿度大的地方，就是螨分布最为集中、数量最多的地方。具体到我国，螨多的地区主要有广东、浙江、江苏、上海、福建等东南沿海地区，因为这些地区属于南部，又靠海，因此整体气候特征是温暖潮湿，非常有利于螨的生长繁殖。

四、临床症状和病理变化

螨侵入肺脏可出现肺炎或肺结核的症状；侵入肠道，可出现肠炎的症状；进入肾脏，可出现与肾炎一样的症状。加上螨的检查也比较困难，因此绝大部分病例没有被确诊。

（一）疥螨

马疥螨病：先由头部 、体侧躯干及颈部开始，然后蔓延至肩部乃至全身。痂皮硬固不易脱落，勉强剥落时，创面凹凸不平，易出血。

山羊疥螨病：主要发生于嘴唇四周、眼圈、鼻背和耳根部，可蔓延到腋下、腹下和四肢曲面等无毛及少毛部位。

绵羊疥螨病：主要在头部明显，如嘴唇周围、口角两侧，鼻子边缘和耳根下面。发病后期病变部位形成坚硬白色胶皮样痂皮，牧民称其为“石灰头”病。

牛疥螨病：开始于牛的面部、颈部、背部、尾根等被毛较短的部位，病情严重时，可遍及全身，特别是幼牛感染疥螨后，往往引起死亡。

猪疥螨病：仔猪多发，初从头部的眼周、颊部和耳根开始，以后蔓延到背部、身体两侧和后肢内侧，患部剧痒，被毛脱落，渗出液增加，形成石灰色痂皮，皮肤呈现皱褶或龟裂。

兔疥螨病：先在嘴、鼻孔周围和脚爪部位发病。病兔不停地用嘴啃咬脚部或用脚搔抓嘴、鼻孔等处解痒，严重发痒时有前、后脚抓地等特殊动作。病兔脚爪上出现灰白色痂块，嘴唇肿胀，影响采食。

犬疥螨病：先发生于头部，后扩散至全身，幼犬尤为严重。患部有小红点，皮肤也发红，在红色或脓性疱疹上有黄色痂，奇痒，脱毛，然后表皮变厚而出现皱纹。

猫疥螨病：由猫背肛螨引起，寄生于猫的面部、鼻、耳及颈部，可使皮肤龟裂，出现黄棕色痂皮，常可使猫死亡。

（二）痒螨

马痒螨病：最常发生的部位是鬃、鬣尾领间、股内面及腹股沟。乘马、挽马则常发生于鞍具、颈轭、鞍褥部位。皮肤皱褶不明显，痂皮柔软，黄色脂肪样，易剥离。

绵羊痒螨病：对绵羊的危害特别严重，多发生于密毛的部位，如背部、臀部，然后波及全身。病羊的表现首先是羊毛结成束和体躯下部泥泞不洁，而后可见零散的毛丛悬垂于羊体，好像披着棉絮，继而全身被毛脱光。患部皮肤湿润，形成浅黄色痂皮。

山羊痒螨病：主要发生在耳壳内面，在耳内生成黄色痂，将耳道堵塞，使山羊变聋，食欲不振甚至死亡。

牛痒螨病：初期见于颈部两侧、垂肉和肩胛两侧，严重时蔓延到全身。病牛表现奇痒，常在墙头、木柱等物体上摩擦，或以舌舐患部，被舐部位的毛呈波浪状。以后被毛逐渐脱落，淋巴渗出形成棕褐色痂皮，皮肤增厚，失去弹性。严重感染时病牛精神萎顿，食欲大减，卧地不起，最终死亡。

水牛痒螨病：多发于角根、背部、腹侧及臀部，严重时头部、颈部腹下及四肢内侧也有发生。体表形成油皮起爆状的痂皮。此种痂皮薄似纸，干燥，表面平整，一端稍微翘起，另一端则与皮肤紧贴，若轻轻揭开，则在皮肤相连端痂皮下可见许多黄白色痒螨在爬动。

兔痒螨病：主要侵害耳部，引起外耳道炎，渗出物干燥后形成黄色痂皮，如纸卷状堵塞耳道。病

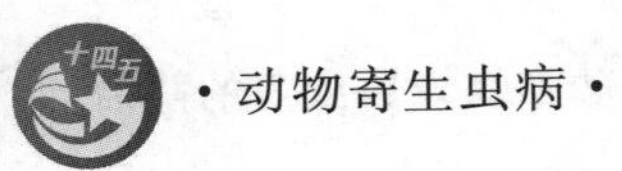

兔耳朵下垂，不断摇头和用腿搔耳朵。严重时蔓延至筛骨或脑部，引起癫痫症状。

（三）蠕形螨

蠕形螨钻入毛囊或皮脂腺内，以针状的口器吸取宿主细胞内含物，由于虫体的机械刺激和排泄物的化学刺激使组织出现炎性反应，虫体在毛囊中不断繁殖，逐渐引起毛囊和皮脂腺的袋状扩大和延伸，甚至增生肥大，引起毛干脱落。此外，由于腺口扩大，虫体进出活动，易使化脓性细菌侵入而继发毛脂腺炎、脓疱。有的学者根据受虫体侵袭的组织中淋巴细胞和单核细胞的显著增加，认为引起毛囊破坏和化脓的是一种迟发型变态反应。

犬蠕形螨病：多发于5～6个月的幼犬，成年犬常见于发情期及产后的雌犬。主要见于面耳部，重症时躯体各部亦受感染。初期在毛囊周围有红润突起，后变为脓疱。最常见的症状是脱毛，皮脂溢出，银白色具有黏性的表皮脱落，并有难闻的奇臭。常继发葡萄球菌及链球菌感染而形成脓肿，严重时可因贫血及中毒而死亡。有时在正常的幼犬身上，可发现蠕形螨，但并不呈现症状。

猪蠕形螨病：一般先发生于眼周围、鼻部和耳基部，而后逐渐向其他部位蔓延。痛痒轻微，或没有痛痒，仅在病变部位出现针尖、米粒甚至核桃大的白色囊。囊内含有很多蠕形螨、表皮碎屑及脓细胞，细菌感染严重时，成为单个的小脓肿。有的病猪皮肤增厚、不洁、凹凸不平而盖以皮屑，并发生皱裂。

羊蠕形螨病：常寄生于羊的眼部、耳部及其他部位，除对皮肤引起一定损害外，也在皮下生成脓性囊肿。

牛蠕形螨病：一般初发于头部、颈部、肩部、背部或臀部，形成小如针尖至大如核桃的白色小囊瘤，常见的为黄豆大，内含粉状物或脓状稠液，并有各期的蠕形螨。也有只出现鳞屑而无疮疖的。

蠕形螨的病理变化主要是皮炎、毛囊皮脂腺炎或化脓性急性毛囊皮脂腺炎。

五、诊断

（一）疥螨

对有明显症状的螨病，根据发病季节、瘙痒程度、患部皮肤病变等可确诊。但症状不明显时，对犬、猫的疥螨病则需要刮取患部和健康部交界处的皮肤，镜检螨虫；对猪疥螨，应刮取耳内侧皮肤检查。虫体少时，可用10% KOH消化后再镜检。

（二）痒螨

对有明显症状的痒螨病，根据发病季节、瘙痒程度、患部皮肤的变化等确诊并不困难。但症状不够明显时，则需采取患部皮肤上的痂皮，检查有无虫体，才能确诊。

（三）蠕形螨

本病的早期诊断较困难，可疑的情况下，可切破皮肤上的结节或脓疱，取其内容物做涂片镜检，以发现病原。犬蠕形螨感染应与疥螨感染相区别，本病毛根处皮肤肿起，皮表不红肿，皮下组织不增厚，脱毛不严重，银白色皮屑具黏性，瘙痒不严重。疥螨病时，毛根处皮肤不肿起，脱毛严重，皮表红而有疹状突起，皮下组织不增厚，无银白色皮屑，但有小黄痂，奇痒。

六、防治

（一）药物治疗

目前比较常用而疗效较好的治疗药物有下列几种，局部用药或注射，对已经确诊的螨病病畜，应及时隔离治疗。

(1)溴氰菊酯：0.05%浓度的药液喷洒。

(2)2%碘硝酚注射液：以10 mg/kg体重的剂量一次皮下注射。

(3)1%的伊维菌素注射液：以0.02 mL/kg体重的剂量一次皮下注射。

（二）药浴疗法

最适用于羊。此法既可用于治疗也可用于预防螨病。药浴可选择木桶、旧铁桶、大铁锅或水泥

浴池，亦可选择新疆旋-8 型家畜浴淋装置或呼盟-10 型家畜机械化药浴池，应根据具体条件选用。山羊在抓绒后，绵羊在剪毛后 5～7 日进行。除羊，其他家畜在必要时亦可进行药浴。药浴应选择无风晴朗的天气进行。老弱幼畜和有病羊应分群分批进行。药浴前让羊饮足水，以免误饮中毒。药浴时间为 1 分钟，注意浸泡羊头。药浴后应注意观察，发现羊只精神不好、口吐白沫，应及时治疗，同时也要注意工作人员的安全。如一次药浴不彻底，可经 7 日后进行第二次药浴。药浴时可用0.05％的双甲脒、0.005％的倍特、0.05％的蝇毒磷水溶液。

（三）预防

（1）要做好引种检疫及驱虫工作。养殖场户最好做到自繁自养，有效避免疫病传入。如必须引种，应落实健康检疫工作，确保健康的情况下方可引种。引种后的羊应隔离饲养 1 个月，在这期间应密切留意引种羊是否存在脱毛、发痒等现象，如发现异常，应及时隔离治疗。

（2）要做好驱虫工作，选择在春季和秋季各驱虫 1 次，常用药物有伊维菌素、溴氰菊酯乳油剂等，均可取得良好的驱虫效果。

（3）应强化饲养管理工作，确保饲料营养均衡，合理控制好饲养密度，避免过度拥挤，保证圈舍光照通风正常，及时清理粪污，避免细菌病毒大量滋生，常用消毒剂有氢氧化钠、高锰酸钾等，为羊群生长营造健康的环境，有效降低羊螨病发病率。

任务三 主要昆虫病的防治

扫码学课件
7-3

子任务一 虱的防治

某犬，公，5 月龄，6 kg，有完整的免疫史。主诉其经常在外玩耍，近半月来发现该犬烦躁不安，经常用爪挠身体，身体部分地方有脱皮和脱毛现象，甚至有皮肤擦破。经检查该犬体有虱存在。

问题：该病与环境有什么关系？该病应如何进行防治？

一、病原

虱分两大类：一类是吸血的，叫兽虱或吸血虱；另一类是不吸血的，叫毛虱或羽虱（图 7-9）。

毛虱

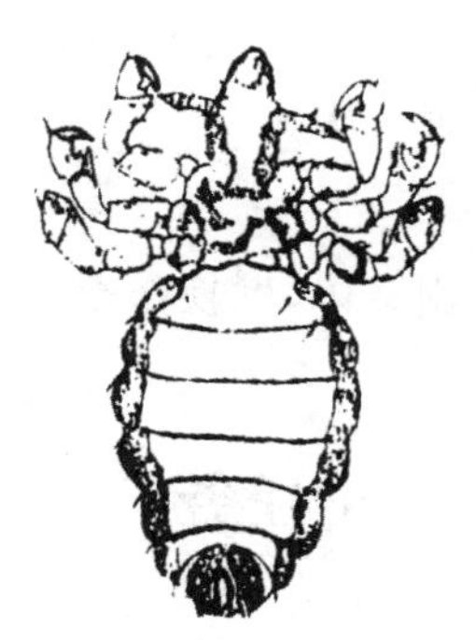

兽虱

图 7-9 虱

（一）兽虱

长 1～5 mm，背腹扁平，头狭长，头部宽度小于胸部，触角短。口器刺吸式。胸部 3 节融合为一。

虫卵黄白色，0.8～1 mm×0.3 mm，长椭圆形，黏附于家畜被毛上。

（二）毛虱或羽虱

毛虱寄生于兽类，羽虱寄生于禽鸟类。羽虱体长 0.5～10 mm，背腹扁平，有的体宽而短，有的细长。头端钝圆，头部的宽度大于胸部。

二、生活史

虱属于不完全变态类，其发育过程包括虫卵、若虫和成虫 3 个阶段。自虫卵发育到成虫需 30～40 日。每年能繁殖 6～15 代。雌虱产完卵死亡，雄虱于交配后死亡。

兽虱以吸食宿主的血液为生，羽虱和毛虱则以宿主的羽毛、毛及皮屑为食物。秋冬季节，家畜的被毛增长，绒毛厚密，皮肤表面的湿度增加，造成有利于虱生存和繁殖的条件，数量增多，在夏季，虱数量显著减少。

虱主要通过直接接触传播，此外还可通过各种用具、褥草、饲养人员等间接传播。饲养管理与卫生条件不良的畜群，虱较多。

三、流行病学

虱在宿主被毛上产卵，虫卵经 7～10 日孵化成幼虫，数小时后就能吸血。然后再经 2～3 周的反复 3 次蜕皮而变为成虫。成虫的寿命为 30～40 日。犬被大量虱寄生即可发病。动物之间直接接触传播。

四、临床症状和病理变化

兽虱吸血时，分泌毒素，引起痒觉，家畜不安，影响采食和休息。若皮肤被咬伤或擦破时可能继发细菌感染或引起伤口蝇蛆症。严重感染可能引起化脓性皮炎，有脱皮和脱毛现象。牛犊经常舔吮患部，可造成食毛癖，在胃内形成毛球，产生严重后果。

羽虱虽不吸血，但它在体表爬动并啮食羽毛、皮屑时也可引起痒感，使病禽不安，擦破或啄伤皮肤，有些羽虱尚可在羽基部咬破皮肤啮食渗出物。严重感染时也和兽虱一样可引起病禽消瘦，幼禽发育不良，毛、肉、乳、蛋的产量或质量降低。雏鸡偶有死亡的。

五、诊断

在寄生部位发现成虫和虱卵，即可作出诊断。

六、防治

（一）治疗

（1）双甲脒、溴氰菊酯等杀虫剂体表喷雾。

（2）伊维菌素或爱比菌素：0.3 mg/kg 体重，一次皮下或肌内注射；每日 0.1 mg/kg 体重，混入饲料喂，连用 7 日。间隔两周再用一次。

（二）防治

加强饲养管理，要经常梳刷畜体，勤换垫草，保持畜舍清洁卫生和通风、干燥。对畜群要定期检查，及时治疗。

子任务二　牛皮蝇的防治

案例引导

我国西北某地的一个牧场，一段时间以来，2～4 岁的青年牛发生爬窝不起，消瘦贫血，皮毛粗乱无光泽，触摸病牛背部、腰部皮肤粗糙凹凸不平，并可摸到圆形的瘤状结节。剖检可见皮下组织增生和蜂窝织炎，还可见到通向结缔组织囊的瘘管和皮肤穿孔的瘢痕。用手挤压可从结节顶部挤出分节的白色或黄白色的蛆。

问题：案例中的牛群感染了何种寄生虫病？如何治疗？该病的发生与养殖方式和环境条件有何关系？

一、病原

皮蝇属蝇类的成虫体被长绒毛，状如蜂，因此有些人误认为是蜂。头部有黄灰色绒毛，有不大的复眼和3只单眼。触角分3节，第3节很短，嵌入第2节内，触角芒无分支，无口器，不叮咬牛体，不能采食，依赖幼虫期积蓄的营养维持生活。

皮蝇种类较多，在我国常见的有两种。

（一）牛皮蝇

成虫体长约15 mm，胸腹均较粗大，体上绒毛较厚而长。胸的前部和后部的绒毛为淡黄色，中部的绒毛为黑色。腹部前段有长而厚的白色绒毛，中间为黑色，末端为橙黄色。

虫卵一端有柄，以柄附在牛毛上，每根毛只黏附一枚虫卵。

幼虫分3期。由虫卵孵出的为第1期幼虫，呈淡黄色，第2期幼虫体长3～13 mm，寄生于食道壁，呈乳白色透明，第3期幼虫长度可达28 mm，寄生于牛背皮下，颜色由刚蜕皮的浅色变为棕褐色，长宽比例约为18∶2(图7-10)。

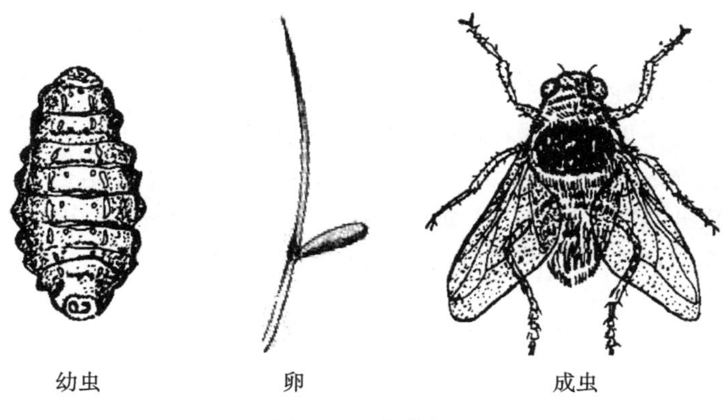

图7-10　牛皮蝇

（二）纹皮蝇

成虫体长约13 mm，瘦长，头前面有淡黄色长绒毛。胸背面部有不太浓厚的灰白色接近淡黄色的长绒毛，后部有短黑绒毛。腹部有长毛，近基部为灰白色，近端部为橙黄色，但不明显。翅呈褐色。

虫卵与牛皮蝇相似，但是一根牛毛上可见一列虫卵。第1期幼虫和第2期幼虫与牛皮蝇基本相似，第3期幼虫呈椭圆形，体长26 mm，较牛皮蝇幼虫略小。

二、生活史

牛皮蝇和纹皮蝇的发育基本相似，属完全变态，经过虫卵、幼虫、蛹及成虫4个阶段，整个发育过程大约需1年。

成蝇于每年4月末至5月初开始出现，雌雄蝇交配后，雄蝇死去，雌蝇产完卵后也死去。牛皮蝇多在牛的四肢上部、腹部、乳房及体侧被毛上产卵；纹皮蝇产卵多在牛的后腿球节附近以及前腿部。虫卵孵出第1期幼虫，第1期幼虫由毛囊钻入皮下。牛皮蝇的第2期幼虫沿外围神经的外膜组织移行，2个月后到椎管硬膜的脂肪组织中，在此停留约5个月。然后从椎间孔爬出，到腰背部皮下(少数到臀部或肩部皮下)发育为第3期幼虫，在皮下形成指头大瘤状突起，上有一小孔。第3期幼虫在其中逐步长大成熟，在第2年春日离开牛体进入土中化蛹，蛹期1～2个月，后羽化为成蝇。在内蒙古地区流行的主要是纹皮蝇，其发育和牛皮蝇基本相似，但第2期幼虫寄生在食道壁上。

三、流行病学

一般来说，牛皮蝇蛆病是一种呈世界性分布的寄生虫疾病，涉及热带及亚热带地区约55个国

家。在中国北方和西南地区广泛流行，尤其在甘肃、西藏、新疆、青海、内蒙古五大牧区流行甚为严重。

四、临床症状和病理变化

成蝇虽不叮咬牛，但在夏季的繁殖季节，成群围着牛飞翔，尤其是雌蝇产卵时引起牛只惊慌不安，影响牛的采食和休息，使牛逐渐消瘦。有时牛只因狂奔造成外伤，孕牛可发生流产。

幼虫钻入皮肤时，引起局部痛痒。幼虫在体内移行造成移行各处组织的损伤。第3期幼虫在背部皮下等处寄生时，可引起局部结缔组织增生和发炎，当继发细菌感染时，可形成化脓性瘘管。幼虫移行引起瘘管，瘘管愈合形成瘢痕，严重影响皮革质量。幼虫分泌物的毒素作用，对牛的血液和血管有损害作用，可引起贫血。患牛消瘦，肉的品质下降，奶牛产奶量下降。个别患牛，因幼虫移行伤及延髓或大脑，可引起神经症状。

五、诊断

幼虫出现于背部皮下时，皮肤上有结节隆起，隆起的皮肤上有小孔与外界相通，孔内通结缔组织囊，囊内有幼虫，用力挤压，挤出虫体，即可确诊。剖检时可在相关部位找到幼虫。纹皮蝇第2期幼虫在食道壁寄生时，应与肉孢子虫相区别，其幼虫是分节的。此外，该病在当地的流行情况，患牛的症状及发病季节等有重要的参考价值。

六、防治

消灭牛体寄生的幼虫，防止幼虫化蛹，不仅有重要的预防作用，也有治疗作用。可用2%的敌百虫溶液等在牛背部皮肤上涂擦或泼淋，以杀死幼虫。亦可用手指压迫皮孔周围，挤出并杀死幼虫。在流行区牛皮蝇飞翔季节，可用敌百虫、蝇毒灵等喷洒牛体，每隔10日用药1次，以防止成蝇在牛体上产卵或杀死由虫卵孵出的第1期幼虫。亦可用每千克体重0.2 mg的伊维菌素皮下注射，每千克体重10 mg的蝇毒灵等肌内注射，对牛皮蝇有良好的杀灭效果。

子任务三　马胃蝇的防治

2017年07月30日，普兰店农户李某致电称其饲养的4匹马，不爱拉车干活，且有贫血、多汗、消瘦症状。工作人员立即到王某家，检查4匹病马：发现可视黏膜发白，极度消瘦，肋骨条可见；消化不良，排出的粪便中有未消化的饲料和食物；多汗；有两匹马腹部剧烈疼痛；有两匹马的肛门粘有粪便，粪便上粘有20 mm左右红色的椭圆形虫体。

问题：案例中的马感染了何种寄生虫病？如何治疗？该病的发生与养殖方式和环境条件有何关系？

一、病原

马胃蝇成虫很像蜜蜂，全身多毛，虫体长12～16 mm，翅透明。虫卵淡黄色，长达1.25 mm，呈长纺锤状，一端有卵盖，附着于马的被毛上。

成熟的幼虫（第3期幼虫）呈红色或黄色，分节明显，前端稍尖，有1对向腹面的口前钩；后端齐，有1对后气孔。虫体由12节组成，每1环节上有1排或2排小刺（图7-11）。

二、生活史

马胃蝇发育属完全变态，全部发育期约为1年。每年夏天胃蝇出来活动，雌雄交配后，雄蝇死亡，雌蝇把卵一个一个地产在马毛上。经1～2周的发育，卵内形成幼虫。当梳理马的被毛或马在物体上擦痒时，虫卵受到机械作用，卵壳破裂，卵内的幼虫逸出并在皮肤上移行，有的被马啃痒时吃入，有的主动爬入马的口腔，在咽喉部寄生一段时间，之后又移行到胃和十二指肠里寄生。到第二年春天，成熟了的第3期幼虫离开寄生部位，随马粪一同排出体外。幼虫在马体内寄生的时间为9～10

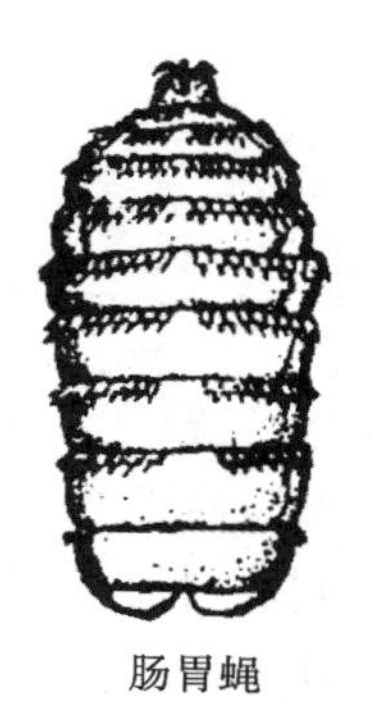

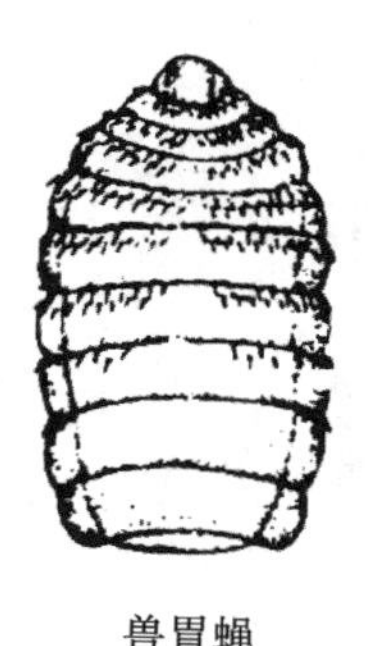

肠胃蝇　　红尾胃蝇　　兽胃蝇　　鼻胃蝇

图 7-11　胃蝇第 3 期幼虫

个月，被排出后，钻到马粪堆里，或草皮下，变成蛹，再经 1～1.5 个月，便羽化为成虫。

三、流行病学

干旱炎热的天气是成蝇发育和马匹感染有利的条件。而温度高、湿度大，蛹容易遭受霉菌侵害而死亡。成蝇在多雨和阴霾的天气不飞翔。一般消瘦和饲养管理不良的马群，更容易形成胃蝇病而流行。

四、临床症状和病理变化

成虫产卵时，可影响马匹休息和采食。马胃蝇幼虫在整个寄生期间均有致病作用。病情轻重与马匹体质和幼虫数量及虫体寄生部位有关。发病初期，幼虫引起口腔、舌部和咽喉部水肿、炎症甚至溃疡。病马表现为咀嚼、吞咽困难，咳嗽，流涎，打喷嚏，有时饮水从鼻孔流出。

幼虫移行引起慢性胃肠炎、出血性胃肠炎等。幼虫吸血及虫体毒素作用，使动物出现营养障碍，如食欲减退、消化不良、贫血、消瘦、腹痛等，甚至逐渐衰竭死亡。幼虫叮咬部位呈火山口状，甚至出现胃穿孔和较大血管损伤及继发细菌感染。有时幼虫阻塞幽门部和十二指肠。幼虫寄生于直肠时可引起充血、发炎，表现为排粪频繁或努责。幼虫刺激肛门，病马摩擦尾部，引起尾根和肛门部擦伤和炎症。

五、诊断

除根据临床症状外，还要结合流行病学情况，如当地是否有本病流行，马匹是否引自流行区，被毛有无虫卵等进行诊断。当虫体在胃部但无法证实其存在时，可用药物进行诊断性驱虫。

六、防治

（一）治疗

(1)伊维菌素：0.2 mg/kg 体重，皮下注射。有一定效果。

(2)氯氰碘柳胺钠：500 mg/kg 体重，口服。

（二）预防

流行地区每年秋冬两季进行预防性驱虫，这样既能保证马匹的健康，使其安全过冬，又能消灭幼虫，达到消灭病原的目的。

子任务四　羊鼻蝇的防治

案例引导

某养殖户家中饲养的羊群突发疾病，病羊鼻黏膜发炎，有时出血，开始分泌浆液性鼻液，以后流出脓性鼻液，带血，由于鼻孔处形成硬痂，使之堵塞，因而呈呼吸困难，病羊表现为打喷嚏，甩鼻子，摇头，磨牙，食欲减退，日渐消瘦，其中一只羊出现旋转行走样神经症状。

对病死羊只进行病理解剖，内脏未见到特征性病变。在鼻腔、鼻窦发现有黄棕色虫体。

问题：案例中的羊感染了何种寄生虫病？如何治疗？该病的发生与养殖方式和环境条件有何关系？

一、病原

成虫比家蝇大，长 10～12 mm。头大，呈半圆形，黄棕色，无口器。触角第 3 节黑色，角芒黄色，基部膨大、光滑。胸部黄棕色并有黑色纵纹。腹部有褐色及银白色的斑点，翅透明。

由蝇体产出的第 1 期幼虫长 1 mm，呈淡黄白色，梭形。第 2 期幼虫体上的刺不显著。第 3 期幼虫体长可达 30 mm，无刺，各节上有深棕色的横带。腹面扁平，后端如刀切状，有两个明显的黑色气孔（图 7-12）。

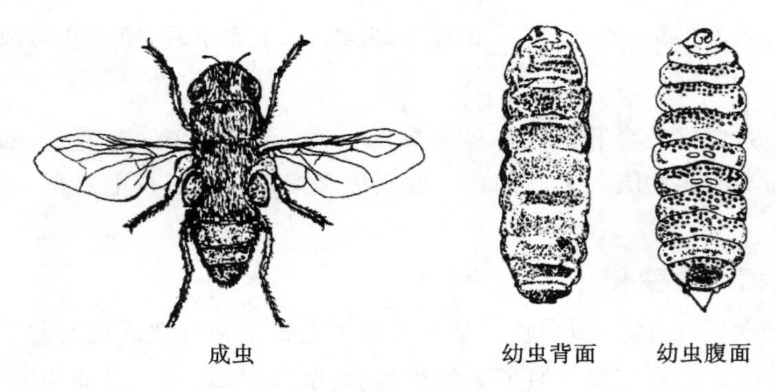

图 7-12　羊鼻蝇

二、生活史

成蝇不营寄生生活。出现于每年的 5—9 月，雌雄交配后，雄蝇即死亡。雌蝇生活至体内幼虫形成后，在炎热晴朗无风的白天活动，遇羊时突然冲向羊鼻，将幼虫产于羊的鼻孔内或鼻孔周围。雌蝇产完幼虫后死亡，刚产下的第 1 期幼虫经 2 次蜕化变为 3 期幼虫。当病羊打喷嚏时，幼虫被喷落到地面，钻入土内化蛹。蛹期 1～2 个月，之后羽化为成蝇，成蝇寿命 2～3 周。

本虫在北方较冷地区，每年仅繁殖 1 代，而在温暖地区，每年可繁殖 2 代。此外，绵羊的感染率比山羊高。

三、流行病学

羊狂蝇蛆主要寄生于绵羊，间或寄生于山羊。在较冷地区，第 1 期幼虫生活期约 9 个月，蛹期长达 49～66 日，温暖地区，蛹期 25～35 日。因此，本虫在我国北方每年仅繁殖 1 代，而在温暖地区，则每年繁殖 2 代。

四、临床症状和病理变化

成虫在侵袭羊群产幼虫时，羊只不安，互相拥挤，频频摇头、喷鼻，或以鼻孔抵于地面，或以头部埋于另一只羊的腹下或腿间，严重扰乱羊的正常生活和采食，使羊生长发育不良且消瘦。

幼虫在羊鼻腔内固着或移动，机械地刺激和损伤鼻黏膜，引起发炎和肿胀，鼻腔流出浆液性或脓性鼻液，鼻液在鼻孔周围干涸，形成鼻痂，并使鼻孔堵塞，呼吸困难。病羊表现为打喷嚏、摇头、甩鼻子、磨牙、眼睑水肿、流泪、食欲减退、日益消瘦；数月后症状逐步减轻，但发育为第 3 期幼虫时，虫体变硬、增大，并逐步向鼻孔移行，症状又有所加剧。

在寄生过程中少数第 1 期幼虫可能进入鼻窦，虫体在鼻窦中长大后，不能返回鼻腔，而致鼻窦发炎，甚至病害累及脑膜，此时可出现神经症状，最终可导致死亡。

五、诊断

根据症状、流行病学和尸体剖检，可作出诊断。为了早期诊断，可用药液喷入鼻腔，收集用药后

的鼻腔喷出物，发现幼虫后，即可确诊。出现神经症状时，应与羊脑多头蚴病和莫尼茨绦虫病相区别。

六、防治

（一）治疗

伊维菌素：0.2 mg/kg 体重，1 mL 溶液皮下注射。

氯氰柳胺：5 mg/kg 体重，口服，或 2.5 mg 皮下注射，可杀死各期幼虫。

（二）预防

分析羊鼻蝇的寄生特点，降低羊鼻蝇蛆的感染率，最有效的措施是阻断雌蝇的产卵环节，造成幼虫繁殖的断代能起到不错的控制效果。但是，操作起来较困难。从防控的角度分析，还应以"防"为主，配合积极治疗，根据此病流行特点，结合北方气候变化，建议每年 2—4 月，应提前做好驱羊鼻蝇的准备工作，为夏季很好控制此病做准备。在驱虫的同时，注意场地清洁卫生，及时清除羊鼻蝇的蛆蛹。进入夏天后，到羊鼻蝇的活跃季节，可尝试用 3%的来苏水，喷施到羊鼻腔内，起到清灭幼虫的目的。或者，用 1%的敌敌畏溶液，涂抹在羊鼻孔处，定期涂抹能控制成虫而起到控制疾病的目的。而随着虫害的繁殖，第 1 期和第 2 期幼虫可深入到鼻腔较深部位，为此可尝试用熏蒸毒杀的方式。用 80%的敌敌畏乳油加热雾化，每立方米用 1 mL 的药剂，确保有 10～15 分钟的熏蒸时间，驱虫效果可达 100%。对成虫的清灭，可用 5%敌敌畏溶液，定期喷施羊舍周边，能起到理想的防控效果。喷施可安排在清晨或傍晚，此时羊鼻蝇成蝇活动最弱、防控效果最理想。此外，大量的驱虫实践证实：彻底根除羊鼻蝇蛆病可能性不大。为此，应选择合理的放牧方式，以有效避开雌蝇产卵。通常情况下，中午为羊鼻蝇活跃期，为此，最好安排在清晨和晚间放牧。

子任务五　吸血昆虫的防治

一、蚊

蚊是一类小型吸血昆虫，遍布世界各地。蚊的种类很多，在我国已发现 300 余种。

蚊属蚊科，重要的有 3 个属，即按蚊属、库蚊属和伊蚊属。蚊除叮吸人、畜血液外，还能传播许多疾病。

（一）病原

虫体长 5～9 mm，体形细长，分头、胸、腹 3 部。具双翅 6 足，头部呈圆球形，上有触角、触须和复眼各 1 对，口器为刺吸式。触角细长而分节，呈鞭状。雌蚊吸血，雄蚊(图 7-13)不吸血。

（二）生活史

蚊在多水地区滋生，发育属完全变态。雌蚊产卵于水中，虫卵孵出幼虫(孑孓)，幼虫蜕皮 3 次化为蛹，蛹再羽化为成虫。不同蚊种的幼虫滋生的环境亦不同，按蚊一般滋生于清水中，库蚊一般滋生于污水中，伊蚊则滋生于比较清的积水中。按蚊与库蚊多在夜间活动，伊蚊则多在白天出来吸血。蚊虫多以成虫躲藏于阴暗、潮湿的角落里越冬。

（三）流行病学

蚊类 7 月上旬对家畜有明显侵害，9 月中旬侵害基本结束，侵害高峰为 7 月中旬至 9 月上旬。日落前 1 小时至日落后 3 小时家畜周围密度最大，侵害力最强，夜深稍减，拂晓又起而攻之，日出后侵害势头明显减弱。阴雨无风天气猖獗，晴天和大风天少见侵害。

（四）危害特征

蚊虫叮咬人、畜时，在叮咬处发生红肿、剧痒，甚至发炎，使畜禽不能很好地休息，同样也能影响人的工作和休息。蚊虫可作为马丝状线虫、牛丝状线虫、犬恶丝虫等的中间宿主。此外蚊虫还能传播人和家禽的疟疾，马流行性脑脊髓膜炎、鸡痘、炭疽等，可引起畜禽大批死亡。

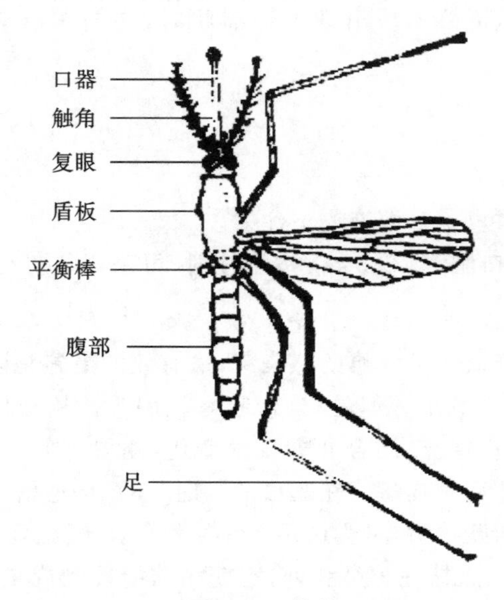

图 7-13　雄蚊

二、虻

虻的种类很多，重要的有 3 个属，即虻属、麻（雨）虻属和斑虻属。虻类是家畜的重要吸血昆虫，主要是舐吸家畜和野生动物的血液，有时也叮咬人，如斑虻。除叮咬人畜外，还能传播人畜多种疾病，如马伊氏锥虫病和家畜炭疽等，分布于全国各地。

（一）病原

成虫体形大，呈黄黑、绿或灰黑色。头部多呈三角形，大部分为 1 对复眼所占。触角由 3 节组成，口器为刮舐式，适于刮切或穿刺较厚的动物皮肤，刮吸血液。胸部有翅 1 对，足 3 对较壮实，腹部椭圆形(7-14)。

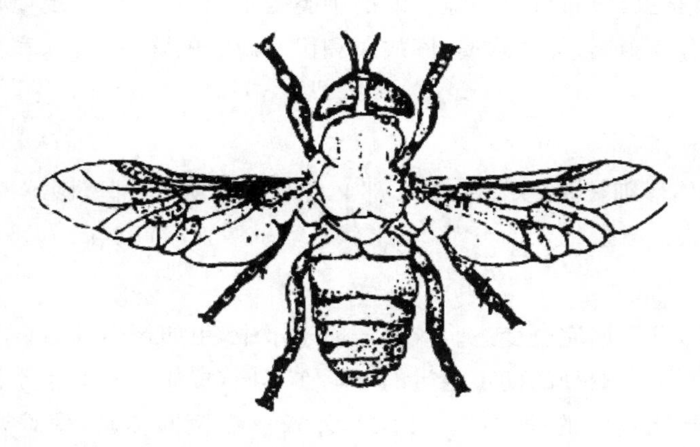

图 7-14　虻

（二）生活史

虻的活动季节在南方一般为 4—10 月，北方为 5—8 月。虻的成虫出现于夏季炎热的天气里，雄虫以树木及植物液汁或花蜜等为食物，雌虫以吸血为生。雌虫产卵于植物的茎、叶上，虫卵呈纺锤形，聚集成堆。虫卵经 3～8 日孵出幼虫，幼虫生活于潮湿地带或水中，于晚秋或次年春爬至土里变为蛹，再经羽化后变为成虫。虻活动力强，且飞程很远，夏天从清晨开始飞，到中午时最活跃。

麻虻属的虻也能在雨雾天侵袭家畜。雄虻不吸血，常居于草丛及树林中。

（三）流行病学

6 月下旬对家畜出现侵害，7 月为侵害高峰。晴朗高热天气在上午 10 时至下午 3 时最为猖獗，

牛体周围密度最大，晴风天少见侵害，阴雨天不见侵害。

（四）危害特征

虻叮咬皮肤时，注入有毒的唾液，使伤口肿胀、痛痒和流血。虻骚扰性大，常使家畜不安，逐渐消瘦，产奶量降低。虻还能传播家畜疾病，如伊氏锥虫病、马传染性贫血病、炭疽、土拉伦斯菌病和人体的罗阿丝虫病。

三、蠓

蠓俗称墨蚊，属于蠓科，种类颇多，与兽医关系密切的是库蠓属。我国已知的有120余种和亚种。库蠓也是一种小型吸血昆虫，分布于全国各地，以夏、秋两季最为常见。库蠓不仅吸食人畜的血液，还能传播畜禽的多种疾病。

（一）病原

蠓的身体细小，一般体长1～1.25 mm，黑色或深褐色。头部近于球形，有1对大复眼与1对长触角，雌虫触角上毛稀少，雄虫毛多如羽状。喙短，刺吸式口器。雌蠓吸血，雄蠓不吸血。体上、翅上皆无鳞片，翅上有细毛和粗毛，多数有色斑(图7-15)。

（二）生活史

蠓的发育为完全变态。大多数吸血后的雌蠓产卵于松软、潮湿而富于有机质的土内，或浅的湖泊、池塘、沼泽、溪流和稻田中的水草或萍藻上，有的产卵于粪肥中，虫卵常集成堆，在适宜的温度下孵出幼虫。蠓的幼虫生活在水中，在水中滋生的幼虫移到水边变成蛹，蛹不活动，只要保持湿润即可孵化为成虫。

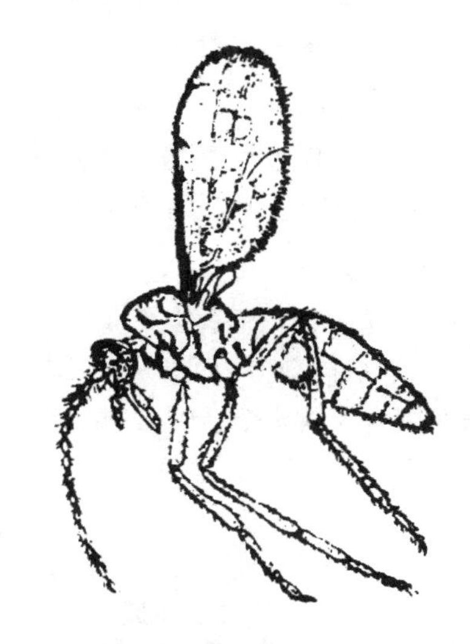

图7-15　库蠓雌虫侧面观

（三）危害特征

雌蠓在白天和黄昏均可活动，但以午后及凌晨活动最频繁，在野外或舍内均能侵袭畜禽，当大量出现时，畜禽不安、烦躁、消瘦，被叮咬后的皮肤红肿、剧痒，并出现皮下蜂窝组织水肿，甚至发生溃疡。此外蠓不仅可作为马盘尾丝虫、牛盘尾丝虫的中间宿主，还可传播人的丝虫病、鸡的卡氏住白细胞原虫病、流行性乙型脑炎等。

四、蚋

蚋又名黑蝇，属蚋科，种类甚多，目前我国已知的有50多种。蚋是一种小型吸血昆虫，以夏、秋两季最为常见，南方地区春末也有发现。分布于全国各地，在山溪、田野、河岸等处较为常见。蚋嗜吸畜禽血液，有的也吸人血，某些蚋还能传播畜禽的多种疾病。

（一）病原

蚋体小而粗短，长3～5 mm，呈褐色或黑色。胸部弯曲如驼背状。足粗短，翅宽阔而透明。头部呈半球形，有1对复眼。雄蚋的左右眼相接近，雌蚋的左右眼分开。口器发达而粗短，为刺吸式。雌蚋吸血，雄蚋不吸血。触角比头短(7-16)。

（二）生活史

蚋的生活史为完全变态。蚋的卵粒都在流水浸没的石头或水草上。幼虫吐丝结成前端开口的茧，茧内幼虫渐变为蛹，再羽化为成虫离开水面。成蚋的寿命短，雌蚋能存活1～2个月。蚋一般都在白天活动，以黎明和黄昏最为活跃。蚋的飞行能力强，能远飞2～10 km，每年可繁殖1～6代，大多数通过虫卵或幼虫在水下或冰下越冬。可侵袭各种动物，包括人、家畜、家禽。

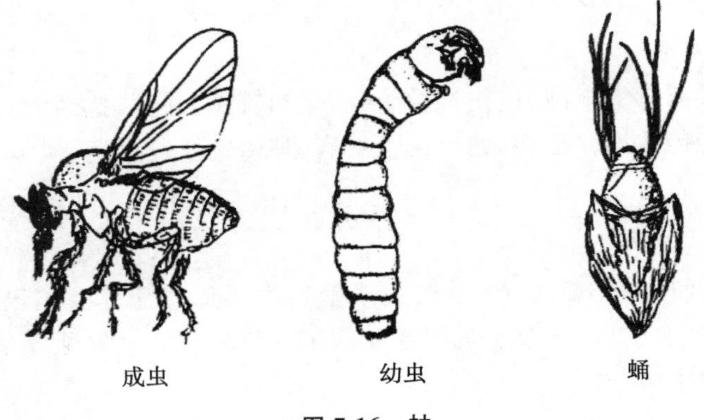

图 7-16　蚋

（三）危害特征

蚋的涎液中含有毒素，当雌蚋叮咬吸血时，人、畜虽不感疼痛，但吸血后常在吸血处的皮肤上引起局部红肿、剧痒，发生水肿、水泡、炎症，甚至溃烂。当蚋大量出现时，可严重骚扰畜禽。此外，蚋还可作为牛盘尾丝虫，沙氏住白细胞虫的传播媒介。

五、厩螫蝇

厩螫蝇又称吸血厩蝇。主要在白天活动，吸食家畜血液，偶尔也吸人血液，秋季气温下降后栖息在向阳的牛棚上。呈世界性分布。

（一）病原

厩螫蝇属于花蝇科螫蝇属。成虫呈暗灰色，长 6～8 mm，外形很像家蝇，厩螫蝇的喙细长，尖端不膨大，常指向前方，而家蝇的喙则远端显著膨大，吸取食物时悬垂于头的下方。在静止不动时，厩螫蝇的翅比家蝇略微分开。厩螫蝇腹部短而宽，腹部背面第二、三节各有 3 个黑点，家蝇则没有（图 7-17）。

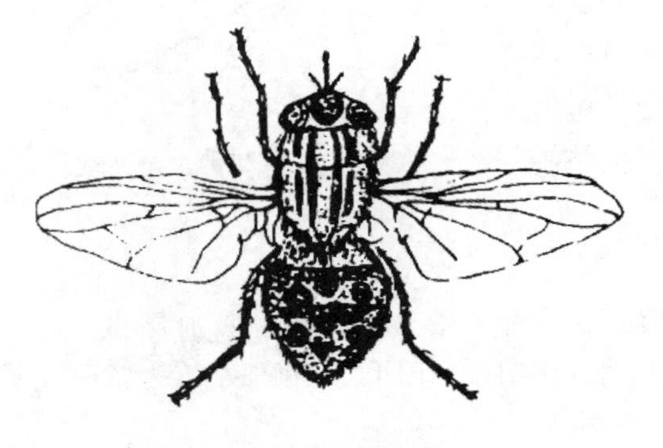

图 7-17　厩螫蝇

（二）生活史

厩螫蝇的发育属完全变态。雌虫多在潮湿的稻草堆、马粪堆中产卵，虫卵孵出幼虫，幼虫变为蛹，再羽化为成虫。雌雄虫都吸血，成蝇喜聚集在马厩、牛舍附近有日光的地方，天阴、下雨或夜间则飞入室内。厩螫蝇除吸食家畜的血液外，也吸人血，每日吸血 2～3 次，每次 2～5 分钟。成虫寿命 3～4 周，以幼虫或蛹的阶段越冬。

（三）危害特征

厩螫蝇骚扰家畜，刺吸家畜血液，使家畜不安，机械地传播锥虫与炭疽病。厩螫蝇还是马胃线虫（柔线虫）的中间宿主。

六、吸血昆虫的防治

吸血昆虫由于虫体小、繁殖快、散布广，所以难以彻底扑灭，必须采取综合防治措施。如：彻底处理不必要的积水和沼泽，根除有害昆虫的滋生地；结合草原建设和草原改良，增加必要的排水设施，有计划地烧荒处理草场；增加牧业投入，发展饲草和饲料生产，建立永久性保温、防蚊畜舍，侵害高峰时对家畜进行舍饲；注意畜舍内外卫生，保持清洁，合理处理垃圾和粪便，填埋畜舍周围的污水坑；注意放牧时间，躲避侵害高峰，尽量躲开潮湿、多水和避风的地方，乳牛戴乳罩，绵羊剪毛不宜过晚；有效的驱虫药物有敌百虫、敌敌畏、倍硫磷等，舍内或畜体用药要按说明节或医嘱进行，严格掌握浓度和剂量，以防发生家畜中毒；也可烟熏驱虫。

知识拓展

人类如何防治蜱病？

实训六 蜱、螨的形态观察

【实训目标】

(1)通过实训使学生熟悉蜱、螨的一般形态构造。

(2)掌握蜱、螨的形态特征。

【实训内容】

(1)观察蜱、螨的一般形态构造。

(2)识别蜱、螨的形态构造特征。

【设备材料】

1. 图片 硬蜱和软蜱的形态图、疥螨和痒螨的形态图、蠕形螨和皮刺螨的形态图。

2. 标本 硬蜱和软蜱的标本、疥螨和痒螨的标本、蠕形螨和皮刺螨的标本。

3. 器材 放大镜、显微镜、载玻片、盖玻片、标本针、小镊子、平皿、解剖针、尺、拭镜纸、蜱螨的图片及多媒体投影仪。

【方法步骤】

1. 示教讲解

(1)教师用显微投影仪或多媒体投影仪，带领学生观察并讲解硬蜱、软蜱的形态特征，硬蜱科主要属的形态特征及鉴别要点。

(2)教师用显微投影仪或多媒体投影仪，讲解疥螨、痒螨、蠕形螨和皮刺螨的形态特征，指出疥螨和痒螨的鉴别要点。

2. 分组观察

(1)硬蜱观察：取硬蜱浸渍标本置于平皿中，在放大镜下观察其一般形态，用尺测量大小。然后取制片标本在显微镜下观察，重点观察假头的长短，假头基部的形状，眼的有无，盾板形状和大小，以及盾板有无花斑，肛沟的位置，须肢的长短和形状等。

(2)软蜱观察：取软蜱浸渍标本，置于显微镜下观察其外部形态特征。

(3)螨类观察：取疥螨、痒螨制片标本，在显微镜下观察其大小、形状、口器特征、肢的长短、肢端吸盘的有无、交合吸盘的有无等。然后取蠕形螨和皮刺螨的制片标本，观察一般形态。

【实训报告】

绘出蜱螨的形态图，并标出各部位的名称。

实训七 寄生性昆虫的形态观察

【实训目标】

(1)通过实训使学生熟悉寄生性昆虫的一般形态构造。

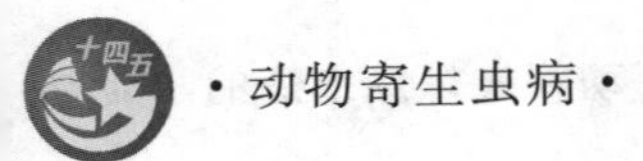

(2)掌握寄生性昆虫的形态特征。

【实训内容】

(1)观察寄生性昆虫的一般形态构造。

(2)识别寄生性昆虫的形态构造特征。

【设备材料】

1. 图片 虱、牛皮蝇、马胃蝇、羊鼻蝇、吸血昆虫的形态图。

2. 标本 虱、牛皮蝇、马胃蝇、羊鼻蝇、吸血昆虫的标本。

3. 器材 放大镜、显微镜、载玻片、盖玻片、标本针、小镊子、平皿、解剖针、尺、拭镜纸、虱的图片、牛皮蝇的图片、马胃蝇的图片、羊鼻蝇的图片、吸血昆虫的图片及多媒体投影仪。

【方法步骤】

1. 示教讲解 教师用显微投影仪或多媒体投影仪,带领学生观察并讲解虱、牛皮蝇、马胃蝇、羊鼻蝇、吸血昆虫的形态构造特征。

2. 分组观察 将虱、牛皮蝇、马胃蝇、羊鼻蝇、吸血昆虫的标本置于放大镜或显微镜下,观察其虫体的形态构造特征。

【实训报告】

绘出虱、牛皮蝇、马胃蝇、羊鼻蝇、吸血昆虫的形态图,并标出各部位的名称。

思考与练习

1. 简述蛛形纲和昆虫纲形态构造特征。
2. 简述硬蜱、软蜱、疥螨、痒螨的生活史。
3. 蜱可传播哪些人兽共患病?
4. 蜱的预防措施有哪些?
5. 疥螨和痒螨的区别有哪些?
6. 简述吸血昆虫的主要危害。

线上评测

项目七　测试题

Note

项目八　原虫病的防治

项目描述

本项目内容是根据执业兽医师、动物疫病防治员和动物检疫检验员等工作的要求而设置的。通过介绍原虫概述和动物常见原虫病，如球虫病、弓形虫病、隐孢子虫病、肉孢子虫病、鸡住白细胞虫病、巴贝斯虫病、泰勒虫病、结肠小袋纤毛虫病、伊氏锥虫病、牛胎儿毛滴虫病、利什曼原虫病、组织滴虫病等的基础知识和技能，使学生了解原虫的形态结构及分类，掌握动物常见原虫病的流行病学、临床症状、病理变化、诊断要点及防治方法，能够根据具体养殖情况，进行常见原虫病的调查和分析，制订合理的防治方案，解决生产生活中所遇到的实际问题。

学习目标

▲知识目标

（1）了解原虫的一般形态结构、生物学特性和分类。

（2）掌握动物主要原虫病的流行病学、临床症状和剖检病变等特征，从而掌握动物主要原虫病的诊断方法和防治方法。

▲技能目标

（1）能正确诊断主要原虫病。

（2）具备综合分析、诊断和防治原虫病的能力。

▲思政目标

（1）培养团队合作能力和创新能力。

（2）树立预防为主的观念，培养保护人类和动物健康，控制和消灭动物原虫病，维护动物源性食品安全的使命感。

（3）具有从事本专业工作的生物安全意识和自我安全保护意识。

任务一　原虫的认知

扫码学课件

8-1

原虫属于原生动物门，至今发现有 65000 多种，动物寄生性原虫有近万种，致病性原虫有几十种，寄生于动物的腔道、体液、组织和细胞内。原虫是单细胞真核生物，整个虫体由一个细胞构成，具有生命活动的全部功能。

一、原虫形态结构

（一）基本形态构造

虫体微小，多数在 1～30 μm。形态因种而异，在生活史的不同阶段，形态也可完全不同，有圆形、椭圆形、柳叶形或不规则形等形状。

Note

1. 细胞膜 由3层结构的单位膜组成，能不断更新，胞膜可保持原虫的完整性，并参与摄食、营养、排泄、运动、感觉等生理活动。有些寄生性原虫的胞膜带有多种受体、抗原、酶类，甚至毒素。

2. 细胞质 也称胞质。中央区的细胞质称为内质，周围区的称为外质。内质呈溶胶状态，含有细胞核、线粒体、高尔基体等。外质呈凝胶状态，具有维持虫体结构的作用。鞭毛、纤毛的基部均包埋于外质中。

3. 细胞核 在光学显微镜下，原虫细胞核外表变化很大，除纤毛虫外(纤毛虫的核为浓集核)，大多数为囊泡状，其特征为染色质分布不均匀，在核液中出现明显的清亮区，染色质浓缩于核的周围区域或中央区域。有一个或多个核仁。

（二）运动器官

原虫运动器官有鞭毛、纤毛、伪足和波动嵴。

1. 鞭毛 很细，呈鞭子状。

2. 纤毛 纤毛的结构与鞭毛相似，但纤毛较短，密布于虫体表面。此外，纤毛与鞭毛的不同之处在于运动时的波动方式。纤毛平行于细胞表面推动液体，鞭毛平行于鞭毛长轴推动液体。

3. 伪足 肉足鞭毛亚门虫体的临时性器官，它们可以引起虫体运动以捕获食物。

4. 波动嵴 孢子虫定位的器官。只有在电子显微镜下才可见到。

（三）特殊细胞器

一些原虫有动基体和顶复合器等特殊的细胞器。

1. 动基体 呈点状或杆状，位于毛基体后，与毛基体相邻但不相连。动基体是一个重要的生命活动器官，而非仅仅是传统意义上的分类依据。

2. 顶复合器 顶复门原虫在生活史的某些阶段中所具有的特殊结构，只有在电子显微镜下才能观察到。顶复合器与虫体侵入宿主细胞有着密切的关系。

二、原虫的生物学特性

（一）营养

原虫的营养方式主要有两种：一种是通过体表渗透的方式摄取营养，如锥虫；另一种是通过口孔(如变形虫)或胞口(如纤毛虫)摄取食物，废物经胞肛或暂时的开孔排出。

（二）生殖

原虫的生殖方式有无性生殖(又称无性繁殖)和有性生殖(又称有性繁殖)两种(图8-1)。

1. 无性生殖

(1)二分裂：分裂由毛基体开始，最终形成两个大小相等的新个体。鞭毛虫为纵二分裂，纤毛虫为横二分裂。

(2)裂殖生殖：亦称复分裂。细胞核先反复分裂，胞质向细胞核周围集中，产生大量子代细胞。其母体称为裂殖体，后代称为裂殖子。一个裂殖体内可含有数十个裂殖子。球虫常以此方式繁殖。

(3)孢子生殖：在有性生殖的配子生殖阶段形成合子后，合子所进行的复分裂。经孢子生殖，孢子体可形成多个子孢子。

(4)出芽生殖：分为外出芽和内出芽两种形式。外出芽生殖是从母细胞边缘分裂出一个子个体，脱离母体后形成新的个体。内出芽生殖是在母细胞内形成两个子细胞，子细胞成熟后，母细胞破裂释放出两个新个体。

2. 有性生殖

(1)结合生殖：两个虫体结合，进行核质交换，核重建后分离，成为两个含有新核的个体。多见于纤毛虫。

(2)配子生殖：虫体在裂殖生殖过程中出现性分化，一部分裂殖体形成大配子体(雌性)，一部分裂殖体形成小配子体(雄性)。大、小配子体发育成熟后分别形成大、小配子，小配子进入大配子内，

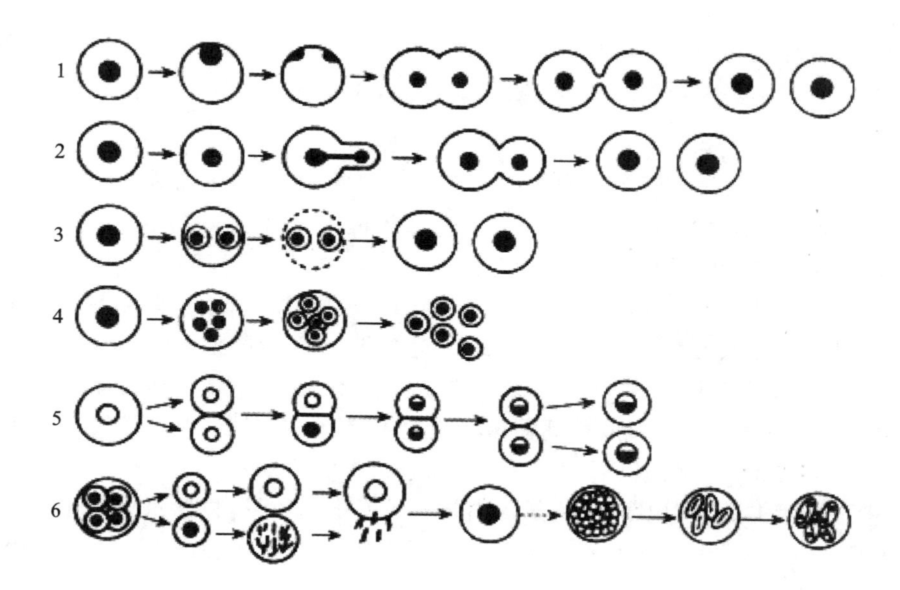

图 8-1 原虫生殖

1.二分裂 2.外出芽生殖 3.内出芽生殖 4.裂殖生殖 5.结合生殖 6.配子生殖和孢子生殖

与之结合形成合子。一个小配子体可产生若干小配子，而一个大配子体只产生一个大配子。

一些原虫常常形成一层较厚的外膜，使虫体具有较强的抵抗力，即包囊。处于包囊内的虫体，其生理上处于暂时的休止阶段，常成为可传播（感染）阶段。在生活期或运动期的虫体，特别是不断吸取外界营养而生长的虫体，称为滋养体。

三、原虫的分类

目前，已记录的原生动物有 65000 多种，其中，10000 多种营寄生生活，故原虫分类十分复杂，始终处于动态变化之中，至今尚未统一。分子生物学技术在原生动物分类上的应用，为从基因水平上建立理想的分类系统提供了依据。

任务二 主要原虫病的防治

子任务一 球虫病的防治

案例引导

2015 年 4 月，郑州市某养鸡场饲养的 4000 只 20 日龄肉鸡中 200 多只出现病情，主要表现为食欲减退，精神沉郁，昏睡，翅膀下垂，病鸡鸡冠和肉髯及可视黏膜呈苍白色，出现腹泻，排浅红色稀便，肛门周围羽毛被粪便污染。发病 3 日后陆续出现病鸡死亡的情况，共死亡 95 只。该养鸡场鸡群饲养密度较大，鸡舍潮湿，空气不流通。对 8 只病死鸡进行剖检，主要病变部位为肠道，肠道肿大，呈现严重的出血性炎症，肠黏膜增厚并有大量的出血点，肠腔中充满大量的血液或血凝块以及脱落的黏膜碎片。盲肠明显肿大，呈咖啡色或暗红色，内容物主要是血液或血块，用水冲洗后发现黏膜上散布针尖大小的出血点或小白点。

问题：案例中鸡群感染了何种寄生虫病？如何治疗？该病的发生与养殖方式和环境条件有何关系？

扫码学课件

8-2-1-1

一、球虫病概述

球虫病是由孢子虫纲球虫目艾美耳科的原虫寄生于多种畜禽引起的一种原虫病，其中以鸡球虫

病危害最为严重。各种动物均有其专性寄生的球虫,不相互感染。球虫主要寄生在肝脏和消化道,均为细胞内寄生。该病主要表现为下痢、消瘦、贫血、发育不良等。对幼畜禽危害较大。

(一)病原

艾美耳科的球虫从宿主体内新鲜排出者称未孢子化卵囊,在外界环境适宜条件下即可进行孢子生殖,形成数个子孢子,此过程称为孢子化。在外界环境中常见到的球虫是其孢子化阶段的虫体——卵囊。卵囊呈椭圆形、圆形或卵圆形,囊壁1或2层,内有1层膜。有些种类在一端有微孔,或在微孔上有突出的微孔帽,称为极帽,有的微孔下有1～3个极粒。刚随粪便排出的卵囊内含有1团原生质。此时对宿主无感染性。具有感染性的卵囊含有子孢子,即孢子化卵囊。孢子囊和子孢子形成后剩余的原生质称为残体,在孢子囊内称为孢子囊残体,在孢子囊外称为卵囊残体。孢子囊的一端有1个小突起,称为斯氏体;子孢子呈香蕉状或逗点状,中央有核,在一端可见强折光性的球状体的折光体。残体的有无及其在孢子囊内外的位置,具有种的鉴别意义。

根据卵囊中孢子囊的数目以及每个孢子囊内含有子孢子的数目,将球虫分为不同的属。艾美耳属球虫属(多种畜禽的球虫)孢子化卵囊内含有4个孢子囊,每个孢子囊内含有2个子孢子(图8-2);等孢属(猫、犬、猪的球虫)的卵囊内含2个孢子囊,每个孢子囊含有4个子孢子;泰泽属(鸭、鹅的球虫)的卵囊内无孢子囊,含8个裸露的子孢子;温扬属(鸭、鸡、鸽的球虫)的卵囊内含4个孢子囊,每个孢子囊含4个子孢子。

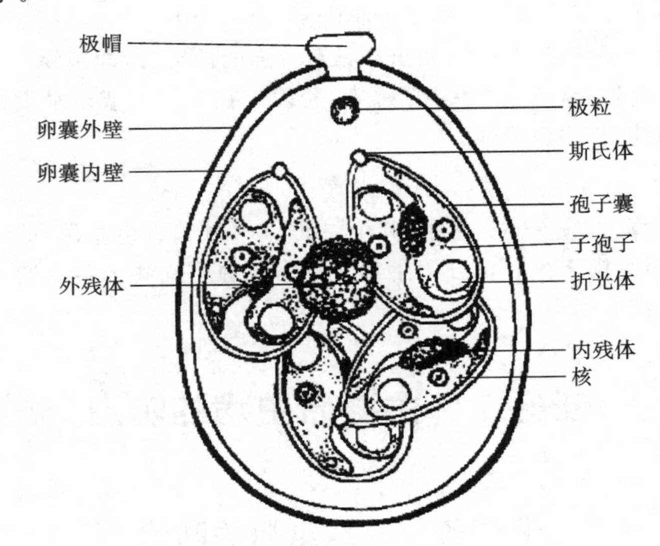

图8-2　艾美耳属孢子化卵囊构造模式图

(二)球虫的生活史

艾美耳球虫是单宿主性寄生虫,属直接发育,其生活史需在宿主体内和外界环境经过裂殖生殖、配子生殖和孢子生殖三个阶段。在宿主体内进行的生殖,称为内生性发育,包括裂殖生殖和配子生殖两个阶段;在外界环境进行的生殖,称为外生性发育,即完成孢子生殖阶段(图8-3)。

1. 裂殖生殖　当鸡通过饲料或饮水摄入卵囊,卵囊在胃肠道发生脱囊而释出子孢子,子孢子侵入肠上皮细胞内,变为滋养体,滋养体迅速长大,虫体进行裂殖生殖,一般在感染后的第3日,第1代裂殖体出现,第1代裂殖体内约有900个裂殖子,裂殖子成熟后,破坏寄生的肠上皮细胞膜,释放出第1代裂殖子,第1代裂殖子侵入相邻肠上皮细胞重复进行裂殖生殖,形成第2代裂殖体和第2代裂殖子。

2. 配子生殖　一般而言,球虫的裂殖生殖具有自限性,球虫经2～3次裂殖生殖后,所产生的裂殖子大部分可能转为雌性(大)配子母细胞,然后形成雌(大)配子;一些发育为雄性(小)配子母细胞,雄性(小)配子母细胞形成雄(小)配子,小配子与大配子受精,形成合子,合子形成一层被膜即为卵囊,卵囊进入肠腔随粪便排出体外。

Note

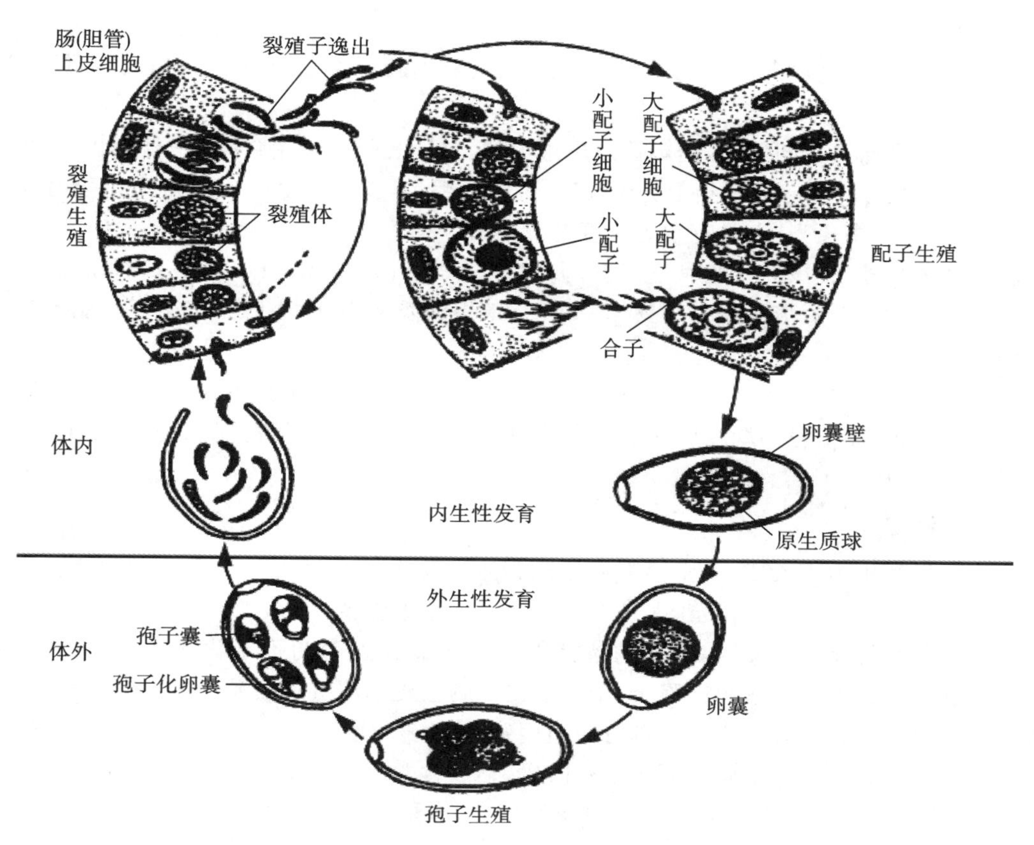

图 8-3 艾美耳球虫生活史

3. 孢子生殖 当排出的卵囊在外界环境适当的温度、湿度、光照条件下，经过一段时间(24～72 小时)，卵囊内的原生质发育成 4 个孢子囊，每个孢子囊内有 2 个子孢子，这种孢子化卵囊具有感染性。当畜禽摄入一个卵囊后，能产生并排出大量的新一代卵囊。卵囊产量的多少，受卵囊感染量、宿主的年龄及免疫状态等的影响。

二、鸡球虫病

扫码学课件
8-2-1-2

鸡球虫病是一种在世界范围内广泛分布、普遍多发、危害十分严重的疾病。球虫对 2 月龄内的雏鸡危害特别严重，其感染率可达 80%～100%，死亡率 20%～50%，在严重污染且饲养管理条件较差的鸡场，其死亡率可高达 80%，耐过鸡生长滞缓，产蛋量下降，并成为带虫者。鸡球虫病在我国属于三类动物疫病。

（一）病原

目前世界上所有发现寄生于鸡的球虫，都属艾美耳属，公认的有 9 种，在我国都有发现，其中以柔嫩艾美耳球虫及毒害艾美耳球的致病性强。

1. 柔嫩艾美耳球虫 多为宽卵圆形，少数为椭圆形，大小为 19.5～26 μm×16.5～22.8 μm，卵形指数为 1.16。原生质呈淡褐色，卵囊壁为淡黄绿色。最短孢子化时间为 18 小时。最短潜隐期为 115 小时。主要寄生于盲肠，所以也叫盲肠球虫，致病力最强。

2. 毒害艾美耳球虫 呈卵圆形，大小为 13.2～22.7 μm×11.3～18.3 μm，卵形指数为 1.19。卵囊壁光滑、无色。最短孢子化时间为 18 小时。最短潜隐期为 138 小时。主要寄生于小肠中 1/3 段，其致病性仅次于柔嫩艾美耳球虫。

3. 堆型艾美耳球虫 呈卵圆形，大小为 17.7～20.3 μm×13.7～16.3 μm，卵囊壁为淡黄绿色。最短孢子化时间为 17 小时。最短潜隐期为 97 小时。主要寄生于十二指肠和空肠，具有较强的致病性。

Note

4. 布氏艾美耳球虫　卵囊大小为20.7～30.3 μm×18.1～24.2 μm，卵形指数为1.31。最短孢子化时间为18小时。最短潜隐期为120小时。寄生于小肠后部、盲肠近端和直肠，具有较强的致病性。

5. 巨型艾美耳球虫　卵囊大，是鸡球虫中最大的。呈卵圆形，一端圆钝，一端较窄，大小为21.75～40.5 μm×17.5～33 μm，卵形指数为1.47。卵囊黄褐色，囊壁浅黄色。最短孢子化时间为30小时。寄生于小肠，以中段为主，具有中等程度的致病力。

6. 和缓艾美耳球虫　小型卵囊，近球形，大小为11.7～18.7 μm×11～18 μm，卵形指数为1.09。卵囊壁为淡黄绿色。最短孢子化时间为15小时。最短潜隐期为93小时。寄生于小肠前半段，有较轻的致病作用。

7. 早熟艾美耳球虫　呈卵圆形或椭圆形，大小为19.8～24.7 μm×15.7～19.8 μm，卵形指数为1.24。原生质无色，囊壁呈淡绿色。最短孢子化时间为12小时。最短潜隐期为83小时。寄生于小肠前1/3部位，致病性不强。

（二）生活史

鸡球虫的发育史为直接发育型，不需要中间宿主。整个发育过程分2个阶段和3种繁殖方式：在鸡体内进行裂殖生殖和配子生殖，在外界环境中进行孢子生殖。

卵囊随鸡的粪便排到体外，在适宜的条件下，经1～2天发育为孢子化卵囊，被鸡吞食后感染。孢子化卵囊在鸡胃肠道内释放出子孢子，子孢子侵入肠上皮细胞进行裂殖生殖，产生第1代裂殖子，第1代裂殖子再侵入新的肠上皮细胞进行裂殖生殖，产生第2代裂殖子。大多数第2代裂殖子侵入新的肠上皮细胞后进入有性生殖即配子生殖阶段，形成大配子体和小配子体，继而分别发育为大、小配子，结合形成合子。合子周围形成厚壁即变为卵囊，卵囊一经产生即随粪便排出体外。完成1个发育周期约需7天(图8-4)。

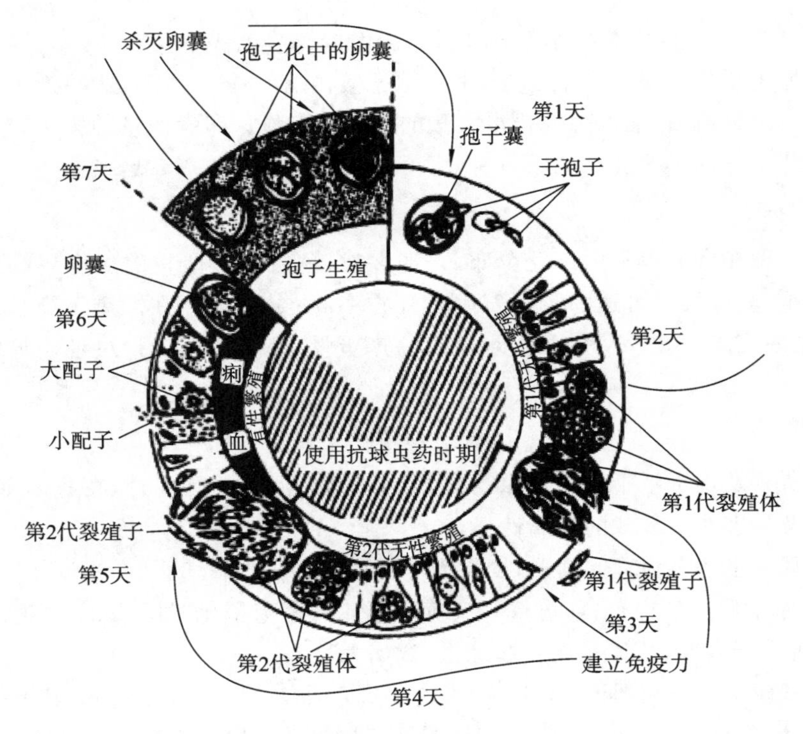

图 8-4　柔嫩艾美耳球虫生活史

（三）流行病学

1. 感染来源和传播途径　病鸡和带虫鸡均为感染来源，耐过鸡长期带虫，可持续排出卵囊达7个月之久。球虫卵囊通过污染的饲料和饮水经消化道感染。其他畜禽、昆虫、野鸟以及饲养管理人员和畜舍用具都可成为鸡球虫病的机械性传播者。

2. 年龄动态　多发生于 15～50 日龄的鸡，3 月龄以上的鸡较少发病，成年鸡几乎不发病。

3. 卵囊繁殖力和抵抗力　鸡感染 1 个孢子化卵囊，7 日后可排出上百万个卵囊。卵囊对外界不良环境及常用消毒药抵抗力强大，在土壤中可生存 4～9 个月，在有树荫的运动场可生存 15～18 个月。卵囊对高温、低温冷冻及干燥抵抗力较小，55 ℃或冷冻可以很快杀死卵囊。常用消毒药均不能杀灭卵囊。

4. 季节动态　本病多发生于温暖潮湿的季节，但在规模化饲养条件下全年都可发生。

5. 发病诱因　饲养管理不良可促进本病的发生。当鸡舍潮湿、拥挤、饲养管理不良或卫生条件恶劣时，鸡较易发病，且往往波及全群。

（四）临床症状和病理变化

症状的轻重与感染球虫的种类和感染强度密切相关。

1. 临床症状

(1)急性型：病程数日至 2～3 周。病初精神沉郁，羽毛耸立，头蜷缩，呆立一隅，食欲减退，泄殖孔周围羽毛被液体排泄物所污染、粘连。由于肠上皮的大量破坏和机体中毒的加剧，病鸡出现共济失调，翅膀轻瘫，渴欲增加，食欲废绝，嗉囊内充满液体，黏膜与鸡冠苍白，迅速消瘦。粪呈水样或带血。由柔嫩艾美耳球虫引起的盲肠球虫病，粪便开始为咖啡色，后完全变为血便。末期病鸡发生痉挛和昏迷，不久即死亡。如不及时采取措施，死亡率可达 50%～100%。

(2)慢性型：病程数日到数周，多发生于 4～6 月龄的鸡或成鸡。症状与急性型相似，但不明显。病鸡逐渐消瘦，足翅轻瘫，有间歇性下痢，产卵量减少，死亡的较少。

2. 病理变化　体内变化主要发生在肠管，其程度、性质与病变部位和球虫的种类有关。

柔嫩艾美耳球虫主要侵害盲肠，在急性型，一侧或两侧盲肠显著肿大，可为正常的 3～5 倍，其中充满凝固的或新鲜的暗红色血液；盲肠上皮增厚，有严重的糜烂甚至坏死脱落，与盲肠内容物、血凝块混合，形成坚硬的“肠栓”。

毒害艾美耳球虫损害小肠中段，可使肠壁扩张、松弛、肥厚和严重坏死。肠黏膜上有明显的灰白色斑点状坏死病灶和小出血点。肠壁深部及肠管中均有凝固的血液，使肠外观上呈淡红色或黑色。

堆型艾美耳球虫多在十二指肠和小肠前段，在被损害的部位，可见大量淡灰白色斑点，汇合成带状横过肠管。

巨型艾美耳球虫损害小肠中段，肠壁肥厚，肠管扩大，内容物黏稠，呈淡灰色、淡褐色或淡红色，有时混有很小的血块，肠壁上有出血点。

布氏艾美耳球虫损害小肠下段，通常在卵黄蒂至盲肠连接处。黏膜受损，凝固性坏死，呈干酪样，粪便中出现凝固的血液和黏膜碎片。

早熟艾美耳球虫和和缓艾美耳球虫致病力弱，病变一般不明显。

（五）诊断

根据流行病学、临床症状、病理变化、粪便检查等方面因素加以综合判断。粪便检查可用饱和食盐水漂浮法或直接涂片法检查粪便中的卵囊。也可刮取肠黏膜做涂片检查。

（六）防治

1. 治疗　球虫病治疗的时间越早越好，因为球虫病的危害主要是在裂殖生殖阶段，若不晚于感染后 96 小时，则可降低雏鸡的死亡率。常用的治疗药物有如下几种。

磺胺二甲基嘧啶：按 0.1%混入饮水，连用 2 日，或按 0.05%混入饮水，连用 4 日，休药期 10 日。

磺胺喹噁啉：按 0.1%混入饲料，喂 2～3 日，停药 3 日后用 0.05%混入饲料，喂药 2 日，停药 3 日，再给药 2 日，无休药期。

氨丙啉：按 0.03%混入饮水，连用 3 日，休药期 5 日。

磺胺氯吡嗪：按 0.012%～0.024%混入饮水，连用 3 日，无休药期。

百球清:2.5%溶液,按0.025%混入饮水,连用3日。

2. 预防

(1)药物预防:使用抗球虫药预防球虫病是防治球虫病重要的手段。即从雏鸡出壳后第1日即开始使用抗球虫药,但由于抗药性和药物残留问题的困扰,近年来人们更加重视免疫预防。

预防用的抗球虫药有如下几种。

氨丙啉:按0.0125%混入饲料,从雏鸡出壳第一日到屠宰上市为止,无休药期。

尼卡巴嗪(nicarbazine):按0.0125%混入饲料,休药期4日。

球痢灵(zoalene):按0.0125%混入饲料,休药期5日。

克球粉(clopidol):按0.0125%混入饲料,无休药期。

氯苯胍(robenidine):按0.0033%混入饲料,休药期5日。

常山酮(halofuginone):按0.0003%混入饲料,休药期5日。

地克珠利(diclazuril):按0.0001%混入饲料,无休药期。

莫能菌素(monensin):按0.010%~0.121%混入饲料,无休药期。

盐霉素(salinomycin):按0.005%~0.006%混入饲料,无休药期。

马杜拉霉素(maduramycin):按0.0005%~0006%混入饲料,无休药期。

在生产中,任何一种药物在连续使用一段时间后都会使球虫对它产生抗药性,为了避免或延缓此问题的发生,可以采取以下两种用药方案:一是轮换用药,即在一年的不同时间段里交换使用不同的抗球虫药;二是穿梭用药,即在鸡的一个生产周期的不同阶段使用不同的药物。一般来说,生长初期用效力中等的抑制性抗球虫药,使雏鸡能带有少量球虫以产生免疫力,生长中后期用强效抗球虫药。

(2)免疫预防:用球虫苗进行预防。目前有多种疫苗可以应用,主要为活疫苗,但仍然存在免疫剂量不易控制均匀的问题。

(3)加强饲养管理:大、小鸡分群饲养,密度合理,饲喂全价饲料,发现病鸡应及时隔离治疗。

(4)搞好鸡舍卫生:及时清粪并发酵;保持禽舍干燥通风,定期消毒。

(5)加强卫生防疫管理:进入鸡场的人员、车辆和犬猫要严格控制和消毒;病死鸡要深埋处理。

三、兔球虫病

兔球虫病是由艾美耳科艾美耳属的多种球虫寄生于兔的肝胆管上皮细胞和肠黏膜上皮细胞所引起的疾病。

(一)病原

兔的球虫共有17种,均属艾美耳属。这17种艾美耳球虫中,除斯氏艾美耳球虫寄生于肝胆管上皮细胞外,其余各种都寄生于肠黏膜上皮细胞内。其中危害较严重的有以下6种。主要兔球虫卵囊见图8-5。

(1)斯氏艾美耳球虫:卵囊呈椭圆形,寄生于肝胆管,致病力最强。

(2)中型艾美耳球虫:卵囊呈短椭圆形,寄生于空肠和十二指肠,致病力很强。

(3)大型艾美耳球虫:卵囊呈卵圆形,寄生于大肠和小肠,致病力很强。

(4)黄色艾美耳球虫:卵囊呈卵圆形,寄生于小肠、盲肠及大肠,致病力强。

(5)无残艾美耳球虫:卵囊呈长椭圆形,寄生于小肠中部,致病力较强。

(6)肠艾美耳球虫:卵囊呈长梨形,寄生于除十二指肠外的小肠,致病力较强。

(二)生活史

兔艾美耳球虫的生活史可分为三个阶段,即裂殖生殖阶段、配子生殖阶段和孢子生殖阶段。前两个阶段是在胆管上皮细胞(斯氏艾美耳球虫)或肠上皮细胞(大肠和小肠寄生的各种球虫)内进行的,后一个发育阶段是在外界环境中进行的。

兔在采食或饮水时,吞入孢子化卵囊,孢子化卵囊进入肠道,在胆汁和胰酶的作用下,子孢子从

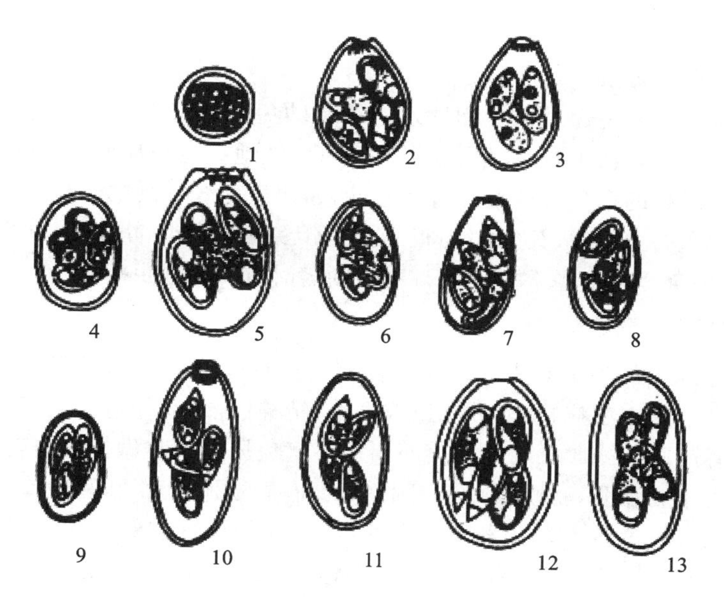

图 8-5 主要兔球虫卵囊

1.小型艾美耳球虫 2.肠艾美耳球虫 3.梨形艾美耳球虫 4.穿孔艾美耳球虫 5.大型艾美耳球虫 6.松林艾美耳球虫 7.盲肠艾美耳球虫 8.中型艾美耳球虫 9.那格浦尔艾美耳球虫 10.长形艾美耳球虫 11.斯氏艾美耳球虫 12.无残艾美耳球虫 13.新兔艾美耳球虫

卵囊内逸出，并主动钻入肠（或胆管）上皮细胞，开始变为圆形的滋养体。然后经多次分裂变为多核体，最后发育为圆形的裂殖体，内含许多香蕉形的裂殖子。上述过程为第一代裂殖生殖。这些裂殖子又侵入肠（或胆管）上皮细胞，进行第二代、第三代，甚至第四代或第五代裂殖生殖。如此反复多次，大量破坏上皮细胞，致使兔发生严重的肠炎或肝炎。在裂殖生殖之后，部分裂殖子侵入上皮细胞形成大配子体，部分裂殖子侵入上皮细胞形成小配子体。大配子体发育为大配子，小配子体发育为小配子。大配子与小配子结合形成合子。

合子周围形成囊壁即变为卵囊。卵囊进入肠腔，并随粪便排到外界。在适宜的温度（20～28 ℃）和湿度（55%～60%）条件下进行孢子生殖，即在卵囊内形成 4 个孢子囊，在每个孢子囊内形成 2 个子孢子。这种发育成熟的卵囊称为孢子化卵囊，具有感染性。兔球虫生活史见图 8-6。

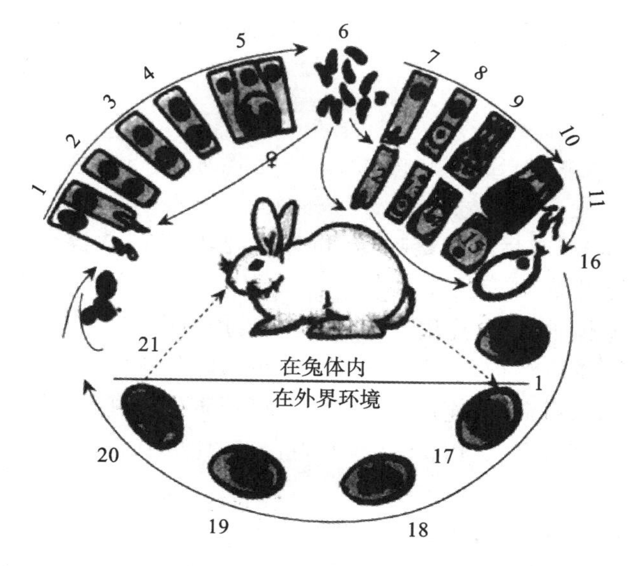

图 8-6 兔球虫生活史

1～6.裂殖生殖 7～16.配子生殖 17～20.孢子生殖 21.孢子体游出

（三）流行病学

1. 感染来源 病兔和带虫兔。

2. 传播途径 本病主要是通过采食和饮水感染。幼兔主要是由于吃奶时食入母兔乳房上污染的卵囊而感染。此外，饲养员、工具、老鼠、苍蝇也可机械性地搬运卵囊而传播球虫病。

3. 易感动物 各品种的家兔对球虫均有易感性，断奶后至3月龄的幼兔感染最为严重。

4. 流行特点 幼兔的感染率、死亡率均很高。成年兔多为带虫者，即使发病也很轻微。在温暖多雨的季节流行，如果兔舍温度经常在10 ℃以上，则随时可发生球虫病。

（四）临床症状和病理变化

1. 临床症状 按球虫的种类和寄生部位不同，将球虫病分为3型，即肠型、肝型和混合型，临诊上所见的多为混合型。其典型症状：食欲减退或废绝，精神沉郁，动作迟缓，伏卧不动，眼鼻分泌物增多，四肢周围被毛潮湿，腹泻或腹泻与便秘交替出现。病兔尿频或常做排尿姿势，后肢和肛门周围为粪便所污染。病兔由于肠膨胀，膀胱积尿和肝肿大而呈现腹围增大，肝区触诊有痛感。病兔虚弱消瘦，结膜苍白，可视黏膜轻度黄染。在发病的后期，幼兔往往出现神经症状，四肢痉挛、麻痹，多因极度衰竭而死亡。死亡率一般为40%～70%，有时可达80%。病程为10余日至数周。病愈后长期消瘦，生长发育不良。

2. 病理变化 尸体外观消瘦，黏膜苍白，肛门周围污秽。

肝球虫病时，肝表面和实质内有许多白色或黄白色结节，呈圆形，粟粒至豌豆大，沿小胆管分布。取结节做压片镜检，可以看到裂殖子、裂殖体和卵囊等不同发育阶段的虫体。陈旧病灶中的内容物变稠，形成粉粒样的钙化物质。在慢性肝球虫病时，胆管周围和小叶间都有结缔组织增生，使肝细胞萎缩，肝脏体积缩小（间质性肝炎）。胆囊黏膜有卡他性炎症，胆汁浓稠，内含有许多崩解的上皮细胞。

肠球虫病的病理变化主要在肠道，肠道血管充血，十二指肠扩张、肥厚，黏膜发生卡他性炎症，小肠内充满气体和大量黏液，黏膜充血，上有出血点。在慢性病例，肠黏膜呈淡灰色，上有许多小的白色结节，压片镜检可见大量卵囊，肠黏膜上有时有小的化脓性、坏死性病灶。

（五）诊断

根据流行病学资料、临床症状及病理剖检结果，可做出初步诊断。

用饱和盐水漂浮法检查粪便中的卵囊，或将肠黏膜刮取物及肝脏病灶结节制成涂片镜检球虫卵囊、裂殖子或裂殖体等。如在粪便中发现大量卵囊或在病灶中发现大量不同发育阶段的球虫，即可确诊为兔球虫病。

（六）防治

1. 治疗 磺胺间六甲氧嘧啶(SMM)：按0.1%浓度混饲，3～5日为1个疗程；间隔1周后再用1个疗程。

磺胺二甲基嘧啶（SM_2）与三甲氧苄氨嘧啶（TMP）：两者按5∶1混合后，以0.02%浓度混饲，连用3～5日；间隔1周后再用1个疗程。

氯苯胍：按30 mg/kg体重混饲，连用5日，隔3日再用一次。

杀球灵：按0.00001%浓度混饲，连用1～2个月，可预防兔球虫病。

莫能菌素：按0.004%浓度混饲，连用1～2个月，可预防兔球虫病。

盐霉素：按0.005%浓度混饲，连用1～2个月，可预防兔球虫病。

2. 预防

(1)兔场应建于干燥向阳处，保持干燥、清洁和通风。

(2)幼兔与成兔分笼饲养，发现病兔立即隔离治疗。

(3)加强饲养管理，保证饲料和饮水不被粪便污染。

(4)使用铁丝兔笼。笼底有网眼，使粪尿全流到笼外，不被兔所接触。兔笼可用开水、蒸汽或火

焰消毒,或放在阳光下暴晒以杀死卵囊。

(5)合理安排母兔繁殖,以使幼兔断奶避开梅雨季节。

(6)在球虫病流行季节,断奶幼兔的饲料中拌入药物以预防本病。

(7)避免工作人员的机械性传播。

(8)消灭兔场内鼠类及蝇类。

四、牛、羊球虫病

牛、羊球虫病是由艾美耳科艾美耳属和等孢属的多种球虫寄生于牛、羊肠道上皮细胞内引起的疾病。牛以出血性肠炎为特征;羊以下痢、消瘦、贫血、发育不良为特征。多危害犊牛和羔羊,严重者可引起死亡。

(一)病原

牛球虫有 10 种,其中以邱氏艾美耳球虫致病力最强,牛艾美耳球虫致病力较强。

绵羊球虫有 14 种,其中阿撒他艾美耳球虫致病力最强,绵羊艾美耳球虫和小艾美耳球虫有中等强度的致病力,浮氏艾美耳球虫有一定的致病力。

山羊球虫有 15 种,其中雅氏艾美耳球虫致病力强,阿氏艾美耳球虫等有中等强度或一定的致病力。

(二)流行病学

各品种的牛、羊均易感,羔羊和 2 岁以内的犊牛发病率高,并容易造成死亡。成年牛、羊多为带虫者。感染来源主要为患病或带虫牛、羊。本病多发于春、夏、秋较温暖多雨的季节,特别是在潮湿、多沼泽的牧场上放牧时,易造成发病。冬季舍饲也能发生本病。饲料的突然更换、应激、患有某种传染病、犊牛患有消化道线虫病等,容易诱发本病。

(三)临床症状和病理变化

1. 临床症状 病初精神沉郁,被毛松乱,体温略高或正常,粪便稀稍带血液,母牛产奶量减少。1 周后,精神更加沉郁,消瘦,喜卧,体温升高至 40~41 ℃,前胃弛缓,肠蠕动增强,排带血的稀粪,其中混有纤维性薄膜,有恶臭。后肢及尾部被稀粪污染。病至后期,粪便呈黑色,几乎全为血液,在极度贫血和衰弱的情况下发生死亡。犊牛一般呈急性经过,病程通常为 10~15 日。

2. 病理变化 尸体极度消瘦,可视黏膜苍白;肛门松弛外翻,后肢和肛门周围被血粪污染。直肠黏膜肥厚,有出血性炎症变化;淋巴滤泡肿胀,有白色和灰色的小病灶,同时这些部位出现溃疡,其表面附有凝乳样薄膜。直肠内容物呈褐色,带恶臭,有纤维素性薄膜和黏膜碎片。肠系膜淋巴结肿大和发炎。

(四)诊断

根据流行病学资料、临床症状和病理变化等综合诊断。当发现临诊上以血便、粪便恶臭带有黏液,剖检时以出血性肠炎和溃疡为特征时,应进行粪便检查,发现大量卵囊时即可确诊。犊牛患消化道线虫病时也可出现腹泻等症状,在粪便中查到较多线虫虫卵可作为鉴别依据。

(五)防治

1. 治疗 可用氨丙啉,剂量为 25 mg/kg 体重,1 次口服,连用 5 日;莫能菌素或盐霉素剂量为 20~30 mg/kg 饲料,混饲。另外,应结合止泻、强心和补液等对症疗法。

2. 预防 应采取隔离、卫生和用药等综合措施。犊牛应与成年牛分群饲养管理,放牧场也应分开。牛舍、牛圈要天天清扫,及时清理粪便,堆积发酵。定期用开水、3%~5%热氢氧化钠溶液消毒。饲草和饮水要严格避免牛粪污染。哺乳母牛的乳房要经常擦洗。要注意逐步过渡更换饲料种类或改变饲养方式,以免疾病暴发。也可以用药物预防:氨丙啉,剂量为 5 mg/kg 体重,混入饲料,连用 21 日;莫能菌素,剂量为 1 mg/kg 体重,混入饲料,连用 33 日。

五、猪球虫病

猪球虫病是由艾美耳科等孢属和艾美耳属的球虫寄生于猪肠道上皮细胞内引起的寄生虫病，可引起仔猪下痢和增重缓慢，成年猪常为隐性感染或带虫者。

（一）病原

主要有猪等孢球虫，致病力最强，其次是蒂氏艾美耳球虫、粗糙艾美耳球虫和有刺艾美耳球虫，致病力较强。

（二）流行病学

猪等孢球虫主要发生于7～10日龄的哺乳仔猪，1～2日龄感染时症状最为严重，被列为仔猪腹泻的重要病因之一。

（三）临床症状和病理变化

1. 临床症状 主要表现为食欲不振，以水样或脂样的腹泻为特征，排泄物从淡黄色到白色，恶臭。有时下痢与便秘交替。病猪表现为衰弱、脱水、发育迟缓，一般能自行耐过，逐渐恢复。

2. 病理变化 病灶局限在空肠和回肠，以绒毛萎缩与变钝、局灶性溃疡、纤维素性坏死性肠炎为特征，在上皮细胞内有发育阶段的虫体。

（四）诊断

确诊可用饱和盐水漂浮法做粪便检查，也可用小肠黏膜直接涂片检查，发现球虫卵囊即可确诊。

（五）防治

1. 治疗 可用百球清，剂量为20～30 mg/kg体重，1次口服。也可用氨丙啉或磺胺类药物进行治疗。

2. 预防 新生仔猪应喂食初乳，保持幼龄猪舍环境清洁、干燥，饲槽和饮水器应定期消毒，防止粪便污染。尽量减少因断奶、突然改变饲料和运输产生的应激因素。在母猪产前2周和整个哺乳期的饲料中添加氨丙啉，按0.025%混入饲料。

六、鸭球虫病

鸭球虫病主要由艾美耳科泰泽属和温扬属的球虫寄生于鸭小肠上皮细胞内引起的疾病。主要特征为出血性肠炎。

（一）病原

主要有2种。

毁灭泰泽球虫，卵囊椭圆形，大小为9.2～13.2 μm×7.2～9.9 μm，致病性较强。

菲莱氏温扬球虫，卵囊大，卵圆形，大小为13.3～22 μm×10～12 μm，致病性较轻。

（二）临床症状和病理变化

1. 临床症状 雏鸭精神委顿，缩脖，食欲下降，渴欲增加，拉稀，随后排血便，粪便呈暗红色，腥臭。在发病当日或第2～3日出现死亡，死亡率一般为20%～30%，严重感染时可达80%，耐过病鸭生长发育受阻。成年鸭很少发病，但可成为带虫者。

2. 病理变化 毁灭泰泽球虫常引起小肠泛发性出血性肠炎，尤以小肠中段最为严重。肠壁肿胀出血，黏膜上密布针尖大小的出血点，有的黏膜上覆盖着一层麸糠样或奶酪样黏液，或红色胶冻样黏液，但不形成肠芯；菲莱氏温扬球虫可致回肠后部和直肠轻度出血，有散在出血点，重者直肠黏膜弥漫性出血。

（三）诊断

成年鸭和雏鸭的带虫现象极为普遍，所以不能只根据粪便中卵囊存在与否做出诊断，应根据流行病学、临床症状、病理变化和粪便检查综合判断。急性死亡病例可根据病理变化和镜检肠黏膜涂片或粪便涂片做出诊断。

Note

粪便检查用饱和盐水漂浮法。

（四）防治

1. 治疗 可选用磺胺六甲氧嘧啶（SMM）、磺胺甲基异噁唑（SMZ）或其复方制剂，以预防量的2倍进行治疗，连用7日，停药3日，再用7日。

2. 预防 保持鸭舍干燥和清洁，定期清除鸭粪，防止饲料和饮水及其用具被鸭粪污染。可选用下列药物进行预防：磺胺六甲氧嘧啶，按0.1%混入饲料，连喂5日，停药3日，再喂5日。复方磺胺六甲氧嘧啶，按0.02%混入饲料，连喂5日，停药3日，再喂5日。磺胺甲基异噁唑，按0.1%混入饲料，或用SMZ+甲氧苄氨嘧啶（TMP），比例为5∶1，按0.02%混入饲料，连喂5日，停药3日，再喂5日。杀球灵剂量为1 mg/kg饲料，混饲，连用4～5日。

七、鹅球虫病

鹅球虫病主要由艾美耳科艾美耳属的球虫寄生于肾小管和肠道上皮细胞内引起的疾病。

（一）病原

主要有3种。

截形艾美耳球虫，寄生于肾小管上皮细胞。致病性最强。卵囊呈卵圆形。

鹅艾美耳球虫，寄生于小肠。卵囊近似圆形或梨形。

柯氏艾美耳球虫，寄生于小肠后段及直肠。卵囊呈长椭圆形。

（二）临床症状和病理变化

截形艾美耳球虫寄生于肾脏，幼鹅感染后常呈急性经过，表现为精神不振，食欲下降，腹泻，粪便白色，消瘦，衰弱，严重者死亡，死亡率高达87%。剖检可见肾体积肿大，呈灰黑色或红色，上有出血斑或灰白色条纹；病灶内含尿酸盐沉积物和大量的卵囊。

鹅球虫病常为混合感染，症状与鸡球虫病相似。剖检可见小肠充满稀薄的红褐色液体，小肠中段和下段的卡他性出血性炎症最为严重，也可能出现白色结节或纤维素性类白喉坏死性肠炎。在干燥的假膜下有大量的卵囊、裂殖体和配子体。

（三）诊断

可根据流行病学、临床症状、病理变化和粪便检查综合诊断。粪便检查用饱和盐水漂浮法。

（四）防治

1. 治疗 主要应用磺胺类药物如磺胺间甲氧嘧啶、磺胺喹噁啉等，氨丙啉、克球粉、尼卡巴嗪、盐霉素等也有较好的效果。

2. 预防 幼鹅与成年鹅分开饲养，放牧时避开高度污染地区。在流行地区发病季节前，可用药物预防。

八、犬、猫球虫病

犬、猫球虫病是由艾美耳科等孢属的球虫寄生于犬、猫小肠（有时在盲肠和结肠）黏膜上皮细胞内引起的疾病。主要症状为肠炎。

（一）病原

寄生于犬的主要有犬等孢球虫和二联等孢球虫；寄生于猫的主要有芮氏等孢球虫和猫等孢球虫。

（二）流行病学

犬、猫经口感染；在温暖潮湿的季节多发，尤其是卫生条件不良的圈舍更易发生。主要危害幼龄犬和幼龄猫。

（三）临床症状

轻度感染时不显症状。严重感染时，幼龄犬、猫腹泻，排水样或黏液性或血性粪便，食欲减退，消化不良，消瘦，贫血，脱水。常继发细菌或病毒感染，如无继发感染，可自行康复。

（四）诊断

根据典型症状和粪便检查确诊。粪便检查用饱和盐水漂浮法。

（五）防治

1. 治疗 氨丙啉：剂量为 110～220 mg/kg 体重，混入食物，连用 7～12 日。

磺胺二甲氧嗪：剂量为 55 mg/kg 体重，1 次口服；或剂量减半，用至症状消失。本病易继发其他细菌或病毒感染，故对症治疗尤为重要。

2. 预防 用氨丙啉进行药物预防；搞好犬、猫舍及饮食用具的卫生；及时清理圈舍粪便。

扫码学课件

8-2-2

子任务二　弓形虫病的防治

2017 年 8 月，云南某养殖场从外地购入体重约 20 kg 仔猪 40 头，自购入后 3 日内陆续有 5 头猪开始发病，食欲下降、饮水增加，被毛凌乱，精神不振，全身皮肤发红、体温 40.5～42 ℃，呼吸困难等，遂自行使用阿莫西林、林可霉素等治疗，无效。至第 10 日，共发病 12 头，死亡 6 头。后期病猪的耳尖、四肢、腹股内侧等处皮肤出现紫斑，便秘、粪便干结，排便时弓背，排便困难，尿量少且尿液呈茶褐色。有部分病死猪有神经症状，步态不稳，突然倒地不起，四肢呈划水状。共剖检 3 头病死猪，可见腹水增多，全身淋巴结肿大、充血、坏死，呈淡红色或暗红色。肺高度水肿，呈暗红色，切开流出泡沫样淡黄色液体。肝肿大，表面有大量米粒大小灰黄色或灰白色坏死灶，质地变硬，色泽暗红。

问题：案例中猪群感染了何种寄生虫病？如何治疗？该病应如何进行防治？

弓形虫病是由刚地弓形虫寄生于动物和人有核细胞中所引起的一种疾病。在人、畜等多种动物间广泛传播，且有多种的传播途径，因而造成多数动物呈隐性感染。发病的特征为高热，呼吸困难，孕畜流产，神经症状和实质器官灶性坏死，间质性肺炎及脑膜炎。

刚地弓形虫是一种重要的机会致病性原虫，本病在全世界广泛存在和流行。在我国属于三类动物疫病。

一、病原

刚地弓形虫目前仅此一种，但有株的差异，根据弓形虫的不同发育阶段，有 5 种不同形态，在中间宿主（家畜和人）体内有滋养体、包囊及假包囊；在终末宿主（猫及猫科动物）体内有裂殖体、配子体和卵囊（图 8-7）。

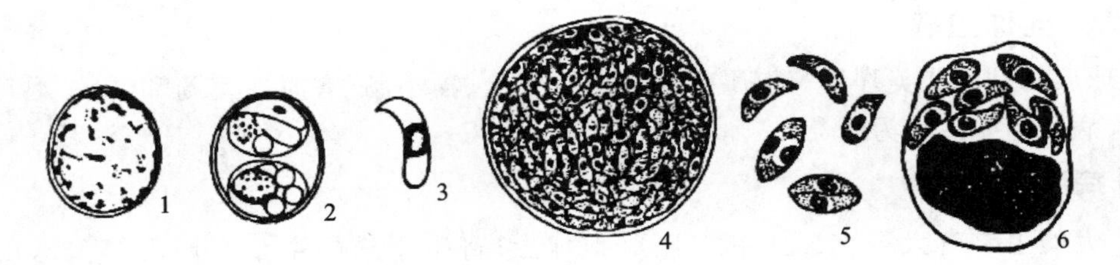

图 8-7　弓形虫

1. 未孢子化卵囊　2. 孢子化卵囊　3. 子孢子　4. 包囊　5. 速殖子　6. 细胞内的假囊

（一）滋养体

滋养体又称速殖子，以二分裂法增殖，大小为 4～7 μm×2～4 μm。主要出现于急性病例的腹水中，常可见到游离于细胞外的单个虫体。游离的虫体呈弓形或月牙形，一端较尖，一端钝圆。经吉姆萨染色或瑞氏染色后可见胞质呈蓝色，胞核呈紫红色，核位于虫体中央。细胞内寄生的虫体呈纺锤

形或椭圆形，一般含数个至十多个虫体。这个被宿主细胞膜包绕的虫体集合体称假包囊，其内速殖子增殖至一定数目时，胞膜破裂，速殖子释出，随血流至其他细胞内继续繁殖。

（二）包囊

包囊呈圆形或椭圆形，直径 5～100 μm，大小可随虫体的繁殖而不断增大，具有一层富有弹性的坚韧囊壁。见于慢性病例的脑、骨骼肌、心肌和视网膜等处。囊内虫体称缓殖子，内含数个至数百个虫体，可在感染动物体内长期存在。在机体免疫力低下时，包囊可破裂，缓殖子从包囊内逸出，重新侵入新的细胞引起宿主发病。

（三）裂殖体

在终末宿主猫和猫科动物小肠绒毛上皮细胞内发育，圆形，内有 10～15 个香蕉状的裂殖子。

（四）配子体

裂殖子经过数代裂殖生殖后变成配子体，配子体有雌雄之分。雌、雄配子体发育为雌、雄配子，雌、雄配子结合发育为合子，而后发育成卵囊。

（五）卵囊

卵囊在终末宿主猫和猫科动物小肠绒毛上皮细胞内。刚从猫粪排出的卵囊为圆形或椭圆形，大小为 10～12 μm；具有两层光滑透明的囊壁，内充满均匀小颗粒。经孢子化后可见卵囊内有 2 个孢子囊，每个孢子囊内有 4 个子孢子。

二、生活史

（一）宿主及寄生部位

中间宿主有哺乳类、鸟类、鱼类和爬行类动物，终末宿主为猫和猫科动物。弓形虫对中间宿主的选择极不严格，哺乳类、鸟类、鱼类和爬行类动物都可寄生，对寄生组织的选择也无特异亲嗜性，除红细胞外的有核细胞均可寄生。

（二）发育过程

需经过 3 个阶段（图 8-8）。

1. 无性生殖阶段 在其寄生的中间宿主的肠上皮细胞内以裂殖生殖的方式进行繁殖。

2. 有性生殖阶段 在其寄生的终末宿主的肠上皮细胞内以配子生殖的方式进行。裂殖子形成大、小配子体，进而形成大、小配子；小配子钻入大配子内形成合子；合子周围迅速形成一层被膜即卵囊。

3. 孢子生殖阶段 卵囊随粪便排出体外，在外界环境中经数日发育为孢子化卵囊。弓形虫在终末宿主体内完成有性生殖阶段（同时也有无性生殖阶段也是中间宿主）；在中间宿主人或其他动物体内只能完成无性生殖阶段。在外界完成孢子生殖阶段。有性生殖只限于在猫科动物小肠上皮细胞内进行，称为肠内期发育。无性生殖阶段可在其他组织、细胞内进行，称为肠外期发育。

终末宿主吞食带有弓形虫包囊或假包囊的内脏或肉类组织以及食入或饮入被成熟卵囊污染的食物或水时即可感染。速殖子或子孢子在小肠腔逸出，侵入小肠上皮细胞，经 3～7 日发育繁殖，形成多个核的裂殖体，成熟后释出裂殖子，侵入新的肠上皮细胞形成第 2 代、3 代裂殖体，经数代增殖后，部分裂殖子发育为雌、雄配子体，雌、雄配子形成合子，最后形成卵囊，破出上皮细胞进入肠腔，随粪便排出体外。在适宜温、湿度环境中经 2～4 日即发育为具有感染性的成熟卵囊。受感染的猫，一般每日可排出 1000 万个卵囊，可持续 10～20 日。

中间宿主吃入猫（或猫科动物）排出的卵囊或含有滋养体或包囊的病肉而感染，子孢子、缓殖子或速殖子在肠内逸出，随即侵入肠壁经血或淋巴扩散至全身各器官组织，然后进入细胞内发育繁殖，直至细胞破裂，速殖子重新侵入新的组织、细胞，反复繁殖。在免疫功能正常的机体，部分速殖子侵入宿主细胞后，虫体繁殖速度减慢并形成包囊。

包囊在宿主体内可存活数月、数年，甚至终生。当机体免疫功能低下或长期应用免疫抑制剂时，组织内的包囊可破裂，释出缓殖子，进入血液和其他新的组织细胞继续发育繁殖。

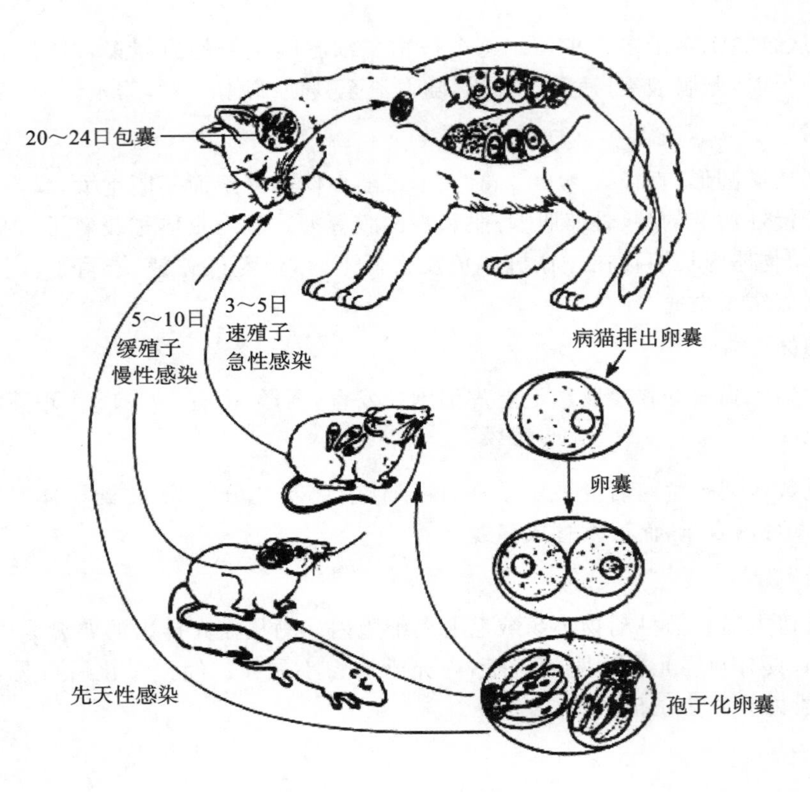

图 8-8 弓形虫生活史

三、流行病学

该病为动物源性疾病，分布于世界各地，许多哺乳动物、鸟类是本病的重要感染来源，人群感染也相当普遍。本病感染与地理、自然气候条件关系不大，常与饮食习惯、生活条件、接触猫科动物、职业因素有关。

（一）感染来源

主要感染来源是病人、病畜及带虫动物，其体内有弓形虫滋养体、包囊和假包囊。已证明病畜的唾液、痰、粪、尿、乳汁、肉、内脏、淋巴结以及急性病例的血液中都可能含有滋养体。猫是本病最重要的感染来源，吞食了患病动物的尸体后，经 3～20 日的发育，从粪便中就会排出大量卵囊。一般 1 日可排出 1000 万个卵囊，排囊可持续 10～20 日。新鲜卵囊在外界短期发育后才具有感染性。感染性卵囊在外界环境中的抵抗力很强，−5 ℃下可存活 120 日，−20 ℃下可存活 60 日。

（二）感染途径

1. 经口感染 弓形虫病最主要的感染途径。自然条件下肉食动物一般是动物之间互相捕食吃到肉中的弓形虫速殖子或包囊而感染；草食动物一般是吃到污染的饮水和饲草中的卵囊而感染；杂食兽则两种方式兼有。人体感染是吃到污染的肉、乳、蛋中的速殖子及污染的水和食物中的卵囊或逗弄猫时吃到卵囊。经常接触动物的人，也可从感染动物的分泌物、排泄物等获得感染。在自然界，猫科动物和鼠类之间的传播循环是主要的天然疫源。

2. 经皮肤、黏膜感染 弓形虫各种形态的虫体可通过口、眼、鼻、呼吸道、肠道等损伤的黏膜和皮肤等途径侵入人、畜体内而引起感染。有人认为速殖子经口感染时，也是经由损伤的消化道黏膜进入血流或淋巴的。实验室工作人员在解剖动物受伤时亦可感染。

3. 经胎盘感染 弓形虫通过胎盘感染的现象是普遍存在的，孕妇和孕畜感染弓形虫后，可以经胎盘传给后代，使其后代发生先天性感染。胎儿也可通过摄入羊水而感染。

4. 经其他途径感染 如用滋养体给动物滴鼻、腹腔注射、静脉注射、颅内注射，都能感染。此外，尚可通过输血传播。

5. 经生物媒介感染 卵囊可以通过某些食粪甲虫、苍蝇、蟑螂和蚯蚓进行机械性传播。吸血昆虫和蜱也有可能传播本病。

（三）易感动物

弓形虫为细胞内寄生虫，人类及各种家畜（如猫、犬、鼠、兔、猪、牛、羊）都会感染发病。人类对弓形虫普遍易感，尤其是胎儿、婴幼儿、肿瘤病人和艾滋病病人等。在家畜中，弓形虫对猪和羊的危害较大。其他动物包括200余种哺乳动物、70种鸟、5种爬行类动物和一些节肢动物。

（四）感染季节

一般来说，弓形虫的流行没有严格的季节性。人弓形虫的感染率，温暖潮湿地区比寒冷干燥地区高。但对于人发病季节性尚无资料记载。家畜弓形虫病一年四季均可发病，但一般以夏秋季居多。我国猪弓形虫病的发病季节在每年的5—10月。

（五）抵抗力

卵囊对外界抵抗力较大，对酸、碱、消毒剂均有相当强的抵抗力，在室温可生存3～18个月，在猫粪内可存活1年，对干燥和热的抵抗力较差，80 ℃时1分钟即可杀死，因此加热是防止卵囊传播最有效的方法。

四、临床症状和病理变化

（一）临床症状

弓形虫主要引起神经、消化及呼吸系统症状，多见慢性和隐性感染。

人：主要危害儿童和免疫功能障碍的人，其症状分为先天性和后天性的。先天性的发生于妇女孕期，除危害妇女本人外，还通过胎盘等途径引起胎儿死亡或婴儿出现弓形虫病。常见的症状有婴儿出现脑水肿、脑钙化、畸形、癫痫、视网膜缺陷，免疫损伤和免疫抑制的病人最易感染弓形虫病，常常是致死性的。

猪：猪对弓形虫极易感，尤其仔猪发病严重，其临床表现与猪瘟相似。急性猪弓形虫病的潜伏期为3～7日，病初体温升高，幅度在40～42 ℃，呈稽留热，食欲减退，常出现异嗜、精神委顿和喜卧等，被毛蓬乱无光泽，尿液呈橘黄色，粪便多数干燥，呈暗红色或煤焦油色，有的猪往往下痢和便秘交替发生。呼吸困难，流水样或黏性鼻液，呈腹式或犬坐姿势呼吸，吸气深，呼气浅短。皮肤有紫斑，耳壳形成痂皮甚至耳尖干性坏死，体表淋巴结肿胀。怀孕母猪表现为高热、废食、精神委顿和昏睡，此种症状持续数日后可产出死胎或流产，即使产出活仔，也可发生急性死亡或发育不全，不会吃奶或产畸形怪胎。

羊：羊弓形虫病的临诊表现以流产为主。在流产羊组织内可见弓形虫速殖子，其他症状不明显。

猫：猫感染此病后，通常无明显症状。

（二）病理变化

1. 急性型 血点和坏死灶。肾脏黄褐色，常见针尖大出血点或坏死灶。肠道重度充血，肠黏膜可见坏死灶。腹水。

2. 慢性型 慢性病例多可见内脏器官水肿，并有散在的坏死灶。

五、诊断

根据流行病学资料（宿主范围广，秋、冬季和早春发病率高）、临床症状（高热持续，呼吸困难，皮肤出现紫斑，体表淋巴结肿大）和病理剖检（全身淋巴结肿大、出血或坏死，肺高度水肿）等可做出初步诊断。由于弓形虫病无特异性临床症状，易与多种疾病混淆，故必须依靠病原学和血液学检查结果方可确诊。

（一）病原学检查

生前检查可采用病人、病畜发热期的血液、脑脊液、眼分泌物、尿、唾液以及淋巴结穿刺液作为检

查材料；死后采取心血、心、肝、脾、肺、脑、淋巴结及胸、腹水等。此外，对猫还应收集其粪便，检查是否有卵囊存在。

1. 直接涂片检查 在体液涂片中发现弓形虫速殖子，一般可作为急性期感染的诊断依据。

2. 集虫法检查 取肺及肺门淋巴结研磨后加 10 倍生理盐水滤过，以 500 转/分离心 3 分钟，取上清液再以 1500 转/分离心 10 分钟，取沉渣涂片，染色镜检。

3. 动物接种 一般是将被检材料接种到幼龄小鼠腹腔，观察其发病情况，并在腹水中检查有无速殖子。

（二）血清学诊断

血清学试验有染色试验、间接血凝试验和酶联免疫吸附试验等。

（三）分子生物学检查

PCR 及 DNA 探针技术均已应用于检测弓形虫感染。

六、防治

（一）治疗

磺胺类药物对弓形虫病有很好的治疗效果，磺胺类药物和抗菌增效剂联合作用的疗效最好，但应注意在发病初期及时用药。否则，虽可使临床症状消失，但不能抑制虫体进入组织形成包囊，导致病人或病畜成为带虫者；使用磺胺类药物应首次剂量加倍。用药或注射后 1～3 日体温即可逐渐恢复正常，一般需连用 3～4 日。孕妇应首选螺旋霉素（此药的毒性较小），每日 2～3 g，口服，分 4 次服用，连用 3～4 周，间隔 2 周，重复使用。

（二）预防

本病重在预防，应采取综合防治措施。

1. 加强环境消毒 如猫舍应及时清扫，并定期以 55 ℃以上热水或 0.5%氨水消毒。

2. 定期对种猪场的猪群进行流行病学监测 对血清学阳性猪只及时隔离饲养或有计划淘汰，以消除感染来源。病愈后的猪不能作为种猪。严防猫粪污染饲料和饮水；扑灭圈舍内外的老鼠；屠宰废弃物必须煮熟后方可作为饲料。

3. 加强检疫 病死的和可疑的畜尸、流产的胎儿及排出物应严格进行无害化处理，如深埋、焚烧。

4. 改变饮食习惯 禁食生肉、半生肉、生乳及生蛋；切记生肉、熟肉的用具应严格分用、分放；接触生肉、尸体后应严格消毒。

5. 加强宣传教育 儿童不要逗猫、犬，孕妇更不要与猫、犬接触。

6. 加强对家猫的管理 每天及时清除猫粪，不要用生肉、生奶喂猫；畜舍内应严禁养猫，并防止猫进入厩舍。

7. 疫苗预防 利用疫苗预防亦初显成效。目前已有弓形虫灭活疫苗、核酸疫苗、亚单位疫苗、减毒活疫苗等。

扫码学课件
8-2-3

子任务三　隐孢子虫病的防治

案例引导

2019 年 7 月，某奶牛场中的犊牛相继出现了精神沉郁，厌食，体温升高，腹泻，粪便带有黏液，有时带有血液。该养殖场以犊牛发病为主，成年牛没有出现典型的临床症状。由于该养殖场养殖规模较小，养殖户存在很大的侥幸心理，没有及时清理牛舍的粪便，也没有及时进行驱虫。剖检发现犊牛的小肠黏膜充血，肠系膜淋巴肿大。采病料进行改良抗酸染色后镜检，发现有卵囊样的结构被染成红色。

问题：案例中牛群感染了哪种寄生虫病？应如何进行防治？

隐孢子虫病是由隐孢子虫科隐孢子虫属的隐孢子虫寄生于牛、羊和人体内引起的疾病，是重要的人兽共患病。以哺乳动物的严重腹泻和人（婴儿和免疫功能低下者）的致死性肠炎为特征。本病在艾滋病病人中感染率很高，是导致其死亡的重要因素之一。在我国，本病属于三类动物疫病。

一、病原

隐孢子虫的卵囊呈圆形或椭圆形，壁薄而光滑，无色。孢子化卵囊内无孢子囊，内含 4 个裸露的子孢子和 1 个残体。寄生于哺乳动物（主要是牛、羊和人）的隐孢子虫主要有 2 种。

小鼠隐孢子虫：寄生于胃黏膜上皮细胞绒毛层内，卵囊大小为 7.5 μm×6.5 μm。

小隐孢子虫：寄生于小肠黏膜上皮细胞绒毛层内，卵囊大小为 4.5 μm×4.5 μm。

二、生活史

隐孢子虫的发育过程与球虫相似，也分为裂殖生殖、配子生殖和孢子生殖阶段（图 8-9）。

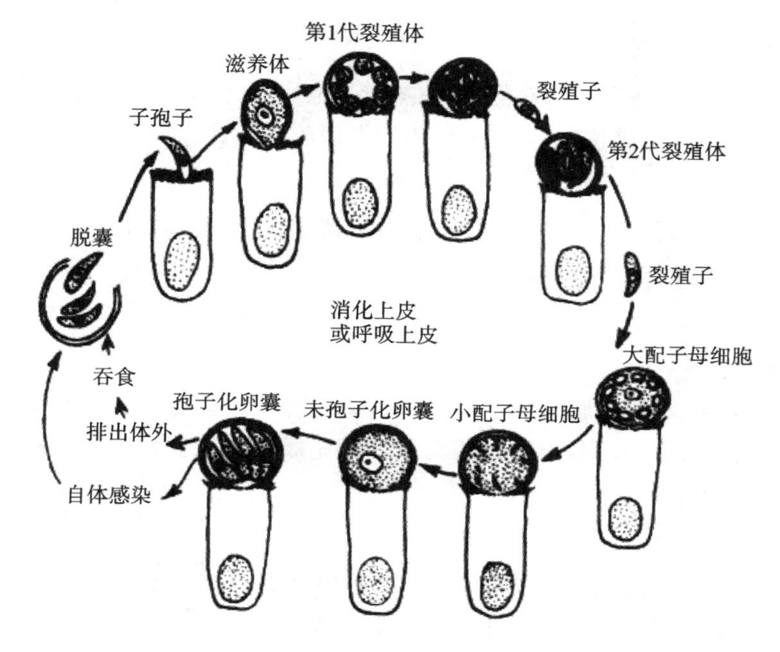

图 8-9 隐孢子虫生活史

1. 裂殖生殖 牛、羊等吞食孢子化卵囊而感染，卵囊在胃肠道内脱囊后，子孢子进入胃肠上皮细胞绒毛层内进行裂殖生殖，产生 3 代裂殖体，其中第 1、3 代裂殖体含 8 个裂殖子，第 2 代裂殖体含 4 个裂殖子。

2. 配子生殖 第 3 代裂殖子中的一部分发育为大配子体、大配子（雌性），另一部分发育为小配子体、小配子（雄性），大、小配子结合形成合子，外层形成囊壁后发育为卵囊。

3. 孢子生殖 配子生殖形成的合子，可分化为两种类型的卵囊，即薄壁型卵囊（占 20%）和厚壁型卵囊（占 80%）。薄壁型卵囊可在宿主体内脱囊，造成宿主的自体循环感染；厚壁型卵囊发育为孢子化卵囊后，随粪便排出体外，牛、羊等吞食后重复上述发育过程。与球虫发育过程不同的是卵囊的孢子生殖是在宿主体内完成的，排出的卵囊已是孢子化卵囊。

三、流行病学

（一）感染来源

感染来源是患病或带虫牛、羊和人。卵囊存在于粪便中。人的感染主要来源于牛，人群中也可以互相感染。

（二）感染途径

主要是经口感染，也可通过自体感染。

（三）易感动物

隐孢子虫不具有明显的宿主特异性，多数可交叉感染。小鼠隐孢子虫和小隐孢子虫除感染牛、羊和人外，还可以感染马、猪、犬、猫、鹿、猴、兔和鼠类等哺乳动物。

（四）卵囊抵抗力

卵囊对外界环境抵抗力很强，在潮湿环境中可存活数月。卵囊对大多数消毒剂有很强的抵抗力，50%的氨水、30%的福尔马林作用30分钟才能杀死。

（五）年龄动态和地理分布

本病主要危害幼龄动物，犊牛和羔羊多发，而且发病比较严重。人群中以婴儿感染比较普遍，感染年龄多在1岁以下。本病呈世界性分布，已有70多个国家报道。我国绝大多数地区存在本病，人、牛的感染率均很高。

四、临床症状和病理变化

隐孢子虫常作为起始性的条件致病因子，往往与其他病原(传染病或寄生虫病等)同时存在。该病对幼龄动物危害较大，其中以犊牛、羔羊和仔猪的发病较为严重。

（一）临床症状

潜伏期为3～7日。表现为精神沉郁，厌食，腹泻，消瘦，粪便带有黏液，有时带有血液，有时体温升高。羊的病程为1～2周，死亡率可达40%，牛的死亡率可达16%～40%，尤以4～30日龄的犊牛和3～14日龄的羔羊死亡率更高。

（二）病理变化

犊牛组织脱水，大肠、小肠黏膜水肿，有坏死灶，肠内容物含有纤维素块及黏液。羔羊皱胃内有凝乳块，肠管充满黄色水样内容物，小肠黏膜充血和肠系膜淋巴结充血水肿。在病变部位有发育中的各期虫体。

五、诊断

由于隐孢子虫感染多呈隐性经过，感染者可以只向外界排出卵囊，而不表现出任何临床症状。即使有明显的症状，也常常属于非特异性的，故不能用以确诊。另外，由于动物在发病时有许多条件性病原体的感染，因此，确切的诊断只能依靠实验室诊断。

（一）死前诊断

第一种方法是采取粪便，用饱和蔗糖溶液漂浮法收集粪便中的卵囊，再用显微镜检查，往往需用放大至1000倍的油镜观察。在显微镜下可见到圆形或椭圆形的卵囊，内含4个裸露、香蕉形的子孢子和1个较大的残体。但由于隐孢子虫卵囊很小，往往容易被忽视，检出率低，此种方法要求操作者有丰富的经验。第二种方法是把粪样涂片，用改良酸性染色法染色镜检，隐孢子虫卵囊被染成红色，此法较简单，检出率较高。第三种方法是采用荧光抗体染色法，用荧光显微镜检查，隐孢子虫卵囊显示苹果绿的荧光，容易辨认，敏感性高达100%，特异性达97%，能检测出卵囊极少的样本，但需要一定的设备和试剂，此法目前已成为国外诊断隐孢子虫病最常用的方法。

（二）死后诊断

刮取病变部位的消化道黏膜涂片染色，或采用病理切片进行吉姆萨染色，或制成电镜样本，鉴定虫体以确诊。对可疑的病例也可采用实验动物感染加以确诊。

六、防治

（一）治疗

目前尚无特效药物，国内曾有报道大蒜素对人隐孢子虫病有效。国外有采用免疫学疗法的报道，如口服单克隆抗体、高免兔乳汁等方法治疗病人。对免疫功能正常的牛、羊，采用对症疗法和支持疗法有一定效果。

（二）预防

加强饲养管理，搞好环境卫生，提高动物免疫力，是目前可行的办法。发病后要及时进行隔离治疗。严防牛、羊及人粪便污染饲料和饮水。

子任务四　肉孢子虫病的防治

扫码学课件
8-2-4

2004 年，甘肃两个县抽检群众自食的土猪 372 头，每头猪取肉样一份，包括心肌、膈肌各 10 片，每片 0.1 g。采用肉眼观察和压片镜检法进行检查，检查猪肉孢子虫的感染率、感染强度和强度范围。结果显示这两个县的猪肉孢子虫感染率为 88.1%，感染最严重的是在 0.1 g 心肌中寄生猪肉孢子虫 2 万余只。

问题：如何预防和治疗猪肉孢子虫病？

肉孢子虫病是由肉孢子虫科肉孢子虫属的肉孢子虫寄生于多种动物和人横纹肌所引起的一种人兽共患病。主要为隐性感染，严重感染时症状也不明显，可引起动物宿主出现发热、水肿、失重、脱毛、流产等症状，其特征是在骨骼肌和心肌内形成包囊——米氏囊，由于虫体寄生，局部肌肉发炎变性，降低了肉品的利用价值，甚至不能食用。

一、病原

已记载的肉孢子虫有 120 种以上，寄生于家畜的有 20 余种。无严格的宿主特异性，可以相互感染。同种虫体寄生于不同宿主时，其形态和大小有显著差异。以中间宿主和终末宿主的名称命名。如寄生于牛枯氏住肉孢子虫的终末宿主是犬、狼、狐等，故该种被命名为牛犬肉孢子虫。寄生于人肠并以人为终末宿主的肉孢子虫只有两种，即牛肉孢子虫和猪肉孢子虫，前者的中间宿主是牛，后者的中间宿主是猪。上述两种均寄生于人的小肠，故又统称人肠肉孢子虫。

肉孢子虫在中间宿主肌纤维和心肌中以包囊形态存在，在终末宿主小肠上皮细胞内或肠腔中以孢子囊或卵囊形态存在（图 8-10）。

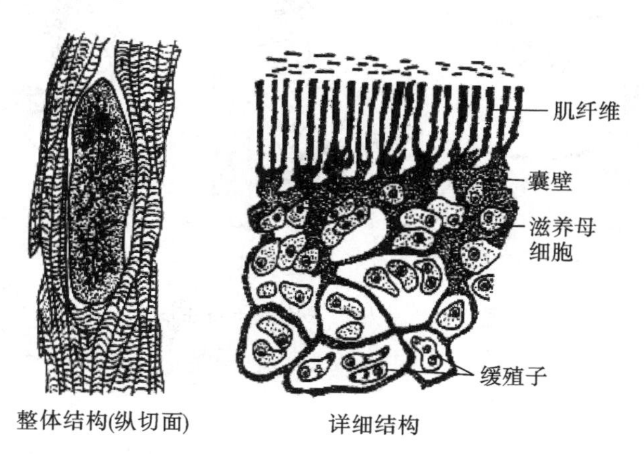

图 8-10　寄生于牛体内的肉孢子虫详细结构

（一）包囊（米氏囊）

包囊见于中间宿主的肌纤维之间。多呈纺锤形、圆柱形或卵圆形，乳白色。包囊壁由两层组成，内层向囊内延伸，构成很多纵隔将囊腔分成许多小室。发育成熟的包囊，小室中有许多肾形或香蕉形的滋养体（缓殖子），又称为南雷氏小体。猪体内的包囊为 0.5～5 mm，而牛、羊、马体内包囊均在 6 mm 以上，肉眼易见。

（二）卵囊

卵囊见于终末宿主的小肠上皮细胞内或肠内容物中。呈椭圆形，壁薄，内含 2 个孢子囊，每个孢子囊内有 4 个子孢子。

二、生活史

（一）中间宿主

十分广泛，如哺乳类、禽类、啮齿类、鸟类、爬行类和鱼类。偶尔寄生于人。

（二）终末宿主

犬、猪、猫和人等。

（三）发育过程

肉孢子虫全部发育过程需要两种宿主。终末宿主吞食含有包囊的中间宿主肌肉后，包囊被消化，缓殖子逸出，侵入小肠上皮细胞发育为大配子体和小配子体，大、小配子体又分裂成许多大、小配子，大、小配子结合为合子后发育为卵囊，之后在肠壁内发育为孢子化卵囊。成熟的卵囊多自行破裂进入肠腔随粪便排出，因此随粪便排到外界的卵囊较少，多数为孢子囊。孢子囊和卵囊被中间宿主吞食后，脱囊后的子孢子经血液循环到达各脏器，在血管内皮细胞中进行两次裂殖生殖，然后进入血液或单核细胞中进行第 3 次裂殖生殖，裂殖子随血液侵入横纹肌纤维内，经 1 个月或数月发育为成熟包囊（图 8-11）。

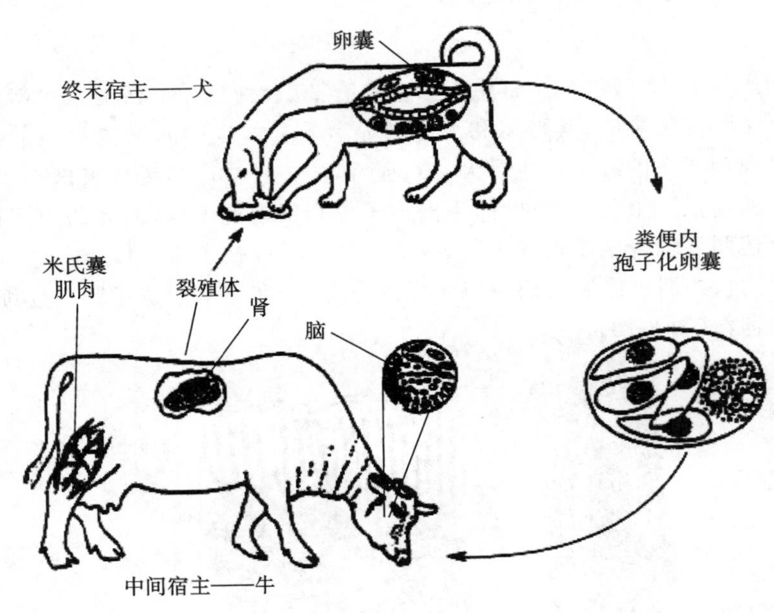

图 8-11　牛枯氏住肉孢子虫生活史

三、流行病学

（一）感染来源

患病或带虫的猪、犬、猫、牛、人等。

（二）传播途径

终末宿主和中间宿主均经口感染。终末宿主粪便中的孢子囊可以通过鸟类、蝇和食粪甲虫等散播。

人感染肉孢子虫是由于进食了未经煮熟或生的带有肉孢子虫包囊的猪肉、牛肉等所致，与人们的饮食习惯有重要关系，如一些民族有嗜食生猪肉的习惯等。

牛、羊等中间宿主因污染的饲草、饮水吞食孢子囊而感染。

（三）易感动物

肉孢子虫广泛寄生于各种家畜、鼠类、鸟类、爬行类和鱼类，人也可被感染。

（四）年龄动态

各年龄的动物均可感染，但牛、羊随着年龄增长感染率增高。

（五）抵抗力

孢子囊对外界环境的抵抗力强，适宜温度条件下可存活 1 个月以上。但对高温和冰冻敏感，60～70 ℃经 100 分钟、冰冻 1 周或－20 ℃存放 3 日均可灭活。

四、临床症状和病理变化

（一）临床症状

成年动物多为隐性经过。幼年动物感染后，经 20～30 日可能出现症状。犊牛表现为发热，流涎，淋巴结肿大，贫血，消瘦，尾尖脱毛、发育迟缓。羔羊与犊牛症状相似，但体温变化明显，严重感染时可死亡。仔猪表现为精神沉郁、腹泻、发育不良，严重感染时表现为不安、腰无力、肌肉僵硬和短时间的后肢瘫痪等。妊娠动物易发生流产。犬等肉食动物感染后症状不明显。人作为中间宿主时症状不明显，少数病人有发热、肌肉疼痛。人作为终末宿主时，在感染后 9～10 日从粪便中排出虫卵，并有厌食、恶心、腹痛和腹泻症状。

（二）病理变化

剖检见肌肉变性，肌纤维肿胀疏松，肌纤维间界限模糊，或包囊形成钙化。

在后肢、侧腹、腰肌、食管、心脏、膈肌等处，可见顺着肌纤维方向有大量包囊状物，呈灰白色或乳白色，有两层膜，囊内有很多小室，小室内有许多香蕉形的活动的滋养体。滋养体在心脏时可导致严重的心肌炎。

五、诊断

死前诊断困难，可用间接血凝试验，结合症状和流行病学进行综合诊断。

（一）人

常用硫酸锌浮聚法检查粪便中孢子囊或卵囊，并用活组织检查肌肉孢子囊。

（二）动物

动物肉孢子虫的死前诊断主要采用血清学方法。目前已建立的方法有间接血凝试验、酶联免疫吸附试验、间接荧光抗体试验等。死后剖检发现包囊即可确诊。

常寄生的部位：牛为食管肌、心肌和膈肌；猪为心肌和膈肌；绵羊为食管肌、膈肌和心肌；禽为头颈部肌肉、心肌和肌胃。

包囊常用的检查方法如下。

1. 肉眼检查法　适用于检查长度大于 1 mm 的包囊。

2. 压片镜检法　操作方法同旋毛虫的检查，检出率为 80%以上。取病变肌肉压片，检查香蕉形的缓殖子，也可用吉姆萨染色后观察。注意与弓形虫区别，肉孢子虫染色质少，着色不均，弓形虫染色质多，着色均匀。

3. 蛋白酶消化法　取 20 g 肉绞碎，加 50 mL 消化液（消化液的配方：胃蛋白酶 1.3 g，盐酸 3.5 mL，氯化钠 2.5 g，加蒸馏水 500 mL 配成），在 40 ℃下作用 1.5～2.5 小时，滤过，静置 30 分钟，吸沉渣约 0.3 mL，置高倍镜下镜检。检出率可达 90%以上。

六、防治

（一）治疗

目前尚无特效药物。

对肉孢子虫病的治疗目前仍处于探索阶段。有报道认为，应用抗球虫药如盐霉素、氨丙啉、莫能菌素、常山酮等预防牛、羊的肉孢子虫病可收到一定的效果。

目前对于人的肉孢子虫病也尚无特效的治疗药物，仅知氨丙啉可减轻中间宿主急性感染的症状。

（二）预防

由于目前尚无特效的治疗药物，该病的预防就显得尤为重要。关键在于切断肉孢子虫病的传播途径。

1. 加强肉品检验工作 对严重感染的带虫肉应销毁，轻度感染者应做无害化处理后方可出厂，或在−20 ℃下冷冻 3 日、−27 ℃冷冻一昼夜，或腌制、煮沸 2 小时。

2. 严禁用生肉喂犬、猫等终末宿主 对接触牛、羊的犬、猫应定期进行粪便检查，发现病畜应及时进行治疗。

3. 对犬、猫等终末宿主的粪便要进行无害化处理 严禁犬、猫等终末宿主接近家畜，避免其粪便污染牛、羊的饲草、饮水和养殖场地，以切断粪口传播途径。

4. 加强宣传教育，改变饮食习惯 人也是牛、猪肉孢子虫的终末宿主，应注意个人的饮食卫生，不吃生的或未煮熟的肉食。

扫码学课件

8-2-5

子任务五 鸡住白细胞虫病的防治

案例引导

某肉鸡场饲养的 2000 羽 45 日龄鸡相继出现部分鸡只精神萎靡，采食量下降，羽毛松乱，下痢，活动困难，排绿色稀粪，病死鸡表现明显的“白冠”。后期表现为呼吸困难、咯血、衰弱死亡。该鸡场位于半山处，山脚有多个鱼塘，环境较为潮湿，蚊蝇蠓蚋等害虫较多。发病后，曾使用新霉素、阿莫西林等药物治疗，无明显效果。剖检病死鸡可见全身广泛性点状出血，特别是胸肌两侧和腿肌出血点明显，气管内有血凝块，心脏、肝脏、脾脏还可见芝麻大小灰白色结节，肝脏、脾脏、肠系膜上可见明显的点状出血。

问题：案例中鸡群感染了何种寄生虫病？该病与环境有什么关系？应如何进行防治？

鸡住白细胞虫病是由疟原虫科住白细胞虫属的原虫寄生于鸡所引发的疾病，又称“白冠病”。寄生于鸡的白细胞（主要是单核细胞）、红细胞和一些内脏器官中引起的一种血孢子虫病，由吸血昆虫库蠓和蚋传播。主要特征为贫血、绿便、咯血、全身广泛性出血、粒状结节。

一、病原

不同发育阶段的住白细胞虫形态各异，在鸡体内发育的最终状态是成熟的配子体。主要有以下两种。

（一）沙氏住白细胞虫

配子体见于白细胞内。大配子体呈长圆形，胞质深蓝色，核较小。小配子体胞质浅蓝色，核较大。宿主细胞呈纺锤形，胞核被挤压至一侧，宿主细胞两端伸张似牛角状（图 8-12）。

（二）卡氏住白细胞虫

寄生于鸡等家禽的白细胞、红细胞、血管上皮细胞、内脏器官及肌肉组织。大配子体近于圆形，胞质较多，呈深蓝色，核呈红色，居中较透明。小配子体呈不规则圆形，胞质少，呈浅蓝色，核呈浅红色，占有虫体大部分。被寄生的宿主细胞膨大为圆形。细胞核被挤压成狭带状围绕虫体，有时消失（图 8-13）。

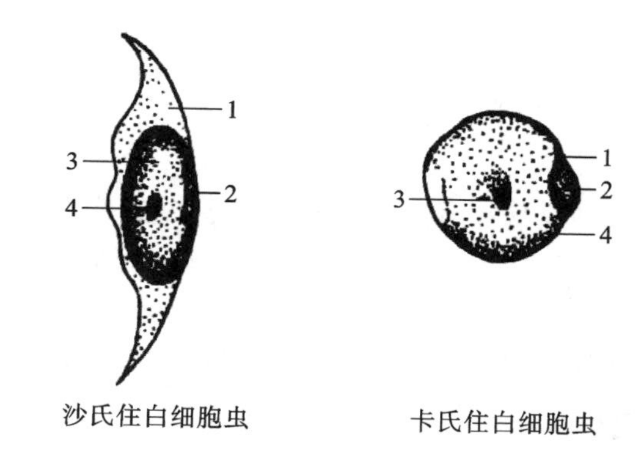

图 8-12 住白细胞虫

1. 宿主细胞质 2. 宿主细胞核 3. 核 4. 配子体

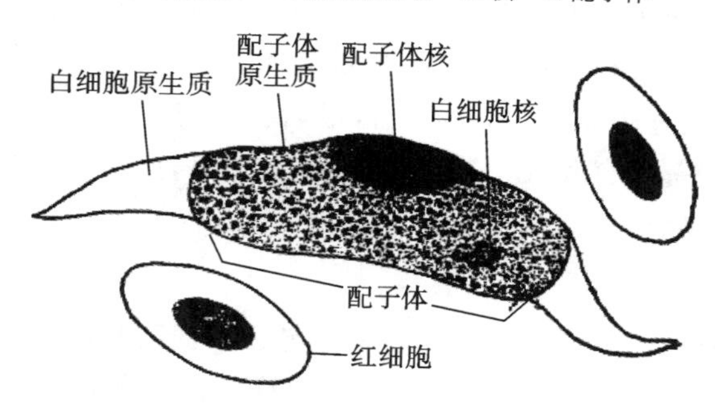

图 8-13 鸡沙氏住白细胞虫

二、生活史

住白细胞虫的发育过程包括裂殖生殖、配子生殖、孢子生殖 3 个阶段，需要在两个宿主体内完成。无性繁殖在鸡体内进行，有性繁殖在吸血昆虫体内进行。

现以卡氏住白细胞虫为例说明本虫的发育过程(图 8-14)。

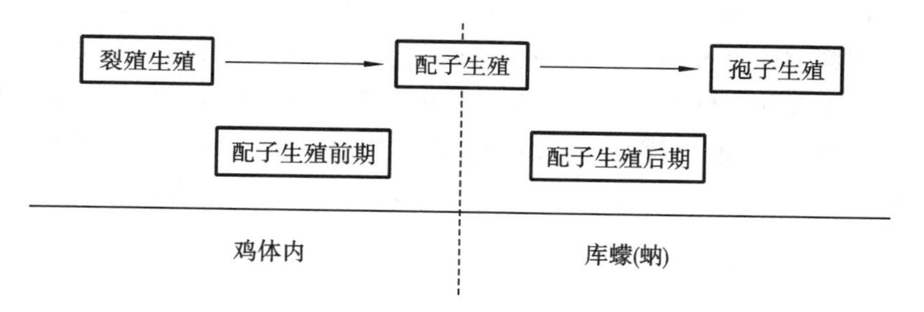

图 8-14 卡氏住白细胞虫的发育过程

当吸血昆虫在病鸡体上吸血时，将含有配子体的血细胞吸进胃内，虫体在其体内进行配子生殖和孢子生殖，产生许多子孢子并进入唾液腺。当吸血昆虫再次到鸡体上吸血时，将子孢子注入鸡体内，经血液循环到达肝脏，侵入肝实质细胞，进行裂殖生殖；其裂殖子一部分重新侵入肝细胞，另一部分随血液循环到各种器官的组织细胞，再进行裂殖生殖。经数代裂殖生殖后，裂殖子侵入白细胞，尤其是单核细胞，发育为大配子体和小配子体。

卡氏住白细胞虫到达肝脏之前，可在血管内皮细胞内裂殖增殖，也可在红细胞内形成配子体。

三、流行病学

（一）传播媒介

沙氏住白细胞虫的传播媒介是蚋。卡氏住白细胞虫的传播媒介为库蠓。

（二）流行季节和流行区域

本病发生的季节性与传播媒介的活动季节相一致。当气温在 20 ℃以上时，库蠓和蚋繁殖快，活

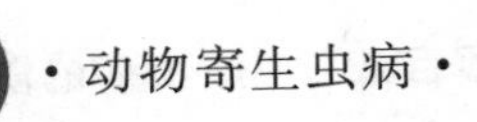

力强。一般发生在4—10月。库蠓、蚋多栖息于杂草、树林、洞穴等避光场所，幼虫滋生于水塘及水库的堆肥中；成虫通常在早晨、黄昏无风时活动吸血。

（三）发病年龄

一般2～7月龄的鸡感染率和发病率都较高。住白细胞虫的感染率与家禽的年龄成正比，与发病率成反比，一般2～6周龄鸡发病严重，死亡率可达30%～80%，而成年鸡的死亡率通常为5%～10%，成鸡多为带虫者。

此外，外来品种的鸡对本病较本地鸡更为易感，发病和死亡较严重。

四、临床症状和病理变化

（一）临床症状

住白细胞虫对血管内皮和血细胞的破坏，致使感染鸡肝脏等脏器和皮下等部大量出血，第2代裂殖体引起血管栓塞和配子体破裂，造成鸡发生严重疾病。

病鸡的症状主要是咯血、呼吸困难、鸡冠苍白，最后倒地挣扎而死。1月龄的雏鸡，见不到任何异常，特别是发育良好的雏鸡，突然咯血，逐渐死亡，皮下出血；中雏鸡和成鸡多出现白冠，排出绿色水样便，发育不良，产蛋率降低。

（二）病理变化

尸体消瘦，鸡冠、肉髯苍白。全身性出血，尤其是胸肌、腿肌、心肌有大小不等的出血点。肾、肺等各内脏器官肿大、出血。胸肌、腿肌、心肌，以及肝、脾等器官上有灰白色或稍带黄色的针尖至粟粒大的与周围组织有明显分界的小结节。

五、诊断

根据临床症状（咯血、白冠、绿色水样稀便）、流行病学（库蠓、蚋及发病季节）、剖检变化（出血和界限分明的米粒状结节）和实验诊断，从血液中查出配子体或从结节中查出裂殖体即可确诊。

实验室诊断：取病鸡血液做成涂片及脏器（肺、肾、脾等）做抹片或对病鸡肌肉中的白色小结节做压片，吉姆萨染色液染色，高倍镜检，发现裂殖体或配子体即可确诊。取有病变的脏器做组织切片，在显微镜下见到巨型裂殖体也可确诊。免疫学诊断如酶联免疫吸附试验、间接荧光抗体、琼脂扩散试验等方法都可用于卡氏住白细胞虫病的诊断。琼脂扩散试验被认为是常规的诊断方法。

本病易与鸡新城疫、禽霍乱、曲霉菌病、磺胺类药物中毒等的临床症状和剖检病变相混淆，应注意鉴别。内脏表面有灰白色或黄白色针头大至粟粒大的小结节，为卡氏住白细胞虫病的特征性病变。

六、防治

（一）治疗

泰灭净：按0.01%拌料，连用两周；或按0.5%连用3日，再按0.05%连用两周。

磺胺二甲氧嘧啶（SDM）：配制成0.05%的水溶液供鸡饮用，饮水2日，然后再用0.03%浓度的水溶液饮水两日。

痢特灵：用0.04%混入饲料，连续用药5日，停药2～3日，改为0.02%连续服用。

克球粉：用0.025%混入饲料，连续服用。

乙胺嘧啶：按0.0004%，配合磺胺二甲氧嘧啶0.004%混入饲料，连用一周。

（二）预防

1. 防止库蠓进入鸡舍 鸡舍应建在干燥、向阳及通风的地方，远离垃圾场、污水沟及荒草坡等库蠓滋生和繁殖的场所。在流行季节，鸡舍的门窗要安装纱窗帘，以防库蠓进入鸡舍，也可在鸡舍周围堆放艾叶、蒿枝及烟杆等闷烟，以使库蠓不能栖息。净化鸡舍周围环境，清除垃圾及杂草，填平废水沟，雨后及时排除积水。

2. 杀灭传播媒介——库蠓和蚋 鸡舍环境用0.1%敌杀死、0.05%辛硫磷或0.01%速灭杀丁定期喷雾，每隔3～5日喷1次。也可在黄昏时用黑光灯诱杀库蠓。

3. 淘汰病鸡 住白细胞虫的裂殖体阶段可随鸡越冬，故应在冬季彻底淘汰当年患病鸡群，以免翌年再次发病及病原扩散。

4. 药物预防 在流行季节到来之前进行药物预防。泰灭净：按0.0025%～0.0075%混入饲料，连用5日，停2日，为1个疗程。磺胺二甲氧嘧啶(SDM)：按0.0025%～0.0075%混入饲料或饮水。乙胺嘧啶：按0.0001%混入饲料。痢特灵：按0.01%混入饲料。克球粉：按0.0125%～0.025%混入饲料。

5. 免疫预防 国外有人用感染卡氏住白细胞虫7～13日的鸡脾脏匀浆后给鸡接种，可获得一定的免疫力。

子任务六 巴贝斯虫病的防治

扫码学课件
8-2-6

某犬，公，6月龄，8 kg，有完整的免疫史，未做驱虫。主诉10日前曾带其到山林游玩，回来近1周后发现其精神逐渐变差，偶尔咳嗽，反复持续发热，食欲不振，尿色颜色逐渐加深，呈茶褐色。就诊时发现该犬精神萎靡，牙龈苍白，皮肤严重黄染。体温40.5 ℃，脉搏133次/分，呼吸29次/分，听诊肺部啰音。经血常规检查，该犬的红细胞数、红细胞比容、血红蛋白浓度均低于正常值。血液涂片做瑞氏染色，油镜镜检，在红细胞内发现染成淡蓝色的小梨籽形虫体，有圆形、环形和逗点形等。

问题：案例中犬感染了何种寄生虫病？该病与环境有什么关系？该病应如何进行防治？

巴贝斯虫病是由巴贝斯科巴贝斯属的巴贝斯虫寄生于动物的红细胞内引起的原虫病，旧名称为“焦虫病”。由于经蜱传播，故又称为“蜱热”。主要特征为高热、贫血、黄疸及血红蛋白尿，死亡率很高。多种家畜虽然都可感染巴贝斯虫，但不同动物所感染的虫体种类和疾病表现形式不同。在此就以牛、羊、犬、马的巴贝斯虫病为例进行介绍。

一、病原

巴贝斯虫种类很多，我国已报道的主要有7种，分别感染牛、羊、马、犬等，均具有多形性，主要有梨籽形、圆形、卵圆形、环形及不规则形等多种形态。虫体大小也存在很大差异，长度大于红细胞半径的称为大型虫体，虫体内有2团染色质块，位于虫体边缘，2个梨籽形虫体以其尖端呈锐角相连，呈双梨籽形；长度小于红细胞半径的称为小型虫体，体内只有1团染色质块，常位于虫体边缘，2个梨籽形虫体以其尖端呈钝角相连，呈双梨籽形，或4个梨籽形虫体以其尖端相连，呈“十”字形。虫体大小、排列方式、在红细胞中的位置，以及染色质团块数、位置，包括典型虫体的形态等都是鉴定虫种的依据。典型虫体的形态具有诊断意义(图8-15)。

(一)双芽巴贝斯虫

寄生于牛，虫体长2.8～6 μm，为大型虫体，有2团染色质块。每个红细胞内多为1～2个虫体，多位于红细胞中央。吉姆萨染色后，胞质呈淡蓝色，染色质呈紫红色。虫体形态随病程的发展而变化，初期以单个虫体为主，随后双梨籽形虫体所占比例逐渐增高。典型虫体为成双的梨籽形，其尖端相连成锐角。

(二)牛巴贝斯虫

寄生于牛，虫体长1～2.4 μm，为小型虫体，有1团染色质块。每个红细胞内多为1～3个虫体，多位于红细胞边缘。典型虫体为成双的梨籽形，其尖端相连成钝角。

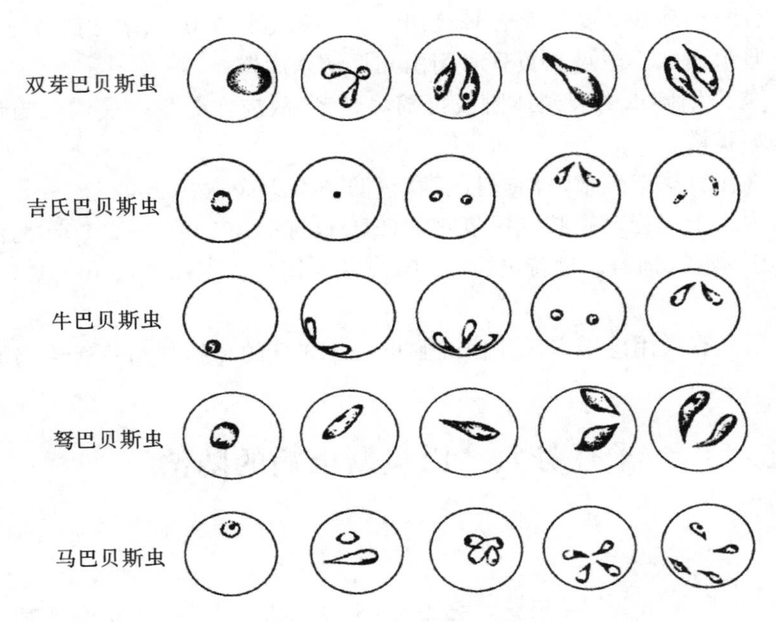

图 8-15　红细胞内的巴贝斯虫

（三）卵形巴贝斯虫

寄生于牛，为大型虫体，多为卵形，中央一般不着色，形成空泡。虫体多数位于红细胞中央。典型虫体为双梨籽形，较宽大，两尖端成锐角相连或不相连。

（四）莫氏巴贝斯虫

寄生于羊，为大型虫体。有 2 团染色质块。虫体多数位于红细胞中央，大多为双梨籽形。典型虫体为双梨籽形，两个虫体相连成锐角。

（五）驽巴贝斯虫

寄生于马，虫体长 2.8～4.8 μm，为大型虫体，呈梨籽形，多数位于红细胞中央。

（六）马巴贝斯虫

寄生于马，属小型虫体，虫体特征为 4 个梨籽形，其尖端连成“十”字形。

（七）吉氏巴贝斯虫

寄生于犬，虫体很小，多位于红细胞边缘偏中央，以圆点形、环形及小杆形为多见，偶尔可见“十”字形的四分裂虫体和成对的小梨籽形虫体。在一个红细胞内可寄生 1～13 个虫体，以寄生 1～2 个虫体为多见。

（八）犬巴贝斯虫

寄生于犬，为大型虫体，虫体长度大于红细胞半径，大小为 5.0 μm×2.5～3.0 μm。其形态有梨籽形、圆形、椭圆形及不规则形等。典型的形状呈双梨籽形，尖端以锐角相连，每个虫体内有 1 团染色质块。虫体的形态随病情的发展而有变化，虫体开始出现时以单个虫体为主，随后双梨籽形虫体所占比例逐渐增高。

二、生活史

巴贝斯虫的发育过程基本相似，需要转换 2 个宿主才能完成其发育，一个是中间宿主——哺乳动物，另一个是终末宿主——蜱。现以双芽巴贝斯虫为例进行介绍。

带有双芽巴贝斯虫子孢子的蜱叮咬牛时，子孢子随蜱的唾液进入牛的血液，虫体在牛的红细胞内以“成对出芽”的方式进行繁殖，产生裂殖子；当红细胞破裂时，虫体逸出，再侵入新的红细胞；虫体反复分裂，最后形成配子体。当蜱吸食带虫牛或病牛血液时，配子体进入蜱体内进行配子生殖，发育成配子，两种配子配对融合形成合子。然后在蜱的唾液腺等处进行孢子生殖，产生许多子孢子。当蜱吸食健康牛血液时虫体进入健康牛血液而使健康牛感染（图 8-16）。

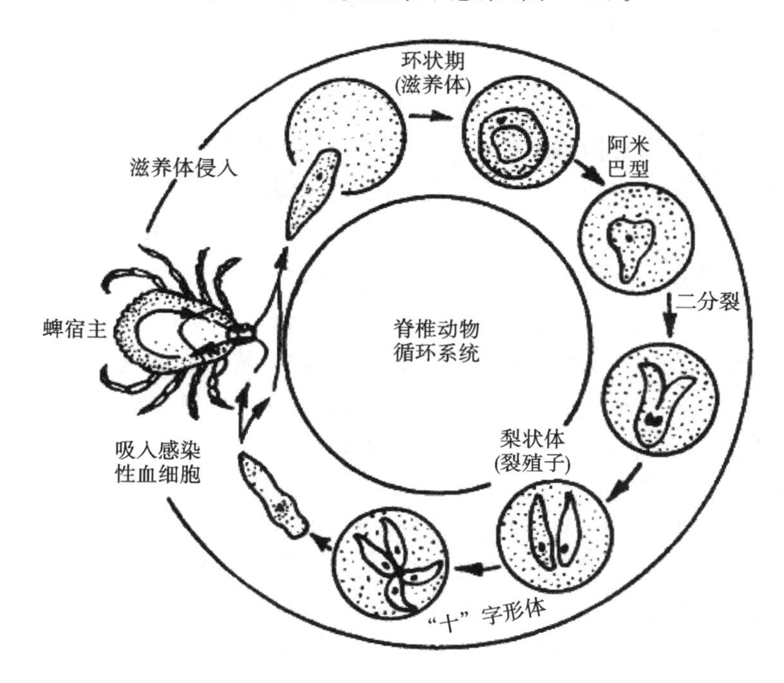

图 8-16 巴贝斯虫的发育与传播

三、牛羊巴贝斯虫病

本病主要是由双芽巴贝斯虫、牛巴贝斯虫、卵形巴贝斯虫和莫氏巴贝斯虫寄生于牛、羊红细胞内引起的疾病。

（一）流行病学

1. 感染来源 患病牛、羊和带虫牛、羊。

2. 传播途径 通过硬蜱叮咬、吸血传播；也可经胎盘感染胎儿。

3. 易感动物 易感动物为牛、羊等。

4. 地理分布和季节动态 巴贝斯虫病的流行与传播媒介蜱的消长、活动相一致。蜱的活动季节主要为春末、夏、秋，蜱的分布有一定的地区性。因此，巴贝斯虫病具有明显的地方性和季节性。由于微小牛蜱在野外发育繁殖，因此，该病多发生在放牧时期，舍饲牛发病较少。

5. 易感年龄 不同年龄和不同品种牛的易感性有差别：两岁内的犊牛发病率高，但症状较轻，死亡率低；成年牛发病率低，但症状严重，死亡率高，尤其是老、弱及使役过度的牛，病情更为严重；纯种牛和从外地引入的牛易感性高，容易发病，且死亡率高；当地牛对该病有抵抗力。

（二）临床症状和病理变化

1. 临床症状 虫体的出芽生殖，使红细胞大量被破坏，加上虫体的毒素作用，使牛产生较为严重的症状。双芽巴贝斯虫虫体较大，它所引起的症状往往比牛巴贝斯虫引起的症状要严重一些，潜伏期为 1～2 周。

病牛最初表现为高热稽留，体温可升高到 40～42 ℃；脉搏和呼吸加快，精神沉郁，喜卧地；食欲大减或废绝，反刍迟缓或停止；便秘或腹泻，有的病牛还排出黑褐色、恶臭带有黏液的粪便。奶牛的泌乳量减少或停止泌乳；怀孕母牛常可发生流产。病牛迅速消瘦、贫血，黏膜苍白和黄染。最明显的症状是由于红细胞大量被破坏，血红蛋白从肾脏排出而出现血红蛋白尿，随着病情的发展，尿的颜色由淡红色变为棕红色至黑红色。血液稀薄，血红蛋白量减少到 25%左右，血沉加快 10 余倍；红细胞大小不均，着色淡，有时还可见到幼稚型红细胞；白细胞在病初正常或减少，以后增到正常的 3～4

倍；淋巴细胞增加15%～25%；中性粒细胞减少；嗜酸性粒细胞降至1%以下或消失。重症时如不及时治疗可在4～8日内死亡，死亡率可达50%～80%。

慢性病例，体温波动于40 ℃上下，持续数周。食欲减退，渐进性贫血和消瘦，需经数周或数月才能康复。幼年病牛发热仅数日，心跳略快，略显虚弱，黏膜苍白或微黄。热退后迅速康复。

2. 病理变化 剖检可见尸体消瘦，血液稀薄如水，血凝不全。皮下组织、肌间结缔组织和脂肪均呈黄色胶样水肿状。各内脏器官被膜均黄染。皱胃和肠黏膜潮红并有点状出血。脾脏肿大，脾髓软化呈暗红色，白髓肿大呈颗粒状突出于切面。肝脏肿大，黄褐色，切面呈豆蔻状花纹。胆囊扩张，充满浓稠胆汁。肾脏肿大，淡红黄色，有点状出血。膀胱膨大，有大量红色尿液，黏膜有出血点。肺淤血、水肿。心肌柔软，黄红色。心内外膜有出血斑。

（三）诊断

巴贝斯虫病的诊断，可根据当地流行病学因素、临床症状（特征性症状如高热、贫血、黄疸和血红蛋白尿）、病理特点（血液稀薄，血凝不全，皮下组织、脂肪和内脏被膜黄染，膀胱积有红色尿液等）以及实验室检查等综合进行。确诊必须进行实验室检查。

1. 血涂片检查 在牛体温升高后的1～2日，采集外周血（一般为耳静脉）制成薄血涂片，甲醇固定后染色镜检，若发现红细胞内有圆形和变形虫样虫体，即可确诊。为提高检出率，也可采用集虫的方法。即将可疑血液经抗凝处理后，低速离心，取上层红细胞涂片检查。

2. 血清学检查 免疫学方法诊断，如酶联免疫吸附试验（ELISA）、间接血凝试验（IHA）、补体结合反应（CF）、间接荧光抗体试验（IFAT）等。其中ELISA和IFAT可供常规使用，主要用于染虫率较低的带虫牛的虫体检出和疫区的流行病学调查。

3. 基因诊断 可使用核酸探针技术和PCR技术诊断巴贝斯虫病。

（四）防治

1. 治疗 及时确诊，尽早治疗，方能取得良好的效果。同时，还应结合对症、支持疗法，如强心、健胃、补液等。常用的特效药有以下几种。

（1）咪唑苯脲：对各种巴贝斯虫病均有较好的治疗效果。治疗剂量为1～3 mg/kg体重，配成10%溶液肌内注射。该药安全性较好，增大剂量至8 mg/kg体重，仅出现一过性的呼吸困难、流涎、肌肉颤抖、腹痛和排出稀便等不良反应，约经30分钟消失。

（2）三氮脒：剂量为3.5～3.8 mg/kg体重，配成5%～7%溶液，深部肌内注射。黄牛偶尔出现起卧不安、肌肉震颤等副作用，但很快消失。水牛对本药较敏感，一般用药一次较安全，连续使用易出现毒性反应甚至死亡。

（3）锥黄素：剂量为3～4 mg/kg体重，配成0.5%～1%溶液静脉注射，症状未减轻时，24小时后再注射一次，病牛在治疗后的数日内避免烈日照射。

（4）喹啉脲：剂量为0.6～1 mg/kg体重，配成5%溶液皮下注射。有时注射后数分钟出现起卧不安、肌肉震颤、流涎、出汗、呼吸困难等副作用（妊娠牛可能流产），一般于1～4小时自行消失，严重者可皮下注射阿托品，剂量为10 mg/kg体重。

2. 预防措施 做好灭蜱工作，实行科学轮牧，在蜱流行季节，牛、羊尽量不到蜱大量滋生的草场放牧；必要时可改为舍饲；加强检疫，对外地调进的牛、羊等，特别是从疫区调进时，一定要检疫后隔离观察，患病或带虫者应进行隔离治疗；在发病季节，可用咪唑苯脲进行预防，预防期一般为3～8周。

四、马巴贝斯虫病

本病是由驽巴贝斯虫和马巴贝斯虫寄生于马属动物的红细胞内引起的疾病。临诊主要表现为高热、贫血、黄疸、出血和呼吸困难等重剧症状，治疗不及时死亡率极高。

（一）流行病学

1. 感染来源 患病马和带虫马。

2. 感染途径 本病的传播媒介是多种蜱，主要是革蜱。母马体内的虫体可经胎盘感染胎儿。

3. 易感年龄 耐过马匹可长期带虫免疫，疫区的马匹一般不发病或仅表现为轻微的临床症状而耐过，由外地进入疫区的新马和新生的幼驹容易发病。

4. 地理分布与季节动态 发病季节多在 2—6 月，3—4 月为发病高峰期，秋季也可出现少数病例。内蒙古、东北、西北和新疆等地多发生本病。

（二）临床症状

潜伏期为 7～21 日，病初高热 40～41 ℃，稽留热或弛张热 4～7 日，精神沉郁，反应迟钝，肌肉震颤，重者昏迷；食欲减退或废绝；可视黏膜潮红黄染，后转为苍白黄染，有时见出血点；心律不齐，心悸；呼吸急促，肺泡音粗；粪便初干硬，后腹泻，带有黏液或血液；尿少黏稠呈茶色。病程 2～10 日，病马后期因高度贫血、呼吸困难和心力衰竭而死亡。幼驹发病症状比成年马严重。

（三）诊断

在疫区的流行季节，如病马出现典型症状（高热、贫血、黄疸）应考虑为本病。血液检查发现虫体是确诊的依据。虫体检查一般在病马发热期进行，应反复检查或用集虫法检查。无条件进行血液检查时，可进行诊断性治疗。

（四）治疗

应停止病马的使役，给予易消化的饲料和加盐的清水，仔细检查和消灭体表的蜱。根据病情，按急则治标、缓则治本的原则制订治疗方案。用药同牛巴贝斯虫病。

（五）预防

在本病发病地区，要做好防蜱工作；在出现第一批病例后，为了防止易感马匹发病，可采取药物预防注射（与治疗同剂量）。在无本病但有蜱活动的地区，对外来马匹要严格检疫，防止带虫马进入，并要消灭马匹体表的蜱。

五、犬巴贝斯虫病

本病主要是由吉氏巴贝斯虫、犬巴贝斯虫和韦氏巴贝斯虫寄生于犬红细胞内引起的疾病。我国以吉氏巴贝斯虫较为常见。

（一）流行病学

1. 感染来源 患病犬和带虫犬。

2. 感染途径 经生物媒介（蜱）传播感染，也可经胎盘感染胎儿。

3. 地理分布与季节动态 此病多见于气候温热，有蜱滋生的丘陵地带，发病主要集中在夏、秋季节。

4. 其他 本病的发生与品种和性别无关。

（二）临床症状

犬的吉氏巴贝斯虫病常呈慢性经过。潜伏期为 14～28 日。病初精神沉郁，喜卧厌动，走路时四肢无力，身躯摇晃。体温升高至 40～41 ℃，持续 3～5 日转为正常，5～7 日再次升高，呈不规则间歇热型。病犬食欲逐渐减少或废绝，可视黏膜苍白至黄染。尿呈黄色，少数病犬有血红蛋白尿。部分病犬出现呕吐症状，眼有炎性分泌物。触诊脾肿大，肾脏（单侧或双侧）肿大且有痛感。

犬巴贝斯虫病分急性型和慢性型。急性型的潜伏期为 2～10 日，病初表现为体温升高，在 2～3 日内达到 40～43 ℃，随后食欲降低至废绝，呼吸和脉搏加快，可视黏膜由淡红色变为苍白后逐渐黄染。部分病犬会出现血红蛋白尿，有的病犬脾肿大。慢性型只在病初体温升高，少数病例会出现间歇热。病犬渐进性贫血，但常无黄疸，食欲正常，但精神差，极度消瘦。尿中含有血红蛋白。红细胞数可减少至正常值的 1/5～1/4，白细胞数增加。如病犬耐过，贫血可在 3 周后逐渐消失。耐过病犬常为带虫免疫，长者可达 2 年。

（三）诊断

根据流行病学资料、临床症状，在血涂片中查到典型虫体可以确诊。已经建立了多种血清学诊

断方法用于该病的诊断。体外培养技术和PCR技术都具有较高的检出率，可以在有条件的实验室进行。

（四）防治

1.治疗 在使用特效药物的同时，还应采取强心、补液、应用广谱抗生素，防止继发或并发感染等措施进行对症治疗。

（1）输血：血型配对后，实行输血。

（2）对症治疗：使用氨基酸、脂肪乳、葡萄糖等营养成分输液以加强营养，同时口服补血药物。

（3）药物治疗：阿托伐醌被公认为目前最为安全有效的治疗犬巴贝斯虫病的药物，副作用小。该药与阿奇霉素联合使用可以减少耐药性的发生和降低疾病的复发率。阿托伐醌（13.3 mg/kg，口服，间隔8小时，10日）和阿奇霉素（10 mg/kg，口服，间隔12小时，10日）联合用药，是首选的治疗方案。

贝尼尔也称血虫净、三氮脒。在阿托伐醌被发现之前，常被作为首选药。肌内注射剂量为3～5 mg/kg。但贝尼尔治疗范围非常狭窄，临床实践中，无论是常规剂量，还是大剂量，甚至低剂量，往往会引起犬中毒，甚至死亡。由于毒副作用大，使用时须做好保肝护肾措施。

2.预防 预防本病的关键在于防止蜱的叮咬，应注意观察犬的体表，用人工摘除或化学药物法灭蜱，也可给犬戴上驱蜱项圈，预防期可达3个月，在免疫预防方面，法国利用犬巴贝斯虫体外培养的可溶性抗原生产的疫苗已经商品化。

扫码学课件

8-2-7

子任务七　泰勒虫病的防治

河南某牛场共饲养大小黄牛300多头，圈养。2020年8月21日开始有病牛精神不振，食欲减退，呼吸、心跳加快。触诊下颌淋巴结、腹股沟淋巴结肿大，有痛感；随后体温升高至40～42 ℃，高热稽留，鼻镜干燥，精神萎靡，食欲废绝。部分病牛心跳亢进，卧地不起，于发病后1～2周死亡。曾用退热药、抗生素等药物治疗，效果不明显。先后有20头牛出现发病症状，死亡6头。病牛身上发现大量蜱。

无菌采集病死牛组织脏器作为病料。经涂片镜检和细菌培养均未发现细菌。选择症状比较典型的病牛，耳静脉采血，吉姆萨染色后镜检可见红细胞内有环形、椭圆形、“十”字形的虫体。红细胞内虫体数量多少不一，常见3～5个，最多可达10个。

问题：案例中的牛感染了何种寄生虫病？该病与环境有什么关系？该病应如何进行防治？

泰勒虫病是由泰勒科泰勒属的各种原虫寄生于牛、羊和其他野生动物巨噬细胞、淋巴细胞和红细胞内所引起的疾病的总称。该病多呈急性经过，以高热稽留、贫血、黄染和体表淋巴结肿大为特征，发病率和死亡率较高，对养牛业的危害很大。

一、病原

病原主要有环形泰勒虫、瑟氏泰勒虫和山羊泰勒虫。

（一）环形泰勒虫

寄生于牛的红细胞内。虫体有环形、杆形、圆形、卵圆形、梨籽形、逗点形、“十”字形和三叶形等多种形态，其中以环形和卵圆形为主，占总数的70%～80%。小型虫体为0.5～2.1 μm，有一团染色质，多数位于虫体一侧边缘，经吉姆萨染色，原生质呈淡蓝色，染色质呈红色。裂殖体出现于单核巨噬系统的细胞内，如巨噬细胞、淋巴细胞等，或游离于细胞外，称为柯赫氏体、石榴体，虫体圆形，平均直径为8 μm，内含许多小的裂殖子或染色质颗粒（图8-17）。

（二）瑟氏泰勒虫

Note

寄生于牛的红细胞内。虫体以杆形和梨籽形为主，占总数的67%～90%，但在疾病的上升期，二者的比例有所变化，杆形的占 60%～70%，梨籽形的占 15%～20%。其他与环形泰勒虫相似。

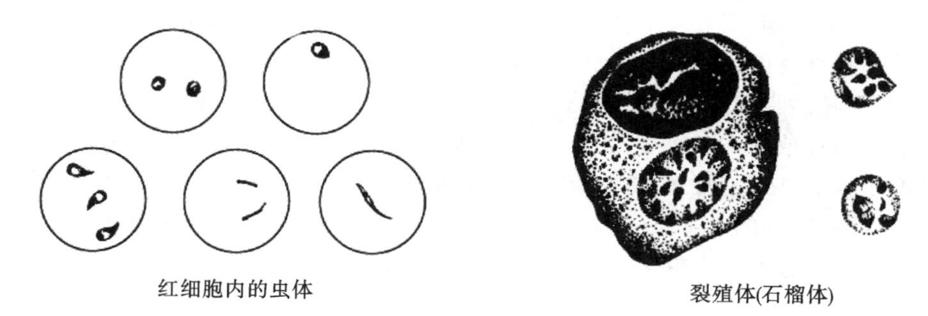

图 8-17　环形泰勒虫

（三）山羊泰勒虫

寄生于绵羊和山羊的红细胞内。虫体以圆形为主，直径为 0.6～1.6 μm，1 个红细胞内一般只有 1 个虫体，有时可见 2～3 个。红细胞染虫率 0.5%～30%，最高可在 90%以上。裂殖体可见于淋巴结、脾和肝脏等涂片中。其他方面与环形泰勒虫相似。

二、生活史

寄生于牛、羊体内的各种泰勒虫的发育过程基本相似(图 8-18)。

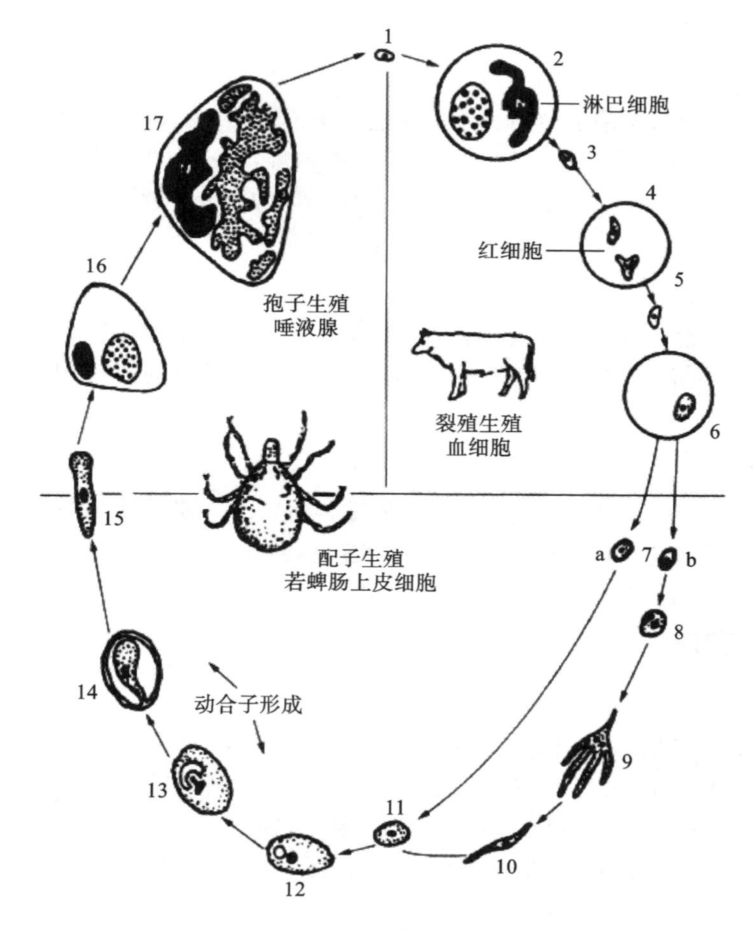

图 8-18　环形泰勒虫生活史

1. 子孢子　2. 在淋巴细胞内裂殖生殖　3. 裂殖子　4、5. 红细胞内裂殖子的双芽增殖分裂　6. 红细胞内裂殖子成球形的配子体　7. 在蜱肠内的大配子 a 和早期小配子 b　8. 发育着的小配子　9. 成熟的小配子体　10. 小配子　11. 受精　12. 合子　13. 动合子形成初期　14. 动合子形成末期　15. 动合子　16、17. 在蜱细胞内形成母孢子感染泰勒虫的蜱在牛、羊体吸血时，子孢子随蜱的唾液进入其体内，首先侵入局部单核巨噬系统的细胞内进行裂殖生殖，形成大裂殖体。大裂殖体发育形成后，产生许多大裂殖子，又侵入其他巨噬细胞和淋巴细胞内，重复上述裂殖生殖过程。在这一过程中，虫体随淋巴和血液循环向全身扩散，并侵入其他脏器的巨噬细胞和淋巴细胞再进行裂殖生殖。裂殖生殖进行数代后，可形成小裂殖体；小裂殖体发育成熟后，释放出许多小裂殖子，进入红细胞内发育为配子体。幼蜱或若蜱在病牛身上吸血时，把带有配子体的红细胞吸入胃内，配子体由红细胞逸出并变为大、小配子，两者结合形成合子，进而发育成为杆状的能动的动合子。当蜱完成蜕化时，动合子进入蜱唾液腺的腺细胞内变为圆形的合孢体开始孢子增殖，分裂产生许多子孢子。在蜱吸血时，子孢子进入牛体内，重新开始它在牛体内的发育。

在流行区，该病多发于1～3岁的牛，患过本病的牛可获得很强的免疫力，一般很少发病，免疫力可持续2.5～6年。从非疫区引入的牛，不论年龄、体质，都易发病，而且病情严重。纯种牛和改良杂种牛，即使红细胞的染虫率很低(2%)，也可出现明显的临床症状。

三、流行病学

(一)感染来源

病牛和带虫牛、羊。

(二)感染途径

经生物媒介(蜱)传播感染。

(三)季节动态

本病随着传播媒介(蜱)的季节性消长而呈明显的季节性变化。环形泰勒虫病主要流行于5—8月，6—7月为发病高峰期，因其传播媒介(璃眼蜱)为圈舍蜱，故多发生于舍饲牛。瑟氏泰勒虫病主要流行于5—10月，6—7月为发病高峰期，传播媒介(血蜱)为野外蜱，故本病多发生于放牧牛。山羊泰勒虫病主要流行于4—6月，5月为发病高峰期，放牧羊多发。

(四)地理分布

环形泰勒虫和瑟氏泰勒虫主要流行于西北、华北和东北等地区。山羊泰勒虫在四川、甘肃和青海等地呈地方流行性，对绵羊和山羊有较强的致病力。随着牛、羊流动频繁，本病的流行区域也在不断扩大。

(五)年龄动态

在流行区，该病多发于1～3岁的牛，且病情较重。病愈牛可获得2.5～6年的免疫力。从非疫区引入的牛易于发病且病情严重。纯种牛、羊及杂交改良的牛、羊易发病。多发于1～6月龄的羔羊且死亡率高，1～2岁的羊次之，3～4岁的羊发病较少。

四、临床症状和病理变化

(一)临床症状

潜伏期14～20日，多呈急性经过。初期病牛表现高热稽留，体温40～42℃，精神沉郁，体表淋巴结(肩前、腹股沟浅淋巴结)肿大，有痛感。眼结膜初充血、肿胀，后贫血黄染。心跳加快，呼吸增快、咳嗽。食欲大减或废绝，有的出现啃土等异嗜现象，个别出现磨牙(尤其是羊)。也可在颌下、胸腹下发生水肿。中后期在可视黏膜、肛门、阴门、尾根及阴囊等处有出血点或出血斑。病牛迅速消瘦，严重贫血，红细胞数大量减少，血红蛋白降至20%～30%，血沉加快，肌肉震颤，卧地不起，多在发病后1～2周死亡。濒死前体温降至常温以下。耐过病牛成为带虫者。

(二)病理变化

剖检可见全身皮下、肌间、黏膜和浆膜上均有大量出血点或出血斑。全身淋巴结肿大，切面多汁，有暗红色和灰白色大小不一的结节。皱胃黏膜肿胀，有许多针头至黄豆大暗红色或黄白色结节，

有的结节坏死、糜烂后形成中央凹陷、边缘不整且稍微隆起的溃疡灶，胃黏膜易脱落。小肠和膀胱黏膜有时也可见到结节和溃疡。脾脏明显肿大，被膜有出血点，脾髓质软呈紫黑色泥糊状。表面有粟粒大暗红色病灶，外膜易剥离。肝脏肿大、质脆，肾脏肿大、质软，呈棕黄色，表面有出血点，并有灰白色或暗红色病灶。胆囊扩张，胆汁浓稠。肺脏水肿或气肿，表面有多处出血点。

五、诊断

该病的诊断与牛、羊的巴贝斯虫病的诊断相似，在分析流行病学资料（发病季节和传播媒介），考虑临床症状与病理变化（高热稽留、贫血、消瘦、全身性出血、全身性淋巴结肿大、真胃黏膜有溃疡灶等）的基础上，早期进行淋巴结穿刺涂片镜检可发现石榴体，然后耳静脉采血涂片镜检，可在红细胞内找到虫体，可据上述检查结果确诊。另外，红细胞染虫率的计算对本病的发展和转归有诊断意义。如染虫率不断上升，临床症状日益加剧，则预后不良；如染虫率不断下降，食欲恢复，则预示治疗效果好，转归良好。

六、防治

（一）治疗

在治疗病牛的同时，如输血或注射时，要防止人为传播病原。治疗可用磷酸伯氨喹啉 0.75～1.5 mg/kg 体重，每日经口给予一次，连用 3 日。该药对环形泰勒虫的配子体有较好的杀灭作用，在疗程结束后 2～3 日，可使红细胞染虫率明显下降。

1. 三氮脒 7 mg/kg 体重，配成 7%的溶液肌内注射，每日一次，连用 3 日，如红细胞染虫率不降，还可再用药两次。

2. 新鲜青蒿 每日用 2～3 kg，分两次经口给予。其用法是，将青蒿切碎，用冷水浸泡 1～2 小时，然后连渣灌服。2～3 日后，染虫率可明显下降。国内有用青蒿琥酯治疗该病的报道。

国外有用长效土霉素（20 mg/kg，肌内注射）、帕伐醌和常山酮治疗该病的报道。对症治疗和支持疗法包括强心、补液、止血、健胃、缓泻等，还应考虑应用抗生素以防继发感染，对严重贫血的病例可进行输血。

（二）预防

1. 灭蜱和科学放牧 该病和其他梨形虫病一样，关键在灭蜱。残缘璃眼蜱是一种圈舍蜱，在每年的 9—11 月和 3—4 月向圈舍内的墙缝喷洒药液，或用水泥等将圈舍内离地面 1 m 高范围内的缝隙堵死，将蜱封闭在洞穴内；采取措施，在蜱的活动季节，消灭牛体上的蜱，如人工捉蜱或在牛体上喷洒药液灭蜱，还应采取措施防止蜱接触牛体。在有条件的地方，可定期离圈放牧（根据各地蜱活动的情况而定，通常为 4—10 月），就可避免蜱侵袭牛。

2. 加强检疫 在引入牛时，防止将蜱带入无蜱的非疫区。

3. 免疫接种 在该病的流行区，可应用环形泰勒虫裂殖体胶冻细胞苗对牛进行预防接种。接种后 20 日即可产生免疫力，免疫持续时间为 1 年以上。

子任务八 结肠小袋纤毛虫病的防治

扫码学课件

8-2-8

案例引导

湖南某家庭式小规模猪场的 26 头保育仔猪发生顽固性痢疾，死亡 6 头。病猪起初排软便，食欲降低，部分病猪体温升高，随病情加重，粪便呈水样，掺杂组织碎片，恶臭，食欲废绝，消瘦，严重脱水者卧地不起而死亡。用环丙沙星、庆大霉素等药物进行治疗，均无明显效果。对 2 头病死猪剖检，主要表现为肠系膜淋巴结肿大、出血，结肠、盲肠和直肠肠管肿大，肠壁变薄，肠黏膜形成溃疡灶，肠内容物稀薄如水，含有从溃疡表面脱落的伪膜。随机选取 3 头发病猪新鲜粪便，直接涂片镜检，在显微镜下可见表面附有纤毛的滋养体，同时有

少量圆形、呈淡黄色的包囊。

问题：案例中猪感染了何种寄生虫病？该病应如何进行防治？

结肠小袋纤毛虫病是由纤毛虫纲小袋科小袋属的结肠小袋纤毛虫寄生于哺乳动物和人的大肠（主要是结肠）所引起的原虫病。主要感染猪和人，多见于仔猪，且多为隐性感染，重者呈现下痢、衰弱、消瘦等症状，严重者可导致死亡。已知有30多种动物能感染结肠小袋纤毛虫，其中以猪最为严重，也可感染人，因此本病是一种人兽共患原虫病。

一、病原

结肠小袋纤毛虫在发育过程中有滋养体和包囊两种形态（图8-19）。

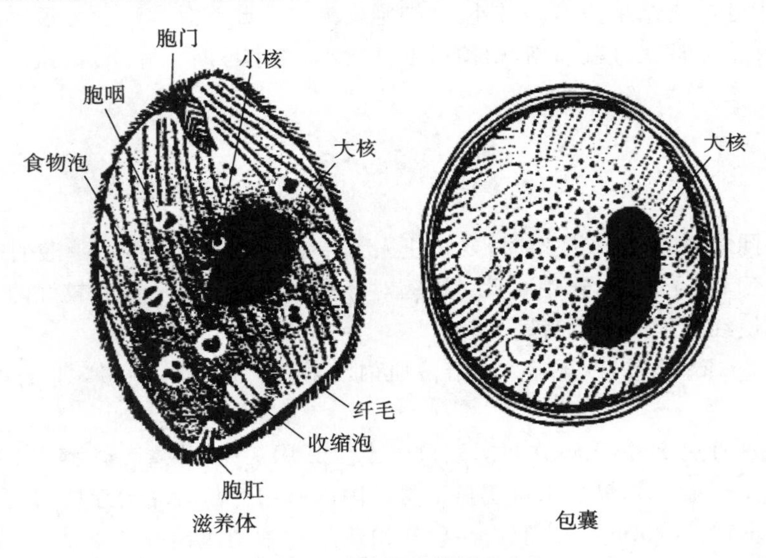

图8-19　结肠小袋纤毛虫

（一）滋养体

滋养体呈卵圆形或梨形，大小为30～150 μm×25～120 μm。虫体前端略尖，其腹面有一胞口，后端钝圆，有一胞肛，表膜为两层，外层有许多纤毛，胞口附近纤毛较长，纤毛做规律性摆动，使虫体以较快速度做旋转向前运动。虫体有大、小核各一个，体内还有食物泡和收缩泡。

（二）包囊

包囊不能运动，呈球形或卵圆形，大小为40～60 μm，有两层囊膜，囊内有一个虫体。在新形成的包囊内，可清晰看到滋养体在囊内活动，但不久即变成一团颗粒状的细胞质，包囊内虫体含有一个大核和一个小核，还有伸缩泡、食物泡。有时包囊内可见两个处于接合生殖过程的虫体。

二、生活史

散播于外界环境中的包囊污染饲料及饮水，被猪或人食入后，囊壁在肠内被消化。囊内虫体逸出变为滋养体，进入大肠内寄生，以淀粉、肠壁细胞、红细胞和白细胞及细菌作为食物，然后以横二分裂法繁殖，即小核首先分裂，继而大核分裂，最后细胞质分开，形成两个新个体。经过一定时期的无性繁殖后，虫体进行有性的接合生殖，然后又进行二分裂繁殖。在不利的环境或其他条件下，部分滋养体变圆，分泌坚韧的囊壁包围虫体成包囊，随宿主粪便排出体外。滋养体也可以随宿主粪便排出体外后在外界环境中形成包囊（图8-20）。

三、流行病学

（一）易感动物

主要危害仔猪和人，有时也感染牛、羊等其他动物。

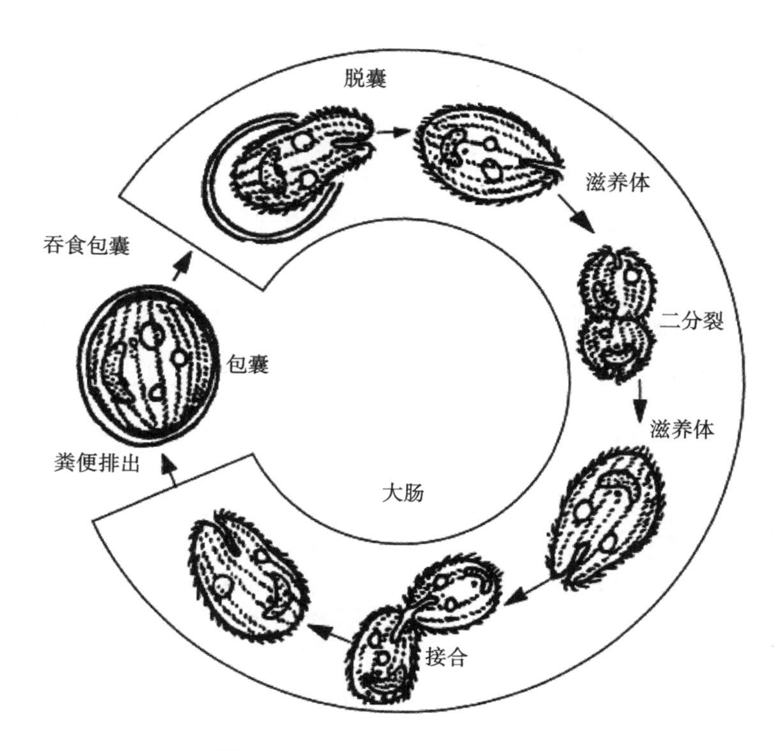

图 8-20 结肠小袋纤毛虫生活史

（二）感染途径

猪摄食了被包囊污染的饮水或饲料而感染。

（三）抵抗力

包囊抵抗力较强，在－28～－6 ℃下可存活 100 日，在 18～20 ℃下可存活 20 日，在尿液内可生存 10 日。包囊在 4%福尔马林溶液内均能保持其活力。高温和阳光对其有杀害作用。

（四）其他

常见于饲养管理较差的猪场，呈地方性流行。

四、临床症状和病理变化

（一）临床症状

临诊上主要见于 2～3 月龄的仔猪，往往在断乳期抵抗力下降时暴发本病。潜伏期 5～16 日。病程有急性和慢性两型。急性型多突然发病，可于 2～3 日死亡。慢性型则可持续数月或数周。两者的共同表现是精神沉郁，食欲废绝或减退，喜欢卧地，有颤抖现象，体温有时升高；病猪常有腹泻，粪便先为半稀，后水泻，带有黏膜碎片和血液，并有恶臭。重症病例可引起猪死亡。成年猪常为带虫者。

人感染结肠小袋纤毛虫时，病情较为严重，常引起顽固性下痢。

（二）病理变化

少量寄生对肠黏膜并无严重损害，但如宿主的消化功能紊乱或肠黏膜有损伤时，结肠小袋纤毛虫就可乘机侵入，发生溃疡性肠炎，主要在结肠和直肠黏膜上形成溃疡。在溃疡的深部，可以找到虫体。病灶与阿米巴痢疾所引起的相似。

五、诊断

生前可根据临床症状和在粪便中检出滋养体和包囊而确诊。急性病例的粪便中常有大量能运动的滋养体，慢性病例以包囊为多。取新鲜粪便做压滴标本或用沉淀法检查，如发现包囊和游动的

滋养体即可确诊。还可刮取肠黏膜做涂片检查。尸体剖检时可刮取肠黏膜涂片查找虫体，黏膜上的虫体比内容物上的多。

六、防治

（一）治疗

猪发病时，及时隔离治疗。可用土霉素、四环素、金霉素、甲基咪唑、痢特灵等药物。

（二）预防

预防应加强饲养管理，保持饲料、饮水卫生，处理好粪便。定期消毒。饲养管理人员亦应注意手的消毒卫生，以免遭受感染。

子任务九　伊氏锥虫病的防治

扫码学课件

8-2-9

案例引导

某养殖场存栏黄牛68头，两个月前，见个别牛出现精神不振，食欲减退，体温升高，2～3日后体温恢复正常，精神好转，如此反复多次发作。曾作为传染病给予治疗，经使用抗生素等药物治疗，久治而未见疗效。现有8头牛发病明显，其中1头病牛死亡。病牛被毛干枯，表皮粗糙有鳞屑；眼睑水肿，两眼流泪，眼结膜黄染苍白。有的病牛四肢无力，运步失调，尿少色深如浓茶样，体表淋巴结肿胀。剖检病死牛皮下普遍水肿，特别是胸前、腹部和四肢皮下组织水肿、胶冻样浸润明显。体表淋巴结肿大充血，切面髓样浸润，血液稀薄，凝固不良。脾脏肿大，表面有出血点，髓质呈软泥样。

病牛耳尖采血涂片，用吉姆萨染色法染色后镜检，发现有呈柳叶状虫体。虫体中央有椭圆形核，核呈深紫色，鞭毛呈红色，波动膜呈粉红色。

问题：案例中牛感染了何种寄生虫病？该病应如何进行防治？

伊氏锥虫病又名苏拉病，是由锥虫科锥虫属的伊氏锥虫寄生于马属动物和其他动物血液中引起的寄生虫病。该病由吸血昆虫机械地传播。临诊特征为进行性消瘦、贫血、黏膜出血、黄疸、高热、心机能衰退，伴发水肿和神经症状等。马、骡、驴等发病后常取急性经过，若不及时治疗，死亡率可达100%。牛和骆驼感染后大多数为慢性过程，有的呈带虫现象。

一、病原

伊氏锥虫呈卷曲的柳叶状，前端尖锐，后端稍钝，长18～24 μm，宽1～2 μm，平均为24 μm×2 μm。虫体中央有一个椭圆形的核，后端有一点状动基体（或称运动体），靠近动基体的前方有一个生毛体，自生毛体长出一根鞭毛，沿虫体表面螺旋式向前延伸为游离鞭毛。鞭毛与虫体之间有薄膜相连，虫体运动时鞭毛旋转，此膜也随着波动，所以称为波动膜。虫体的胞质内可见到空泡和染色质颗粒。在压滴血液标本中，虫体的原地运动相当活泼，而前进运动比较迟缓。在吉姆萨染色的血涂片中，虫体的细胞核和动基体呈深红色，鞭毛呈红色，波动膜呈粉红色，原生质呈淡天蓝色（图8-21）。

二、生活史

伊氏锥虫主要寄生于血浆内并且随着血液进入脏器组织肝、脾、淋巴结等，在疾病的后期还能侵入脑脊液中。锥虫在宿主体内进行分裂增殖，一般沿虫体长轴纵分裂，由一个分裂成两个，有时亦分裂成三个或四个。分裂时先从动基体一分为二，并从其中一个产生新的鞭毛；继而核分裂，新鞭毛继续增长，直至成为两个核和两根鞭毛，最后胞质沿体长轴由前端向后端分裂成两个新虫体。锥虫靠渗透作用吸收营养。

当吸血昆虫吸食病畜或带虫动物的血液时将虫体吸入其体内，再叮咬其他动物时使其感染。虻、螯蝇及虱蝇等吸血昆虫进行伊氏锥虫机械传播，在传播者体内不发育，且停留时间短（图8-22）。

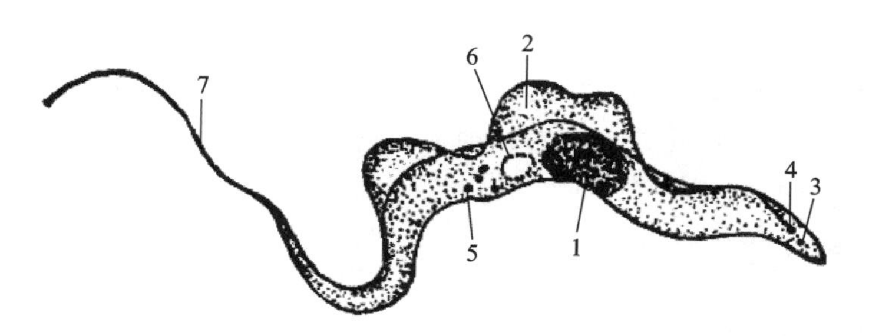

图 8-21 伊氏锥虫形态模式图

1.核 2.波动膜 3.副基体 4.生毛体 5.颗粒 6.空泡 7.游离鞭毛

图 8-22 伊氏锥虫传播途径

三、流行病学

（一）感染来源

本病的感染来源是带虫动物，包括隐性感染和临诊治愈的病畜。此外，犬、猪、某些野生动物及啮齿类动物都可以作为保虫者。

（二）传播途径

主要由生物媒介（虻类和吸血蝇类）经吸血的方式进行机械性传播，也可经胎盘感染胎儿。犬和虎等食肉动物采食带虫动物的生肉时，可通过消化道伤口而感染。在疫区给家畜采血或注射时，如不注意消毒也可传播本病。

（三）易感动物

伊氏锥虫有广泛的宿主群，马属动物对伊氏锥虫易感性最强，牛、水牛、骆驼较弱。各种实验动物如大白鼠、小白鼠、豚鼠、家兔和犬、猫等均有易感性，其中以小白鼠和犬易感性较强。很多种野生动物对此虫有易感性，国内曾有虎和鹿感染的报道。

（四）地理分布

主要分布于亚洲和非洲，常呈地方性流行。在我国，主要流行于南方。

（五）季节动态

伊氏锥虫的发病季节与吸血昆虫的出现时间和活动范围相一致。牛和一些耐受性较强的动物通过吸血昆虫的传播而感染伊氏锥虫后，动物当时一般不发病，待到枯草季节或抵抗力下降时才发病。

（六）抵抗力

伊氏锥虫在外界环境中抵抗力很弱，干燥、阳光直射都能使其很快死亡。消毒水和常水均能使虫体立即崩解。锥虫对热敏感，50 ℃经 5 分钟即被杀死。抗凝血中可生存 5～6 小时，在带虫家畜中 −2～4 ℃条件下可生活 1～4 日。

四、临床症状和病理变化

（一）临床症状

各种动物易感性不同，其症状也不同。

马属动物呈急性发作，潜伏期 5～11 日。体温呈典型的间歇热型，食欲减退，呼吸急促，脉搏加快，间歇期症状减轻。反复数次后，表现消瘦，眼结膜充血，或黄染，或变为苍白，眼内有脓性分泌物，红细胞数明显减少。常见体表水肿。后期昏睡，步态强拘、不稳，尿量减少，尿色深黄、黏稠。末期出现神经症状，重者死亡。体表水肿为本病常见症状之一。水肿常见于腋下、胸前。

牛感染后多呈现慢性经过，症状与马相似，只是较为缓和或不明显。母牛感染时，常见流产、死胎或泌乳量减少，甚至停乳。经胎盘感染的犊牛可于出生后 2～3 周急性发病死亡。

（二）病理变化

皮下水肿和胶样浸润明显，多在胸前、腹下。体表淋巴结肿大、充血，断面呈髓样浸润。血液稀薄，凝固不全。胸、腹腔内有大量的浆液性液体。骨骼肌混浊肿胀，呈煮肉样。脾脏有时急性肿胀，有时慢性肿胀，脾髓常呈锈棕色。肝脏肿大、淤血、脆弱，切面呈淡红色或灰褐色，肉豆蔻状，小叶明显。

五、诊断

根据流行病学、症状、病原学检查和血清学检查进行综合判断，但病原学检查最为可靠。

（一）流行病字诊断

在本病流行地区的多发季节，发现有可疑症状的病畜，应进一步考虑是否为本病。

（二）症状

首先应注意体温变化，如同时呈现长期瘦弱、贫血（最好进行血液学检查）、黄疸，瞬膜上常可见出血斑，体下垂部水肿，在牛只耳尖及尾梢出现干性坏死等，多可疑为本病。

（三）病原学检查

在血液中查出病原，是最可靠的诊断依据。但由于虫体在末梢血液中的出现有周期性，且血液中虫体数量忽高忽低，因此，即使是病畜也必须多次检查，才能发现虫体。血液中虫体的检查方法有多种，简介如下。

1. 压滴标本检查　耳静脉或其他部位采血一滴，于洁净载玻片上，加等量生理盐水，混合后，覆以盖玻片，用高倍镜检查。如为阳性可在血细胞间见有活动的虫体。此法检查时，因血涂片未经染色，故采光时，视野应较暗，方易发现。

2. 血涂片检查　按常规制成血液涂片，用吉姆萨染色或瑞氏染色后，镜检。

3. 试管采虫检查　采血于离心管中，加抗凝剂在离心机中，以 1500 转/分离心 10 分钟，则红细胞下沉于管底，因白细胞和虫体均较红细胞轻，故位于红细胞沉淀的表面。用吸管吸取沉淀表层，涂片、染色、镜检，可提高虫体检出率。

4. 动物接种试验　采病畜血液 0.1～0.2 mL，接种于小白鼠的腹腔。隔 2～3 日后，逐日采尾尖血液，进行虫体检查。如病畜感染有伊氏锥虫，则在半个月内，可在小白鼠血内查到虫体，此法检出率极高。要注意将本病和传染性贫血、梨形虫病相区别。

（四）血清学诊断检查

Note

伊氏锥虫病的血清学诊断法，种类很多，但经实际推广并被采用的，早期是补体结合反应，近年来基层兽医站多采用间接血凝反应。该法敏感性高，操作简单。在人工接种后 1 周左右，即呈现阳性，并可维持 4～8 个月。

六、防治

（一）预防

经常注意观察动物采食和精神状态，发现异常随即进行临诊检查和实验室诊断，尽早确诊，及时治疗。一旦发现本病，应隔离治疗。

长期外出或由疫区调入的家畜，需隔离观察 20 日，确定健康后，方可使役和混群。改善饲养管理条件，搞好畜舍及周围环境卫生，消灭虻、蝇等吸血昆虫。准备进入疫区的易感动物，需进行预防注射。定时在家畜体表喷洒灭害灵等拟除虫菊酯类杀虫剂，以减少虻、蝇叮咬。

（二）治疗

治疗可选用拜耳 205、安锥赛、贝尼尔等药物。上述三种药物既可单独使用，也可两种药物交替使用。需注意的是，本病需要尽早治疗，用药量要足；观察时间要长，防止过早使役。一般临诊治愈 4～14 周后，红细胞数才能恢复正常，过早使役易复发。

除使用特效药物外，还应根据病情，进行强心、补液、健胃缓泻等对症治疗，尤其是应加强护理，改善饲养条件，促进早日康复。治疗后应注意观察疗效，有复发可能的，应再次治疗。

子任务十　牛胎儿毛滴虫病的防治

扫码学课件

8-2-10

某养牛户饲养的奶牛 16 头，2016 年 8 月 2 头奶牛陆续发生不明原因流产，其他部分奶牛阴道内排出灰白色絮状物。养牛户求助于当地兽医站。兽医人员触诊发现，阴道内黏膜粗糙，有小疹样结节。取阴道分泌物，加生理盐水，取沉淀物置载玻片上镜检，发现有梨形虫体，其鞭毛清晰可见。

问题：案例中牛感染了何种寄生虫病？该病应如何进行防治？

牛胎儿毛滴虫病是毛滴虫科三毛滴虫属的胎儿毛滴虫寄生于牛的生殖器官而引起的原虫病。本病的主要特征是生殖系统炎症、机能减退、孕牛流产等，给养牛业带来很大的经济损失。

一、病原

胎儿毛滴虫呈纺锤形、梨形。虫体长 9～25 μm（平均 16 μm），宽 3～16 μm（平均 7 μm）；细胞核近圆形，位于虫体前半部，有波动膜，有前鞭毛 3 根，后鞭毛 1 根；中部有 1 个轴柱，贯穿虫体前后，并突出于虫体尾端（图 8-23）。在不良环境下，虫体失去鞭毛和波动膜，多呈圆形且不运动。悬滴标本中可见其运动性。

在吉姆萨染色标本中，原生质呈淡蓝色，细胞核和毛基体呈红色，鞭毛则呈暗红色或黑色，轴柱的颜色比原生质浅。可根据虫体柠檬状外形和浓染的小颗粒与上皮细胞和白细胞区别，白细胞通常着色很淡，其颗粒也不明显。

二、生活史

牛胎毛滴虫主要寄生在母牛的阴道、子宫，公牛的包皮腔、阴茎黏膜及输精管等处，重症病例，生殖器官的其他部分亦有寄生；母牛怀孕后，在胎儿的胃和体腔内、胎盘和胎液中，均有大量虫体。牛胎毛滴虫主要以纵分裂方式进行繁殖，以黏液、黏膜碎片、微生物、红细胞等为食物，经胞口摄入体内，或以内溶方式吸收营养。

三、流行病学

（一）感染来源

病牛和带虫牛是主要的感染来源，尤其是公牛感染后以隐性表现为主，但可带虫 3 年，对本病的

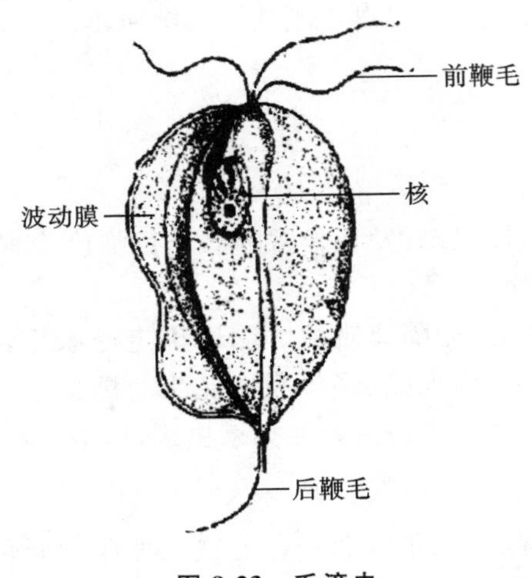

图 8-23　毛滴虫

传播起着重要作用。患病孕牛的胎液、胎膜及流产的胎儿的第 4 胃内也有大量的虫体。

（二）传播途径

本病常发生在配种季节，主要是通过病牛与健康牛的直接交配，或在人工授精时使用带虫精液或沾染虫体的输精器械而传播。此外也可通过被病畜生殖器官分泌物污染的垫草和护理用具以及家蝇搬运而散播。

（三）易感动物

易感动物为牛。

（四）抵抗力

虫体对外界抵抗力较弱，对热敏感，对冷有较强的耐受性。对化学消毒药敏感，一般的消毒剂均可杀死虫体。

四、临床症状

母牛感染后，经 1～2 日，阴道即发红肿胀，1～2 周后，开始有带絮状的灰白色分泌物自阴道流出，同时在阴道黏膜上出现小疹样的毛滴虫结节。探诊阴道时，感觉黏膜粗糙，如同触及砂纸。当子宫发生化脓性炎症时，体温往往升高，泌乳量显著下降。妊娠不久，胎儿死亡并流产；流产后，母牛发情期的间隔往往延长，并有不妊娠等后遗症。

公牛感染 12 日后，阴茎包皮肿胀，分泌大量脓性物，阴茎黏膜上出现红色小结节，此时公牛有不愿交配的表现。随着病情的发展，由急性转为慢性，上述症状消失，但虫体已侵入输精管、前列腺和睾丸等部位，临床症状不明显，但仍带虫，成为主要的感染来源。

五、诊断

可根据临床症状、流行病学（是否配种季节）和病原检查做出诊断。临床症状主要注意有无生殖器官炎症，有无黏液和脓性分泌物，是否存在早期流产和不孕。流行病学材料应着重注意牛群的历史，母牛群有无大批早期流产的现象及母牛群不孕的统计。对可疑病畜应采取阴道分泌物和包皮分泌物用生理盐水稀释 2～3 倍后制成压滴标本镜检或收集生殖器官冲洗液、胎液、流产胎儿的皱胃内容物，离心后观察沉渣，发现虫体后确诊。

六、防治

（一）治疗

治疗可用 0.2％碘液、0.1％黄色素或 0.1％三氮脒，冲洗病牛生殖道，每日一次，连用数日。甲硝唑剂量为 10 mg/kg 体重，配成 5％溶液静脉注射，每日一次，3 日为 1 个疗程。在治疗过程中禁止交配，以免影响效果及传播本病。

（二）预防

在牛群中开展人工授精，是较有效的预防措施，但人工授精器械及授精员手臂要严格消毒。应仔细检查公牛精液，确证无毛滴虫感染方可利用。一般种公牛感染应进行淘汰。对新引进的牛，必须隔离检查有无毛滴虫病。严防母牛与来历不明的公牛自然交配。被污染的环境应严格消毒。

子任务十一　利什曼原虫病的防治

扫码学课件

8-2-11

雄性泰迪犬，1 岁。最初表现为打喷嚏，2 周后出现鼻出血，出现脱毛、厌食、身体消瘦、发热等临床症状，后又出现便血症状。左侧肩胛部大片脱毛，被覆大量白色结痂，四肢及眼周存在少量结痂，皮肤与黏膜结合处轻微破溃结痂。体格检查发现下颌淋巴结及腘淋巴结肿大。经血常规检测，显示该犬存在贫血。将淋巴结进行细胞学检查，均可见巨噬细胞内存在大量利什曼原虫无鞭毛体结构。

问题：案例中的犬感染了何种寄生虫？该病原的流行与哪些因素有关？该病应如何进行防治？

利什曼原虫病又称黑热病，虫体寄生于网状内皮细胞内，由吸血昆虫白蛉传播，是流行于人、犬以及多种野生动物的重要人兽共患寄生虫病。引起的病症可分为内脏型和皮肤型，其重要致病虫种为热带利什曼原虫、杜氏利什曼原虫、巴西利什曼原虫。该病广泛分布于世界各地，曾流行于我国长江以北的 15 个省、自治区、直辖市，死亡率高达 40%，成为我国人群中五大寄生虫病之一。

一、病原

杜氏利什曼原虫寄生于血液、骨髓、肝、脾、淋巴结等的网状内皮细胞中，在犬体内的虫体称为无鞭毛体（利杜体），呈圆形，直径 2.4～5.2 μm，有的呈椭圆形，大小为 2.9～5.7 μm×1.8～4.02 μm。用瑞氏染色后，原生质呈浅蓝色，胞核呈红色圆形，常偏于虫体一端，动基体呈紫红色细小杆状，位于虫体中央或稍偏于另一端。在传播媒介（白蛉）体内的虫体，称为前鞭毛体，呈细长的纺锤形，长 12～16 μm，前端有一根与体长相当的游离鞭毛，在新鲜标本中，可见鞭毛不断摆动，虫体运动非常活泼（图 8-24）。

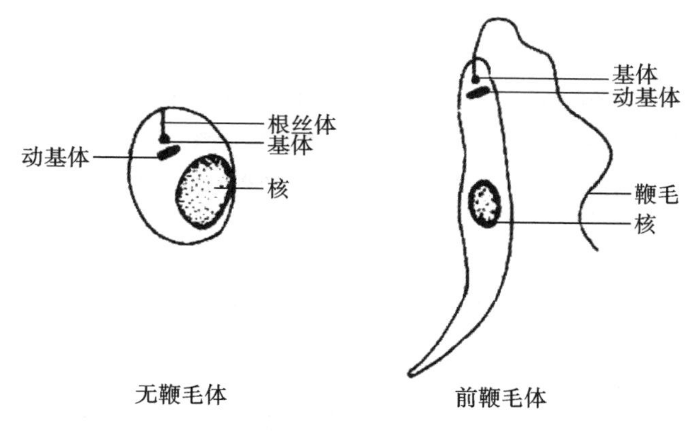

图 8-24　杜氏利什曼原虫

二、生活史

当雌性白蛉吸食病犬（人）的血液时，无鞭毛体被摄入白蛉胃中，随后在白蛉消化道内发育为前鞭毛体，并逐渐向白蛉的口腔集中，当白蛉再吸健康犬或其他动物血液时，成熟的前鞭毛体便进入健康犬的体内，而后失去游离鞭毛成为无鞭毛体，随血液循环到达机体各部，无鞭毛体被巨噬细胞吞噬后在其中分裂繁殖（图 8-25）。

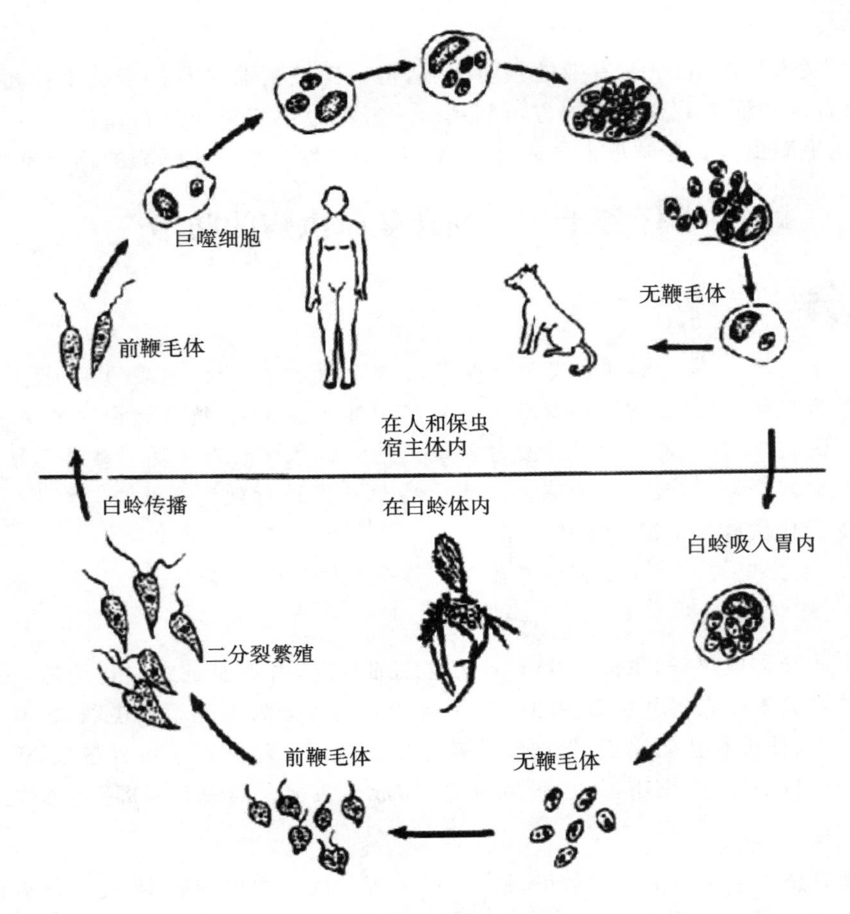

图 8-25　利什曼原虫生活史

三、流行病学

利什曼原虫最初感染野生动物，尤其是啮齿类，人只是在偶然情况下遭受感染。犬是利什曼原虫的天然宿主，是人感染热带利什曼原虫和杜氏利什曼原虫的感染来源。

四、临床症状和病理变化

犬常在感染利什曼原虫数月后才出现临床症状。其症状表现也很不一致，皮肤型利什曼原虫病的病变常局限在唇和眼睑部的浅层溃疡，一般能够自愈；内脏型利什曼原虫病更为常见，开始由于眼圈周围脱毛形成特殊的"眼镜"，然后体毛大量脱落，并形成湿疹，利什曼原虫大量存在于皮肤中。其他症状如中度体温升高、贫血、恶病质和淋巴组织增生也较常见。死后剖检可见脾和淋巴结肿胀。

五、诊断

（一）病原检查

确定病犬是否患黑热病，必须以能否发现病原为依据，常用的病原检查法如下。

1. 穿刺检查　穿刺骨髓、淋巴结，抽出物做涂片镜检，是本病常用的检查方法。

2. 皮肤活体组织检查　皮肤上有结节，疑似皮肤型黑热病时，可用注射针头刺破皮肤，挑取少许组织，或用手术刀切一小口，刮取少许组织，涂片染色镜检，若发现杜氏利什曼原虫即可确诊。另外，免疫过氧化物酶染色可能有利于皮肤病变中无鞭毛体鉴定。

（二）血清学诊断

用间接血凝试验、酶联免疫吸附试验、凝集试验、免疫电泳试验等进行诊断。血清学试验可能会得到假阳性或假阴性结果。寄生利什曼原虫的某些犬可能不存在抗体，虽然有该病临床症状的犬很少出现这种情况。此外，外表健康的血清阳性犬 10%～20%会没有临床症状而虫体暂时消失。PCR

检测骨髓和其他组织活检样品中的利什曼原虫 DNA 将来可能成为犬利什曼原虫病非常敏感和特异的常规诊断方法。

六、防治

（一）治疗

犬利什曼原虫病治疗难度大，几乎没有一种药物可以完全清除虫体。疾病复发需重新治疗已成为一个规律，可用锑制剂治疗。但由于本病为人兽共患病，且已经基本消灭，因此一旦发现新病犬，以扑杀为宜。

（二）预防

在本病的流行区，应加强对犬粪的管理，定期对犬进行检查，并结合应用菊酯类杀虫药定期喷洒犬体以杀灭白蛉。

子任务十二　组织滴虫病的防治

扫码学课件

8-2-12

案例引导

某鸡场饲养 1000 多只放养鸡，自 5 月以来连续不断地下雨，地面潮湿，从 5 月 25 日这批 98 日龄鸡开始发病，病鸡零星出现精神沉郁，食欲下降或废绝，羽毛松乱无光泽，两翅下垂，呆立在角落，行走步态如踩高跷。随后越来越多的病鸡出现，排硫黄色稀便，部分病鸡有排血便现象。后期鸡冠淤血呈暗紫色，呈明显的黑头现象，贫血，消瘦。至 6 月 5 日，共有 127 只死亡。对部分死亡鸡只进行剖检，病变主要累及肝和盲肠。两侧盲肠肿大，壁变薄，充满气体和血色渗出混合物，有的盲肠内单侧或双侧干酪样盲肠芯。肝脏肿大，表面有大小不一形态各异的纽扣状溃疡灶。

问题：案例中鸡感染了何种寄生虫病？该病的产生与哪些因素有关？该病应如何进行防治？

组织滴虫病是由单毛滴虫科组织滴虫属的火鸡组织滴虫寄生于禽类盲肠和肝脏引起的。因病禽肉冠呈紫色，故又称黑头瘟；由于虫体在肝脏和盲肠寄生，又称盲肠肝炎或传染性盲肠肝炎。多发于火鸡和雏鸡，成年鸡不显症状而成为带虫者。孔雀、珍珠鸡、鹌鹑、野鸭也有本病的流行。本病的主要特征为盲肠发炎、溃疡，肝脏表面具有特征性的坏死病灶。

一、病原

火鸡组织滴虫为多形性虫体，大小不一，近圆形和变形虫样，伪足钝圆（图 8-26）。无包囊阶段，有滋养体。根据其寄生部位分为肠型虫体和组织型虫体。

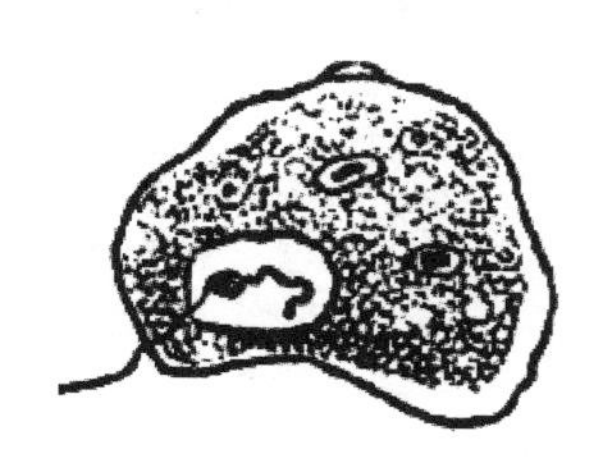

有鞭毛型

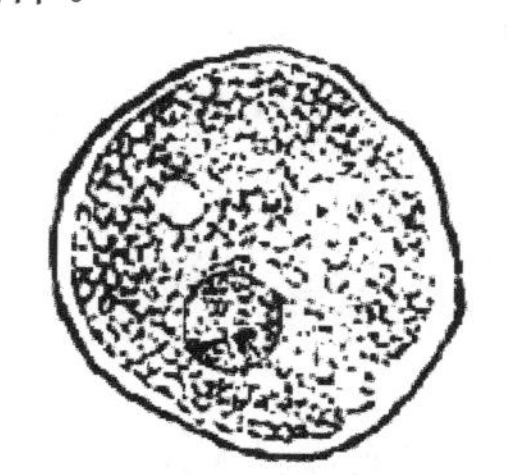

无鞭毛型

图 8-26　火鸡组织滴虫

（一）肠型虫体

生长在盲肠腔和培养基中，呈变形虫形，大小为 5～30 μm，虫体有一条粗壮的鞭毛，虫体做节律性的钟摆运动。核呈泡囊状。

（二）组织型虫体

生长于火鸡肝脏组织细胞病变的边缘，呈圆形或变形虫形，大小为 4～21 μm，无鞭毛，具伪足，足有动基体，虫体单个或成堆存在。

二、生活史

火鸡组织滴虫进行二分裂法繁殖。寄生于盲肠内的火鸡组织滴虫，可进入鸡异刺线虫体内，在卵巢中繁殖，并进入其卵内。异刺线虫虫卵到外界后，火鸡组织滴虫因有卵壳的保护，故能生存较长时间，成为重要的感染来源。在本病急性暴发流行时，病禽粪便中含有大量病原，污染了饲料、饮水、用具和土壤，健康禽食后便可感染。蚯蚓吞食土壤中的异刺线虫虫卵时，火鸡组织滴虫可随虫卵生存于蚯蚓体内。雏鸡吃了这种蚯蚓后，就被火鸡组织滴虫感染。因此，蚯蚓在传播本病方面也具有重要作用（图 8-27）。

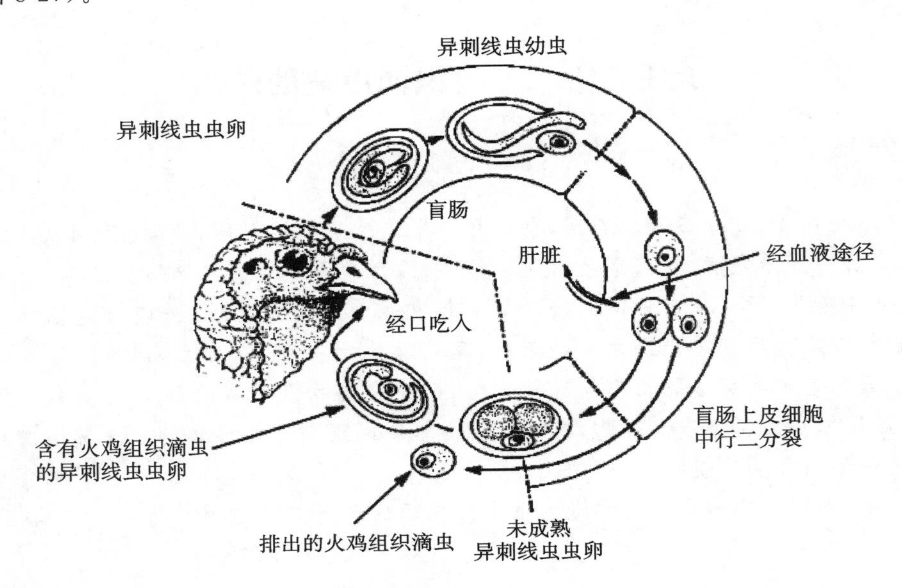

图 8-27　火鸡组织滴虫的发育传播

三、流行病学

（一）感染来源

患病或带虫鸡等禽类是主要的感染来源，病原存在于粪便中的鸡异刺线虫虫卵内。

火鸡组织滴虫以二分裂方式繁殖。火鸡组织滴虫的传播，主要依赖盲肠中的异刺线虫虫卵作为传播媒介。由于异刺线虫有较多的转运宿主，如蚯蚓、苍蝇等，因此，禽类经口食入带火鸡组织滴虫的异刺线虫虫卵或蚯蚓而发生感染。本病多发于温暖潮湿的季节，特别是饲养条件差时，如缺乏维生素、微量元素和蛋白质及通光条件不好。

（二）传播途径

经口感染。

（三）易感动物

多发于火鸡和雏鸡，成年鸡也能感染。孔雀、珍珠鸡、鹌鹑、野鸭也有本病的流行。

（四）流行年龄

2 周龄至 4 月龄的幼火鸡对本病的易感性最强，死亡率常在感染后第 17 日达高峰，第 4 周末下降。饲养在高污染区的火鸡，其死亡率超过 30%。8 周龄至 4 月龄的雏鸡也易感，成年鸡感染后症状不明显，常成为散布病原的带虫者。

（五）流行季节

本病的发生无明显季节性，但在温暖潮湿的夏季发生较多。

（六）其他

本病常发生在卫生和管理条件不良的鸡场。鸡群过分拥挤，鸡舍和运动场不清洁，通风和光照不足，饲料缺乏营养，尤其是缺乏维生素 A，是诱发和加重本病流行的重要因素。

四、临床症状和病理变化

（一）临床症状

潜伏期 15～21 日，最短 5 日。病鸡表现为精神不振，食欲减少甚至停止，羽毛粗乱，翅膀下垂，身体蜷缩，怕冷，下痢，排淡黄色或淡绿色粪便。严重的病例粪中带血，甚至排出大量血液。有的病雏虽不下痢，但在粪中常可发现盲肠坏死组织碎片。病的末期，由于血液循环障碍，鸡冠呈暗黑色，因而有黑头病之名。病程一般为 1～3 周，病愈康复鸡的体内仍有火鸡组织滴虫，带虫可达数周到数月。成年鸡很少出现症状。

（二）病理变化

本病的病变局限在盲肠和肝脏，一般仅一侧盲肠发生病变，不过也有两侧盲肠同时受害的。

在急性病例中，仅见盲肠发生严重的出血性炎症，肠腔中含有血液，肠管异常膨大。典型病例可见盲肠肿大，肠壁肥厚坚实，盲肠黏膜发炎出血、坏死甚至形成溃疡，表面附有干酪样坏死物或形成硬的肠芯。这种溃疡可到达肠壁的深层，偶尔可发生肠壁穿孔引起腹膜炎而死亡，盲肠浆膜面常黏附较多灰白色纤维素性物，并与其他内脏器官相连。肝脏肿大并出现特征性的坏死病灶，这种病灶在肝脏表面呈圆形或不规则形，中央凹陷，边缘隆起，病灶颜色为淡黄色或淡绿色。病灶的大小和多少不定，从针尖大、黄豆大到指肚大都有，散在或密发于整个肝脏表面。

五、诊断

可根据流行病学、临床症状及特征性病理变化进行综合性判断，尤其是肝脏与盲肠病变具有特征性，可作为诊断的依据；还可采取病禽新鲜盲肠内容物，加温生理盐水（40 ℃）稀释后做成悬滴标本镜检虫体。

本病在症状和剖检变化上与鸡盲肠球虫病极为相似。鉴别点在于本病查不到球虫卵囊，盲肠常一侧发生病变且后者无本病所见的肝脏病变，但这两种原虫病有时可以同时发生。

六、防治

（一）治疗

灭滴灵：250 mg/kg 体重混入饲料中，对治疗本病有良好的效果。

痢特灵：400 mg/kg 体重混入饲料中，连用 5～7 日，对治疗本病有显著的效果。

（二）预防

本病的传播主要依靠鸡异刺线虫，因此定期驱除鸡异刺线虫尤为重要；火鸡易感性强，而成年鸡又往往是本病的带虫者，因此火鸡与鸡不能同场饲养，也不应将原养鸡场改养火鸡。灭滴灵按 250 mg/kg 体重混入饲料中，连用 3 日后停药 3 日，连续 5 个疗程，可达到很好的预防效果。

知识拓展

1.《动物球虫病诊断技术》
GB/T 18647—2020

2.《牛巴贝斯虫病诊断技术》
GB/T 41556—2022

3.《伊氏锥虫病诊断技术》
GB/T 23239—2009

实训八　鞭毛虫的形态观察

【实训目标】

通过实训使学生熟悉鞭毛虫的一般形态构造，掌握重要鞭毛虫的形态特征。

【实训内容】

（1）观察鞭毛虫的一般形态构造。

（2）观察伊氏锥虫和火鸡组织滴虫的形态构造特征。

【设备材料】

1. 图片　伊氏锥虫的形态图，火鸡组织滴虫的形态图。

2. 标本　伊氏锥虫和火鸡组织滴虫的染色标本。

3. 器材　显微镜、载玻片、盖玻片、香柏油、拭镜纸、显微投影仪、鞭毛虫的图片及多媒体投影仪。

【方法步骤】

1. 示教讲解　教师用显微投影仪或多媒体投影仪，带领学生观察并讲解伊氏锥虫和火鸡组织滴虫的形态构造特征。

2. 分组观察　取伊氏锥虫和火鸡组织滴虫的染色标本，在显微镜下观察其虫体的形态构造特征。

【实训报告】

绘出伊氏锥虫和火鸡组织滴虫的形态图，并标出各部位的名称。

实训九　梨形虫的形态观察

【实训目标】

通过实训使学生熟悉梨形虫的一般形态构造，掌握重要梨形虫典型虫体的形态构造特征。

【实训内容】

（1）观察梨形虫的一般形态构造。

（2）观察重要梨形虫的形态构造特征。

【设备材料】

1. 图片　巴贝斯虫和泰勒虫的形态图。

2. 标本　巴贝斯虫和泰勒虫的染色标本。

3. 器材　显微镜、载玻片、盖玻片、拭镜纸、香柏油、显微投影仪、多媒体投影仪。

【方法步骤】

1. 示教讲解　教师用显微投影仪或多媒体投影仪，带领学生观察并讲解巴贝斯虫和泰勒虫的形态构造特征。

2. 分组观察　取巴贝斯虫和泰勒虫的染色标本，在显微镜下观察其虫体的形状、大小、典型虫体的特征、红细胞染虫率。

【实训报告】

绘出所观察的梨形虫典型虫体的形态图，并用文字说明其形态特征。

实训十　孢子虫的形态观察

【实训目标】

通过实训使学生掌握弓形虫和几种主要球虫的形态特征，了解住肉孢子虫、住白细胞虫等的形

态特征。

【实训内容】

(1)观察弓形虫的形态特征。

(2)观察几种主要球虫的形态特征。

(3)观察住肉孢子虫、住白细胞虫等的形态特征。

【设备材料】

1. 图片 弓形虫、鸡球虫、住肉孢子虫、住白细胞虫等的形态图。

2. 标本 弓形虫、住肉孢子虫、住白细胞虫的染色标本及鸡球虫的制片标本。

3. 器材 显微镜、载玻片、盖玻片、香柏油、拭镜纸、显微投影仪、多媒体投影仪。

【方法步骤】

1. 示教讲解 教师用显微投影仪或多媒体投影仪，带领学生观察并讲解弓形虫、鸡球虫、住肉孢子虫、住白细胞虫、贝诺孢子虫的形态特征。

2. 分组观察 在显微镜下观察弓形虫、住肉孢子虫、住白细胞虫的染色标本及鸡球虫的制片标本。

【实训报告】

绘出鸡球虫孢子化卵囊的模式图，并标出各部位的名称。

思考与练习

1. 简述原虫的基本形态构造。
2. 原虫的繁殖方法有哪些？
3. 简述鸡球虫病的流行病学特点、症状、病理变化、诊断和防治措施。
4. 弓形虫病如何进行防治？
5. 简述弓形虫的生活史。
6. 简述火鸡组织滴虫的生活史。

线上评测

项目八　测试题

项目九　寄生虫病药物防治

项目描述

本项目内容根据执业兽医师、动物疫病防治员和动物检疫检验员等工作的要求而设置。本项目内容包括动物寄生虫病药物防治技术和常用的寄生虫病防治药物。通过认识和了解动物寄生虫病药物防治技术和动物寄生虫病防治药物，将之应用于生产实际，对畜牧业生产有十分重要的意义。

学习目标

▲知识目标

(1)理解动物寄生虫病防治药物的选择原则。

(2)了解动物寄生虫病防治药物。

▲技能目标

(1)根据实际情况选择合适的动物寄生虫病防治药物。

(2)能实施动物寄生虫病药物防治。

▲思政目标

(1)具有从事本专业工作的安全生产、环境保护意识。

(2)具有吃苦耐劳、爱岗敬业的精神。

(3)具有良好的沟通能力和良好的团队合作意识。

扫码学课件

9-1

任务一　动物寄生虫病药物防治技术

畜禽寄生虫病是危害畜牧生产的一类常见病和多发病，它不仅造成畜禽的生产性能下降，还会造成畜禽死亡。某些人兽共患的寄生虫病还会危及人体健康。因此，防治寄生虫病，对于发展畜牧业生产和保障人民健康具有重要意义。在实际生产中，人们常用药物对动物体内外的寄生虫进行驱除。

一、防治药物的选择

抗寄生虫药种类繁多，应合理选择、正确应用，以便更好地发挥药物的疗效。抗寄生虫药要求具备高效、广谱、安全低毒、投药方便、价格低廉、无残留等条件。这些是衡量抗寄生虫药临诊价值的标准，也是选用抗寄生虫药的基本原则。

1. 高效　高效良好的抗寄生虫药应该是使用小剂量即能达到满意的驱虫效果。所谓高效的抗寄生虫药即它对成虫、幼虫甚至虫卵都有很好的驱杀效果，且使用剂量小。

一般来说，用药后，寄生虫虫卵减少率应在95%以上，若小于70%则属较差；抗寄生虫药使用剂

量应小于 10 mg/kg,若应用剂量太大,就会给使用带来不便,推广困难。但目前较好的抗蠕虫药亦难达到如此效果。对幼虫无效者则需间隔一定时间重复用药。

2. 广谱 广谱是指抗寄生虫药的驱虫范围广。家畜的寄生虫病多属混合感染,如线虫、绦虫及吸虫同时存在的混合感染,因此选用广谱驱虫药或杀虫药,就显得更有实际意义。目前能同时有效地驱除两种蠕虫的驱虫药已经有不少了,例如吡喹酮可用于治疗血吸虫和绦虫感染,伊维菌素对线虫和体外寄生虫有效,像阿苯达唑这样对线虫、绦虫和吸虫均有效的药物仍很少。因此,在实际应用中可根据具体情况,联合用药以扩大驱虫范围。

3. 安全低毒 抗寄生虫药应该对虫体有强大的杀灭作用,而对宿主无毒或毒性很小。如果所干扰的是虫体特异的生化过程而不影响宿主,则该药安全范围就大。安全范围大小的衡量标准是治疗指数[半数致死量(LD_{50})/半数有效量(ED_{50})],该指数越大越好,表示药物对机体的毒性越小,对家畜越安全。一般认为,治疗指数大于 3 才有临诊应用意义。

4. 投药方便 内服给药的驱体内寄生虫药应无味、无臭、适口性好,可混饲给药。若还能溶于水,则更为理想,可通过饮水给药。用于注射给药的制剂,对局部应无刺激。杀体外寄生虫药应能溶于一定溶剂中,以喷雾方式给药。更为理想的广谱抗寄生虫药是在溶于一定的溶剂中后,以浇淋的方法给药或涂抹于动物皮肤上,既能杀灭体外寄生虫,又能通过皮肤吸收,驱杀体内寄生虫。这样可节约人力物力,提高工作效率。

5. 价格低廉 畜禽属经济动物,在驱虫时必然要考虑到经济核算,尤其是在牧区,家畜较多,用药量大,价格一定要低廉。大规模推广时,价格更是一个重要条件。

6. 无残留 动物应用后,药物不残留于肉、蛋和乳及其制品中,或通过遵守休药期等措施控制药物在动物性食品中的残留。

二、防治药物使用时间的选择

对于定期驱虫来说,驱虫效果的好坏与驱虫时间选择的合适与否密切相关。大多数寄生虫病具有明显的季节性,这与寄生虫从发育到感染期所需的气候条件、中间宿主或传播媒介的活动有关。因此各类寄生虫的驱虫时间应根据其传播规律和流行季节或当地寄生虫病的流行特点来确定,通常在发病季节前对畜禽进行预防性驱虫。治疗性驱虫一般要赶在"虫体性成熟前",防止性成熟的成虫排出虫卵或幼虫对外界环境造成污染。或采取"秋冬季驱虫",此时驱虫有利于保护畜禽安全过冬。如肠道球虫病,发病季节与气温和湿度密切相关,其流行季节为 4—10 月,其中以 5—8 月发病率最高,在这个时期饲养雏禽尤其要注意球虫病的预防。预防仔猪蛔虫一般可于 2.5~3 月龄和 5 月龄各进行一次驱虫,预防犊牛、羔羊绦虫,应于当年开始放牧后 1 个月内进行驱虫。

三、防治药物的实施及注意事项

(一)驱虫的实施

在兽医临诊中,抗寄生虫药的种类很多,有内服、注射及外用等给药途径。具体实施时应在现场诊断的基础上,依据当地存在的寄生虫病选择驱虫药。

1. 药物的选择 两种或两种以上的驱虫药联合使用,既可使药物发挥协同作用,又扩大了驱虫范围,提高了疗效。

2. 剂型的选择 内服用的剂型有片剂、预混剂、水溶性粉、溶液、混悬液、糊剂、膏剂、小丸剂、颗粒剂等;外用的剂型有乳化溶液、洗液、喷雾剂、气雾剂、浇注剂、喷滴剂、香波等。一般来说,驱除胃肠道的寄生虫宜选用供内服的剂型,胃肠道以外寄生的虫体可选用注射剂型或内服剂型,而体外寄生虫可选择外用剂型药浴或浸泡、喷雾给药。也可选择内服、注射均对体外寄生虫有杀灭作用的阿维菌素类药物,这种药效果较好。为投药方便,集约化饲养或大群禽的集体驱虫多选用药物溶于饮水(如盐酸左旋咪唑)或混饲给药法。为便于放牧牛、羊的投药,可用浇注和喷滴剂型药物,如左旋咪唑浇注剂用于驱除羊、猪的胃肠道线虫。为达到长效驱虫目的,还可用瘤胃控释剂、大丸剂、脉冲缓释剂、微囊、毫微球等剂型。例如:阿苯达唑瘤胃控释剂一次投药能维持药效达 2~3 个月,可节省人

力，提高工作效率，便于大规模驱虫；毒性较大、不宜内服驱虫的敌敌畏，制成树脂塑丸缓释剂后，既能发挥驱虫作用，又降低了药物的毒性。

3. 药量的确定及给药 驱虫药多是按体重计算药量的，所以首先用称量法或体重估算法确定驱虫畜禽的体重，再根据体重确定给药量。家畜多为个体给药，根据所选药物的要求，选择相应的给药方法，具体投药技术与临诊常用给药法相同。家禽多为群体给药（饮水和拌料给药）。拌料时先按群体体重计算好总药量，将总药量混于少量拌湿料中，然后均匀地与日粮混合进行饲喂。

根据所需药物的要求进行配制。但多数驱虫药不溶于水，需配成混悬液给药，其方法是先把淀粉、面粉或玉米面加入少量水中，搅匀后再加入药物继续搅匀，最后加足量水制成混悬液。使用时边用边搅拌，以防上清下稠，影响驱虫效果和安全。

（二）注意事项

1. 因地制宜，合理使用抗寄生虫药 在选用前应了解寄生虫的种类、寄生方式、生活史、感染程度、流行病学情况，以及畜禽品种、个体、性别、年龄、营养状况等，根据本地的药品供应、价格，结合畜禽场的具体条件，选用理想的药物。只有充分了解药物、寄生虫和畜禽三者之间的关系，熟悉药物的理化性质，采用合理的剂型、剂量、给药方法和疗程，才能达到满意的防治效果。

2. 避免畜禽发生药物中毒 使用某种抗寄生虫药驱虫时，药物的用量最好按《中华人民共和国兽药典》或《中华人民共和国兽药规范》所规定的剂量。一般来说，使用这种剂量对大多数畜禽是安全的，即使偶尔出现一些不良反应亦能耐过。若用药不当，则可能引起毒性反应，甚至导致畜禽死亡。因此，要注意药物的使用剂量、给药间隔和疗程。由于畜禽的年龄、性别、体质、病理状况、饲养管理等因素均能影响抗寄生虫药的作用，因此在进行大规模的驱虫前，最好选择少数有代表性的畜禽（包括不同年龄、性别、体况的畜禽）先做预试，取得经验后，才能进行全群驱虫；在使用处于试用阶段的新型抗寄生虫药时，预试尤为重要。此外，同一药物相同的给药方法，还可能因溶剂的不同而发生意外事故。例如，硫双二氯酚混悬水剂给羊内服时安全有效，若用乙醇溶解后灌服同样剂量的药物，可引起约25%的羊只中毒死亡。投药前后1～2天，尤其是驱虫后3～5小时，应仔细观察动物群，注意给药后动物的变化，发现中毒时立即急救。

3. 防止寄生虫产生耐药性 小剂量多次或长期使用某些抗寄生虫药，虫体对该药物可产生耐药性，尤其是球虫对抗球虫药极易产生耐药性。一旦出现耐药虫株，不仅原有的治疗药物无效，甚至对结构相似或作用机理相同的同类药物亦可产生交叉耐药现象。虽然寄生虫的耐药现象不像细菌耐药那么普遍和严重，但也应引起足够的重视。在制订动物的驱、杀虫计划时，应定期更换或轮换使用几种不同的抗寄生虫药，以避免或减少因长期或反复使用某些抗寄生虫药而导致虫体产生耐药性。

4. 注意避免药物在畜禽体内的残留 畜禽体内的抗寄生虫药应能及时迅速地消除，否则畜禽产品如肉、乳和蛋会有药物残留，不仅能影响畜禽产品的质量，而且危害人类的健康。目前世界各国都很重视这个问题，明文规定抗寄生虫药的最高残留限量及屠宰前的休药期，我国亦规定了不少抗寄生虫药的最高残留限量和休药期。例如，左旋咪唑在牛、羊、猪、禽的肌肉、脂肪、肾中的最高残留限量均为10 μg/kg，肝为100 μg/kg，内服盐酸左旋咪唑在牛、羊、猪、禽的休药期分别是2天、3天、3天、28天，牛、羊、猪皮下或肌内注射盐酸左旋咪唑的休药期分别是14天、28天、28天。

5. 做好药物和动物的登记 驱虫前对药品的生产单位、批号等加以记载。动物的来源、健康状况、年龄、性别等逐头编号登记。

6. 其他 给药期间应加强饲养管理，役畜解除使役。驱虫后的5天内，动物要圈留。动物粪便集中用生物热发酵法处理。

四、驱虫效果评定

驱虫是寄生虫病防治的重要措施，通常是指用药物将寄生于畜禽体内外的寄生虫杀灭或驱除。目的有两个：一是把宿主体内或体表的寄生虫驱除或杀灭，使宿主得到康复；二是杀灭寄生虫，减少病原向自然界扩散，实现对健康动物的保护。

驱虫可分为治疗性驱虫和预防性驱虫两种类型。治疗性驱虫是指当畜禽感染寄生虫之后出现明显的临诊症状时要及时用特效驱虫药对患病畜禽进行治疗。预防性驱虫是指按照寄生虫病的流行规律，定时投药，而不论其发病与否。防治蠕虫病常采用定期预防性驱虫，防治球虫病常采用长期给药预防。一般在选择用药和实施大规模驱虫之前都要对畜禽进行驱虫试验，然后进行驱虫效果评定。

驱虫效果评定主要是通过驱虫前后动物各方面情况对比来确定，包括对比驱虫前后的发病率与死亡率，对比驱虫前后的各种营养状况比例，观察驱虫前后临诊症状减轻与消失的情况，计算动物的虫卵减少率和虫卵转阴率，必要时通过剖检等方法，计算出粗计与精计驱虫率，综合以上情况进行全面的效果评定工作。为了准确地评价驱虫效果，驱虫前后粪便检查时所用器具、粪样数量以及操作中每一步骤所用时间都要完全一致；驱虫后的粪便检查时间不宜过早（一般为 10 天左右），以避免出现人为的误差；应在驱虫前、后各粪检 3 次。驱虫药药效的评定计算公式如下：

$$\text{虫卵转阴率}=\frac{\text{虫卵转阴动物数}}{\text{试验动物数}}\times 100\%$$

$$\text{虫卵减少率}=\frac{\text{驱虫前每克粪便中的虫卵数}-\text{驱虫后每克粪便中的虫卵数}}{\text{驱虫前每克粪便中的虫卵数}}\times 100\%$$

$$\text{精计驱虫率}=\frac{\text{排出虫体数}}{\text{排出虫体数}+\text{残留虫体数}}\times 100\%$$

$$\text{粗计驱虫率}=\text{对照组平均残留虫体数}-\frac{\text{试验组平均残留虫体数}}{\text{对照组平均残留虫体数}}\times 100\%$$

$$\text{驱净率}=\frac{\text{驱净虫体的动物数}}{\text{全部试验动物数}}\times 100\%$$

任务二　常用的寄生虫病防治药物

扫码学课件

9-2

抗寄生虫药是用来预防和治疗寄生虫病的化学物质。抗寄生虫药可以杀灭或抑制动物体内外寄生虫的生长繁殖，治愈或减轻由寄生虫引起的疾病。在恰当的时间，规范合理地使用家畜抗寄生虫药，不仅能最大限度地避免药物毒副反应的发生，而且还能有效消灭病原，切断传播途径，预防寄生虫的感染。

抗寄生虫药根据其药理作用和抗寄生虫的种类不同，可分为如下几种：①抗蠕虫药（驱虫药），根据蠕虫的种类又可分为驱线虫药、驱吸虫药和驱绦虫药；②抗原虫药，根据原虫的种类可分为抗锥虫药、抗滴虫药、抗梨形虫药和抗球虫药；③杀虫药，用于杀灭昆虫和蜱螨。

一、抗蠕虫药

抗蠕虫药是指杀灭或驱除动物体内蠕虫的药物，也称驱虫药。根据主要作用对象的不同分为驱线虫药、驱吸虫药和驱绦虫药，但这种分类也是相对的。有些抗蠕虫药兼有驱吸虫和驱绦虫的作用。

（一）驱线虫药

1. 阿苯达唑

1）剂量

（1）犬。用于肺丝虫感染：50 mg/kg 体重，口服，每 12 小时 1 次，连用 5 日；21 日后重复给药。在治疗过程中由于机体对死亡虫体的反应，病情可能会突然恶化。

用于奥氏奥斯特线虫感染：25 mg/kg 体重，口服，每 12 小时 1 次，连用 5 日。2 周后重复给药。

用于狐膀胱毛细线虫：50 mg/kg 体重，口服，每 12 小时 1 次，连用 14 日，可能引起厌食。

用于猫肺并殖吸虫：25 mg/kg 体重，口服，每 12 小时 1 次，连用 14 日。

用于贾第鞭毛虫：25 mg/kg 体重，口服，每 12 小时 1 次，连用 5 日。

Note

(2)猫。用于克氏并殖吸虫:25 mg/kg 体重,口服,每 12 小时 1 次,连用 10～21 日。

用于贾第鞭毛虫:25 mg/kg 体重,口服,每 12 小时 1 次,连用 3～5 日;犬和猫可能出现骨髓抑制。

用于肝吸虫:50 mg/kg 体重,口服,每日 1 次,直到虫卵消失。

(3)兔。用于脑内原虫性晶状体分裂性眼色素膜炎:30 mg/kg 体重,口服,每日 1 次,连用 30 日;然后 15 mg/kg 体重,口服,每日 1 次,连用 30 日。

用于原虫病:20 mg/kg 体重,口服,每日 1 次,连用 10 日。

(4)牛。用于疑似寄生虫:10 mg/kg 体重,口服,最好在多数为成虫的秋季使用(对肝吸虫幼虫低效或无效)。在冬季进行第二次给药可能有益。

(5)猪。用于疑似寄生虫:5～10 mg/kg 体重,口服。

(6)羊。用于疑似寄生虫:7.5～15 mg/kg 体重,口服,用于肝吸虫成虫。

2)不良反应　按推荐剂量给药,牛或绵羊对阿苯达唑具有耐受性,无明显不良反应。300 mg/kg 体重(30 倍推荐剂量)和 200 mg/kg 体重(20 倍)的剂量可分别导致牛和绵羊死亡。45 mg/kg 体重的剂量(4.5 倍推荐剂量)没有引起测试牛的任何不良效应。

犬按 50 mg/kg 体重,每日 2 次给药,可出现厌食。猫可能出现轻度嗜眠,抑郁,厌食;且阿苯达唑用于治疗并殖吸虫时,猫出现拒食本品的情况。猫按每日 100 mg/kg 体重给药,14～21 日出现体重下降、中性粒细胞减少症和精神迟钝。有证据表明阿苯达唑可导致犬、猫和人的再生障碍性贫血。

在大鼠、兔和绵羊的怀孕早期给予阿苯达唑,表现出致畸性或胚胎毒性。母牛怀孕最初 45 日以及产仔后 45 日勿用本品。本品不可用于妊娠前 30 日以及产仔 30 日后的绵羊。哺乳期的安全性还未确定。

2. 艾默德斯＋吡喹酮

1)剂量

(1)猫。3 mg/kg 体重(最小剂量)艾默德斯＋12 mg/kg 体重吡喹酮,单剂量局部外用于颈背部皮肤。无须 2 次给药,若出现再次感染,30 日后可再次使用。

(2)爬行类动物。物种不同血药浓度不同,4 滴/100 g 体重即有效。水栖动物给药后 48 小时需置于干燥的地方。患病的动物慎用。

2)不良反应　最常见的不良反应与皮肤、胃肠道有关,禁止用于小于 0.5 kg 或小于 8 周龄的猫。

3. 奥芬达唑

1)剂量

(1)犬。肠道蛔虫:10 mg/kg 体重,口服,每日 1 次,持续 3 日。

弓首蛔虫,躯干幼虫:100 mg/kg 体重,每日 1 次,从怀孕 30 日开始直至动物分娩。

犬钩虫,躯干幼虫:100 mg/kg 体重,每日 1 次,从怀孕 30 日开始直至动物分娩。

狐毛首线虫:10 mg/kg 体重,口服,每日 1 次,持续 3 日。

奥斯特类丝虫:10 mg/kg 体重,口服,每日 1 次,持续 28 日。

(2)猫。三尖盘头线虫:10 mg/kg 体重,口服,每日 2 次,持续 3 日。

(3)马。敏感寄生虫感染:10 mg/kg 体重,口服。

(4)牛。敏感寄生虫感染:4.5 mg/kg 体重,口服或者瘤胃内注射。可 4～6 周后重复给药。

(5)猪。敏感寄生虫感染:3～4.5 mg/kg 体重,口服。

(6)绵羊。敏感寄生虫感染:5 mg/kg 体重,口服。

(7)山羊。敏感寄生虫感染:7.5 mg/kg 体重,口服。

2)不良反应　不能用于繁殖期奶牛。若按照说明书推荐剂量使用需要在屠宰前 7 日停药。此药用于马无禁忌,但体质虚弱和患病的马建议慎用。按规定使用,不会出现任何不良反应。理论上,尤其在使用高剂量时,濒死虫体释放的抗原可能继发过敏反应。

4. 奥苯达唑

1)剂量

(1)马。敏感寄生虫感染:10 mg/kg 体重,口服。类圆属线虫:15 mg/kg 体重,口服。马可能发生再感染,在 6～8 周后需要重复治疗。

(2)牛。敏感寄生虫感染:10～20 mg/kg 体重,口服。

(3)猪。敏感寄生虫感染:15 mg/kg 体重,口服。

(4)绵羊。敏感寄生虫感染:10～20 mg/kg 体重,口服。

2)不良反应　此药禁用于严重虚弱或患有疝痛、毒血症、传染病的马。按推荐剂量使用,马不太可能出现不良反应。理论上,尤其是在使用高剂量时,濒死虫体释放的抗原可能继发过敏反应。

5. 敌百虫

1)剂量

(1)马。30～50 mg/kg 体重。

(2)牛。20～40 mg/kg 体重。

(3)绵羊。50～100 mg/kg 体重。

(4)山羊。50～70 mg/kg 体重。

(5)猪。80～100 mg/kg 体重。

2)不良反应　安全范围窄,容易引起中毒。家禽对本品最敏感,易中毒,不宜应用;黄牛、羊较敏感,水牛更敏感,慎用,马、犬、猪比较安全。不要随意加大剂量。推荐给药途径是内服,其他途径不用为宜。本品的水溶液应现配现用,且禁止与碱性药物或碱性水质配合使用。孕畜及胃肠炎的病畜禁用。

6. 敌敌畏　敌敌畏是一种有机磷酸酯类杀虫剂,被称作"nopeststrip"。用作小宠物外用寄生虫杀虫剂。该药也可制成喷雾剂用来控制苍蝇的繁殖。敌敌畏可用于治疗犬和猫体内蛔虫和钩虫,但目前由于新的驱虫剂取代敌敌畏后,该类产品未上市。

不良反应:当作为猪处方药时,并未列出其不良反应。不良反应通常与剂量有关。研究发现正常剂量没有致畸作用,并未注意到对猪繁殖能力、性能或存活率方面的影响。如果用药过量,可能产生呕吐、震颤、心搏徐缓、呼吸抑制、过度兴奋、流涎症和腹泻等。阿托品可以解毒。

7. 多拉菌素

1)剂量

(1)犬。治疗全身性蠕形螨病:600 μg/kg 体重,口服,每日 1 次;或 600 μg/kg 体重皮下注射,每周一次。若 60 日未见改善,选用其他疗法。

(2)猫。治疗猫蠕形螨病:600 μg/kg 体重,皮下注射,每周一次。

(3)牛。标签适应证(注射剂):200 μg/kg 体重,皮下注射或肌内注射。皮下注射应选择肩前或肩后的松弛皮肤。肌内注射应选择颈部的肌肉发达部位。推荐皮下注射为优先选择的给药途径。

标签适应证(浇淋剂):局部用药剂量 200 μg/kg 体重。局部用药为背部中线的一条窄带。

(4)猪。标签适应证:300 μg/kg 体重,肌内注射,应选择颈部肌肉发达部位。

2)不良反应　多拉菌素具有相对较长的屠宰休药期。与皮下注射相比,肌内注射在屠宰时有较高的注射部位斑点率。治疗犬蠕形螨病时,罕有不良反应,但是可能出现瞳孔扩张、嗜眠、失明或昏迷等症状。在牛体内使用高达 25 倍推荐剂量的多拉菌素也没有出现毒性症状。

8. 芬苯达唑

1)剂量

(1)犬。敏感的蛔虫、钩虫、鞭虫、绦虫(限于带绦虫):50 mg/kg 体重,口服,连用 3 日(带绦虫用 5 日)。

贾第鞭毛虫:50 mg/kg 体重,口服,每日 1 次,连用 3 日。如果无效延长治疗期(5～7 日)。

犬弓蛔虫和犬钩口线虫:为防止犬弓蛔虫和犬钩口线虫经胎盘和乳汁传播,从怀孕第 40 日起到

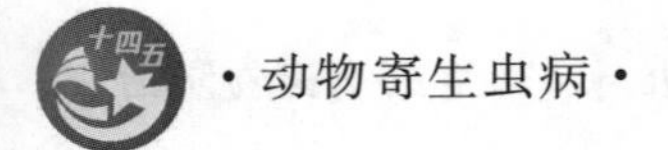

哺乳期的第 14 日止,50 mg/kg 体重,口服,每日 1 次。

狐膀胱毛细线虫:50 mg/kg 体重,每日 1 次,连用 3 日。3 周后再给予 1 次 50 mg/kg 体重。

嗜气毛细线虫:50 mg/kg 体重,口服,每日 1 次,连用 10～14 日。

肺丝虫:50 mg/kg 体重,口服,每日 1 次,连用 14 日。治疗过程中症状可能会加重,这是因为寄生虫死亡引起的反应。

猫肺并殖吸虫:50 mg/kg 体重,口服,每日 1 次,连用 10～14 日。

狐环体线虫:50 mg/kg 体重,口服,每日 1 次,连用 3 日。

真鞘线虫:50 mg/kg 体重,口服,每日 1 次,连用 10～14 日;暂时改善。

(2)家猫。敏感蛔虫、钩虫、类圆线虫属、绦虫(仅限带绦虫):50 mg/kg 体重,口服 5 日。

贾第鞭毛虫:50 mg/kg 体重,口服,每日 1 次,连用 3 日。如果无效延长治疗期(5～7 日)。

肺蠕虫(深奥猫圆线虫):25～50 mg/kg 体重,每隔 12 小时 1 次,连用 10～14 日。

肺蠕虫(嗜气毛细线虫):50 mg/kg 体重,口服,每日 1 次,连用 10～14 日。

猫毛细线虫:25 mg/kg 体重,口服,每日 2 次,连用 10 日。

猫肺并殖吸虫:50 mg/kg 体重,口服,每日 1 次,连用 14 日。

普塞利阔盘吸虫(胰内吸虫):30 mg/kg 体重,口服,连用 6 日。

(3)外来大型猫科动物。用于敏感的寄生虫:10 mg/kg 体重,口服,每日 1 次,连用 3 日。

(4)熊(熊科)。用于敏感的寄生虫:10 mg/kg 体重,口服,每日 1 次,连用 3 日。

(5)小型哺乳动物和啮齿类动物。小鼠、大鼠、沙鼠、仓鼠、豚鼠、灰鼠:20～50 mg/kg 体重,口服,每日 1 次,连用 5 日(贾第虫属要加大用量)。

(6)牛。用于对以下寄生虫的清除和控制(捻转血矛线虫、奥氏奥斯特线虫、艾克氏毛圆线虫、牛钩虫、贺氏细颈线虫、古柏线虫、蛇形毛圆线虫、辐射结节线虫和胎生网尾线虫):5 mg/kg 体重,口服。当持续受感染时,需要在 4～6 周后重复 1 次。

用于莫尼茨绦虫和四期奥氏奥斯特线虫:10 mg/kg 体重,口服。

用于牛贾第虫病:15 mg/kg 体重,口服,连用 3 日,然后转移至彻底清扫并用 10%氨水消毒过的圈内。

(7)马。用于控制成年马的大型和小型圆线虫,蛲虫:5 mg/kg 体重,口服。

用于驹和小于 18 个月的断奶小马的蛔虫:10 mg/kg 体重,口服。

用于控制前 3 期、后 3 期和第 4 期的圆线虫幼虫的包囊,第 4 阶段的常见圆线虫幼虫:10 mg/kg 体重,口服,连用 5 日。

用于黏膜期小型圆虫:7.5～10 mg/kg 体重,口服,每日 1 次,连用 5 日;单剂量 30 mg/kg 体重对较成熟被囊期有效。

(8)猪。敏感寄生虫:5 mg/kg 体重,口服;3 mg/kg 体重,混于饲料中喂饲 3 日;10 mg/kg 体重驱除蛔虫。

用于大肚猪体内的鞭虫:9 mg/kg 体重,口服数日。

(9)绵羊和山羊。敏感寄生虫:5 mg/kg 体重,混于饲料中喂饲 3 日。

(10)骆驼。敏感寄生虫:10～20 mg/kg 体重,口服,3～5 日。

(11)鸟。蛔虫:10～50 mg/kg 体重,口服 1 次;10 日内重复。换毛期或筑巢时不要使用,否则可导致羽毛发育受阻。

吸虫或微丝蚴:10～50 mg/kg 体重,口服,每日 1 次,连用 3 日。

毛细线虫属:10～50 mg/kg 体重,口服,每日 1 次,连用 5 日。对雀类砂囊中的蠕虫无效。

对线虫和某些吸虫:10～50 mg/kg 体重,口服,每日 1 次,连用 3～5 日;20～100 mg/kg 体重,口服,单剂量;不建议用于换毛期繁殖季节。

(12)走鸟类。15 mg/kg 体重,口服,每日 1 次,连用 3 日。对鸵鸟的绦虫有效。

(13)爬行类。敏感寄生虫(大多数品种):50～100 mg/kg 体重,口服 1 次,2～3 周内重复 1 次;

对类圆线虫属很有效。

2)不良反应　正常剂量时，芬苯达唑不引起任何不良反应，但可能出现由于死亡寄生虫释放抗原继发引起的过敏反应，特别是在高剂量时。犬、猫使用芬苯达唑偶尔会出现流涎、呕吐、腹泻。单一剂量(甚至严重过量)对犬和猫不起作用，必须连续用药3日。

9. 酒石酸莫仑太尔

1)剂量　用于牛、羊治疗敏感寄生虫：10 mg/kg体重，口服；在持续的蠕虫暴露条件下，需要在2～4周后再给药。

2)不良反应　酒石酸莫仑太尔安全范围较大，使用剂量达200 mg/kg体重(推荐剂量的20倍)时，仍未见毒性反应，小鼠的半数致死量为5 g/kg体重。中毒症状为呼吸迫促、多汗(汗腺发达动物)、共济失调或其他胆碱样效应。

牛和绵羊的慢性中毒实验表明，以4倍的推荐剂量给绵羊用药，未出现可见的毒性反应。以2.5倍的推荐剂量给牛用药，连续2周，也未见中毒反应。

10. 美拉索明

1)剂量　用于治疗犬恶丝虫病：诊断后，确定疾病的发生阶段。注：生产商提供了工作表来协助疾病的分期和确定治疗方案。极力推荐使用这些工作表，以避免混乱并确定疗效。

Ⅰ期和Ⅱ期：按指导在深部肌内(在第三到第五根腰椎轴上肌)注射2.5 mg/kg体重，24小时后再注射1次。每次在另一侧给药。在4个月内可以重复给药方案。

Ⅲ期：按指导深部肌内(在第三到第五根腰椎轴上肌)注射2.5 mg/kg体重，严格休息并给予所有必要的全身疗法。1个月后，按指导在深部肌内(在第三到第五根腰椎轴上肌)注射2.5 mg/kg体重，24小时后再注射1次。

上述Ⅰ期、Ⅱ期和Ⅲ期犬恶丝虫疾病均需按指导在深部肌内(在第三到第五根腰椎轴上肌)注射2.5 mg/kg体重，且需严格休息，必要时还需配合系统治疗。1个月后，按指导在深部肌内(在第三到第五根腰椎轴上肌)注射2.5 mg/kg体重，两次相隔24小时。

2)不良反应　使用美拉索明治疗后，约1/3的犬会在注射部位出现注射反应现象(疼痛、肿胀，触痛、不愿走动)。大部分症状在数周内消除，但也会出现罕见的严重的注射反应。注射部位的肿胀可能会持续存在。必须避免静脉注射或皮下注射。若药物从注射部位回漏进皮下组织，往往会出现最严重的局部反应。给药后在注射部位用力按压可减少此类问题出现的风险。美拉索明禁用于患有Ⅳ期(非常严重)犬恶丝虫病的犬。

11. 米尔贝肟

1)剂量

(1)犬。作为驱虫剂：对于犬恶丝虫的预防，应在犬大于或等于4周龄，以及体重至少0.9 kg的情况下给药。

进行犬钩虫成虫、犬弓蛔虫成虫、犬鞭虫的控制：最小剂量为0.5 mg/kg体重，口服，每月1次。

用于化学治疗微丝蚴：预防、治疗剂量为0.25 mg/kg，必要时间隔2周重复给药。若是犬恶丝虫传播季节，每月给药预防。杀成虫药：美拉索明给药大约1个月后，口服给予米尔贝肟0.5 mg/kg体重。

用于治疗全身性蠕形螨病：治疗之前建议进行微丝蚴的检查。1 mg/kg体重，口服，每日1次，30日后刮取皮屑进行检测。若情况好转不明显，则把剂量提高至2 mg/kg体重。若2个月后仍没有任何好转，那么需要将剂量提高至3 mg/kg体重，每日1次，或采取另一种方法进行治疗。若米尔贝肟的价格相当于每个月预防恶丝虫的花费，那么大多数的畜主将无法承担。对伊维菌素敏感的品种，对这种疗法更为耐受，但仍会出现诸如共济失调、震颤、昏迷等副作用。ABCB1基因突变的纯种犬给予每日1～2 mg/kg体重的剂量，便会出现神经系统的副作用。

用于治疗姬螯螨皮肤炎：2 mg/kg体重，口服，7日1次，共3个疗程。

用于治疗疥螨病：2 mg/kg体重，口服，7日1次，共3个疗程；或0.75 mg/kg体重，每日1次，共

30日。

(2)猫。治疗钩虫成虫和蛔虫成虫:2 mg/kg体重,口服,每月1次。

(3)爬行类动物。用于线虫:0.5～1 mg/kg体重,口服,2周内重复,若第2次给药14日后,粪便检测呈阳性,则第3次给药,重复给药直到寄生虫清除。米尔贝肟对于龟类安全。

2)不良反应　比格犬可耐受口服单次200 mg/kg体重剂量(200倍每月剂量)。粗毛柯利犬可耐受10 mg/kg体重剂量(20倍标签推荐剂量),12.5 mg/kg体重剂量(25倍标签推荐剂量)可引起共济失调、发热和周期性斜卧。

无微丝蚴感染犬对推荐剂量的不良反应很少见,最近一项研究表明ABCB1基因突变的易感犬口服米尔贝肟,每日1～2.2 mg/kg体重,所有ABCB1基因突变犬出现中枢神经系统毒性的症状,而ABCB1野生型犬并没有出现此症状。

8周龄幼犬给予2.5 mg/kg体重(5倍推荐剂量),连续用药3日,第1日无任何症状,但是第2次或第3次给药后出现共济失调和震颤。

12. 莫西菌素

1)剂量

(1)犬。预防恶丝虫病、跳蚤成虫、钩虫的成虫和幼虫、圆线虫的成虫和鞭虫的成虫:建议局部外用药的最小剂量是吡虫啉10 mg/kg体重和莫西菌素2.5 mg/kg体重,每月1次。

用于全身性蠕形螨病:0.2～0.4 mg/kg体重,口服,每日1次。临床平均治愈时间为75日;寄生虫平均治愈时间为112日。注意:这个剂量会引起ABCB1基因型突变犬中毒。

(2)猫。预防恶丝虫病、跳蚤成虫、耳痒螨、钩虫幼虫和圆线虫的成虫:建议局部外用药的最小剂量是吡虫啉10 mg/kg体重和莫西菌素1 mg/kg体重,每月联用1次。

预防猫圆线虫(深奥猫圆线虫):莫西菌素与吡虫啉混合使用时,局部用药的剂量是莫西菌素1～3 mg/kg体重、吡虫啉10 mg/kg体重。

(3)牛。按标签说明:5 mg/10 kg体重,从背上部沿背中线到尾部直接浇泼于毛发和皮肤上,应用于健康皮肤,而避免用于螨疥、皮肤损伤或体外异物部位;或0.2 mg/kg体重,皮下注射于肩膀前或后的松弛皮肤。

(4)马。0.4 mg/kg体重,将注射器穿过牙齿间缝隙,注射于口腔后部、近于舌根部。抽出注射器时,将动物头部抬起,以利于吞咽凝胶剂。当马的体重大于500 kg时,需要2次给药。

2)不良反应　当使用治疗螨病的口服剂量时,会出现呕吐、共济失调、昏睡以及厌食。若不考虑犬的ABCB1基因型,局部用药产品(吡虫啉)似乎很适用于犬。按合适的剂量口服时,安全范围较大。犬剂量高达300倍(1120 μg/kg体重)时无不良反应。单次口服剂量为200 μg/kg体重并不会引起神经毒性,含有ABCB1基因型的犬,若口服90 μg/kg体重就会表现出神经毒性的症状。牛:推荐剂量使用时,很少或没有不良反应。马:推荐剂量使用时,很少或没有不良反应,但小于4月龄的马驹不可以使用。

13. 赛拉菌素

1)剂量

(1)犬。预防及治疗恶丝虫病:建议局部外用剂量为6 mg/kg体重。预防犬恶丝虫和控制跳蚤:每月用药1次。控制蜱:每月用药1次(如果严重感染,在初次用药后可每2周重复1次)。治疗耳螨和疥螨:1次用药,如有必要,可在1个月后重复用药1次。

治疗犬鼻螨:6～24 mg/kg体重,每2周1剂,重复3次。

治疗姬螯螨:6～24 mg/kg体重,局部使用,每2周1剂,重复4次。

治疗虱:6 mg/kg体重,局部外用。

(2)猫。建议局部外用剂量为6 mg/kg体重。

预防恶丝虫和控制跳蚤:每月用药1次。

治疗耳螨:1次用药,如有必要,可在1个月后重复用药1次。

治疗钩虫和蛔虫:1 次用药。

治疗头面部疥癣:6 mg/kg 体重,局部外用。

治疗虱:6 mg/kg 体重,局部外用。

(3)雪貂。预防恶丝虫:18 mg/kg 体重,局部外用,每 30 日 1 次。

(4)兔。治疗耳螨:6～18 mg/kg 体重,局部外用。

2)不良反应　罕见,包括腹泻、呕吐、肌肉震颤、厌食、瘙痒症、荨麻疹、红斑、嗜眠、流涎和呼吸急促。在犬中有癫痫和共济失调的报道,但极少。

14. 双羟萘酸噻嘧啶或酒石酸噻嘧啶

1)剂量　除非特殊标明,以下剂量均为双羟萘酸噻嘧啶的用量。

(1)犬。钩虫、蛔虫和鞭虫:5 mg/kg 体重,饭后口服。7～10 日后重复用药 1 次。幼犬:早在 2～3周龄即可口服给药,5～10 mg/kg 体重;每 2～3 周重复给药 1 次,直到 12 周龄。给药前确认充分摇匀;片剂应该研碎称定准确剂量。

(2)猫。蛔虫、钩虫和泡翼线虫:5 mg/kg 体重,口服;2 周内重复给药 1 次。幼猫:治疗 2～3 周龄前的幼猫,5～10 mg/kg 体重,口服;每 2～3 周重复治疗 1 次,至少到 12 周龄。

(3)兔。10～15 mg/kg 体重,口服,2～3 周内重复给药 1 次。

(4)马。对于敏感寄生虫:6.6 mg/kg 体重,口服,用于控制蛔虫每 6～8 周 1 次,在一些农场用于马驹驱除蛔虫每 4 周 1 次。治疗绦虫,双倍的剂量(13.2 mg/kg 体重),每年 1～2 次。

(5)猪。驱除蛔虫属或管口线虫属寄生虫用酒石酸噻嘧啶,剂量为 20 mg/kg 体重,单次治疗,口服。

(6)牛、绵羊和山羊。肠道线虫用酒石酸噻嘧啶,剂量为 25 mg/kg 体重,口服。

(7)美洲驼羊。敏感寄生虫:20 mg/kg 体重,1 日之内口服。

(8)鹦鹉。在流行区,室外养殖鸟类及其后代应定期驱除蛔虫:25 mg/kg 体重,口服,每周 2 次。

2)不良反应　按推荐剂量应用时未见不良反应。小动物应用双羟萘酸噻嘧啶可能会引起呕吐。噻嘧啶有一定的安全范围。一般应用推荐剂量的 7 倍以下均不会产生毒性。对马使用推荐剂量的 20 倍也不会产生副作用。

15. 乙胺嗪枸橼酸(DEC)

1)剂量

(1)犬。用于预防犬恶丝虫:7 mg/kg 体重,每日口服,蚊虫季节开始和结束 2 个月后使用,如果在蚊虫全年活跃的地方应该饲喂整年。应该在开始治疗的 3 个月后和每隔 6 个月复查微丝蚴。用于敏感寄生虫的治疗(除犬恶丝虫外,不能用于微丝蚴阳性病畜)。

对于蛔虫感染:55～110 mg/kg 体重,口服;每日口服 7 mg/kg 体重可能对蛔虫有预防作用。

对于肺蠕虫(狐环体线虫):80 mg/kg 体重,口服,每 12 小时 1 次,饲喂 3 日。

(2)猫。用于蛔虫病:55～110 mg/kg 体重,口服。

(3)雪貂。用于恶丝虫的预防:5.5 mg/kg 体重口服,每日 1 次。

(4)牛。用于治疗牛胎生网尾线虫的早期感染:22 mg/kg 体重,肌内注射,连续 3 日;或者 44 mg/kg 体重,肌内注射 1 次。

2)不良反应　若按推荐剂量用于预防犬的恶丝虫病,乙胺嗪枸橼酸产生的不良反应非常少见。有些犬在服药过程中如果出现腹泻或呕吐症状,应停止用药。使用高剂量治疗蛔虫病和其他寄生虫病时胃肠道反应更突出。伴随食物饲喂或者饲后立即服药可减轻胃肠道反应,也有报道使用该药物会出现药疹症状。据报道,猫给予乙胺嗪枸橼酸后,会造成肝损伤。

微丝蚴呈阳性的犬饲喂乙胺嗪枸橼酸,会在服药 20 分钟之内产生过敏样全身性反应,其症状包括胃肠道反应(分泌唾液,腹泻,呕吐)、中枢神经系统症状(抑郁,共济失调,虚脱,嗜眠)、休克(黏膜苍白,脉搏微弱,心跳过速,呼吸困难)、肝功能异常(肝酶升高)或者弥散性血管内凝血。反应通常在饲喂后 1～2 小时达到高峰,甚至可能导致死亡。

Note

16. 依立诺克丁

1)剂量　用于治疗马痒螨病:500 μg/kg 体重,局部用,每周 1 次,用药 4 次。

2)不良反应　因依立诺克丁可能对鱼和水产动物产生不良影响,所以不要污染水。严禁口服,严禁静脉注射。

17. 伊维菌素

1)剂量

(1)犬。预防犬恶丝虫病:6～12 μg/kg 体重,口服,每月 1 次。每月最小口服剂量为 6 μg/kg 体重。

作为微丝蚴杀灭剂:为预防该病杀死第三、四和五期幼虫,用杀成虫药治疗之前有微丝蚴存在,则用伊维菌素 6 μg/kg 体重,口服,每月 1 次;若用于杀灭流行的微丝蚴,伊维菌素使用 6 μg/kg 体重,口服,每月 1 次,用药几个月,微丝蚴数量逐渐减少,或接近零,并且不良反应发生概率小。高剂量(10 倍剂量)可快速杀死微丝蚴,但不良反应多。

作为外用杀虫剂(杀螨剂):谨慎用于柯利犬。第 1 日:100 μg/kg 体重,口服,每 24 小时给药 1 次。第 2 日:200 μg/kg 体重,口服,每 24 小时给药 1 次。第 7 日:300 μg/kg 体重,然后继续按每 3 日 100 μg/kg 体重的剂量增加,直到总剂量达到 600 μg/kg 体重,如果皮肤损伤则继续治疗 1～2 个月。治疗时间一般要求 10～33 周。

用于治疗毛囊尾蚴病:刚开始第 1 日剂量为 50 μg/kg 体重,然后在第 2 周增加到 120 μg/kg 体重。如果一切都安全,则在第 3 周增加到 200 μg/kg 体重,之后按每周 100 μg/kg 体重的剂量增加,直到总剂量达到 600 μg/kg 体重。一旦发现伊维菌素中毒(特别是嗜眠、共济失调、瞳孔放大和胃肠道异常的迹象),建议立即停药。如果是在低治疗剂量下无反应,应继续使用低剂量。继续治疗 2 个月,皮肤损伤病例治疗 3～7 个月。

作为杀疥癣药:300～400 μg/kg 体重,口服或皮下注射,每周 1 次,连用数周。如果使用 1%注射液,注意敏感犬(如牧羊犬等)慎用。治疗前监测犬恶丝虫感染状况。对于敏感犬以外的其他犬,极少见不良反应。

作为杀体内寄生虫药,用法如下。

治疗肺部寄生虫病(毛细线虫感染):200 μg/kg 体重,口服,1 次。

治疗奥氏奥斯特线虫:400 μg/kg 体重,皮下注射,1 次。

治疗犬类肺刺螨:200 μg/kg 体重,皮下注射,1 次。

(2)猫。用于预防恶丝虫:最小有效剂量 0.024 mg/kg 体重(24 μg/kg 体重),每隔 30～45 日口服 1 次(注:该剂量也可治疗恶丝虫感染)。

用于杀灭莫名猫圆线虫:400 μg/kg 体重,皮下注射,1 次。

(3)雪貂。用于预防恶丝虫:20 μg/kg 体重,口服,每月 1 次。

治疗恶丝虫病使用慢速治疗,50 μg/kg 体重,口服,每月 1 次。

(4)兔。用于疥螨:400 μg/kg 体重,皮下注射,14 日内重复给药。

治疗耳螨:400 μg/kg 体重,口服或皮下注射,8～18 日内重复给药。同笼所有兔子均应给药,兔笼消毒。

(5)小鼠、大鼠、沙鼠、豚鼠和栗鼠。200 μg/kg 体重,每隔 7 日 1 次,皮下注射或口服,连用 3 周。

(6)牛。用于敏感寄生虫:200 μg/kg 体重,皮下注射。大于 10 mL 剂量应分两个位点注射。

(7)马。用于敏感寄生虫:200 μg/kg 体重(0.2 mg/kg 体重),口服糊剂或液体制剂。200 μg/kg 体重(0.2 mg/kg 体重),每隔 4 日口服,驱除虱子和疥螨。

(8)猪。用于敏感寄生虫:治疗肠内寄生虫,300 μg/kg 体重,耳后靠近颈部皮下注射;治疗体外寄生虫,需要 10～14 日内重复给药。

(9)羊(包括山羊)。用于敏感寄生虫:200 μg/kg 体重,皮下注射 1 次。

(10)骆驼。用于敏感寄生虫:200 μg/kg 体重,口服或皮下注射 1 次。骆驼胃溃疡对本药敏感,用奥美拉唑或雷尼替丁预防或治疗。

(11)禽。用于敏感寄生虫:①蛔虫、毛细线虫和其他肠道蠕虫、鸟疥螨(面部和胫部螨),稀释到2 mg/mL的浓度使用。本品稀释后应立即使用。②大多数禽:220 μg/kg 体重,肌内注射。③绿色小鹦鹉:100 μg/kg 体重,肌内注射。

(12)爬行类动物。用于驱线虫和外寄生虫:蜥蜴蛇、鳄鱼,200 μg/kg 体重,肌内注射、皮下注射或口服 1 次;2 周内重复给药。如果第 2 次治疗后仍呈阳性,则进行第 3 次治疗。注:本品对海龟、靛青蛇和石龙子有毒。

2)不良反应　马:给药后 24 小时左右可由于对盘尾丝虫的微丝蚴过敏而在腹正中线出现皮肤肿胀或瘙痒。犬:伊维菌素作为抗微丝蚴药物给予后可出现类似休克的反应,推测可能是由于死亡的微丝蚴引起。牛:可因杀灭机体重要部位的幼虫而导致严重的不良反应,也可能引起注射部位的暂时性肿胀或不适。小鼠和大鼠:超过临床剂量给药具有神经毒性。禽:可引起死亡、嗜眠或食欲减退。橙颊梅花雀和相思鹦鹉对本品较敏感。

18. 左旋咪唑

1)剂量

(1)犬。用于治疗蠕虫:10 mg/kg 体重,口服,每日 1 次,持续 10 日。用于欧氏类丝虫:持续 20～45 日。

(2)猫。用于治疗肺蠕虫:20～40 mg/kg 体重,口服,1 日 1 次,持续 10 日。

(3)家兔。用于线虫:20 mg/kg 体重口服或皮下注射。

(4)牛和羊。用于驱除成熟的和未成熟的网尾属线虫:5～10 mg/kg 体重,口服或拌饲料同服,或灌服,或口服大丸剂均可;也可 5 mg/kg 体重,皮下注射。

(5)骆驼科动物。用于治疗敏感性线虫:5～8 mg/kg 体重,肌内注射或口服。

(6)猪。用于治疗敏感性线虫:8 mg/kg 体重,口服或拌饲料同服。

(7)禽。澳洲鹦鹉(或拒绝饮水的沙漠物种):15 mg/kg 体重,在 10 日内重复给药;4～8 mg/kg 体重肌内注射或皮下注射,在 10～14 日内重复给药。可能引起呕吐、共济失调或死亡。体质较弱的禽不能使用。

(8)家禽。18～36 mg/kg 体重,口服。

(9)爬行类。线虫:5～10 mg/kg 体重;第 2 次用药后粪检,之后第 14 日重复用药。如果有效,可第 3 次用药。棘头虫和舌形虫:剂量如上,需皮下注射。

2)不良反应　在牛可见到不良反应,包括口鼻部泡沫或流涎、兴奋或震颤、舐唇或晃头。这些不良反应通常见于高于推荐剂量的过量使用或左旋咪唑与有机磷酸盐同时使用时。这些症状一般在 2 小时内消退。当给牛注射时,注射位点可能出现肿胀,7～14 日即可消退。但在临近屠宰的动物上禁止使用。

绵羊:左旋咪唑在一些羊只上给药后可能会出现暂时性兴奋。山羊:左旋咪唑可能引起抑郁、感觉过敏和多涎。山羊皮下注射后可引起蜇刺似的疼痛感。

猪的不良反应:左旋咪唑可能引起多涎或口鼻部泡沫,感染肺蠕虫的猪可能发展为咳嗽或呕吐。

犬的不良反应:胃肠道机能紊乱(经常呕吐或腹泻)、神经毒性(喘气、震颤、激动或其他行为改变)、粒细胞缺乏症、呼吸困难、肺水肿、免疫介导性斑疹(红皮水肿病、多形性红斑、中毒性表皮坏死松解症)以及嗜眠。

猫的不良反应包括多涎、兴奋、瞳孔散大和呕吐。

19. 哌嗪(驱蛔灵)

1)剂量　本品慎用;可以购买到的几种哌嗪盐化合物,哌嗪碱含量不同。剂量列表中许多都没有说明是按哪种哌嗪盐进行剂量计算的。应根据药物说明书进行使用。

(1)犬。哌嗪碱:治疗蛔虫,45～65 mg/kg 体重,口服。小于 2.5 kg 幼犬最大剂量为 150 mg。建议第一次给药 2～3 周后再给药一次。

(2)猫。哌嗪碱:治疗蛔虫,45～65 mg/kg 体重,口服,最大剂量为 150 mg。建议第一次给药 2～3 周后再给药一次。

(3)兔。治疗蛲虫,柠檬酸哌嗪,100 mg/kg 体重,口服,每 24 小时一次,连续 2 日。

(4)鸟。治疗禽蛔虫,哌嗪碱 32 mg/kg 体重,连续混饲两次或混饮 2 日。通常饲料中使用柠檬酸盐或己二酸盐,饮水使用六水化合物。

2)不良反应　推荐剂量下不易产生不良反应,但是犬和猫可能会出现腹泻、呕吐和共济失调。马和驹通常可以很好地耐受高剂量的哌嗪,但是有可能出现短暂的软便现象。短期的大剂量过量使用可导致动物麻痹和死亡,但是一般认为哌嗪安全范围较宽。犬、猫食入中毒剂量哌嗪后 24 小时内可出现不良反应。呕吐,虚弱,呼吸困难,耳部、胡须、尾部和眼部肌肉抽搐,后肢共济失调,多涎,抑郁,脱水,头重,眼球震颤和瞳孔反射迟钝等症状已有报道。

(二)驱吸虫药

1. 氯舒隆(克洛索隆)

1)剂量

(1)牛。用于肝片形吸虫感染:7 mg/kg 体重,口服;将悬浮液置于舌背。

用于肝片形吸虫、线虫、肺丝虫、牛蛆、吸吮虱、疥螨的感染:2 mg/kg 体重,肩后皮下注射。

(2)绵羊。用于肝片形吸虫感染:7 mg/kg 体重,口服。

(3)骆驼。用于肝片形吸虫感染:7 mg/kg 体重,口服。

2)不良反应　牛或绵羊口服氯舒隆很安全。绵羊使用剂量高达 400 mg/kg 体重也未产生毒性。牛的毒性剂量尚未确定。该成分药品只能进行皮下注射,注射时,在注射部位可能会出现局部肿胀。禁止肌内注射或者静脉注射,否则会出现严重后果,包括犬的死亡等。由于奶牛的休药期还未确定,禁用于奶牛。

2. 碘硝酚

1)剂量

(1)犬、猫。10 mg/kg 体重,皮下注射。

(2)羊。10～20 mg/kg 体重,口服。

(3)火鸡。7.7 mg/kg 体重,以胶囊剂一次内服或混饲给药,连用 5 天。

(4)豹、狮。6.6 mg/kg 体重,皮下注射。

2)不良反应　超过治疗量时,成犬和幼犬可发生程度不等的晶体浑浊。一般不严重,在 7 日内可以恢复。给药 3 个月后的羊方可屠宰,给药 3 个月内的羊奶不得供人食用。

3. 氯氰碘柳胺钠

1)剂量

(1)牛。2.5～5 mg/kg 体重,皮下或肌内注射。

(2)羊。5～10 mg/kg 体重,皮下或肌内注射。

2)不良反应　多为胃肠道反应。屠宰前 28 日停药,用药后 28 日内产的奶不得供饮用。

4. 碘醚柳胺

1)剂量

(1)牛。7～12 mg/kg 体重,口服。

(2)羊。7～12 mg/kg 体重,口服;皮下注射,3 mg/kg 体重。

2)不良反应　多为胃肠道反应。泌乳期和用药后 28 日内屠宰的牲畜不能用。

5. 硝氯酚

1)剂量

(1)黄牛。3～5 mg/kg 体重,口服;0.5～1 mg/kg 体重,肌内注射。

(2)水牛。1～3 mg/kg 体重,口服;0.5～1 mg/kg 体重,肌内注射。

(3)鹿。3～7 mg/kg 体重,口服。

(4)羊。3～4 mg/kg 体重,口服;0.5～1 mg/kg 体重,肌内注射。

(5)猪。3～6 mg/kg 体重,口服。

2)不良反应 治疗量一般不出现不良反应,过量引起中毒症状(发热、精神沉郁、肌肉震颤、呼吸困难、窒息、转氨酶升高)。用药后 9 日内的牛奶及 15 日内的肉食品不宜供人食用。

6. 三氯苯唑

1)剂量

(1)牛。12 mg/kg 体重,口服。

(2)羊、鹿。10 mg/kg 体重,口服。

2)不良反应 治疗量一般不出现不良反应,休药期 28 日。

7. 溴酚磷

1)剂量

(1)牛。12 mg/kg 体重,口服。

(2)羊。12 mg/kg 体重,口服。

2)不良反应 药物过量可引起中毒。牛、羊宰前 21 日应停药。用药后 5 日内,牛奶不能供人食用。

8. 依西太尔

1)剂量

(1)犬。用于治疗犬复孔绦虫和豆状绦虫,5.5 mg/kg 体重,口服,1 次。

(2)猫。用于治疗猫复孔绦虫和巨颈绦虫,2.75 mg/kg 体重,口服,1 次。

2)不良反应 禁止用于 7 周龄以下的幼犬或幼猫。常见不良反应为呕吐、腹泻。对孕畜或哺乳期动物的安全性尚未证实,但由于本品难吸收,产生致畸效应的可能性极小。过量使用导致急性中毒的风险极小。给予幼猫 36 倍推荐剂量的药物,仅见部分受试幼猫出现呕吐症状。给予犬 36 倍推荐剂量的药物不引起任何不良反应。

9. 六氯对二甲苯

1)剂量

(1)牛。治疗血吸虫病:0.1～0.12 g/kg 体重,口服,1 日 1 次,连用 10 日。每日剂量:黄牛 28 g,水牛 36 g。

(2)羊。0.15 g/kg 体重,口服。治疗羊胰阔盘吸虫病:0.4 g/kg 体重,口服,间隔 2 日,连用 3 次。

(3)猪。治疗猪姜片吸虫病:0.2 g/kg 体重,口服。

2)不良反应 本品不良反应较轻,牛可耐受 390 mg/kg 体重,此量为治疗量的 3～4 倍,绵羊可耐受 10 倍治疗量。中毒时发生肝、肾细胞变性坏死,消化道黏膜损伤,可视黏膜黄染,血尿和腹泻等。

(三)驱绦虫药

吡喹酮

1)剂量

(1)犬。治疗易感绦虫:5 mg/kg 体重,口服或皮下注射。

治疗细粒棘球绦虫:10 mg/kg 体重,口服或皮下注射。

治疗曼氏迭宫绦虫或裂头绦虫:7.5 mg/kg 体重,口服,每日 1 次,服用 2 日。

治疗并殖吸虫病:25 mg/kg 体重,口服,每 8 小时 1 次,连用 3 日。

治疗肝片形吸虫:20～40 mg/kg 体重,口服,每日 1 次,连用 3～10 日。

(2)猫。治疗易感寄生虫:联合双羟萘酸噻嘧啶治疗,每千克体重中吡喹酮的最小剂量为 5 mg,双羟萘酸噻嘧啶的剂量为 20 mg,可以直接口服或少量放入食物中。治疗前或治疗后不要提前保留食物。如果发生再感染,可以进行重复治疗。

治疗并殖吸虫病:23～25 mg/kg 体重,口服,每 8 小时给药 1 次,服用 3 日。

治疗易感绦虫、棘球绦虫、犬复孔绦虫、中殖孔绦虫:5 mg/kg 体重,口服或皮下注射。

治疗曼氏迭宫绦虫:30～35 mg/kg 体重,口服。

(3)啮齿类动物和小型哺乳动物。龙猫:6～10 mg/kg 体重,口服。

治疗老鼠、田鼠、沙鼠、大颊鼠、几内亚猪和龙猫的绦虫:6～10 mg/kg 体重,口服。

治疗兔绦虫和吸虫:5～10 mg/kg 体重,口服。

(4)山羊和绵羊。用于治疗所有的莫尼茨属绦虫、条状斯泰勒绦虫或无卵黄腺属绦虫:10～15 mg/kg 体重。

(5)马。对于标记的寄生虫,使用莫西菌素与吡喹酮凝胶组合。在注射器上,调节相应的动物体重刻度。通过牙间隙由注射器插入动物的口腔给药,使药物进入口腔后面的舌头基部。给药后,立即使动物头抬起,以确保药物被吞咽下去。马的体重超过 500 kg,则需要用第二只注射器增加额外的药物。

(6)骆驼。治疗易感寄生虫病:5 mg/kg 体重,口服。

(7)鸟。治疗易感的寄生虫(绦虫):5 mg/kg 体重,10～14 日重复 1 次,加入饲料中或填喂。

治疗普通的鸡绦虫:10 mg/kg 体重。

(8)爬行类动物和两栖类动物。治疗大多数动物的绦虫和某些吸虫:7.5 mg/kg 体重,口服 1 次,2 周内重复 1 次。驱除蛇的常见绦虫:3.5～7 mg/kg 体重。

2)不良反应　犬口服后引起厌食、呕吐、嗜眠或腹泻,但是出现以上情况的概率小于 5%。猫口服吡喹酮后,只有不超过 2%的动物可能会出现流涎和腹泻等不良反应。4 周龄以下的幼犬及未满 6 周龄的幼猫和对该药高度敏感的动物禁用,但来自同一厂商的含有吡喹酮和非班太尔的复方制剂却被批准用于任何年龄的犬猫。

二、抗原虫药

抗原虫药是对动物锥虫病、梨形虫病、球虫病和一些其他原虫病,如弓形虫病、住白细胞虫病、滴虫病等具有防治作用的药物。本类药物可分为抗球虫药、抗滴虫药、抗锥虫药和抗梨形虫药等。

(一)抗球虫药

1. 硫酸巴龙霉素

1)剂量

(1)犬。治疗隐孢子虫病:150 mg/kg 体重,口服,每日 1 次,连用 5 日。警告:可引起中毒性肾损害。

(2)猫。治疗隐孢子虫病:150 mg/kg 体重,口服,每日 1 次,连用 5 日。

注意:某些病例中,高剂量使用硫酸巴龙霉素会导致猫的肾毒性和(或)失明。应首选其他药物(如阿奇霉素),或降低硫酸巴龙霉素的起始给药剂量。

(3)骆驼。隐孢子虫病的治疗:50 mg/kg 体重,口服,持续 5～10 日。

(4)爬行类动物。治疗隐孢子虫病:300～800 mg/kg 体重,口服,每 24～48 小时 1 次,连用 7～14 日或根据需要给药。

2)不良反应　使用该药治疗时最常见的不良反应是胃肠道反应(如恶心、食欲不振、呕吐和腹泻)。巴龙霉素会影响肠道菌群,对巴龙霉素不敏感的细菌和真菌会过度繁殖。患有严重肠溃疡的病人,巴龙霉素可全身吸收,导致肾毒性、耳毒性、胰腺炎。用于猫,可能会导致肾功能障碍和失明。

2. 地克珠利

1)剂量

(1)犬、猫。用于治疗球虫病:25 mg/kg 体重,口服,给药 1 次。

(2)羊(羔羊)。治疗用药:1 mg/kg 体重,口服,给药 1 次。

预防用药：1 mg/kg 体重，口服，4～6 周龄，这个阶段球虫可在农场传播。在感染压力条件下，第一次给药后，可在 3 周后重复给药 1 次。建议对所有的羔羊群用药。

(3)牛(犊牛)。辅助用于控制球虫病：转移至一个存在潜在的高风险环境 14 日后，口服 1 mg/kg 体重，单次给药。保证犊牛舍干净，建议对所有的犊牛用药。

2)不良反应　在少数情况下，给药后，对本药高度敏感的羊可能出现严重腹泻。可采用补液治疗，必要时给予抗生素。本药对动物似乎有较大的安全范围。羔羊和牛给药剂量达 60 倍时，并不引起显而易见的副作用。

3. 莫能菌素

1)剂量

(1)禽。混饲给药，100～120 mg/kg 体重。

(2)羔羊、犊牛。20～30 mg/kg 体重。

(3)兔。40 mg/kg 体重(以莫能菌素实际含量计)。

2)不良反应　本品对马属动物毒性大，应禁用；成年火鸡、珍珠鸡及鸟类亦较敏感，不宜喂用。禁止与二甲硝咪唑、泰乐菌素、竹桃霉素并用，否则有中毒危险。搅拌配料时防止与皮肤、眼睛接触。产蛋期禁用；肉鸡屠宰上市前，应停喂 3 日；牛为 2 日。本品预混剂规格众多，用药时应以莫能菌素实际含量计算。

4. 盐霉素

1)剂量

(1)禽。混饲给药，50～70 mg/kg 体重。

(2)犊牛。10～30 mg/kg 体重。

(3)羔羊。10～25 mg/kg 体重。

(4)兔。50 mg/kg 体重。

(5)猪。25～75 mg/kg 体重(均以盐霉素实际含量计)。

2)不良反应　与莫能菌素相同。本品安全范围较窄，超过 80 mg/kg 体重饲料浓度，可使肉鸡摄食减少而影响增重，肉鸡屠宰上市前 5 天应停药。

5. 呋喃唑酮(痢特灵)

1)剂量

(1)犬。用于治疗阿米巴结肠炎：2.2 mg/kg 体重，口服，每隔 8 小时 1 次，连用 7 日。

用于治疗球虫病：8～20 mg/kg 体重，口服，连用 1 周。

用于治疗贾第虫属感染：4 mg/kg 体重，口服，每日 2 次，连用 7 日。

(2)猫。用于治疗贾第虫属感染：4 mg/kg 体重。口服，每日 2 次(每 12 小时 1 次)，连用 7～10 日；如果需要再治疗，增大剂量或延长治疗时间可改善治疗效果。

用于治疗孢子虫属原虫感染：8～20 mg/kg 体重，口服，每隔 12～24 小时 1 次，连用 5 日。

用于治疗球虫病：8～20 mg/kg 体重，口服，每日 1 次，连用 7 日。

用于治疗贾第虫属病：4 mg/kg 体重，口服，每隔 12 小时 1 次，连用 5～10 日。

用于治疗阿米巴结肠炎：口服，2.2 mg/kg 体重，每隔 8 小时 1 次，连用 7 日。

(3)马。4 mg/kg 体重，口服，每日 2 次。

2)不良反应　呋喃唑酮的不良反应通常是微小的。偶尔可能出现厌食、呕吐、痉挛和腹泻等不良反应。在怀孕期使用呋喃唑酮是否安全还没有得到证实，也没有发现任何关于其致畸的材料。然而，有参考文献报道，呋喃唑酮不能用于怀孕期的母畜。呋喃唑酮是否可以分泌进入乳汁尚不清楚。呋喃唑酮能使尿液变成深黄色，进而变成棕色，这是用药后的正常反应。

6. 马杜霉素

1)剂量　肉鸡：混饲给药，5 mg/kg 体重。

2)不良反应　本品安全范围较窄，6 mg/kg 体重饲料浓度能抑制健康雏的生长，8 mg/kg 体重饲料浓度可使部分雏羽毛脱落，10 mg/kg 体重饲料浓度可引起中毒，甚至死亡。马杜霉素只能用于肉鸡，对其他动物及产蛋鸡均不适用；喂马杜霉素的鸡粪便，均勿用作牛、羊等动物饲料，否则会引起中毒致死。肉鸡屠宰上市前，应停喂药料 5 日。

7. 拉沙洛菌素

1)剂量　混饲给药，禽 75～125 mg/kg 体重，犊牛 32.5 mg/kg 体重，羔羊 100 mg/kg 体重(以拉沙洛菌素实际含量计)。

2)不良反应　拉沙洛菌素安全范围较盐霉素、莫能菌素广，并可安全用于水禽和火鸡，但 75 mg/kg 体重的药料浓度就能使宿主对球虫的免疫力产生严重抑制。肉鸡上市前应停喂药料 3 日。

8. 常山酮

1)剂量　混饲给药，鸡 3 mg/kg 体重(以常山酮实际含量计)。

2)不良反应　本品治疗浓度，对鸡、火鸡、兔、猪，犊驹等均安全有效，但珍珠鸡敏感，应禁用。本品能抑制鹅、鸭生长，应慎用。对鸡最低有效浓度为 2 mg/kg 体重，而 6 mg/kg 体重浓度即影响适口性，使部分鸡采食减少，9 mg/kg 体重则大部分鸡拒食，因此药料必须充分拌匀，否则影响药效。产蛋鸡禁用，屠宰前应停药 4 日。

9. 氯羟吡啶

1)剂量　混饲给药，鸡 125 mg/kg 体重，兔 200 mg/kg 体重。

2)不良反应　该药安全范围广，长期应用无不良反应，应用 250 mg/kg 体重饲料浓度在屠宰前 5 日停药，125 mg/kg 体重则无需停药。

10. 帕托珠利

1)剂量

(1)犬。治疗球虫病，15～30 mg/kg 体重，口服，每日 1 次，或者 7～10 日以后重复。

(2)猫。治疗球虫病：20 mg/kg 体重，口服，每日 1 次，连用 3 日；幼猫或者成年猫必须复方给药。幼猫对帕托珠利有良好的耐受，并且患有球虫病的幼猫能在腹泻的时候很快溶解帕托珠利，消灭球虫。

(3)兔。艾美耳球虫的辅助治疗：20 mg/kg 体重，口服，每 24 小时给药 1 次，连续用药 7 日。

(4)马。治疗马的原虫性脑脊髓炎：5 mg/kg 体重，口服，每日 1 次，持续 28 日。

(5)骆驼。治疗艾美耳球虫：20 mg/kg 体重，口服，每日 1 次，连续用药 3 日。预防性用药应考虑应用于带有低蛋白血症且没有任何严重贫血及不明原因的体重减轻的骆驼。推荐糊剂浓度为 100 mg/mL，药物很容易溶解在水中，并且很方便投喂。

2)不良反应　试验显示，一些动物可能在鼻、口处有水疱或者有皮疹或荨麻疹。个别动物有腹泻、轻微的绞痛或痉挛。成功的治疗并不能消除马原虫性脑脊髓炎的所有临床症状。一些犬有干燥性角结膜炎(KCS)的不良反应，尤其是一些易患 KCS 的品种或者给药过量的犬。

11. 氨丙啉　采用配合制剂(含 20%盐酸氨丙啉，12%磺胺喹噁啉，1%乙氧酰胺苯甲酯)。预防剂量为每吨干饲料添加 500 g 合剂，连续饲喂；治疗剂量为每吨干饲料添 1000 g 合剂，连喂 2 周，再用半量喂 2 周。产蛋期禁用，宰前 7 日停止给药。

12. 磺胺类药　主要作用于第 2 代裂殖体(第 4 日)，对第 1 代裂殖体亦有一定作用，因此当鸡群中开始出现球虫病症状时，用磺胺类药往往有效，尤其是配合应用适量维生素 K 及维生素 A 更有助于鸡群康复，但由于磺胺类药长期连续应用具有毒性和产生抗药性，故少用于预防。

(二)抗滴虫药

1. 甲硝唑

1)剂量

(1)犬、雪貂。用于治疗贾第鞭毛虫：15～25 mg/kg 体重，口服，每日 2 次，连续 7 日；也可与芬苯达唑联用(50 mg/kg 体重，口服，每日 1 次，连续 3～5 日)，从而缓解临床症状，杀灭寄生虫。

痢疾变形虫或人毛滴虫:25 mg/kg 体重,口服,每隔 12 小时 1 次,连续 8 日。

(2)禽类。贾第鞭毛虫:10～15 mg/kg 体重,口服,每 12 小时 1 次。

平胸类鸟(非食源):20～25 mg/kg 体重,口服,每日 2 次。

(3)爬行类动物和两栖类动物。森王蛇属、高山王蛇和加州王蛇:40 mg/kg 体重,口服,每 2 周 1 次。

爬行类动物和两栖类动物变形虫、鞭毛虫和纤毛感染:经典的治疗方案为 100 mg/kg 体重,口服,2 周一次,或 50 mg/kg 体重,口服,每日 1 次,连续 3～5 日。对爬行类动物和两栖类动物进行治疗时,需对每只动物进行个例分析,即采用不同的治疗剂量与方案。

2)不良反应　犬的不良反应包括神经功能紊乱、呆滞、体弱、中性粒细胞减少、肝毒性、血尿、厌食、恶心、呕吐和腹泻。长时间中等或大剂量治疗,或短时间给予大剂量时,可表现出神经毒性。犬中毒常见症状为局部眼球震颤,迅速引起的全身广泛性共济失调,通常有中央前庭或小脑局部神经功能缺陷。犬一旦停用甲硝唑,轻度至中度的临床症状在 1～2 日内可迅速得到改善。猫用甲硝唑治疗后会出现呕吐、食欲不振、肝毒性,以及罕见的中枢毒性。动物长时间使用常规剂量,如 30 mg/kg体重,每日 2 次,或短时间内给予大剂量(犬每日剂量超过 60 mg/kg 体重)时,可见上述症状。甲硝唑会使马产生厌食、共济失调和沉郁,特别是大剂量使用时。已报道,马用甲硝唑治疗后会出现梭状芽孢杆菌引起的腹泻甚至死亡。甲硝唑可能有致畸作用,尤其是怀孕早期使用。

2. 磺甲硝咪唑(替硝唑)

1)剂量　治疗犬贾第鞭毛虫病:40 mg/kg 体重,口服,每日 1 次,连用 6 日。也可能对滴虫病、变形虫病和纤毛虫病有效。

2)不良反应　由于本药的临床使用有限,所以对不良反应的描述均不确实。胃肠道反应包括呕吐、食欲不振和腹泻,与食物同时给药时可缓解不良反应。

3. 罗硝唑

1)剂量　治疗猫胎三毛滴虫感染:30 mg/kg 体重,每日 1 次,口服 14 日,可有效治疗腹泻和清除胎三毛滴虫感染。

2)不良反应　与甲硝唑类似,罗硝唑也被报道对猫具有可逆性神经毒性。初期症状表现为倦怠、厌食、共济失调、眼球震颤、癫痫发作或行为异常。

4. 盐酸米帕林

1)剂量　作为治疗贾第鞭毛虫或者其他易感的原虫病的二线药物。

(1)犬。6 mg/kg 体重,口服,每 12 小时 1 次,连续 5 日。

(2)猫。贾第鞭毛虫:10 mg/kg 体重,口服,每日 1 次,连续 12 日。

球虫病:10 mg/kg 体重,口服,每日 1 次,连续 5 日。

(3)爬行类动物。原生动物感染:19～100 mg/kg 体重,口服,每 48 小时 1 次,治疗 2～3 周。

2)不良反应　小动物会出现皮肤发黄和黄色尿液,但临床意义不大。另外,有胃肠紊乱(如厌食、恶心、呕吐、腹泻)、反常行为(如焦虑不安)、昏睡、瘙痒症和发热等不良反应。

(三)抗锥虫药

1. 米替福星

1)剂量　用于治疗犬利什曼原虫病:2 mg/kg 体重,口服,全部或部分拌入犬粮中,每日 1 次,连用 28 日。也可用别嘌呤醇代替米替福星进行治疗。别嘌呤醇 10 mg/kg 体重,每隔 12 小时 1 次,口服至少 6 个月。

2)不良反应　犬常见的不良反应是呕吐,也可能存在其他症状(如食欲不振、腹泻)。米替福星最有可能引起肾或肝中毒损伤,治疗犬利什曼原虫病会引起肾和肝损伤,但不能明确潜在特异性副作用的风险。人最常见的(10%)不良反应是呕吐、腹泻和肝酶活性增加,且已经报道,米替福星治疗利什曼原虫病时会引起肾毒性。

2. 葡甲胺锑酸盐

1)剂量　用于治疗犬利什曼原虫病。

治疗首选:葡甲胺锑酸盐皮下注射 75～100 mg/kg 体重,每日 1 次,直至痊愈,同时口服别嘌呤醇(20 mg/kg 体重,每隔 12 小时 1 次,持续 9 个月)。

2)不良反应　犬的主要不良反应是注射部位反应(皮肤脓肿、蜂窝组织炎)、嗜眠以及胃肠道反应(食欲不振、呕吐)。据报道,肝酶活性有短暂的升高。

此药对犬很可能有肾毒性,但这在临床感染上很难评估,因为肾功能紊乱也有可能是感染的后果之一。一项在健康犬中进行的研究发现,在光学显微镜下近端小管细胞呈弥漫性空泡化以及多区域凝固性坏死。电子显微镜下显示,细胞器内容物减少、刷状缘丢失或衰减、细胞从基底膜脱离、细胞顶端出泡以及个体细胞坏死。因此,葡甲胺锑酸盐能导致严重的小管损伤。

(四)抗梨形虫药

1. 阿托伐醌

1)剂量

(1)犬。用于巴贝虫(亚洲型)感染:13.3 mg/kg 体重,口服,每 8 小时 1 次,联合阿奇霉素,10 mg/kg体重,口服,每日 1 次。二药连用 10 日。对于先前存在免疫抑制疾病的病犬不会快速(3～5 日)出现抗原虫的治疗作用。

治疗肺孢子虫病:15 mg/kg 体重,口服,每日 1 次,连用 3 周。

(2)猫。用于治疗胞裂虫病:15 mg/kg 体重,口服,每 8 小时 1 次,联合阿奇霉素,10 mg/kg 体重,口服,每 24 小时 1 次。所有的病猫均采用静脉滴注和最大量的肝素一同给药。

2)不良反应　目前阿托伐醌使用不多,它对犬具有良好的耐受性,需要注意的是,治疗费用可能非常昂贵。

2. 三氮脒

1)剂量　三氮脒对大多数原生动物引发的疾病都有疗效。依据种类或菌株(原生动物)及治疗的病畜种类,确定化学治疗或预防的局部用推荐剂量。以下内容仅作为一般准则。

(1)犬。用于治疗巴贝斯虫感染:肌内注射给药 3.5～5 mg/kg 体重,犬巴贝斯虫使用一次,吉氏巴贝斯虫 24 小时内重复使用一次。当总剂量达到 7 mg/kg 体重或更高时,产生神经毒性的危险增加。

用于治疗小巴贝斯虫(冲绳)感染:3.5 mg/kg 体重,肌注,24 小时内重复给药一次。

用于治疗巴贝斯虫感染(南非):4.2 mg/kg 体重,肌内注射。在 21 日内勿重复治疗。

用于治疗非洲锥体虫病:3.6～7 mg/kg 体重,肌内注射,每 2 周给药一次,根据需要控制复发或再次感染。

(2)猫。用于治疗原虫感染:3～5 mg/kg 体重,肌内注射一次。当尝试治疗收效甚微时,控制给药最佳剂量仍是预防疾病的最佳手段。2 mg/kg 体重,肌内注射,在 1 周内重复给药一次。

(3)马、牛、绵羊、山羊。用于敏感巴贝斯虫病的治疗:一般来说,3.5 mg/kg 体重,肌注一次。依据敏感性,剂量可增加到 8 mg/kg 体重。每只动物总剂量不要超过 4 g。

2)不良反应　家畜使用常用剂量,三氮脒暂无不良反应。犬给予治疗剂量三氮脒出现的不良反应可能包括呕吐和腹泻、注射部位疼痛和肿胀、血压短暂下降。极少(0.1%以下)出现运动失调、癫痫甚至死亡。三氮脒可分泌进入乳汁,不过尚未研究三氮脒的哺乳安全性。三氮脒对犬和骆驼毒性较大。给药剂量高于 7 mg/kg 体重时对骆驼有很大的毒性,犬肌注剂量高于 10 mg/kg 体重时,会引起严重的胃肠道、呼吸、神经系统或肌肉骨骼系统反应。

3. 磷酸普奈马喹(磷酸伯氨喹)

1)剂量　磷酸伯氨喹被认为是治疗猫巴贝斯虫的首选药物。

人用磷酸伯氨喹通常按照伯氨喹的基础制剂,但是猫用伯氨喹没有规定是磷酸盐还是基础制

剂。弄清楚每个剂量中伯氨喹基础成分或其磷酸盐的含量。

巴贝斯虫：1 mg(每只总剂量)磷酸伯氨喹，口服，每 36 小时给药 1 次，共 4 个疗程，然后 1 mg(每只总剂量)每 7 日 1 次，共服用 4 次。

2)不良反应　呕吐是猫使用伯氨喹最常见的不良反应，进食时用药可缓解此症状。其他的不良反应包括骨髓抑制、高铁血红蛋白血症。猫使用此药时的安全系数很窄。当猫的用量超过 1 mg/kg 体重时可致命。

4. 咪多卡二丙酸盐

1)剂量

(1)犬。用于治疗巴贝斯虫病：6.6 mg/kg 体重，肌内或皮下注射，2 周内重复给药 1 次。

用于治疗埃里希体病：5 mg/kg 体重，肌内或皮下注射，14～21 日内重复给药 1 次。

注意：一项研究表明，咪多卡单独使用时不能有效地从实验犬血液中清除埃里希体。对于严重病例，咪多卡以 5 mg/kg 体重，皮下注射，同时多西环素每日 10 mg/kg 体重连用 28 日。

用于治疗肝簇虫病：5 mg/kg 体重，肌内或皮下注射，每隔 14 日给药 1 次，直到寄生虫血症消除，通常注射 1～2 次即可。

(2)猫。用于治疗猫原虫病：一次肌内注射 5 mg/kg 体重，14 日后重复。

用于治疗猫溶血病(血巴东虫病、血巴尔通氏体病)：首选强力霉素，但是对于耐受的猫以下的替代品也有效，咪多卡每 14 日肌内或皮下按 5 mg/kg 体重剂量注射给药直到能够维持正常的红细胞比容。其他可选的治疗包括恩诺沙星每日口服给药 5 mg/kg 体重。

(3)马。用于治疗马梨浆虫病(驽巴贝斯虫和马巴贝斯虫)：2.2 mg/kg 体重，肌内注射会消除临床症状。为清除驽巴贝斯虫，肌内注射给予 2 mg/kg 体重，每日 1 次，连续 2 日。马巴贝斯虫难以清除；也有报道，咪多卡以 4 mg/kg 体重肌内注射，每隔 72 小时 1 次，连用 4 次可有效驱除寄生虫。

用于治疗马巴贝斯虫病：1.2 mg/kg 体重，肌内注射，10～14 日后重复给药 1 次。

2)不良反应　犬常见的不良反应包括注射时疼痛和中度拟胆碱症状(流涎、鼻后滴漏、短暂间歇性呕吐)。较少报道的不良反应包括喘息、腹泻、注射部位炎症(极少溃疡)和不安。极少病例可见严重的肾小管或肝坏死。在大鼠中有报道本药可增加诱发肿瘤形成的风险。禁止静脉给药。

三、杀虫药

杀虫药是能杀灭动物体表寄生虫如蜱、螨、虻、虱、蚤、蚊、蝇等的药物。上述寄生虫中蚊、蝇等对动物危害很大，可引起贫血、生长发育受阻、饲料利用率降低、皮毛质量受影响，更严重的是传播动物某些血孢子虫病、锥虫病等。杀虫药不但对动物体表寄生虫以及蚊、蝇等有杀灭作用，对人或动物亦有一定毒性作用。有些杀虫药如有机氯，残留明显，会引起人和动物慢性中毒，造成公害，值得注意。

杀虫药主要呈现局部作用，如剂量过大、时间过长，会引起动物吸收中毒。有些药物对虫卵无效，合理用药是必要的。

1. 多杀菌素

1)剂量　用于预防及治疗犬跳蚤感染：30～60 mg/kg 体重口服，每月 1 次，混饲给药。

2)不良反应　多杀菌素对犬及大多数动物表现出良好的耐受性，通常不会引起不良反应。已知的症状有呕吐、抑郁、嗜眠、厌食、共济失调、腹泻、震颤、流涎以及癫痫。猫禁用。

2. 溴氰菊酯　本品的常用剂型为 5%溴氰菊酯乳油，又称为倍特，为黄褐色黏稠液体。本品对虫体有胃毒和触杀作用，但无内吸及熏蒸作用。其杀虫谱广，击倒速度快，但对螨类作用稍差。

通常对蚊、家蝇、厩蝇、羊蜱蝇、寄生于牛羊的各种虱、牛皮蝇、猪血虱均有高效作用。用 5～10 mg/L浓度药浴或喷淋即能全部杀死，而且维持药效达 1～4 周。而且对有机磷、有机氯耐药的虫体，用之仍然有效。15～50 mg/L 高浓度药液对蜱、痒螨、疥螨亦有良效。禽羽虱需高至 100 mg/L 药液喷雾才有效。

本品对鱼剧毒。蜜蜂、家蚕亦敏感。此外，本品对皮肤、呼吸道刺激性较强，用时应注意防护。本品对塑料制品有一定腐蚀性，因此不能用塑料容器盛装，亦不可接近火源。

3. 氯氰菊酯

1)性状　棕色至深红褐色黏稠液体，难溶于水，易溶于乙醇，在中性、酸性环境中稳定。顺式氯氰菊酯为本品的高效异构体，为白色或奶油色结晶或粉末，其他性质与本品相同。

2)作用与应用　本品为广谱杀虫药，具有触杀和胃毒作用。主要用于驱杀各种体外寄生虫，尤其对有机磷杀虫药耐药的虫体效果更好。

3)制剂、用法与用量　10%氯氰菊酯乳油常用于灭虱。10%顺式氯氰菊酯乳油：杀蝇、蚊用20～30 mg/m^2；杀蟑螂用15～30 mg/m^2。含2.5%氯氰菊酯浇注剂，由头顶部开始达颈部上端并沿背部中线浇注至臀部。每头剂量5～15 mL。本品专门防治羊的毛虱和硬蜱，药力可保持12周之久。

4. 二嗪哝　本品常用剂型为25%(g/L)二嗪哝乳剂，其商品名为螨净。本品为广谱有机磷杀虫药，具有触杀、胃毒作用。对蝇、虱、蜱、螨均有良好杀灭效果，尤其对螨具有很强杀灭效力。螨净对皮肤被毛附着力强，能保持长期的杀虫作用，一次用药防止重复感染的保护期可达10周左右。本品属中等毒杀虫药，除了猫、禽和蜜蜂外，所有家畜都可以使用。本品对人畜虽较安全，但高浓度接触后亦会引起中毒，中毒后宜用阿托品及解磷定解救。

用法与用量如下。

药浴：绵羊初次浸泡用浓度为250 mg/L(螨净1 mL加水1000 mL)，补充药液用浓度为750 mg/L(螨净1 mL加水330 mL)，牛初次浸泡用浓度为625 mg/L(螨净1 mL加水400 mL)，补充药液用浓度为1500 mg/L(螨净6 mL加水1000 mL)。喷淋：牛、羊浓度为625 mg/L，猪浓度为250 mg/L。严重感染的可重复用药，间隔时间疥螨为7～10日，虱为17日。动物屠宰上市前应停药14日；乳汁废弃时间为3日。

5. 氯芬奴隆

1)剂量　犬、猫：控制跳蚤10～20 mg/kg体重，口服，每月一次。

氯芬奴隆通过抑制跳蚤甲壳质的合成、聚合和沉淀，进而阻断虫卵发育为成虫。氯芬奴隆作为抗犬、猫体外寄生虫的药物，其优势在于方便，可口服给药，对环境和人安全。缺点在于给药动物不能与未给药动物接触，必须拌食给药，无防腐活性，对成年跳蚤、蛹无效。多与其他药物配合使用。

2)不良反应　口服氯芬奴隆后，在猫、犬中已报道的不良反应包括呕吐、昏睡或抑郁、瘙痒或麻疹、腹泻、呼吸困难、厌食症和皮肤变红。根据生产厂家提供的资料，不良反应发生率低于百万分之五。注射给药时，部分猫在注射部位出现小肿块，肿块可持续数周。用于猫的注射产品不可用于犬，可致严重的局部反应。

6. 巴胺磷　本品为棕黄色液体，常用剂型为40%巴胺磷乳油，其商品名为赛福丁或舒利宝。本品为广谱有机磷杀虫药。主要用于杀灭绵羊体外寄生虫，如螨、虱、蜱等。药浴或喷淋，羊用1000 L水加40%乳油500 mL，池浴。宰前14日停止用药。

7. 双甲脒　本品的常用剂型为12.5%。双甲脒乳油的商品名为特敌克，系微黄色澄明液。双甲脒为广谱杀螨剂，具有触杀、胃毒作用，可通过熏蒸施药，对牛、羊、猪、兔的体外寄生虫，如疥螨、痒螨、蜱、虱等各阶段虫体均有极佳杀灭效果。但产生作用较慢，用药后24小时才使虱等体外寄生虫解体，48小时使患螨从寄生部位皮肤自行松动脱落，一次用药能维持药效6～8周。

本品对人及多数动物毒性极小，甚至对妊娠、哺乳期动物用之亦安全。马属动物较敏感，家禽用高浓度会出现中毒反应，用时要慎重。对鱼有剧毒，应注意防止药液渗入鱼池。本品对蜜蜂安全无毒，但灭蜂螨时，由于蜂蜜等产品中残留药物严重超标，而应禁用。使用方法为药浴、喷淋或涂擦。每升双甲脒乳油加水250～333 L(浓度为375～500 mg/L)。为增强双甲脒的稳定性，可在药浴液中添加生石灰(含80%以上氢氧化钙)。牛、羊、猪等动物停药1日，其肉品即可上市，乳品无休药期规定。

Note

知识拓展

1. 部分驱虫药品诞生日期介绍

2. 部分优秀的动物用驱虫药生产企业介绍

实训十一 动物驱虫

【实训目标】

通过对大群动物进行驱虫，掌握驱虫技术、驱虫注意事项，以及驱虫效果的评定方法。

【实训内容】

(1)驱虫药的选择及配制。

(2)给药方法。

(3)驱虫效果评定。

【设备材料】

1. 药品 常用的驱虫药。

2. 器材 各种给药用具、配制驱虫药的各种容器、称量用具。

【方法步骤】

具体见项目九任务一。

【实训报告】

根据实际情况，写一份动物驱虫方案。

思考与练习

1. 驱虫药的选择原则有哪些？

2. 驱虫药该如何选择使用？动物寄生虫的驱除有哪些注意事项？

3. 驱虫在防治寄生虫病中有何意义？

4. 请列举出至少 3 种杀虫药物。

线上评测

项目九 测试题

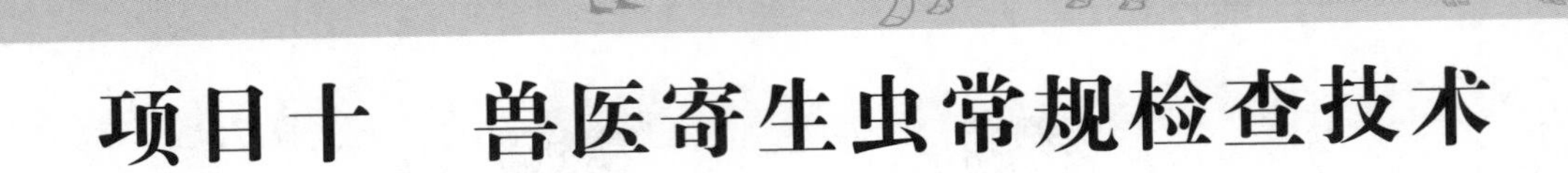

项目十　兽医寄生虫常规检查技术

扫码学课件
10

项目描述

本项目内容根据执业兽医师、动物疫病防治员和动物检疫检验员等工作的要求而设置。本项目内容包括动物寄生虫剖检技术、粪便寄生虫检查技术、血液寄生虫检查技术、肌肉及组织脏器寄生虫检查技术和体表寄生虫检查技术。通过认识和掌握兽医寄生虫常规检查技术，将之应用于生产实际，对动物寄生虫病防治有十分重要的意义。

学习目标

▲知识目标

(1)掌握动物寄生虫系统剖检技术、粪便寄生虫检查技术、血液寄生虫检查技术、肌肉及组织脏器寄生虫检查技术和体表寄生虫检查技术。

(2)了解常见蠕虫虫卵的基本形态。

(3)了解各寄生虫检查技术的意义。

▲技能目标

(1)能够根据不同检查要求采集样品。

(2)能熟练运用动物寄生虫系统剖检技术、粪便寄生虫检查技术、血液寄生虫检查技术、肌肉及组织脏器寄生虫检查技术和体表寄生虫检查技术。

(3)具备综合分析和诊断疾病的能力。

▲思政目标

(1)培养实事求是的科学精神。

(2)培养吃苦耐劳、不怕脏不怕累的工作素质。

(3)培养学生实验室检测协同合作的能力。

任务一　动物寄生虫剖检技术

动物寄生虫剖检技术是寄生虫病原学诊断的重要方法之一，尤其适用于群体寄生虫病的诊断。通过对患病死亡动物进行剖检，既能确定感染寄生虫的种类，也能测定寄生虫的感染强度，为寄生虫病的预防和治疗提供了科学依据。根据不同的需要，寄生虫剖检技术可分为系统剖检法、个别器官剖检法和个别虫种采集法。

一、系统剖检法

在家畜死亡或捕杀后，对动物体表、器官、组织进行检查，以便找到所有寄生虫，确定寄生虫的种类。

剖检前，首先应仔细检查体表有无外寄生虫，并收集；其次制作血液涂片，染色镜检，观察血液中有无寄生虫；最后对组织、器官进行解剖检查，发现寄生虫随时收集，具体剖检程序如下。

（一）淋巴结和皮下组织检查

按照一般解剖方法进行剥皮，并观察各个淋巴结和皮下组织有无虫体寄生。

（二）头部各器官的检查

首先从枕骨后方切下头部，然后沿鼻中隔的矢状面纵向锯开头骨，撬开鼻中隔，进行检查。

1. 检查鼻腔鼻窦 检查鼻腔鼻窦，刮取表层放入生理盐水中，沉淀后检查沉淀物。看有无羊鼻蝇蛆、螨、锯齿状舌形虫。

2. 检查脑部和脊髓 打开脑腔和脊髓管后，首先观察有无绦虫蚴、羊鼻蝇蛆。然后切成薄片压片镜检，检查有无微丝蚴。

3. 检查眼部 先眼观检查，再刮取眼睑结膜及球结膜表层，使用生理盐水沉淀后进行检查。最后剖开眼球，将眼房水收集在平皿内，使用放大镜观察有无丝虫的幼虫、囊尾蚴、吸吮线虫。

4. 检查口腔 检查唇、颊、牙齿间、舌肌、咽头，有无囊尾蚴、蝇蛆、筒线虫等。

（三）腹腔各脏器的检查

剖开腹腔，先观察脏器表面的寄生虫和病变，再收集腹水，沉淀后进行检查。最后逐一对各个内脏器官进行检查。

1. 消化系统检查 先将肝脏、胰脏取下，再将食道、胃、小肠、大肠、盲肠分别双重结扎后分离，然后分别进行检查。

(1)食道：先在浆膜面检查有无肉孢子虫（牛、羊）；再剖开食道，检查食道黏膜面有无筒线虫、皮蝇幼虫寄生，必要时刮取黏膜表面压片镜检。

(2)胃和肠道：对于单胃动物，将结扎分离的胃肠置于容器内剖开，检查有无较大虫体，用生理盐水将胃壁、肠黏膜洗净，观察洗净的胃肠黏膜上是否有虫体，并用小刀刮取黏膜压片镜检。对于反刍动物，瘤胃、网胃、瓣胃和皱胃分别进行检查，检查方法同单胃动物，同时要仔细检查瓣胃和皱胃的相连处。胃肠内容物中小而纤细的虫体不易发现，可在沉渣中滴加浓碘液，粪渣和虫体均被染成棕黄色，然后滴加 5%硫代硫酸钠溶液脱色，因虫体不脱色而其他物质脱色，所以易于发现。

(3)肠系膜：将肠系膜充分展开，对着光线从十二指肠向后依次检查，观察静脉中有无寄生虫（血吸虫）；将淋巴结从肠系膜中剥离，切成小片压片镜检。

(4)肝脏和胰脏：先观察肝胰表面有无寄生虫结节，如有可进行压片检查。然后沿肝胆管或胰管剪开，检查有无寄生虫，将其撕成小块，置于 37 ℃温水中，待其虫体自行走出，反复冲洗后检查沉淀物。

2. 泌尿系统检查 先观察肾脏周围组织有无寄生虫，如发现肾周围脂肪和输尿管壁有包囊，切开收集虫体。随后切开肾脏，检查肾盂，并刮取黏膜进行观察，最后将肾实质切成薄片，压片镜检。把膀胱、输尿管、尿道切开，检查其黏膜有无包囊。收集尿液，用沉淀法处理后检查沉渣。

3. 生殖器官的检查 切开并刮取黏膜，进行压片检查；怀疑为马媾疫和牛胎儿毛滴虫病时，应涂片染色用油镜观察。

（四）胸腔各器官的检查及寄生虫的采集

将胸腔打开，观察脏器表面有无寄生虫蚴，取出胸腔内的全部脏器，收集胸腔内液体，用水洗沉淀法进行检查。

1. 呼吸系统（肺脏和气管）检查 将喉头、气管、支气管剪开，观察有无虫体寄生，然后刮取管腔内黏液稀释后压片镜检。将肺脏组织在水中撕成碎块，用沉淀法处理进行检查。

2. 心脏及大血管 先观察心外膜及冠状动脉沟，然后切开心脏仔细观察内腔及心内膜，内容物用生理盐水反复沉淀进行检查。剪开肠系膜动脉和静脉，观察是否有吸虫、线虫以及绦虫幼虫的存在。

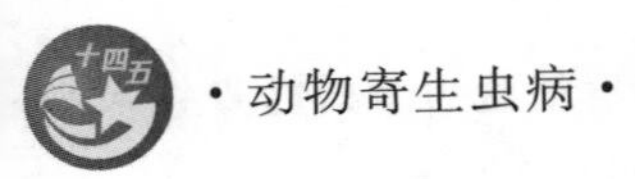

（五）肌肉组织

选取全身有代表性的肌肉（咬肌、腰肌、臀肌和膈肌等）进行肉眼观察，将肌肉切成小块，做压片镜检，咬肌、腰肌、臀肌用于囊尾蚴的检查，膈肌用于旋毛虫的检查。

二、个别器官剖检法

有时根据临床症状只需对某一器官的寄生虫感染情况进行诊断，仅做该器官的寄生虫剖检；有时为了研究某种寄生虫的寄生状况或考核某一药物对某种寄生虫的驱虫效果，对其所寄生的一个器官或几个器官进行寄生虫剖检，而对其他器官组织不进行检查。其方法同寄生虫完全剖检术，只不过更详细而已。

三、个别虫种采集法

某些寄生虫（如日本分体吸虫、东毕吸虫）需要专门的方法进行采样检查。患病动物被扑杀后，为了防止血液凝固影响虫体收集，应由四个人分别从四条腿开始快速剥皮。剥皮结束后，将头弯转至畜体左侧，使呈仰卧偏左倾斜姿势，剖开胸腔及腹腔，除去胸骨。首先分开左右肺找出暗红色的后腔静脉进行结扎。其次，在胸腔紧靠脊柱的部位找到白色的胸主动脉，术者左手将其托起，右手用尖头剪刀取与血管平行的方向剪一开口，然后将带有橡皮管的玻璃管以离心方向插入，并以棉线结扎固定。橡皮管的一端与压缩式喷雾器相接，以备进水。接着从肾脏后方紧贴脊柱处，同时结扎并列的腹主动脉与后腔静脉，以避免冲洗液流向后躯其他部分。继而在胆囊附近，肝门淋巴结背面，分离出门静脉，向肝的一端紧靠肝脏处用棉线扎紧，离肝的一端取与血管平行的方向剪一开口（应尽可能靠近肝脏，以免接管进入门静脉的肠支，而影响胃支中虫体的收集），插入带有橡皮管的玻璃接管，并固定。橡皮管的一端接以铜丝筛，以备出水收集虫体。手术结束后，即可启动喷雾器注入 37～40 ℃ 的生理盐水进行冲洗，虫体即随血水落入铜丝筛中，直至水液变清无虫体冲出为止。

任务二　粪便寄生虫检查技术

消化道寄生虫虫卵、幼虫和某些虫体或虫体断片均可随粪便一同排出。因此，通过粪便检查可以确定感染寄生虫的种类。某些寄生于消化道相连器官（肝、胰）中的虫体，它所产出的虫卵也随粪便排出体外。该检查也适用于某些呼吸道寄生虫，因为其虫卵或幼虫常随痰液进入消化道随粪便排出体外。

一、粪便样品的采集

采集的粪便样品要具有代表性，要采集新鲜的粪便，陈旧粪便往往干燥、腐败或被污染，影响正确的诊断。必要时，中小动物可进行灌肠采样，大动物可从直肠内直接进行采样。采集的粪样需装入洁净的广口瓶内，也可使用洁净油纸包裹，于 2 小时内进行检查。如果粪样不能当日进行检查，则应放在冰箱内冷藏保存，以抑制虫卵、幼虫的发育和防止粪便的发酵。

二、常用的粪便检查技术

（一）肉眼观察法

某些消化道寄生虫成虫或虫卵有时会随粪便排出体外，可直接挑出虫体，确定寄生虫虫种或进一步鉴定。

（二）直接涂片法

取 50%甘油水溶液或普通水 1～2 滴滴于载玻片上，摄取黄豆大小的待检粪块与之混合，剔除粗粪渣，抹薄涂匀，盖上盖玻片镜检。此法操作简便，但检出率不高，可通过增加单位样品的检测片数，提高阳性检出率。

（三）虫卵漂浮法

使用比重较大的漂浮液，蠕虫虫卵、球虫卵囊等因比重小而会浮于液体表面，易于收集检查。此法比较适用于某些线虫虫卵、绦虫虫卵和原虫卵囊的检查。常用的漂浮液为饱和食盐水，取 10 g 粪便放于 200 mL 烧杯中，加入适量饱和盐水，搅匀后进行过滤，静置 0.5 小时后，用直径 0.5～1.0 cm 的金属圈蘸取表面液膜，抖落于载玻片上，加盖玻片后镜检。

常用的饱和液还有次亚硫酸钠饱和液、硫酸镁饱和液、硝酸钠饱和液、硝酸铵饱和液、硝酸铅饱和液等。检查棘头虫虫卵、猪肺丝虫虫卵及吸虫虫卵等比重较大的虫卵时，应使用硫酸镁、硫代硫酸钠以及硫酸锌等饱和溶液。

（四）虫卵沉淀法

将粪便样品和水混合均匀，过滤去除粗粪渣，经离心或自然沉淀，使虫卵集中，分为自然沉淀法和离心沉淀法。

自然沉淀法是取 10 g 粪便放入容器内，加入适量清水混合成悬浮液，使用 40～60 孔铜筛滤去大块物质，静置 15 分钟后倒掉上清液，再加入清水搅匀，再沉淀，如此反复操作直至上清液透明为止，最后弃去上清液，取少量沉淀物于载玻片上，盖片镜检。

离心沉淀法是取 1～2 g 待检粪便于试管中，加入 5 倍清水混合成悬浮液，使用 40～60 孔铜筛滤去大块物质，以 2000～2500 转/分离心 1～2 分钟，弃去上清液，沉渣反复水洗离心沉淀，直至上层液透明为止。取少量沉渣放于载玻片上，盖片镜检。

（五）虫卵计数法

取 2 g 粪样于三角烧瓶内，加入小玻璃珠若干和 58 mL 饱和盐水，充分振荡成混悬液。使用移液器吸取混悬液，加入麦氏计数室内，置显微镜下，静置几分钟后，使用低倍镜分别统计两个计数室虫卵数，取平均值乘以 200，即为每克粪便虫卵数。

（六）毛蚴孵化法

取被检粪便 30～100 g（牛 100 g）经沉淀集卵后，将沉淀倒入 500 mL 三角烧瓶内，加温清水至瓶口，置 22～26 ℃孵化，于第 1、3、5 小时用肉眼或放大镜观察并做好记录。如发现有白色点状物在水面下做直线往返运动，即是毛蚴。但需与水中一些原虫（如草履虫、轮虫等）相鉴别，必要时可吸出在显微镜下观察。气温高时，毛蚴孵出迅速，因此，应使用离心沉淀法进行处理，以免因操作时间长换水时倾去毛蚴造成假阴性。

也可用 1.0%～1.2%盐水冲洗粪便，以防止毛蚴过早孵出，但孵化时应用清水。

（七）幼虫培养法

在培养皿底部放入一张滤纸，而后将欲培养的粪便加水调成硬糊状，塑成半球形，放于培养皿内的纸上，并使半球形粪球的顶部略高出平皿边缘，加盖时培养皿盖与粪球顶部接触。将培养皿置于 25 ℃恒温培养箱中培养，保持恒温培养箱内的湿度使底部的滤纸保持潮湿状态。经 7 日后，多数虫卵可发育成第三期幼虫，并集中于培养皿盖上的水滴中。将幼虫吸出置载玻片上，显微镜下检查。

（八）幼虫分离法

有些寄生虫（如网尾科线虫）在新排出的粪便中已变为幼虫，将幼虫从粪便中分离出来进行检查，可提高检出率。常用的方法是贝尔曼氏法（Baermann's technique）。用一小段乳胶管两端分别连接漏斗和小试管，然后置漏斗架上，通过漏斗加 40 ℃温水至漏斗中部，漏斗内放置上有被检材料（粪便或组织）的粪筛或纱布。静置 1～3 小时，此时大部分幼虫游走沉于试管底部。拔取底部小试管，弃去上清液，取管底沉渣镜检。

（九）测微技术

虫卵和幼虫通常有恒定的大小，通过测量虫卵或幼虫的大小，可作为确定某种虫卵或幼虫的依据之一。

虫卵和幼虫的测量需用测微器，由目镜测微尺和镜台测微尺组成。目镜测微尺是一个可放于目

Note

镜中隔环上的圆形玻片，其上刻有50～100刻度的小尺。使用时，将目镜的上端镜头旋开，将此测微尺放于镜头内隔位上，再将镜头旋好，此时通过此镜头即可在视野内见到一清晰的刻度尺。此刻度并不具有绝对的长度意义，而可通过镜台测微尺进行计算。镜台测微尺是一载玻片，其中央封有一标准刻度尺，一般是将1 mm均分为100小格，亦即每小格的绝对长度为10 μm。使用时放于显微镜载物台上，调节显微镜可清楚地看到镜台测微尺上的刻度，移动镜台测微尺，使之与目镜测微尺重合，此时即可确定在固定的物镜、目镜和镜筒长度的条件下，目镜测微尺每格所表示的长度。其测算方法：将目镜测微尺和镜台测微尺的零点对齐，再寻找目镜测微尺和镜台测微尺上较远端的另一重合线，算出目镜测微尺的若干格相当于镜台测微尺的若干格，从而计算出目镜测微尺上每格的长度。例如，在用10倍目镜、40倍物镜、镜筒不抽出的情况下，目镜测微尺的30格相当于镜台测微尺的9格（即90 μm），即可算出目镜测微尺的每格长度为90 μm/30＝3 μm。在测量具体虫卵时，可将镜台测微尺移去，只用目镜微尺量度。如果得其虫卵的长度为24格，则其具体长度为3 μm×24＝72 μm。但应注意，如果更换显微镜、目镜、物镜等条件，其换算长度必须重新测算。

三、粪便中蠕虫虫卵的鉴定

虫卵的鉴定主要依据虫卵的大小、形状、颜色、卵壳（包括卵盖等）和内容物的典型特征来加以鉴别。因此，首先要将那些易与虫卵混淆的物质与虫卵区分开来；其次应了解各纲虫卵的基本特征，识别出吸虫虫卵、绦虫虫卵、线虫虫卵和棘头虫虫卵；最后根据每种虫卵的具体特征鉴别出具体虫种的虫卵。

（一）虫卵和其他杂质的区别

虫卵有以下特征。

(1)多数虫卵轮廓清楚、光滑。

(2)卵内有一定明确而规则的构造。

(3)通常是多个形状和结构相同或相似的虫卵会存在于一张标本中，只有一个的情况很少；当只有一个时，即使是寄生虫虫卵，也属于轻度感染，临诊意义不大。

在用显微镜检查粪便时，若对某些物体和虫卵分辨不清，可用解剖针轻轻推动盖玻片，使盖玻片下的物体转动，这样常常可以把虫卵和其他物体区分开来。

（二）识别蠕虫虫卵的方法和要点

在粪便检查过程中，观察蠕虫虫卵时，应从以下几个方面进行观察比较。

1. 虫卵大小　要注意比较各种虫卵的大小，必要时可用测微尺进行测量。

2. 虫卵颜色和形状　注意观察虫卵的颜色是黄色还是灰白色、淡黑色、黑色或灰色。注意观察虫卵的形状是圆的、椭圆的、卵圆的还是其他形状；看两端是否同等的锐或钝；是否有卵盖；两侧是否对称；有无附属物。

3. 卵壳厚薄　一般在镜下可见几层。注意观察虫卵的厚薄；是否光滑或粗糙不平。

4. 卵内结构　线虫虫卵内卵细胞的大小、多少、颜色深浅，排列是否规则；充盈程度；是否有幼虫胚胎。吸虫虫卵内卵黄细胞的充满程度，胚细胞的位置、大小、色彩，有无毛蚴的形成。绦虫虫卵内的六钩蚴形态，有无梨形器等。

（三）粪便中蠕虫虫卵的形态特征

1. 线虫虫卵　光学显微镜下可以看见卵壳由两层组成，壳内有卵细胞。但有的线虫虫卵排出体外时，其内已含有幼虫。各种线虫虫卵的大小和形态不同，常呈椭圆形、卵圆形或近圆形；卵壳表面多数光滑，有的凸凹不平，色泽可从无色到黑褐色。不同线虫虫卵卵壳的厚薄不同。蛔虫虫卵卵壳最厚，其他的多数较薄。

2. 吸虫虫卵　多数呈卵圆形或椭圆形。卵壳由数层膜组成，比较厚而坚实。大部分吸虫虫卵的一端有卵盖，也有的没有；有的吸虫虫卵卵壳表面光滑，有的有一些突出物（如结节、小刺、丝等）。新排出的吸虫虫卵内一般含有较多的卵黄细胞及其所包围的胚细胞；有的则含有成形的毛蚴。吸虫虫卵常呈黄色、黄褐色或灰色，内容物较充盈。

3. 绦虫虫卵 圆叶目绦虫虫卵呈圆形、方形或三角形。其虫卵中央有一椭圆形具有 3 对胚钩的六钩蚴(胚胎),它被包在内胚膜内,内胚膜外是外胚膜,内、外胚膜呈分离状态,中间含有或多或少的液体,并有颗粒状内含物。有的绦虫虫卵内胚膜上形成突起,称之为梨形器(灯泡样结构)。各种绦虫虫卵卵壳的厚度和结构有所不同。绦虫虫卵大多数无色或灰色,少数呈黄色、黄褐色。假叶目绦虫虫卵则非常近似于吸虫虫卵。

4. 棘头虫虫卵 多为椭圆形或长椭圆形。卵壳 3 层,内层薄,中间层厚,多数有压痕,外层变化较大,并有蜂窝状构造。内含长圆形棘头蚴,其一端有 3 对胚钩。

任务三 血液寄生虫检查技术

一、鲜血压滴标本观察

本方法主要用于伊氏锥虫活虫的检查,在压滴的标本内,可以很容易地观察到虫体的活泼运动。

在固定动物后将欲采血部位剪毛清洁,用 75%的酒精棉签消毒,再用灭菌棉签擦干,然后用针头刺破耳静脉,将采集的血液滴在洁净的载玻片上,再滴加等量的生理盐水,覆以盖玻片,静置片刻,放显微镜下使用低倍镜观察,发现有运动的可疑虫体时,换高倍镜进行检查。由于虫体未染色,检查时应调低入射光的强度。

二、涂片染色标本检查

此方法是临床诊断上最常用的血液原虫病的病原检查方法。此种染色方法适用于各种血液原虫的检查。

自耳静脉采血,采血方法同鲜血压滴标本。将采集的血液标本滴加到载玻片上制成血液涂片,后用吉姆萨法或瑞氏法染色后观察。

瑞氏染色:取已干燥的血涂片(不需用甲醇固定),滴加瑞氏染液覆盖血膜,静置 2 分钟,加入等量缓冲液,用吸球轻轻吹动,使染液与缓冲液充分混匀,放置 5～10 分钟。倾去染液,然后用水冲洗,血涂片自然干燥或用吸水纸吸干后即可镜检。

吉姆萨染色:血膜上滴加甲醇数滴,固定 2～3 分钟,血膜自然干燥;在血膜上滴染色液,染色 30 分钟或过夜,用水冲走多余的染色液,再让血膜自然干燥或用吸水纸吸干;置显微镜下用油镜观察。

检验染色效果:核呈紫蓝色或深紫色,酸性颗粒呈粉红色,盐基性颗粒呈紫蓝色或深蓝色,红细胞为橙黄色或浅红色,淋巴细胞为紫蓝色。涂片染色镜检法适用于各种血液原虫。

当血液中的虫体较少时,可先进行离心集虫,再进行制片检查。

三、虫体浓集法

当血液中的虫体较少时,则不易查出虫体,容易造成假阴性。为提高检出率,常先进行集虫,再做涂片检查。具体操作过程:采集病畜抗凝血 10 mL,使用离心机 500 转/分离心 5 分钟,大部分红细胞沉降于管底,然后将上层液体移入另一离心管中,补加一些生理盐水,2500 转/分离心 10 分钟。取沉淀物制成涂片,按上述染色法染色检查。此法适用于伊氏锥虫病和梨形虫病。其原理是锥虫和感染有梨形虫的红细胞较正常红细胞的比重轻,第一次离心正常红细胞下沉,而锥虫和感染有梨形虫的红细胞悬浮在血浆中。第二次离心将其浓集于管底。

血液中的微丝蚴也可用虫体浓集法。方法是采集抗凝血,加入 5%醋酸溶液使红细胞溶解。待溶血完成后,离心并吸取沉淀检查。

任务四 肌肉及组织脏器寄生虫检查技术

一、肌肉寄生虫的检查

旋毛虫病是重要的人兽共患寄生虫病,是生猪屠宰检疫中的一项重要内容,其幼虫主要寄生于

横纹肌(膈肌、咬肌等)。

(一)压片镜检法

取膈肌样品 1 块,不少于 20 g,可从腰肌、咬肌等处采样。撕去被检样品肌膜,将肌肉拉平,在良好的光线下仔细检查表面有无可疑的旋毛虫。未钙化的包囊呈露滴状,半透明,细针尖大小,较肌肉的色泽淡;钙化的包囊色泽逐步变深,呈乳白色、灰白色或黄白色。取清洁载玻片 1 块,用镊子夹住肉样顺着肌纤维方向将可疑部分剪下。如果无可疑病灶,则顺着肌纤维方向在肉块的不同部位剪取 24 个麦粒大小的肉粒,将剪下的肉粒依次均匀地贴附于载玻片上且排成两行,每行 12 粒,盖上 1 块载玻片轻轻按压,置显微镜下观察。

(二)集样消化法

取膈肌样品 20 g,将其剪成小块放入捣碎机容器中,加入 0.04%胃蛋白酶溶液 100 mL,徐徐提高捣碎机转速,直至肉样混悬于消化液中。将混悬液倒入 500 mL 烧杯中,加入 2%的热盐酸溶液(45 ℃左右)100 mL,将集虫器从液面上小心压入杯中,加入磁棒,将烧杯放在加热磁力搅拌器上搅拌 3～5 分钟,待液面静置后取出集虫器,卸下集虫筛,用适量清水将筛面物充分洗入表面皿,将表面皿置于显微镜下进行观察,检查有无旋毛虫虫体、包囊以及虫体碎片或空包囊。

二、呼吸道分泌物寄生虫检查

寄生于呼吸道的肺丝虫虫卵或幼虫、肺吸虫的虫卵可随着分泌物进入气管和鼻腔,因此通过采集鼻腔分泌物能够辅助诊断呼吸道寄生虫。一般情况下,因样品采集比较麻烦,只有在做鉴别诊断或需要证实粪便中的虫卵或幼虫来源于呼吸道时才进行。

采样时用手小心轻压气管或喉头上部引起动物咳嗽,用灭菌棉拭子采取气管和鼻腔分泌物,把采集的黏液均匀涂抹于载玻片上,置于显微镜下观察。

三、生殖道寄生虫检查

(一)牛胎儿毛滴虫检查

牛胎儿毛滴虫可在阴道黏液,流产胎儿羊水、羊膜或真胃内容物中检出,也存在于公牛包皮鞘内。

采集母牛阴道黏液时,先将母牛用六柱栏保定,用清水洗净牛的外阴部,将采样管的采样端插入阴道内,用 10 mL 预热至 35 ℃左右的生理盐水冲洗,将另一端的吸球压扁并来回抽动,吸取阴道黏液。取出采样管,将冲洗液注入无菌离心管中。

流产胎儿,可取其真胃内容物、胸水或腹水 1 mL,注入无菌离心管中。

将采集的样本 2500 转/分离心 10 分钟,吸取 1 滴沉淀物于载玻片上,在显微镜下观察。显微镜下可见其长度略大于一般的白细胞,能清楚地见到波动膜,有时尚可见到鞭毛,在虫体内部可见含有一个圆形或椭圆形有强折光性的核。

(二)马媾疫锥虫检查

马媾疫锥虫存在于浮肿部皮肤或丘疹液中,也可采集尿道及阴道的黏膜刮取物。

采样时,先将马保定。采取浮肿部位液体和皮肤丘疹处液体时,可使用灭菌注射器抽取。采取阴道黏膜刮取物时,先用阴道扩张器扩张阴道,再用长柄锐匙在其黏膜有炎症的部位刮取,刮时应稍用力,使刮取物微带血液,易于检出虫体。采取公马尿道刮取物时,左手伸入包皮内,以食指插入龟头窝中,徐徐用力以牵出阴茎,用消毒长柄锐匙插入尿道内,刮取病料。

将采集的样品取少量于载玻片上,滴加适量生理盐水,覆以盖玻片,置显微镜下观察;也可制成抹片,用吉姆萨染液染色后置显微镜下检查。

四、其他组织寄生虫检查

有些原虫寄生于动物身体的不同组织。一般动物死亡后,剖检取一小块组织,用其切面做成抹片、触片,或制作成组织切片,染色检查。

（一）泰勒焦虫检查

泰勒焦虫存在于病畜体表肿大的淋巴结内，可采取淋巴结穿刺物进行显微镜检查。首先将病畜保定，局部剪毛、消毒，用左手固定肿大的淋巴结，用 10 mL 灭菌注射器刺入淋巴结，抽取淋巴组织，拔出针头，将针头内容物推挤到载玻片上。涂成抹片，染色镜检，可以找到柯赫氏蓝体。

（二）弓形虫检查

家畜患弓形虫病时，死亡后可在一些组织中检出包囊体和滋养体。生前可取腹水进行诊断，检查其中滋养体的存在。收集腹水时，猪只可采取侧卧保定，穿刺部在白线下侧脐的后方（公猪）或前方（母猪）1～2 cm 处。穿刺部位消毒，将皮肤推向一侧，针头以略倾斜的方向向下刺入，深度 2～4 cm，针头刺入腹腔后会感到阻力骤减，用注射器吸取腹水。取得的腹水可在载玻片中抹片，染色后镜检。

任务五　体表寄生虫检查技术

动物体表寄生虫主要有螨、虱、蜱等，可采用肉眼观察和显微镜观察相结合的方法进行检查。螨个体较小，常需刮取皮屑，于显微镜下寻找虫体或虫卵；蜱个体较大，通过肉眼观察即可发现。

一、螨的检查

（一）疥螨和痒螨的检查

选择患病皮肤与健康皮肤交界处，先用打毛剪剪毛，取外科凸刃小刀，在酒精灯上消毒，使刀刃与皮肤表面垂直，反复刮取皮屑，直至皮肤轻微出血。在野外采样时，可先在刀上沾一些水或 5%的甘油溶液，使皮屑黏附在刀上。再将刮下的皮屑收集到培养皿或试管内，带回供检查。

为了提高检出率，避免假阴性，可以多采集些病料进行浓集。将采集的皮屑置于试管中，加入 10%氢氧化钠溶液，在酒精灯上煮数分钟或浸泡过夜，使皮屑溶解，虫体自皮屑中分离出来，2000 转/分离心沉淀 5 分钟，虫体即沉于管底，弃去上层液，吸取沉渣镜检。

活螨在温热的作用下，由皮屑内爬出，集结成团，沉于水底部。将病料浸入盛有 40～45 ℃温水的培养皿里，置恒温箱 1～2 小时后，显微镜下检查。

将刮取到的干病料，放于培养皿内，加盖。将培养皿放于盛有 40～45 ℃温水的杯上，经 10～15 分钟后，将皿翻转，则虫体与少量皮屑黏附于皿底，大量皮屑则落于皿盖上。取培养皿底检查。可以反复进行如上操作。

最好的方法是将刮下物放在黑纸上，置温箱中（30～40 ℃）或用白炽灯照射一段时间，然后收集从皮屑中爬出的黄白色针尖大小的点状物在镜下检查。该方法可收集到与皮屑分离的干净虫体，供观察和制作封片标本之用。

（二）蠕形螨的检查

蠕形螨寄生在毛囊内，检查动物眼眶四周、颊部、鼻部、四肢外侧、腹部两侧和背部的皮肤上是否有砂粒样或黄豆大的结节。如有，皮肤表面经消毒后用灭菌外科手术刀切开挤压，观察到有脓性分泌物或淡黄色干酪样团块时，则可将其挑在载玻片上，滴加 1～2 滴生理盐水，均匀涂成薄片，上覆盖片，在显微镜下进行观察。

二、蜱和吸血昆虫的检查

蜱、虱、蚤等吸血节肢动物寄生虫多寄生于口、眼、耳周、腋窝、鼠蹊、乳房和趾间等部位。采集时手持镊子仔细检查上述部位，发现虫体后装入有塞试管中或浸泡于 70%酒精中。从体表分离蜱时，应将其假头与皮肤垂直，轻轻往外拉，以免口器折断在皮肤内，引起炎症。

知识拓展

分子生物学技术

实训十二　动物寄生虫蠕虫剖检技术

【实训目标】

通过实训使学生掌握动物蠕虫剖检技术，为动物蠕虫病的诊断提供可靠依据。

【实训内容】

(1)家畜蠕虫剖检技术。

(2)家禽蠕虫剖检技术。

【设备材料】

1. 器材　大动物解剖器械(解剖刀、剥皮刀、解剖斧、解剖锯、骨剪、组织剪)；小动物解剖器械(手术刀、镊子、组织剪、眼科刀)；显微镜、手持放大镜、盆、桶、平皿、玻璃棒、分离针、胶头滴管、载玻片、盖玻片、试管、酒精灯、标本瓶、铜筛(40～60 目)、黑色浅盘、玻璃铅笔、纱布、手套。

2. 药品　饱和盐水、生理盐水、蒸馏水。

3. 实训动物　绵羊(或猪)和鸡。

【方法步骤】

对死亡或患病的动物进行寄生虫检查，可以发现动物体内的寄生虫，确定寄生虫病病原，这是了解寄生虫感染强度，观察病理变化，检查药物疗效，进行流行病学调查以及研究寄生虫区系分布等的重要手段，更是群体寄生虫病重要的诊断技术之一。收集剖检动物的全部寄生虫标本并进行鉴定和计数，对寄生虫病的诊断和了解寄生虫病的流行情况有重要意义。根据不同需要，有时对全身各脏器进行检查，有时只对某一器官或某一种寄生虫进行检查。

具体操作步骤见本项目任务一动物寄生虫剖检技术。

【实训报告】

根据剖检结果，填写一份剖检记录。

实训十三　动物寄生虫病的粪便检查

【实训目标】

通过实训使学生掌握用于虫卵检查的粪便材料的采集、保存和寄送的方法，粪便的检查方法及操作技术，使学生能识别动物常见的寄生虫虫卵。

【实训内容】

(1)粪样的采集及保存方法。

(2)虫体及虫卵简易检查法。

(3)沉淀法。

(4)漂浮法。

【设备材料】

1. 图片 牛、羊常见蠕虫虫卵形态图;猪常见蠕虫虫卵形态图;禽常见蠕虫虫卵形态图;粪便中常见的物质形态图。

2. 器材 显微镜、显微投影仪、主要动物寄生虫虫卵的图片、放大镜、粗天平、离心机、铜筛(40~60 目)、尼龙筛(260 目)、玻璃棒(圆头)、小镊子、漏斗及漏斗架、烧杯、三角瓶、平皿、平口试管、试管架、载玻片、盖玻片、胶头吸管、蘸取粪液的铁丝圈(直径 0.5~1 cm)、塑料指套、粪盒(或塑料袋)、纱布、污物桶。

3. 药品 50%甘油水溶液、饱和盐水、生理盐水、5%~10%的福尔马林溶液。

4. 粪样 牛、羊、猪和鸡的粪便材料。

【方法步骤】

许多寄生虫虫卵、卵囊或幼虫可随着宿主的粪便排出体外。通过检查粪便,可以确定是否感染寄生虫,若感染,其种类是什么,感染强度如何。粪便检查在寄生虫病诊断、流行病学调查和驱虫效果评定上都具有重要意义。

1. 粪样的采集及保存方法 被检粪样应该是新鲜而未被污染的。最好是采取刚排出的并且是没有接触地面部分的粪便,并将其装入清洁的粪盒(或塑料袋)内。必要时,对体积大的家畜可按直肠检查的方法采集,猪、羊可将食指或中指套上塑料指套,伸入直肠直接勾取粪便。采集的粪样,体积大的家畜一般不少于 60 g。采集用具最好一次性使用,如重复使用应每采一份,清洗一次,以免相互污染。采集的粪样应尽快检查,如当天不能检查,应放在冷暗处或冰箱冷藏箱中保存。当地不能检查需送出或保存时间过长时,可将粪样浸入加温至 50~60 ℃的 5%~10%的福尔马林溶液中,使其中的虫卵失去活力,但仍保持固有形态,还可以防止微生物的繁殖。

2. 虫体及虫卵简易检查法 具体见项目十任务二。

【实训报告】

叙述饱和盐水漂浮法和离心沉淀法的原理和操作过程。

实训十四 血液原虫检查技术

【实训目标】

通过本实训使学生掌握血涂片的制作方法及染色技术,并在显微镜下识别各种血液原虫的形态。

【实训内容】

(1)血液涂片检查法。

(2)鲜血压滴检查法。

(3)虫体浓集法。

(4)淋巴结穿刺检查法。

【设备材料】

1. 图片 伊氏锥虫形态图、各种梨形虫形态图。

2. 器材 显微镜、离心机、离心管、移液管、平皿、采血针头、载玻片、盖玻片、三角烧瓶、染色缸、剪子、酒精棉球、污物缸。

3. 药品 生理盐水、3.8%枸橼酸钠溶液、凡士林、吉姆萨染液、瑞氏染液、磷酸盐缓冲液(或中性蒸馏水)。

4. 实训动物 疑似感染血液原虫病的动物或预先接种伊氏锥虫的白鼠。

【方法步骤】

具体见项目十任务三。

【实训报告】

根据实训结果，写出锥虫病或梨形虫病的诊断报告。

实训十五　肌旋毛虫形态特征的观察和检查

【实训目标】

通过实训使学生掌握旋毛虫肌肉压片检查法和肌肉消化检查法；掌握肌旋毛虫的形态特征。

【实训内容】

(1)肌肉压片检查法。

(2)肌肉消化检查法。

(3)肌旋毛虫形态特征的观察。

【设备材料】

1. 图片　肌旋毛虫形态构造图。

2. 标本　肌旋毛虫制片标本。

3. 器材　显微镜、组织捣碎机、磁力加热搅拌器、贝尔曼氏幼虫分离装置、铜筛(40～60 目)、旋毛虫压定器(两厚玻片，两端用螺丝固定)、剪子(直)、弯头剪子、镊子、三角烧瓶、烧杯、天平、胶头移液管、载玻片、盖玻片、纱布、污物桶。

4. 药品　胃蛋白酶、0.5%盐酸。

5. 病料　患了旋毛虫病的动物肌肉或人工感染旋毛虫的大白鼠。

【方法步骤】

1. 肉样采集　在动物死亡或屠宰后，采取膈肌供检。

2. 肌肉压片检查法

(1)操作方法：取左右两侧膈肌脚肉样，先用手撕去肌膜，然后用弯头剪子顺着肌纤维的方向，分别在肉样两面的不同部位剪取 12 个麦粒大小的肉粒(其中如果有肉眼可见的小白点，必须剪下)，两块肉样共剪取 24 粒，依次将肉粒贴附于夹压玻片上，排列成两排，每排放置 12 粒。如果用载玻片，则每排放置 6 粒，共用两张载玻片。然后取另一张载玻片覆盖于肉粒上，旋动夹压片的螺丝或用力压迫载玻片，将肉粒压成厚度均匀的薄片，并使其固定后镜检。

(2)判定：没有形成包囊的旋毛虫幼虫，在肌纤维之间虫体呈直杆状或卷曲状；形成包囊的旋毛虫幼虫，可看到发亮透明的椭圆形(猪)或圆形(狗)的包囊，囊中央是卷曲的旋毛虫幼虫，通常为一条，重度感染时，可见到双虫体包囊或多虫体包囊；钙化的旋毛虫幼虫，在包囊内可见到数量不等、颜色浓淡不均的黑色钙化物。

3. 肌肉消化检查法　为加快旋毛虫的检查速度，可进行群体筛选，发现阳性动物后再进行个体检查。

(1)操作方法：将编号送检的肉样，各取 2 g，每组 10～20 g，放入组织捣碎机的容器内，加入 100～200 mL 胃蛋白酶消化液(胃蛋白酶 0.7 g 溶于 0.5%盐酸 1000 mL 中)，捣碎 0.5 分钟，肉样则成絮状并混悬于溶液中。将肉样捣碎液倒入锥形瓶中，再用等量胃蛋白酶消化液分数次冲洗容器，冲洗液注入锥形瓶中，再按每 200 mL 消化液加入 5%盐酸 7 mL 左右，调整 pH 为 1.6～1.8，然后置磁力加热搅拌器上，在 38～41 ℃条件下，中速搅拌、消化 2～5 分钟。消化后的肉汤置于贝尔曼氏幼虫分离装置中过滤，滤液再加入 500 mL 水静置 2～3 小时，倾去上层液，取 10～30 mL 沉淀物倒入底部划分为若干个方格的大平皿内，然后将平皿置于显微镜下，逐个检查每一方格内有无旋毛虫幼虫或旋毛虫包囊。

(2)判定：若发现虫体或包囊，则该检样组为阳性，必须对该组的 5～10 个肉样逐一进行压片复检。

4. 观察肌旋毛虫制片标本 学生分组观察肌旋毛虫制片标本。

【实训报告】

写出肌旋毛虫的实验室检查报告。

实训十六 螨病实验室诊断技术

【实训目标】

通过实训使学生掌握螨病病料的采集方法和螨的主要检查方法。

【实训内容】

(1)螨病病料的采集方法。

(2)螨的检查方法。

【设备材料】

1. 图片 疥螨和痒螨的形态图。

2. 器材 显微镜、手持放大镜、平皿、带塞的试管、试管夹、酒精灯、剪毛剪子、手术刀、镊子、载玻片、盖玻片、温度计、胶头移液管、离心机、污物缸、纱布。

3. 药品 10%氢氧化钠溶液、50%甘油水溶液、煤油、碘酒。

4. 实训动物 患螨病的动物。

【方法步骤】

1. 螨病病料的采集方法 螨病病料采集的正确与否是检查螨病的关键。可以采集皮表(用于痒螨的检查)或皮肤刮下物检查(用于疥螨、蠕形螨的检查)。采集部位应选择患部皮肤与健康皮肤交界处，采集病料时，先剪去该处的被毛，用经过火焰消毒的外科刀，使刀刃与皮肤垂直刮取病料，直到稍微出血为止(对疥螨尤为重要)。刮取病料时可在该处滴加 50%甘油水溶液，使皮屑黏附在刀上。刮取的病料置于平皿或带塞的试管中，刮取的病料应不少于 1 g。刮取病料处用碘酒消毒。

2. 螨的检查方法 具体见项目十任务五。

【实训报告】

根据实训结果，写出螨病实验室诊断报告。

思考与练习

1. 粪便寄生虫检查技术有哪些?
2. 粪便漂浮法和沉淀法分别适用于哪些虫卵?
3. 粪便中各种蠕虫虫卵的特征分别是什么?
4. 简述旋毛虫压片镜检法操作过程。

线上评测

项目十 测试题

Note

参考文献

[1] 路燕,郝菊秋.动物寄生虫病防治[M].北京:中国轻工业出版社,2020.

[2] 魏冬霞,张宏伟.动物寄生虫病[M].北京:中国农业出版社,2020.

[3] 唐伟,傅规玉.动物寄生虫病[M].北京:北京工业大学出版社,2022.

[4] 张进隆,任作宝,向金梅.动物寄生虫病[M].北京:中国农业大学出版社,2022.

[5] 张宏伟,匡存林.宠物寄生虫病[M].北京:中国农业出版社,2018.

[6] 聂奎.动物寄生虫病诊断与防治[M].重庆:重庆大学出版社,2013.

[7] 汪明.动物寄生虫病[M].北京:中国农业出版社,2004.

[8] 秦建化,张龙现.动物寄生虫病学[M].北京:中国农业大学出版社,2013.

[9] 张宏伟,杨廷桂.动物寄生虫病[M].北京:中国农业出版社,2006.

[10] 孙伟平,王传锋.宠物寄生虫病[M].北京:中国农业出版社,2007.

[11] 邱汉辉.家畜寄生虫图谱[M].南京:江苏科学技术出版社,1983.

[12] 周庆国.犬猫疾病诊治彩色图谱[M].北京:中国农业出版社,2005.

[13] 史利军,袁维峰,贾红.犬猫寄生虫病[M].北京:化学工业出版社,2013.

[14] 德怀特.D.鲍曼.兽医寄生虫学[M].李国清,译.北京:中国农业出版社,2013.

[15] 张西臣,李建华.动物寄生虫病学[M].北京:科学出版社,2010.